高职高专计算机教学改革**新体系**规划教材

Dreamweaver CS6 网页设计与制作实用教程

郑阳平　张清涛　主　编

李广莉　景　妮　史小英　副主编

清华大学出版社

北　京

内容简介

本书站在初学者的角度，遵循Web标准，采用DIV+CSS，将网页内容与外观样式彻底分离，在体现网页设计"结构与表现相分离"的重要思想基础上，按照职业化的要求，以"一懂三会"为主线，对网页设计与制作的技术知识进行合理编排。全书分为两篇，即基础篇和提高篇。重点突出网页设计与制作的操作技能，以任务案例为驱动，使读者逐步提高设计与制作网页的职业能力，逐步掌握设计与制作网页的方法与技巧。本书配有电子课件、案例源码等资源，方便教师教学和读者学习。本书可作为应用型、技能型人才培养相关专业的教学用书，也可作为各种培训、计算机从业人员和广大网页设计与制作爱好者的学习教程。

图书在版编目(CIP)数据

Dreamweaver CS6 网页设计与制作实用教程/郑阳平，张清涛主编. --北京：清华大学出版社，2016（2023.7重印）

高职高专计算机教学改革新体系规划教材

ISBN 978-7-302-43703-1

Ⅰ. ①D… Ⅱ. ①郑… ②张… Ⅲ. ①网页制作工具－高等职业教育－教材 Ⅳ. ①TP393.092

中国版本图书馆CIP数据核字(2016)第084871号

责任编辑：王宏琴
封面设计：傅瑞学
责任校对：袁　芳
责任印制：宋　林

出版发行：清华大学出版社
网　　址：http://www.tup.com.cn，http://www.wqbook.com
地　　址：北京清华大学学研大厦A座　　邮　　编：100084
社 总 机：010-83470000　　邮　　购：010-62786544
投稿与读者服务：010-62776969，c-service@tup.tsinghua.edu.cn
质量反馈：010-62772015，zhiliang@tup.tsinghua.edu.cn
课件下载：http://www.tup.com.cn，010-62770175-4278
印 装 者：三河市君旺印务有限公司
经　　销：全国新华书店
开　　本：185mm×260mm　　印　　张：20.5　　字　　数：471千字
版　　次：2016年7月第1版　　印　　次：2023年7月第6次印刷
定　　价：59.00元

产品编号：065219-03

前言

FOREWORD

“网页设计与制作”是计算机类及相关专业的重要专业基础课程。本书结合网页设计与制作课程教学改革的需要、生源结构变化情况和近几年教学改革经验组织编写。本书以《现代职业教育体系建设规划(2014—2020年)》为依据,及时更新教材内容和教学模式,突出网页设计与制作实用性,充分体现职业教育的理念,以提高学生实践动手能力。

本书遵循 Web 标准,采用 DIV+CSS,将网页内容与外观样式彻底分离,从而减少页面代码,提高运行速度,便于分工设计与代码重用。本书在体现网页设计“结构与表现相分离”重要思想的基础上,按照职业化的要求,以“一懂三会”为主线,对网页设计与制作的技术知识进行合理编排。所谓“一懂三会”,是指以懂得网页设计与制作基础为中心,会使用 Adobe Dreamweaver CS6 网页制作工具,会制作和设计规范化的网页,会开发中小型网站系统。

全书分为两篇,即基础篇和提高篇。基础篇以网页设计与制作必需的技术基础为重点,理论知识按照“必需、适度、够用”的原则进行系统性介绍,技能操作以任务案例的形式细化、分解,逐步分析、解决,突出实践技能操作;提高篇以基础篇为基石,注重网页设计与制作的高端应用和美化效果,强调实践操作和网页效果的完美和谐统一,使读者通过案例任务积累网页制作经验。本书站在初学者的角度,以实用案例、通俗易懂的语言,详细介绍网页设计与制作综述,HTML 基础,使用 Dreamweaver CS6 制作简单网页,制作图文混排网页,网页中的表格,制作 DIV 布局的网页,使用框架制作网页,使用模板和库制作网页,制作表单网页,制作包含特效的网页,测试、发布、管理与维护网站,以及综合案例。

本书重点突出网页设计与制作操作技能的实用性,以任务案例为驱动,理论密切结合实际,使读者逐步提高设计与制作网页的职业能力,逐步获得设计与制作网页的方法与技巧。每一章节的内容以完成网页设计与制作任务为主线,以“项目导向、任务驱动、理论实践一体化”为主要教学方法与手段,融“教、学、练”于一体,贯彻“做中学、学中做”的精神,便于读者学习网页设计与制作的技能知识,体现职业教育理念及特色。本书具有以下 4 个特点。

(1) 实用至上,体现工学结合的人才培养目标。理论知识以“必需、适度、够用”的职业教育理念为主导，以“典型任务案例巩固理论知识，淡化技术原理，强调实际应用”为原则，合理地编排教材内容结构，突出理论与实践紧密结合，避免生硬的技术理论，同时增加实践技能操作，体现网页设计与制作的实用性。

(2) 以职业活动为导向，以解决实际工作中的问题为目标，以典型项目和真实任务为载体，设计教学单元与重构教学内容，强调学习任务与实际工作任务的一致性。

(3) 按照“案例宏观展示引入→学习任务→任务描述→知识点→任务实施→同步练习→单元实践任务”设计单元知识体系，将知识内容以“案例导入”形式宏观地展现在初学者的面前，以案例实现为章节主线，预留悬念，通过章节学习，将案例分解、细化，逐步解决；最后通过“同步练习”和“单元实践任务”操作练习巩固和提高相关知识及操作。

(4) 开拓基础理论教学、应用案例教学和实践教学“三合一”新模式的新教材。这是一本集网页设计与制作的基础知识、应用案例和实践技能操作于一体的网页设计与制作使用教程。以“三合一”新模式为基础，将“学中做”与“做中学”的思想贯穿整部教材，实现知识讲解和技能训练两者的有机结合。

本书由郑阳平、张清涛担任主编，李广莉、景妮、史小英担任副主编。全书由郑阳平统稿。本书单元1～单元3、单元11由郑阳平编写，单元6、单元8～单元10由张清涛编写，单元12由郑阳平和张清涛共同编写，单元4由史小英编写，单元5由李广莉编写，单元7由景妮编写。本书在编写过程中，得到了承德石油高等专科学校和西安航空职业技术学院领导和同事们的大力支持与帮助。他们提出了许多宝贵的建议和意见。书中借鉴了大批优秀教材和相关资料的内容，吸取了许多专家和同行的宝贵经验，在此向他们深表谢意。

教材编写过程中难免存在一些不足与缺陷，殷切希望广大读者、教师和同行专家提出宝贵意见，以便再版时改进。

编　者

2016年1月

目录

CONTENTS

上篇 基础篇

单元 1 网页设计与制作综述 /3

1.1 任务 1-1：认识 Internet …… 4

1.1.1 任务 1-1-1：认识万维网和浏览器 …… 5

1.1.2 任务 1-1-2：认识 IP 地址和 Internet 域名 …… 5

1.1.3 任务 1-1-3：认识统一资源定位器 …… 7

1.2 任务 1-2：认识网页和网站 …… 8

1.2.1 任务 1-2-1：网页的定义和分类 …… 8

1.2.2 任务 1-2-2：认识网页的基本组成元素 …… 9

1.2.3 任务 1-2-3：认识网站 …… 11

1.3 任务 1-3：初识网页设计 …… 12

1.3.1 任务 1-3-1：了解网页设计基本原则 …… 12

1.3.2 任务 1-3-2：初识网页设计风格 …… 13

1.3.3 任务 1-3-3：初识网页色彩搭配 …… 15

1.3.4 任务 1-3-4：网页布局认识与优秀网页赏析 …… 15

1.4 任务 1-4：认识网页制作常用工具 …… 19

1.4.1 任务 1-4-1：初识 Dreamweaver …… 19

1.4.2 任务 1-4-2：初识 FrontPage …… 19

1.4.3 任务 1-4-3：初识 Photoshop …… 19

1.4.4 任务 1-4-4：初识 Flash …… 20

1.4.5 任务 1-4-5：初识 FireWorks …… 20

1.5 任务 1-5：网站建设基本流程 …… 21

1.5.1 任务 1-5-1：网站前期调研与规划 …… 21

1.5.2 任务 1-5-2：网站中期建设实施与细化的认识 …… 22

1.5.3 任务 1-5-3：网站后期更新与维护的认识 …… 23

1.6 任务 1-6：我的第一个网页 …… 24

1.6.1 任务 1-6-1：创建本地站点 …… 24

1.6.2 任务 1-6-2：创建我的第一个网页 …… 26

1.7 单元小结…… 30
1.8 单元实践操作…… 30
1.8.1 实践任务 1-8-1：优秀网站赏析 …… 30
1.8.2 实践任务 1-8-2：设计制作"我的第一个网页" …… 31
1.9 单元习题…… 32

单元 2 HTML 基础 /34

2.1 任务 2-1：认识 HTML …… 35
2.2 任务 2-2：编写简单的 HTML 网页文档 …… 36
2.3 任务 2-3：认识常见的 HTML 元素 …… 39
2.3.1 任务 2-3-1：HTML 基本元素 …… 39
2.3.2 任务 2-3-2：格式元素 …… 42
2.3.3 任务 2-3-3：字体元素 …… 44
2.3.4 任务 2-3-4：超级链接元素 …… 46
2.3.5 任务 2-3-5：列表元素 …… 47
2.3.6 任务 2-3-6：表格元素 …… 49
2.3.7 任务 2-3-7：图像元素 …… 51
2.3.8 任务 2-3-8：DIV 元素 …… 52
2.3.9 任务 2-3-9：常见的表单元素 …… 53
2.4 任务 2-4：认识 XHTML …… 56
2.5 任务 2-5：认识 HTML 5 …… 57
2.5.1 任务 2-5-1：HTML 5 概述…… 57
2.5.2 任务 2-5-2：HTML 5 视频元素与音频元素…… 58
2.6 单元小结…… 60
2.7 单元实践操作…… 60
2.7.1 实践任务 2-7-1：HTML 综合运用 …… 60
2.7.2 实践任务 2-7-2：设计制作以"家乡美"为主题的网页 …… 60
2.8 单元习题…… 62

单元 3 使用 Dreamweaver CS6 制作简单网页 /64

3.1 任务 3-1：认识 Dreamweaver CS6 工作界面 …… 65
3.1.1 任务 3-1-1：认识 Dreamweaver CS6 的工作环境 …… 65
3.1.2 任务 3-1-2：自定义 Dreamweaver CS6 的工作环境 …… 70
3.2 任务 3-2：制作文本网页 …… 72
3.2.1 任务 3-2-1：空白网页的创建 …… 73
3.2.2 任务 3-2-2：页面整体属性的设置 …… 74
3.2.3 任务 3-2-3：输入与编辑网页中的文本 …… 80
3.2.4 任务 3-2-4：格式化网页文本 …… 82

3.2.5 任务 3-2-5：插入与文本相关的元素并设置其属性 …… 83
3.2.6 任务 3-2-6：设置超级链接与锚点 …… 85
3.2.7 任务 3-2-7：浏览网页效果 …… 87
3.3 任务 3-3：使用 CSS 控制页面文本 …… 88
3.3.1 任务 3-3-1：认识 CSS …… 89
3.3.2 任务 3-3-2：创建与管理 Dreamweaver CS6 中 CSS 的样式 …… 95
3.3.3 任务 3-3-3：CSS 3.0 中文字的新增属性 …… 105
3.3.4 任务 3-3-4：CSS 样式冲突 …… 107
3.4 单元小结 …… 108
3.5 单元实践操作 …… 108
3.5.1 实践任务 3-5-1：熟悉 Dreamweaver CS6 工作界面 …… 108
3.5.2 实践任务 3-5-2：制作新闻文本网页 …… 108
3.5.3 实践任务 3-5-3：制作班级简介文本网页 …… 109
3.6 单元习题 …… 110

单元 4 制作图文混排网页 /112

4.1 任务 4-1：认识网页中的图像格式 …… 113
4.2 任务 4-2：插入图像与设置图像属性 …… 114
4.2.1 任务 4-2-1：插入图像示例 …… 114
4.2.2 任务 4-2-2：设置图像属性 …… 115
4.2.3 任务 4-2-3：建立热点链接 …… 116
4.3 任务 4-3：插入图像占位符和鼠标经过图像 …… 117
4.3.1 任务 4-3-1：插入图像占位符 …… 117
4.3.2 任务 4-3-2：插入鼠标经过图像 …… 118
4.4 任务 4-4：使用 CSS 控制页面图像 …… 120
4.4.1 任务 4-4-1：背景属性 …… 120
4.4.2 任务 4-4-2：图像边框、边距与缩放 …… 121
4.5 任务 4-5：图文混排 …… 124
4.6 单元小结 …… 126
4.7 单元实践操作 …… 126
4.7.1 实践任务 4-7-1：观察图文混排网页 …… 127
4.7.2 实践任务 4-7-2：制作一个图文混排网页 …… 127
4.7.3 实践任务 4-7-3：制作一个图文混排班级简介网页 …… 127
4.8 单元习题 …… 128

单元 5 网页中的表格 /130

5.1 任务 5-1：创建表格与编辑表格 …… 131
5.1.1 任务 5-1-1：插入表格 …… 131

5.1.2 任务 5-1-2：编辑表格 …… 133
5.2 任务 5-2：使用 CSS 控制和美化表格 …… 135
5.3 单元小结 …… 138
5.4 单元实践操作 …… 138
5.4.1 实践任务 5-4-1：观察网页中的表格 …… 138
5.4.2 实践任务 5-4-2：制作欧冠联赛积分榜表格 …… 138
5.4.3 实践任务 5-4-3：制作个人简历网页 …… 139
5.5 单元习题 …… 140

单元 6 制作 DIV 布局的网页 /141

6.1 任务 6-1：认识 DIV …… 142
6.1.1 任务 6-1-1：DIV 的插入 …… 142
6.1.2 任务 6-1-2：DIV 大小设置和布局方法 …… 146
6.1.3 任务 6-1-3：DIV 的边框设置 …… 149
6.1.4 任务 6-1-4：DIV 的内边距和外边距设置 …… 151
6.2 任务 6-2：制作包含 DIV 的网页 …… 154
6.3 任务 6-3：AP 元素 …… 158
6.4 任务 6-4：DIV 布局网页实例 …… 164
6.5 单元小结 …… 170
6.6 单元实践操作 …… 170
6.6.1 实践任务 6-6-1：制作家居建材网页 …… 170
6.6.2 实践任务 6-6-2：制作班级相册 …… 171
6.7 单元习题 …… 172

单元 7 使用框架制作网页 /173

7.1 任务 7-1：使用框架制作框架网页 …… 174
7.1.1 任务 7-1-1：认识框架和框架集 …… 174
7.1.2 任务 7-1-2：框架和框架集的创建和保存 …… 175
7.1.3 任务 7-1-3：框架和框架集的属性设置 …… 179
7.1.4 任务 7-1-4：使用框架制作简单网页 …… 181
7.2 单元小结 …… 185
7.3 单元实践操作 …… 185
7.3.1 实践任务 7-3-1：考试系统后台管理页面的制作 …… 185
7.3.2 实践任务 7-3-2：电子邮箱网页的制作 …… 186
7.4 单元习题 …… 187

下篇 提 高 篇

单元 8 使用模板和库制作网页 /191

8.1 任务 8-1：使用模板制作网页 …… 192
8.1.1 任务 8-1-1：认识 Dreamweaver CS6 的网页模板 …… 192
8.1.2 任务 8-1-2：新建 Dreamweaver CS6 的网页模板 …… 193
8.1.3 任务 8-1-3：套用网页模板快速新建网页 …… 199
8.1.4 任务 8-1-4：修改网页模板批量更新网页 …… 201
8.2 任务 8-2：使用库制作网页 …… 204
8.2.1 任务 8-2-1：认识 Dreamweaver CS6 的库 …… 204
8.2.2 任务 8-2-2：新建库 …… 205
8.2.3 任务 8-2-3：使用库新建网页 …… 210
8.2.4 任务 8-2-4：编辑库批量更新网页 …… 213
8.3 单元小结 …… 214
8.4 单元实践操作 …… 214
8.4.1 实践任务 8-4-1：使用模板制作一个网页 …… 214
8.4.2 实践任务 8-4-2：使用库制作一个网页 …… 215
8.5 单元习题 …… 216

单元 9 制作表单网页 218

9.1 任务 9-1：认识表单 …… 219
9.1.1 任务 9-1-1：认识表单域 …… 219
9.1.2 任务 9-1-2：插入常见表单元素 …… 221
9.2 任务 9-2：用 CSS 美化表单 …… 236
9.3 单元小结 …… 240
9.4 单元实践操作 …… 240
9.4.1 实践任务 9-4-1：制作会员注册页面 …… 240
9.4.2 实践任务 9-4-2：设计制作教务系统的“学生注册”网页 …… 241
9.5 单元习题 …… 242

单元 10 制作包含特效的网页 243

10.1 任务 10-1：行为 …… 244
10.1.1 任务 10-1-1：认识行为 …… 244
10.1.2 任务 10-1-2：使用行为实现网页特效 …… 246
10.2 任务 10-2：Spry 构件 …… 253
10.2.1 任务 10-2-1：认识 Spry 构件 …… 254
10.2.2 任务 10-2-2：常用 Spry 构件 …… 254

10.3 任务 10-3：制作视频播放网页 …… 265
10.4 任务 10-4：用 JavaScript 实现动态页面时钟 …… 267
10.5 单元小结 …… 269
10.6 单元实践操作 …… 270
10.6.1 实践任务 10-6-1：网页特效综合应用——模拟微软主页 …… 270
10.6.2 实践任务 10-6-2：网页特效综合应用——制作班级新闻和通知页面 …… 270
10.7 单元习题 …… 271

单元 11 测试、发布、管理与维护网站 273

11.1 任务 11-1：测试站点 …… 273
11.1.1 任务 11-1-1：浏览器兼容性测试 …… 274
11.1.2 任务 11-1-2：测试链接 …… 275
11.1.3 任务 11-1-3：使用网站报告测试站点 …… 277
11.1.4 任务 11-1-4：测试本地站点 …… 278
11.1.5 任务 11-1-5：用户测试与负载测试 …… 279
11.2 任务 11-2：清理网页文档 …… 279
11.3 任务 11-3：注册域名、申请空间及发布网站 …… 281
11.3.1 任务 11-3-1：注册域名 …… 282
11.3.2 任务 11-3-2：申请空间 …… 282
11.3.3 任务 11-3-3：发布网站 …… 283
11.4 任务 11-4：维护与推广 …… 287
11.4.1 任务 11-4-1：网站维护 …… 287
11.4.2 任务 11-4-2：网站宣传与推广 …… 288
11.5 单元小结 …… 290
11.6 单元实践操作 …… 290
11.6.1 实践任务 11-6-1：赏析优秀网站，观察网站域名，了解网站维护与推广 …… 290
11.6.2 实践任务 11-6-2：测试、发布、管理和维护所设计、制作的网站 …… 291
11.7 单元习题 …… 291

单元 12 综合案例 293

12.1 任务 12-1：班级网站的设计 …… 294
12.1.1 任务 12-1-1：网站的需求分析 …… 294
12.1.2 任务 12-1-2：网站规划和布局设计 …… 295
12.1.3 任务 12-1-3：首页设计与制作 …… 297
12.1.4 任务 12-1-4：库项目的建立 …… 304

12.1.5 任务 12-1-5：子页面模板的建立 …… 306
12.1.6 任务 12-1-6：子页面的设计与制作 …… 308
12.2 课程设计——综合实训 …… 311
12.2.1 课程设计的意义和目的 …… 311
12.2.2 课程设计要求 …… 312
12.2.3 课程设计组织与实施 …… 313
12.2.4 课程设计考核验收标准 …… 314
12.2.5 课程设计优秀作品交流展示 …… 314
12.3 单元小结 …… 315

参考文献 316

上篇　基　础　篇

单元 1

网页设计与制作综述

Unit 1

案例宏观展示引入

随着互联网的发展和普及，越来越多的企业与个人建立了网站，将互联网技术应用到生产、经营和娱乐等活动中。互联网已经深入千家万户，在潜移默化中影响着各个领域，不断地改变着人们的生活方式。

互联网的各种应用都是基于网站实现的，而网站又是由各种网页组成的，通过网页传递信息。网页是浏览器与网站开发人员沟通、交流的窗口。如图 1-1 所示是淘宝网站和电子科技大学网站的主页，也是网站的首页。它是网站中一个主要的网页。科学、合理的网页设计，可以使浏览者耳目一新，流连忘返。

为了使读者对网页有一个总体的认识，本单元主要介绍网页制作基础知识，为以后的学习奠定基础。

(a) 淘宝网站首页

图 1-1　网站主页

(b) 电子科技大学网站首页

图 1-1(续)

学习任务

- 了解 Internet 基础知识
- 掌握网页和网站的基本概念
- 熟悉网页基本组成元素
- 理解网页设计的概念
- 了解网站建设的基本流程
- 初步认识 Adobe Dreamweaver CS6 网页制作工具
- 学会创建、打开、编辑和关闭一个网页文档
- 对网页设计与制作有一个初步的、宏观的整体认识

1.1 任务 1-1：认识 Internet

任务描述

(1) 掌握万维网的概念。
(2) 认识浏览器。
(3) 理解 IP 地址及其配置。
(4) 了解域名系统和 URL。

Internet 译为"因特网",也称为互联网,是指通过 TCP/IP,将世界各地的网络连接起来,实现资源共享,并提供各种应用服务的全球性计算机网络。它是当今世界上规模最大、应用最广的计算机网络,是信息社会的基础,是在世界范围内基于 TCP/IP 的一个巨大的网际网,是全球最大、最有影响的计算机信息资源网,在人类社会的各个领域中起着

重大的作用。就像国外相关人士所说的，Internet 是一个没有国家界限、没有领袖的自由网络空间。

1.1.1 任务 1-1-1：认识万维网和浏览器

知识点

(1) 万维网的概念。

(2) HTTP。

万维网(World Wide Web，WWW)是因特网的主要部分，简称为 Web、3W 等，它是基于"超文本"的信息查询和信息发布的系统。Web 是以 Internet 上众多的 Web 服务器发布的相互链接的文档为基础而组成的一个庞大的信息网，它不仅提供文本信息，还提供声音、图形、图像以及动画等多媒体信息，为用户提供了图形化的信息传播界面——网页。

超文本传输协议(HyperText Transfer Protocol，HTTP)是一种在网络上传输数据的协议，专门用于传输万维网中的信息资源。

浏览器是指可以显示网页服务器或者文件系统的 HTML(HyperText Markup Language，超文本标记语言)文件内容，并让用户与这些文件交互的一种软件。通过浏览器，可以快捷地浏览 Internet 上的信息资源。目前，使用人数较多的浏览器是 Microsoft 公司的 IE(Internet Explorer)浏览器。计算机中安装了 Windows 操作系统，都会捆绑安装 IE 浏览器。IE 浏览器可以搜索、查看和下载 Internet 上的各种信息资源。还有很多浏览器也非常优秀，可供用户安装、使用，如谷歌浏览器(Google Chrome)、Firefox(火狐)浏览器、腾讯浏览器、Opera 浏览器、360 安全浏览器以及搜狗浏览器等。

同步练习

请谈谈你对万维网的认识。它有哪些特点？

1.1.2 任务 1-1-2：认识 IP 地址和 Internet 域名

知识点

IP 地址。

与 Internet 相连的任何一台计算机(称为主机)都有唯一的网络地址，简称 IP (Internet Protocol)地址。在 Internet 中，域名通过域名系统(Domain Name System，DNS)解析为 IP 地址，为站点访问浏览提供方便，也便于用户记忆站点。

1. IP 地址

IP 地址由 32 位二进制数组成，是在 Internet 中为每一台主机分配的唯一标识。例如，某台主机的 IP 地址是 00001010 01000001 01010111 11011100，但是这样的 IP 地址太难记忆。为了便于阅读、理解，通常把 32 位二进制数分成 4 个字节段，每字节段 8 位，用小数点隔开。把每一字节段的数都转换成相应的十进制数，称为点分十进制数。例如，上述主机 IP 地址用点分十进制数表示为 10.65.87.220。

IP地址通常分为A类、B类、C类、D类和E类。常用的IP地址有A类、B类和C类。D类和E类分别用于组播通信地址和供科学研究使用。IP地址是两级层次结构，包括网络地址(net-id)和主机地址(host-id)，如图1-2所示。

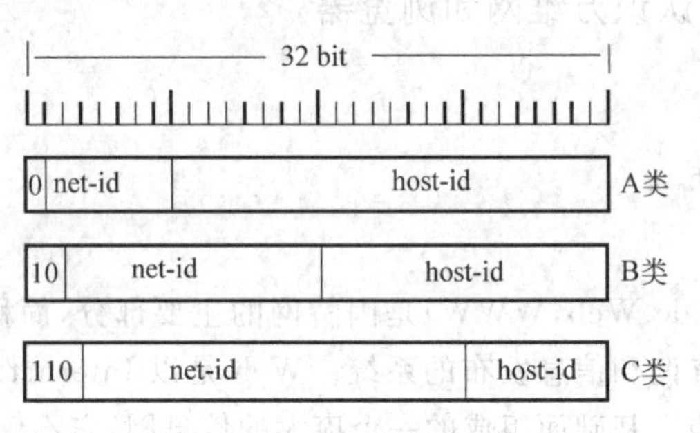

图1-2 常用IP地址

其中，A类IP地址范围为1.0.0.0～126.255.255.255；B类IP地址范围为128.255.255.255～191.255.255.255；C类IP地址范围为192.255.255.255～223.255.255.255。

提示

(1) IP地址由32位二进制数组成，在Internet范围内必须是合法、唯一的。

(2) IP地址的理论范围：0.0.0.0～255.255.255.255。

同步练习

请正确配置计算机IP地址。

2. 域名系统

知识点

(1) 域名。

(2) DNS。

由于IP地址是数字标识，使用时难以记忆，因此在IP地址的基础上发展出一种符号化的地址方案，用来代替数字型IP地址。每一个符号化的地址都与特定的IP地址对应，这样，访问网络资源就容易多了。这个与网络上的数字型IP地址相对应的字符型地址称为域名。例如，承德石油高等专科学校的域名为cdpc.edu.cn，Web服务器的IP地址210.31.208.1对应的域名为www.cdpc.edu.cn。

Internet采用层次树状结构命名方法。任何一个连接到Internet上的主机或路由器都有唯一的层次结构名字，即域名。域名的结构由标号序列组成，各标号代表不同级别的域名，各标号之间用点隔开，即

主机名…四级域名.三级域名.二级域名.顶级域名

例如，中国建设银行的域名(ccb.com)组成如图1-3所示。

对于用户来说，使用域名比直接使用IP地址方便多了；但对于Internet内部数据传

输来说，使用的还是 IP 地址，而不是域名。要想把域名转换为 IP 地址，需要通过域名系统来解析。域名服务器实际上就是装有域名系统的主机，在其上面存有该组织所有上网计算机的域名及其对应的 IP 地址。当某个应用程序需要将域名翻译成 IP 地址时，这个应用程序就与域名服务器建立连接，将域名发送给域名服务器；域名服务器把解析的 IP 地址反馈给应用程序，应用程序就可以访问网络信息资源。

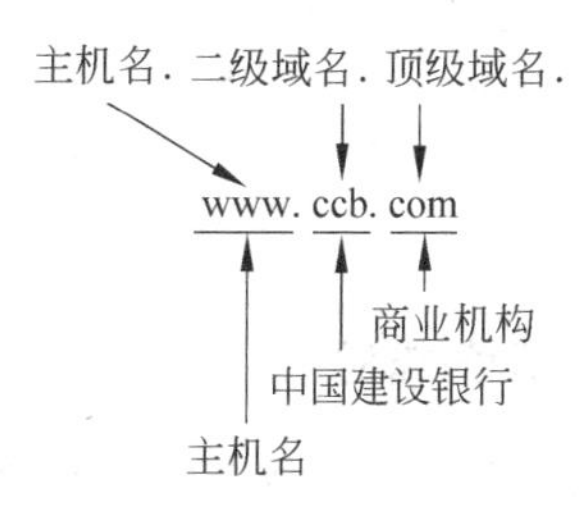

图 1-3 中国建设银行的域名

提示

申请到的域名在 Internet 范围内必须唯一。通过域名服务器把域名解析为 IP 地址的过程，称为域名解析。

1.1.3 任务 1-1-3：认识统一资源定位器

知识点

URL。

客户机与 Web 服务器的交互是通过超文本传输协议（HyperText Transfer Protocol，HTTP）来完成的。用户想要浏览服务器上的某一信息资源，通过统一资源定位器（Uniform Resource Locator，URL）来唯一指定。HTTP 是一种在网络上传输数据的协议，专门用于传输万维网中的信息资源。URL 是一个指定 Internet 或 Intranet 服务器中目标位置的格式化字符串，与在计算机中根据指明的路径查找文件类似。它既可指向本地计算机硬盘上的某个文件，也可指向 Internet 上的某一个网页。也就是说，通过 URL 可访问 Internet 上任何一台主机或者主机上的文件和文件夹。

URL 一般格式如下所示。

```
<URL 的访问方式>://<主机域名或 IP 地址>[:<端口号>][/<路径>][/<文档>]
```

对其中各部分的说明如下。

（1）URL 的访问方式：指访问使用的协议，可以是 HTTP、FTP 等。

（2）端口号：每种访问协议都有默认的端口号，通常省略。例如，访问网页文件采用 HTTP，默认端口是 80。

（3）路径：文档在主机上的相对存储位置，一般用来表示主机上的一个目录或文件地址，是由“0”或多个“/”符号隔开的字符串。

（4）文档：具体的网页文件。如果是主机默认文档，可以省略；否则，不可省略。例如 http://www.cdpc.edu.cn/index.html，其中 index.html 为默认文档，也称为主页（HomePage）。

同步练习

请举例说明 URL。

1.2 任务 1-2：认识网页和网站

任务描述

(1) 认识和赏析网页布局。

(2) 理解网页的基本组成元素。

(3) 认识和赏析网站。

随着网络的快速发展，越来越多的网站出现在互联网上。学习网页制作，应先了解网页的基本概念。学好这些知识，是制作出漂亮、美观的网页的前提，为以后的学习打好基础。

1.2.1 任务 1-2-1：网页的定义和分类

知识点

(1) 网页概念。

(2) 网页分类。

上网时浏览的一个个页面就是网页(Webpage)。网页又称为 Web 页，其中的图像、文字、超级链接等是构成网页的基本元素，是 Internet 展示信息的一种形式。如图 1-4 所

图 1-4 中关村在线网站首页

示为中关村在线网站的首页，承载了丰富的信息资源。通过浏览器解析，其内容才能被漂亮地展示出来。

1. 网页按位置分类

按网页在网站中的位置，将其分为主页和内页。主页是指网站的主要导航页面，一般是进入网站时打开的第一个页面，也称为首页。通常，首页的文件名为 index. html 或者 default. html。内页是指与主页相链接的页面，也就是网站的内部页面。

提示

一些网站的首页并非主页，其作用只是为了欢迎访问者或者引导访问者进入主页。所以，首页不一定就是主页。

2. 网页按表现形式分类

按网页的表现形式，将其分为静态网页和动态网页，具体含义如下所述。

(1) 静态网页：指用 HTML 语言编写的网页，其制作方法简单易学，但缺乏灵活性。网页文件的扩展名一般为. htm 或. html。

(2) 动态网页：动态网页使用 ASP(Active Server Page，动态服务器页面)、PHP(HyperText Preprocessor，超文本预处理器)、JSP(Java Server Page，Java 服务器页面)和 ASP. NET 等程序生成，可以与浏览者交互，也称交互式网页。例如，收集浏览者填写的表单信息(用户名和密码等)。其制作的难易程度较静态网页复杂。

注意

静态网页和动态网页不是以网页中是否包含动态元素来区分的，而是针对客户端与服务器端是否发生交互行为而言的。不发生交互的是静态网页，发生交互的是动态网页。

同步练习

请打开你喜欢的网页。赏析的同时，分析该网页是否为主页；判断它属于静态网页，还是动态网页。

1.2.2 任务 1-2-2：认识网页的基本组成元素

知识点

网页的基本组成元素。

虽然网页的外在表现形式多种多样，但组成网页的基本元素大体是相同的，一般包括文本、图像、超级链接、动画、表单、音频和视频等，如图 1-5 所示。

1. 文本

文本和图像是网页中最基本的元素，是网页信息的主要载体，它们在网页中起着非常重要的作用。其他元素，如超级链接等，都是基于这两种基本元素创建的。

文本在网络上传输速度较快，用户可以很方便地浏览和下载文本信息，故其成为网页

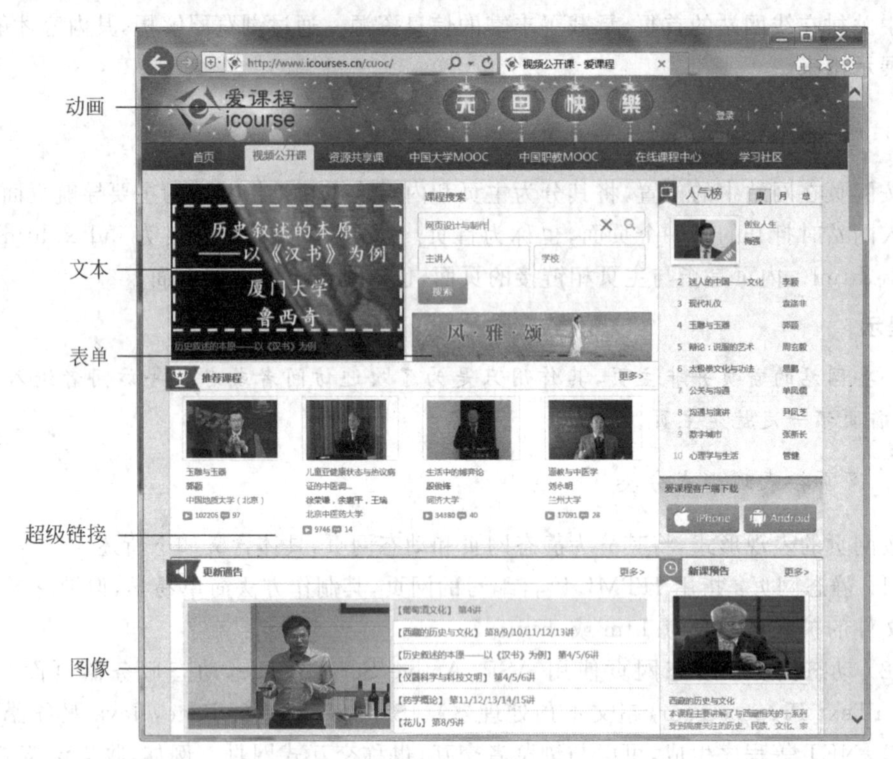

图 1-5 网页基本元素的构成

主要的信息载体。网页中文本的样式多变，风格不一。吸引浏览者的网页通常都具有美观的文本样式。文本的样式可通过对网页文本的属性进行设置而改变，在后面的章节将详细介绍这方面的知识。

2. 图像

图像比文本更具有生动性和直观性，它可以传达一些文本不能传达的信息。网站标识 Logo、背景等都是图像。

3. 超级链接

超级链接(HyperLink)是指超文本内有一个文件至另一个文件的链接，能起到将不同页面链接起来的功能，既可以是同一站点页面之间的链接，也可以是与其他网站页面之间的链接。超级链接有文本链接和图像链接等。在浏览网页时单击超级链接，就能跳转到与之相关的页面。

超文本(HyperText)是用超链接的方法，将不同空间的文字信息组织在一起的网状文本。超文本的基本特征就是可以超链接文档。

提示

将鼠标指针移至超级链接处时会变成手形抓图。

4. 动画

为吸引浏览者的眼球,通常在网页中包含一些动画效果,常见的有 GIF 图像动画和 Flash 动画。对于某些技术含量较高的页面,可以使用 CSS、JavaScript 和 HTML 实现动画效果。

5. 表单

表单通常用来收集浏览器中输入的信息,然后将这些信息发送到服务器端,实现网页交互功能。如图 1-5 所示,实现网站上的搜索功能。

6. 音频和视频

根据实际需要,在网页中可以添加一些音频和视频来丰富页面效果,常见的音频格式有 MP3,视频格式有 MP4、FLV 等,如爱课程网站上的在线视频学习。

同步练习

请打开你喜欢的网页。赏析的同时,分析该网页中的基本组成元素。

1.2.3 任务 1-2-3:认识网站

知识点

网站的概念。

网站(Website)是用于展示特定内容的相关网页的集合。网站中的各个网页通常由超级链接关联起来,形成一个主题鲜明、风格一致的 Web 站点。网站中的网页结构性较强,组织比较严密,通常都有一个主页,包括网站 Logo、Banner(横幅广告)和导航栏等内容。目前,各级政府、各企业、事业单位基本上都拥有自己的网站,用于信息发布和宣传等。

按不同内容,将网站分为 4 种类型:门户网站、个人网站、专业网站和职能网站。

1. 门户网站

门户网站是一类综合性网站,涉及领域非常广泛,包含文学、音乐、影视、体育、新闻和娱乐等方方面面的内容,具有论坛、搜索等功能。现在国内较著名的门户网站有搜狐(http://www.sohu.com)、网易(http://www.163.com)等。

2. 个人网站

个人网站具有较强的个性化特征,是以个人名义开发、创建的网站,其内容、样式、风格等都非常有个性,如阮一峰的个人网站(http://www.ruanyifeng.com/home.html)。

3. 专业网站

专业网站具有很强的专业性,通常只涉及某一个领域,内容专业。如榕树下网站

(http://www.rongshuxia.com)就是一个专业文学网站。

4. 职能网站

职能网站具有专门的功能,如政府职能网站等。目前逐渐兴起的电子商务网站也属于这种类型。较有名的电子商务网站有阿里巴巴(http://china.alibaba.com)和当当网上书店(http://www.dangdang.com)等。

同步练习

请打开你喜欢的网站。赏析网页的同时,查看网站风格和网站标志(Logo),体会网站和网页之间的关系。

1.3 任务1-3:初识网页设计

任务描述

(1) 熟悉网页设计的基本原则。

(2) 熟悉网页设计风格和色彩搭配。

(3) 熟悉网页布局。

(4) 赏析优秀网页。

对于优秀的网页设计作品,重要的不是应用了什么先进的技术,而是在正确理解设计任务的基础上,对页面主题、风格、整体布局和制作水平的准确把握。

1.3.1 任务1-3-1:了解网页设计基本原则

知识点

网页设计的基本原则。

网站设计制作的优劣直接关系到门户网站的外在形象和访问者的使用效率。在制作网站时还需要注意网页设计制作的原则,并掌握一定的技巧,使网站制作得更有水平。下面介绍在网站设计时应注意的基本原则。

1. 明确网站目标和用户需求

针对访问者的需求、市场环境和自身的实际情况等因素进行综合分析,根据不同的客户群体,首先明确建设网站的目标和用户需求,然后对网站进行整体规划,合理地设计网页。网页设计不能完全以视觉效果为中心,必须以用户为中心。

2. 主题鲜明

在明确网站建设目的的基础上,通过具体功能实现网站的主题。主题内容需要醒目抢眼,简单明了,具有较强的针对性。网站在建设的时候,可以兼顾多个层次的用户对象,但是,必须有一个主体对象。

3. 注重布局设计

网页设计以科学技术和视觉艺术为基础，追求的是网页排版、功能和布局的协调、统一、美观。在网页的布局设计过程中，通过文字和图像等元素的有机组合，表达出网页的和谐之美，朴素大方，使用户浏览网页时获得流畅的视觉感受。

4. 避免滥用技术

网页设计技术多种多样，恰如其分地运用不同的技术，可以使网页栩栩如生，美观大方。如果技术使用不当，将适得其反。因此，在制作网页时，应避免滥用技术，避免使用过分复杂的技术。同时，要注意网页制作技术之间良好的兼容性。

5. 更新维护

定期更新页面内容或更改主页的样式，让浏览者对网站保持新鲜感，才能有较高的浏览率。网站建立后，要及时地根据实际情况，不断更新网页内容，体现网页信息的时效性。当然，网站的更新与维护是一项非常重要的、繁重的任务。

在设计网页时，还需要考虑网页的尺寸、导航栏的明朗清晰程度、图像的大小和清晰度以及动画效果等因素。

1.3.2 任务 1-3-2：初识网页设计风格

知识点

网页设计风格。

1. 设计风格定位

风格即网站的特点，指的是浏览者对网站内容和形式的直观感受，所透露出来的是设计者的文化品位。有价值的内容是网站风格设计的基础，创意是风格的灵魂，吸引浏览者不断深入地了解网站内容是网站建设的目的。所以，网站设计风格定位主要从以下 3 个方面考虑。

(1) 确保网页界面有较强的一致性，使网站形成统一的风格界面。这里的一致性包括字体、标题、图像、背景颜色和注脚等。这些构成网页的基本元素形成统一的整体，使其呈现出别具一格的风格，使浏览者获得更深层次的感性认识。

(2) 确保网页界面美观、简洁，易于访问。

(3) 合理安排网页元素，要让访问者在浏览网页的过程中体验到视觉的秩序感、节奏感和新奇感；避免动画过多，文字字体不一致，按钮风格不统一等问题。

2. 网页基本元素的设计原则

一个完整的网站包含 Logo、Banner、文本、图像、导航栏和按钮等网页元素，称为网页的基本元素。

1）Logo

Logo即网站的标志，其制作要点如下所述。

（1）Logo的位置通常位于网页的左上角，也可根据需要将其置于其他任何位置。一般需保证Logo醒目，让浏览者第一眼看到。

（2）站点的Logo虽然有动态的，但不是所有的站点都适宜用动态Logo，且动态Logo的动作频率不能太大，否则可能适得其反。

2）Banner

Banner即网站中的横幅广告。Banner文件大小应控制在5～50KB之内。Banner图像清晰，颜色搭配和谐统一，字体醒目，像素合适，对于网站来说具有画龙点睛的作用。

3）文本

网页中最主要的元素就是文本。文本内容对网页的整体表现起着决定性作用。编辑文本时，需注意以下3点。

（1）文本的颜色需要明显地与背景区别开来，让浏览者能清楚地查看文本。

（2）每行文字最好为20～30个汉字的长度，并注意段落的区分和缩进，以便于阅读。

（3）同版面文本样式不宜过多，最好在3种以内。

4）图像

图像是网页中不可或缺的元素。使用图像时，除了美观之外，还应考虑它对网页下载速度的影响。在选择图片时，应注意以下3点。

（1）图像应采用淡色系列的背景；能与主题分离的，用浅色标志或文字背景。

（2）图像的主题要清晰可见，表达的含义要简单明了。

（3）图像中的文字要求清晰可辨，不可出现朦胧、辨识不清的情况。

5）导航栏

导航栏按照放置的位置，分为横排和竖排两种；按照表现形式，有图像导航、文本导航和框架导航之分。制作导航栏需注意以下3点。

（1）最好不用图片导航；如必须使用，应减小图片尺寸。

（2）内容丰富的网站可以使用框架导航，以便快速地在网站内的各栏目之间跳转，并且只需下载一次导航页面。

（3）在栏目不多的情况下，通常使用一排，如一般的个人网站或企业网站；如果导航栏目太多，可分两排或多排排列，如图1-6所示。

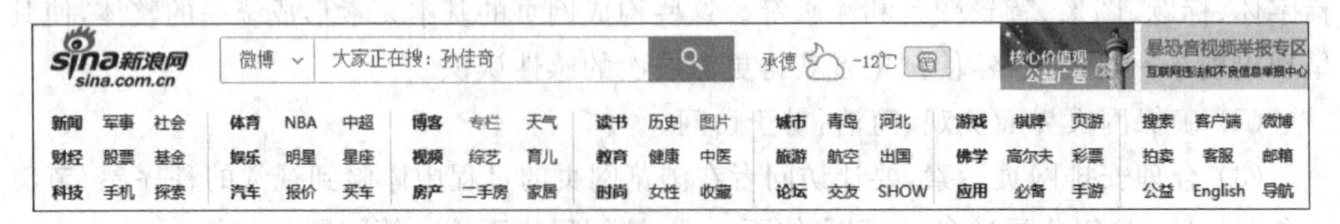

图1-6 多排导航栏

6）按钮

按钮的大小没有具体的规定，如图1-7所示。需要注意的是，按钮应和网页的整体效果协调，不要太抢眼。一般采用背景较淡、字体较深的方式，也可采用较强对比度进行按

图 1-7 各种按钮

钮颜色搭配。

1.3.3 任务 1-3-3：初识网页色彩搭配

知识点

网页色彩搭配。

颜色作为网页视觉元素的一种，具有不可估量的作用。网页中合适的色彩搭配可以给浏览者留下美好的印象。

良好的色彩搭配能使网页内容重点突出，风格统一，易于浏览，增强其视觉效果。对于网页中的色彩搭配，需要从以下 3 个方面来考虑。

1）颜色种类

在网页中，使用的颜色尽量不要超过 4 种。颜色太多，会使访问者感觉凌乱，没有侧重点。主题颜色确定后，可以考虑通过调整透明度或饱和度，得到一系列颜色，使页面看起来具有层次感。

2）总体协调，局部对比

网页色彩应用的总体原则是“总体协调，局部对比”，即网页的整体色彩效果应该保证和谐一致，可以在局部、小范围的地方使用对比较强烈的色彩，起到锦上添花的作用。举例如下：

（1）在同一个页面中，使用相近色设置各种元素。

（2）网页设计的用色也要特别关注流行色的发展。

另外，色彩还受文化、传统和地域等因素的影响。充分体现这些特性，可以提高网页的文化底蕴。

3）文字与背景色的对比

网页背景色的深浅要运用合理。网页中的文字与背景要求有较高的对比度，才能使浏览者更加清晰地看到这些文字。一般来说，深色背景搭配浅色文字，浅色背景搭配深色文字。但是要注意，避免色彩反差过大，否则，会使浏览者感觉不适。

1.3.4 任务 1-3-4：网页布局认识与优秀网页赏析

知识点

网页布局。

由于不同类型的网站在目标定位和面向群体方面存在差异，出现了许多类型的网页布局，网页布局就是合理地安排网页各版块的位置，使网页变得赏心悦目。常见的网页布局主要有以下 5 种。

1. “国”字型

“国”字型网页布局又称“同”字型网页布局，其最上方为网站的 Logo、Banner 及导航条，接下来是网站的内容板块。在内容板块左、右两侧通常分列两小条内容，可以是广告、友情链接等，也可以是网站的子导航条。最下面是网页的版尾(包括一些基本信息、联系方式、版权声明等)。这是最常见的一种结构类型，如图 1-8 所示。

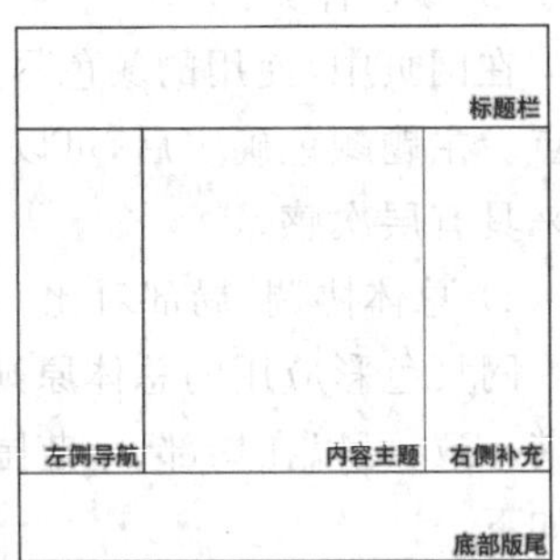

图 1-8 “国”字型网页布局

2. 拐角型

拐角型布局也是一种常见的网页结构布局。这种布局非常明朗，设计时应注意简洁大方，主要以显示内容为主。拐角型布局与“国”字型布局只是在形式上有所区别，实际差异不大，如图 1-9 所示。

3. 左右框架型

左右框架型布局是一种非典型的布局，其特色是网页被分割为左、右两侧。左侧的版块通常包括网页的 Logo、导航条等，右侧的版块通常包括网页主体内容，如图 1-10 所示。左右框架型网页布局通常应用在个性化的网页或大型论坛网页中，具有结构清晰、一目了然的优点。

4. 上下框架型

上下框架型网页布局比“国”字型和拐角型更加简单。在这种布局的网页中，主题部分并非如“国”字型或拐角型一样由主栏和侧栏组成，而是一个整体或复杂的组合结构。

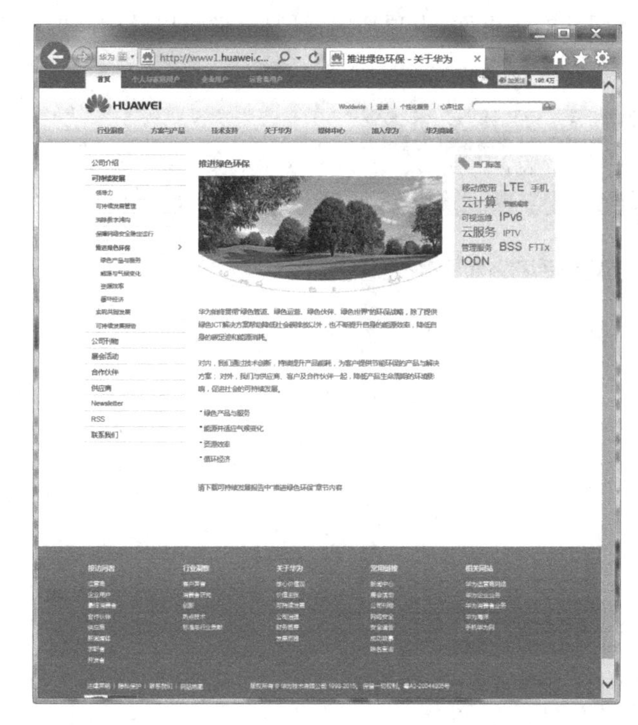

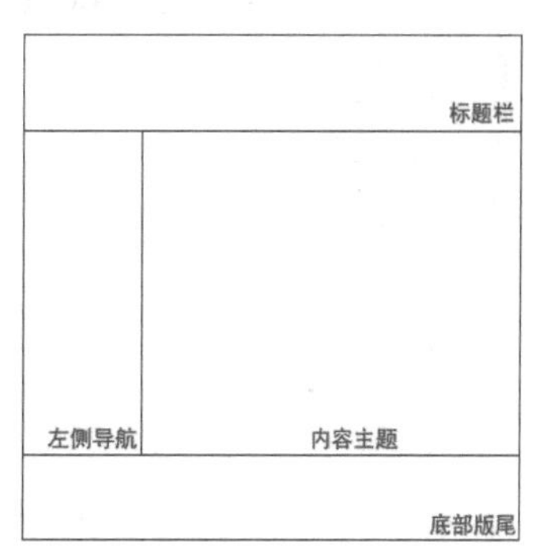

图 1-9　拐角型网页布局

图 1-10　左右框架型网页布局

上下框架型网页布局通常用于大型网站的子页面，由顶部的标题栏、横幅以及中间的内容版块和底部的版尾组成，如图 1-11 所示。

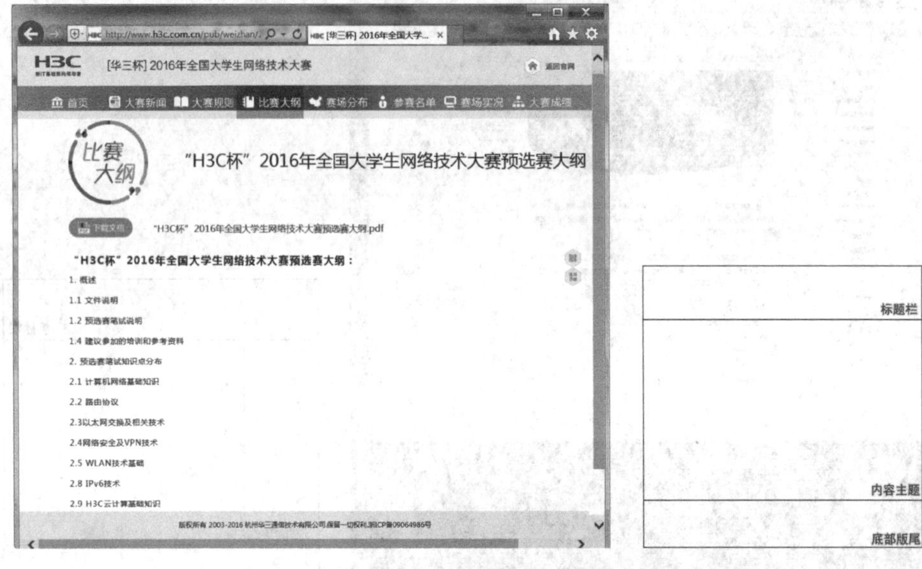

图 1-11 上下框架型网页布局

5. 封面型

封面型网页比较自由，具有很强的随意性，结构富于美感，能够引起浏览者的注意，通常应用于网站的首页或进入页，由一张精美的静态图像或一个动画组成。这种类型的网页通常用于专题网站，娱乐性网站或个人网站，如图 1-12 所示。

图 1-12 封面型网页布局

同步练习

(1) 赏析优秀网页作品，并与其他同学分享感受。

(2) 观察你所就读的学校网站，从网页设计的基本原则、设计风格、色彩搭配和网页布局等角度，全面、细致地进行分析，写出体会。

1.4　任务1-4：认识网页制作常用工具

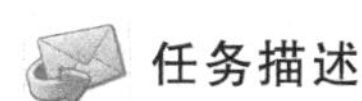

任务描述

本书采用 Dreamweaver CS6 作为网页制作工具。在熟悉 Dreamweaver CS6 特点的基础上，了解其他常用的网页制作工具。

1.4.1　任务1-4-1：初识 Dreamweaver

知识点

认识 Dreamweaver。

Adobe Dreamweaver 简称 DW，中文名称“梦想编织者”，是美国 Macromedia 公司开发的集网页制作和网站管理于一身的所见即所得网页编辑器。DW 是第一套针对专业网页设计师特别发展的视觉化网页开发工具，利用它可以轻而易举地制作出跨越平台限制和跨越浏览器限制的充满动感的网页，后被 Adobe 公司收购，最新版本为 Dreamweaver CS6。由于它支持采用代码、拆分、设计、实时视图等多种方式创作、编写和修改网页，无须编写任何代码，就能快捷创建 Web 页面。实时视图和多屏幕预览面板可呈现出 HTML 5 代码。其成熟的代码编辑工具更适合 Web 高级开发人员创作。Dreamweaver CS6 版本使用了自适应网格版面创建网页，在发布前使用多屏幕预览审阅设计，可以大大提高工作效率。利用其改善的 FTP 性能，可以更高效地传输大型文件。

1.4.2　任务1-4-2：初识 FrontPage

知识点

认识 FrontPage。

FrontPage 是微软公司出品的一款网页制作入门级软件。FrontPage 的使用方法方便简单，用户会使用 Word，就能用它做网页，“所见即所得”是其特点。该软件结合了设计、程序码、预览 3 种模式。2006 年微软公司宣布 Microsoft FrontPage 被 Microsoft SharePoint Designer 代替。

1.4.3　任务1-4-3：初识 Photoshop

知识点

认识 Photoshop。

Adobe Photoshop 简称 PS,是由 Adobe Systems 公司开发和发行的图像处理软件,深受广大平面设计人员和计算机美术爱好者喜爱。它是集图像扫描、编辑、图像制作、广告创意、图像输入/输出于一体的图像处理软件,涉及图像、图形、文字、视频、出版等各方面。2012 年 4 月,Adobe 发布了 Photoshop CS6,整合了 Adobe 专有的 Mercury 图像引擎,通过显卡 GPU 提供了强悍的图片编辑能力;Content-Aware Patch 版主用户可以更加轻松、方便地选取区域,方便用户抠图等操作;Blur Gallery 允许用户在图片或文件内容上添加渲染模糊特效;Intuitive Video Creation 提供了一种全新的视频操作体验。

1.4.4 任务 1-4-4:初识 Flash

 知识点

认识 Flash。

Flash 又称为闪客,是一种集动画创作与应用程序开发于一身的创作软件。网页设计者使用 Flash 可以创作出既漂亮又可改变尺寸的导航界面,以及其他奇特的效果。Flash 的前身是 FutureWave 公司的 Future Splash,它是世界上第一个商用的二维矢量动画软件,用于设计和编辑 Flash 文档。1996 年 11 月,Macromedia 公司收购了 Future Wave,并将其改名为 Flash,后又被 Adobe 公司收购。Flash 通常也指 Macromedia Flash Player(现 Adobe Flash Player)。2012 年 8 月 15 日,Flash 退出 Android 平台,正式告别移动端。

其最新版本为 2012 年 4 月发布的 Adobe Flash Profession CS6,为创建数字动画、交互式 Web 站点、桌面应用程序及手机应用程序提供了功能全面的创作和编辑环境。Flash 广泛用于创建各种应用程序,包含丰富的视频、声音、图形和动画。

1.4.5 任务 1-4-5:初识 FireWorks

 知识点

认识 FireWorks。

FireWorks 是 Adobe 公司推出的一款网页图像编辑软件,可以加速 Web 设计与开发,是一款创建与优化 Web 图像和快速构建网站与 Web 界面原型的理想工具。FireWorks 不仅具备编辑矢量图形与位图图像的灵活性,还提供了一个预先构建资源的公用库,并可与 Adobe Photoshop、Adobe Illustrator、Adobe Dreamweaver 和 Adobe Flash 软件集成。在 FireWorks 中,将设计迅速转变为模型,或利用来自 Illustrator、Photoshop 和 Flash 的其他资源,直接置入 Dreamweaver,轻松地进行网站开发与部署。

同步练习

(1) 查阅常用网页制作工具的特点。

(2) 下载 Dreamweaver CS6 软件,安装并初步认识。

1.5 任务 1-5：网站建设基本流程

 **任务描述**

熟悉网站建设的基本流程：前期调研与策划、中期实施与细化和后期维护与更新。

遵循网站建设的基本流程是网站建设的重要原则。前期与客户沟通交流，进行需求调研分析是网站建设规划的基础，也为中期网站建设实施与细化和后期网站维护与更新奠定良好的基础。所以，遵循网站建设的基本流程，不但提高了网站建设人员的工作效率，还能保证网站建设的科学性、合理性和严谨性。网站建设的基本流程如图 1-13 所示。

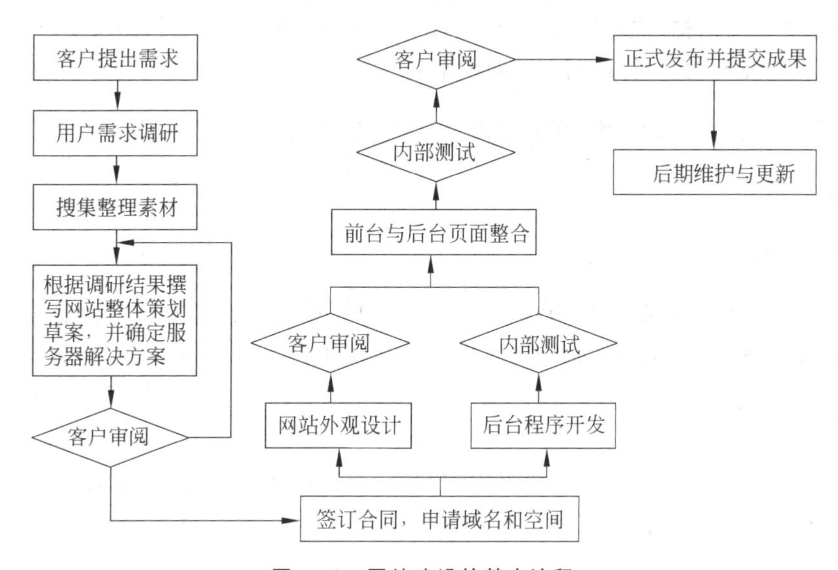

图 1-13 网站建设的基本流程

1.5.1 任务 1-5-1：网站前期调研与规划

 **知识点**

网站前期调研与规划。

网站前期调研与规划是使网站建设成功的重要环节，主要包括用户需求分析，市场调研，充分与客户沟通与交流，确定网站建设的目标、核心功能、主题和风格定位等内容。对于一般的网站，前期调研与规划包括以下 3 个方面。

1. 需求分析调研

网站建设团队要与客户进行充分的交流，正确地引导客户将自己的实际需求表达出来，以明确建设网站的主要目的和具体要求。必要时，可以通过客户欣赏网站实例，进一步明确其需求。在充分了解客户的所有要求后，结合网站技术特点，提出网站初步设计方案，然后与客户反复交流、沟通，最终确定网站建设方案。

2. 搜集整理素材

明确网站建设目标和主题后，需要围绕网站建设主题，收集和整理与网页内容相关的文字资料、图像、视频和动画等素材。需要注意的是，客户提供的各种资料是非常重要的素材之一。

3. 网站建设规划

网站建设规划的优劣程度直接影响到网站建设的整体效果，也是网站发布后能否成功运行的重要因素。网站建设规划设计对网站建设具有指导和定位的作用。网站建设规划包括网站的整体结构，主题定位，风格设计，色彩搭配，版面布局设计，文字、图片和动画的灵活运用，以及网站建设规划设计说明书等。

1.5.2 任务1-5-2：网站中期建设实施与细化的认识

知识点

网站中期建设实施与细化。

在前期的网站建设规划设计确定之后，需要对网站进行具体建设与实施。在此过程中，不断地细化和优化，主要包括前台页面设计与制作和后台应用程序功能开发与实现。

1. 规划与创建站点

在制作网页之前，首先创建一个站点，使用站点对网页文档、样式表文件、网页素材进行统一管理。站点规划好之后，即可进行网页设计与制作。

2. 网站外观设计

网站外观设计直接体现网站的整体效果。精心策划的网站建设方案，最终通过网页表现出来。因此，在网页设计与制作风格上，必须有明确的定位，必须精心、细致地制作，使网站建设符合用户要求。网站外观设计主要包括Logo设计、标准字体、标准色调、网页布局、Banner、图标、导航栏等。一般需要设计多套不同风格的样稿提交给客户讨论，并提出修改意见，直到客户满意为止。

3. 网页制作

在网页外观设计完成后，需要将其制作成网页。网页制作是一项十分艰巨的任务，要遵循先整体后细节，先简单后复杂的原则。所谓先整体后细节，是指先将网站的总体框架制定出来，然后逐步完善各个细小的环节。所谓先简单后复杂，是指先对每个小问题采取各个击破的策略，从而大大降低综合问题的难度与复杂度。

在制作网页时，首先要对设计稿的布局和配色有整体认识，然后根据规划要求对设计稿切片，最后使用CSS布局的方式将网页制作出来。

对于制作完成的网页，还要对其进行必要的优化，以加快页面的加载速度，增强页面的适应性，改善浏览者对网站的印象。

4. 后台应用程序开发

为了使网站具有数据库操作功能与强大的交互功能，通常需要使用服务器端的动态网页设计语言（如 ASP、JSP、PHP 等）开发后台应用程序。后台应用程序主要实现对后台数据库的事务处理，同时负责数据库与前台页面间的连接。在编写 Web 应用程序时，需要选择合适的解决方案，将页面文件与事务逻辑结合在一起。

5. 网站测试

网站测试是保证网站质量的重要环节，是一个复杂的过程，需要经过反复的测试、审核与修改，测试无误后方可发布。通常是将站点移到一个模拟调试服务器上对其进行测试或编辑。测试项目一般包括内容的正确性、各种链接的有效性、浏览器的兼容性、功能模块的正确性，以及稳定性测试和安全性测试等。

在测试过程中，应反复听取各方面的意见和建议，不断完善功能，直到客户满意为止。

6. 网站发布

网站制作的目的就是为了进行信息发布。通过测试的网站，下一步就是上传到互联网服务器进行发布。发布站点之前，需要在 Internet 上申请一个主页空间，用来指定网站或主页在 Internet 上的位置。

1.5.3　任务 1-5-3：网站后期更新与维护的认识

知识点

网站后期更新与维护。

网站上传到服务器后，还需不断地对网站内容及功能进行更新和维护，以保持信息内容的时效性和功能的完善性。网站的维护与更新主要包括定期检查网络和服务器的工作状态，根据用户的需求对网站中的网页进行增加、删除和修改，后台数据库维护与备份，采取有效的安防措施防止黑客入侵等。

同步练习

（1）请打开你所就读学校的网站，按照网站建设的基本流程，体会学校网站建设的过程。

（2）假设你要建设一个班级网站，请按照网站建设的流程考虑如何实施。

1.6 任务 1-6：我的第一个网页

1.6.1 任务 1-6-1：创建本地站点

任务描述

(1) 会安装、启动 Dreamweaver CS6。

(2) 会创建、保存“我的第一个网页”站点。

任务实施

(1) 安装、启动 Dreamweaver CS6。

正确安装 Dreamweaver CS6 后，选择【开始】→【程序】→【Adobe Dreamweaver CS6】菜单命令后，启动 Dreamweaver CS6。启动成功后，打开如图 1-14 所示工作界面。

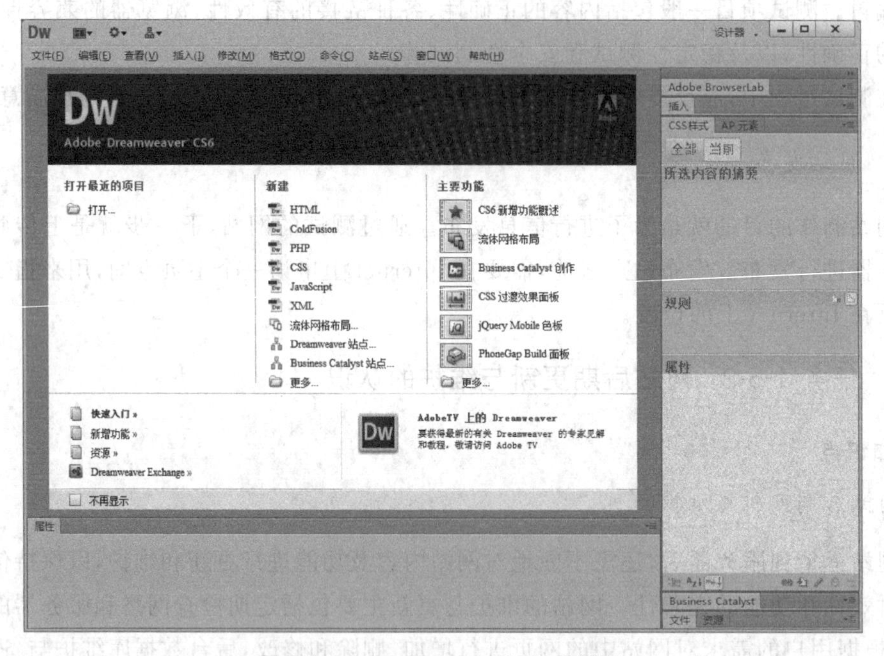

图 1-14 Dreamweaver CS6 工作界面

(2) 创建一个名为“我的第一个网页”的站点，站点文件夹为 ch01\task1-6-1。

① 打开【站点设置对象】对话框。

在 Dreamweaver CS6 的主界面中，选择【站点】→【新建站点】菜单命令，如图 1-15 所示，打开【站点设置对象】对话框，如图 1-16 所示。

② 在【站点设置对象】对话框中设置本地站点信息。

在【站点设置对象】对话框的【站点名称】文本框中输入站点名称“我的第一个站点”，在【本地站点文件夹】组合框中设置路径名称为“D:\网页设计与制作案例\ch01\task1-6-1\”，如图 1-17 所示。

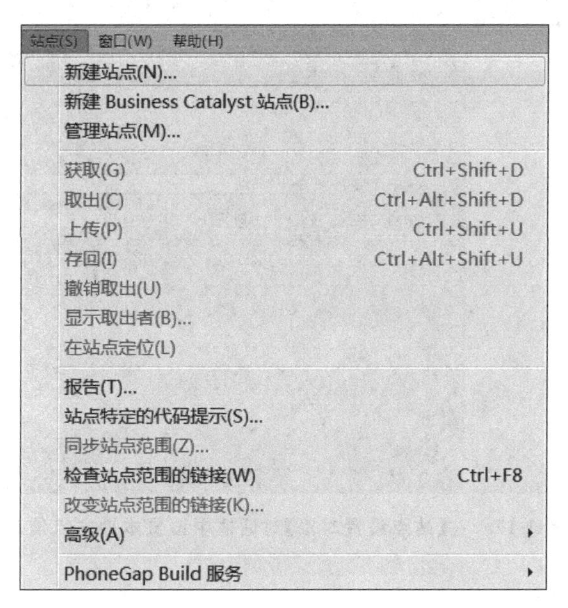

图 1-15　选择【新建站点】菜单命令

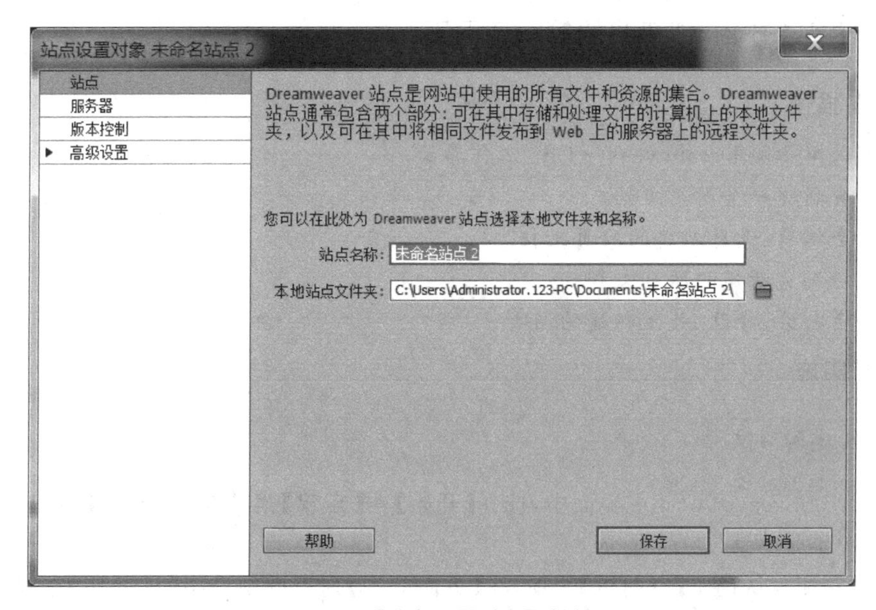

图 1-16　【站点设置对象】对话框

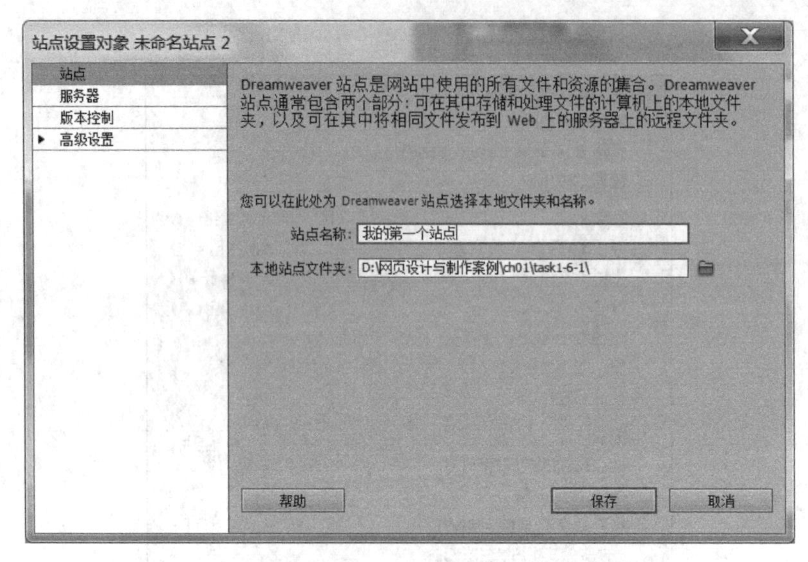

图 1-17 在【站点设置对象】对话框中设置本地站点信息

③ 保存创建站点。

在【站点设置对象】对话框中单击【保存】按钮，保存创建的站点，更新站点缓存。此时，在【文件】面板中可以看到新创建的本地站点“我的第一个站点”中的文件夹和文件。

1.6.2 任务 1-6-2：创建我的第一个网页

任务描述

(1) 简单了解 Dreamweaver CS6 工作界面。

(2) 会新建一个网页文档。

(3) 会编辑、保存新建的网页文档。

(4) 会浏览新建的网页文档。

(5) 会打开、修改、关闭新建的网页。

任务实施

1. 创建网页文档

在 Dreamweaver CS6 主界面中，选择【开始】→【新建】菜单命令，打开【新建文档】对话框，如图 1-18 所示。

在最左侧默认选中【空白页】选项，在【页面类型】列表框中选中【HTML】选项，在【布局】列表中默认选择【无】选项，然后单击【创建】按钮。此时，在 Dreamweaver CS6 的文档窗口区域创建一个名为“Untitled-1. html”的网页文档。

2. 编辑网页文档

在新建的“Untitled-1. html”网页文档中选择【设计】选项卡。在设计视图窗口输入“我的第一个网页！”，如图 1-19 所示。

图 1-18 【新建文档】对话框

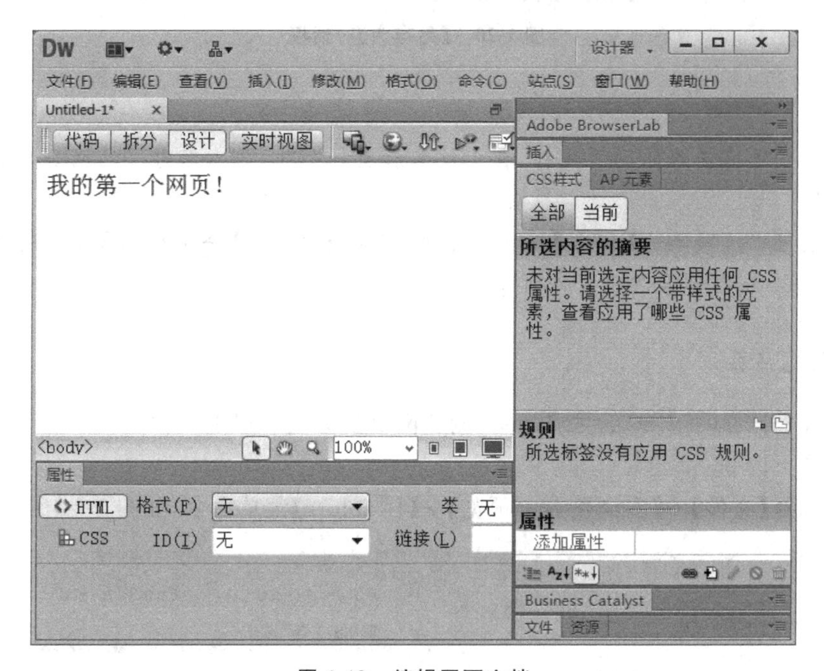

图 1-19 编辑网页文档

3. 保存网页文档

在 Dreamweaver CS6 的主界面中，选择【文件】→【保存】菜单命令，打开如图 1-20 所示的【另存为】对话框。在该对话框中输入网页文档名称“Myfristweb. html”，然后单击【保存】按钮，新建的网页文档的名称由“Untitled-1. html”变成“Myfristweb. html”，并保存在“D:\网页设计与制作案例\ch01\task1-6-1\”中，即完成创建网页文档的保存操作。

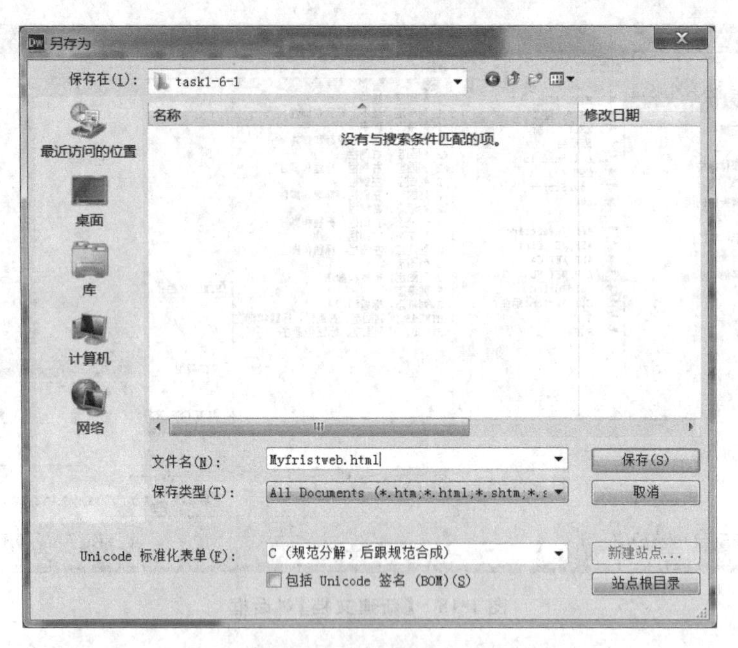

图 1-20 【另存为】对话框

提示

(1) 对于没有保存的网页文档，在文件名后有一个"＊"号，保存了的网页文档的文件名后没有"＊"号。

(2) 也可以直接单击【标准】工具栏中的【保存】按钮或【全部保存】按钮进行快速保存，还可按 Ctrl＋S 组合键保存网页文档。

4. 浏览网页

在 Dreamweaver CS6 的主界面中，浏览网页的方法有以下 3 种。

(1) 按 F12 键。

(2) 选择【文件】→【在浏览器中预览】→【IExplore】菜单命令，如图 1-21 所示。

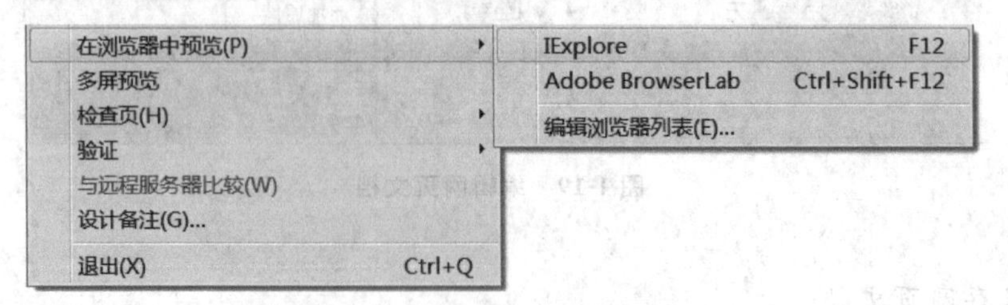

图 1-21 浏览网页的菜单命令

(3) 单击【文档】工具栏中的【在浏览器中预览/调试】按钮，然后在打开的下拉菜单中选择【预览 IExplore】命令，如图 1-22 所示。

采用以上 3 种方法的任何一种方式浏览"Myfristweb. html"网页文档效果如图 1-23 所示。

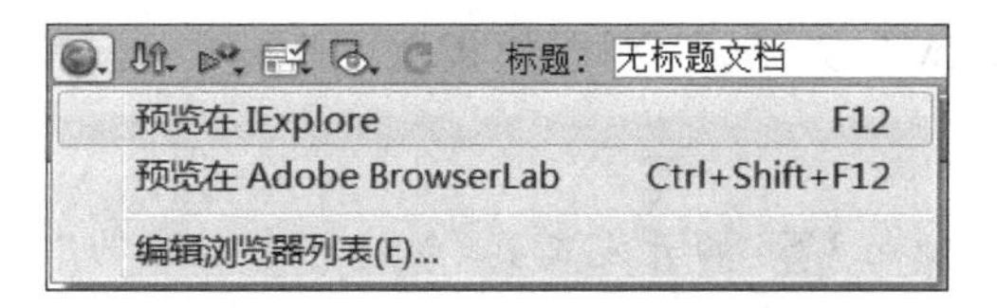

图 1-22　浏览网页的下拉菜单

图 1-23　浏览网页效果

5. 关闭网页文档

在 Dreamweaver CS6 的主界面中，如果需要关闭网页文档，选择【文件】→【关闭】或者【全部关闭】菜单命令。如果网页文档尚未保存，将打开一个对话框，确认是否保存。

6. 打开网页文档

在 Dreamweaver CS6 的主界面中，选择【文件】→【打开】菜单命令，打开【打开】对话框，如图 1-24 所示。选择文件夹"D:\网页设计与制作案例\ch01\task1-6-1\"中需要打开的"Myfristweb. html"网页文档，然后单击【打开】按钮。在对话框中可以打开多种类型的

图 1-24　【打开】对话框

文档,如 HTML 文档、XML 文档、库文档、模板文档等。

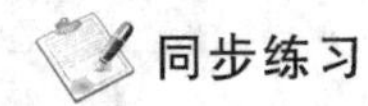

初步认识 Dreamweaver CS6 的开发工具,创建一个内容为“欢迎您使用网页制作工具,祝你学业有成!”的网页文档。

1.7 单元小结

本单元通过认识 Internet 和赏析优秀网页,使读者对网页设计与制作有了一个宏观认识,了解网站和网页的基本概念、网页的基本组成元素、网页布局结构、网页色彩搭配以及网页和网站建设的基本流程。利用 Dreamweaver CS6 编辑“我的第一个网页”,初步了解网页的常用制作工具软件。

1.8 单元实践操作

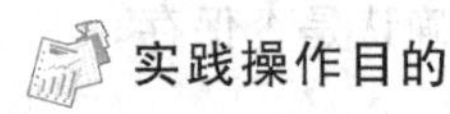

(1) 观察、体会网站首页的设计风格、网页布局及色彩搭配,认识网页基本组成元素。

(2) 通过在网上搜索,收集一些制作网页的素材,便于以后使用。

(3) 会简单使用 Dreamweaver CS6 开发环境。

(4) 会创建站点。

(5) 会制作简单网页,并保存。

1.8.1 实践任务 1-8-1:优秀网站赏析

操作要求及步骤如下。

(1) 启动 IE 浏览器,在地址栏中输入“http://www.sohu.com”并按 Enter 键,打开搜狐网首页。观察门户网站的页面布局和各组成元素的搭配。

(2) 在浏览器地址栏中输入“http://www.zol.com.cn”并按 Enter 键,打开“中关村在线”首页,观察专题类网站的用色及页面的版面设计。

(3) 在地址栏中输入“http://www.taobao.com”并按 Enter 键,打开淘宝网首页,观察交易类网站的页面布局特点及 Banner 的制作和使用。

(4) 在地址栏中输入“http://www.tianya.cn”并按 Enter 键,打开天涯社区网站的首页,观察非主页式首页,体会其简洁、美观的特点。单击“浏览进入”超级链接进入其主页,观察社区论坛类网站的布局和用色技巧。

(5) 在地址栏中输入“http://www.chinagwy.org/”并按 Enter 键,打开国家公务员网站首页,观察政府类网站的用色及布局方式。

(6) 利用百度搜索有关旅游景点网站,比较、分析网站首页的主要组成元素以及网页布局和色彩搭配。从中选出一两个读者认为制作精美的网站,完成表 1-1 所示网页赏析评价。

表 1-1 优秀网站首页赏析评价表

任务名称	优秀网站赏析评论
任务完成方式	独立完成(　　)　　小组完成(　　)
完成所用时间	
优秀网站网址	
网页中包含的主要组成元素	
网页布局结构特点	
网页色彩搭配特点	
网站整体体会	

1.8.2 实践任务 1-8-2：设计制作“我的第一个网页”

根据“任务 1-6：我的第一个网页”，利用 Dreamweaver CS6 开发工具，建设一个“个人名片”网页。操作要求及步骤如下所述。

(1) 新建站点。

(2) 新建空白网页 index. html。

(3) 输入相应的文字内容，如姓名、学号、性别、专业、班级、个人简介等内容。

(4) 保存网页，并浏览网页效果。

(5) 再次打开保存的 index. html 网页，进行编辑、修改，然后保存网页，并浏览网页效果。

做完以上操作后，完成表 1-2 所示实践任务评价表。

表 1-2 实践任务评价表

<table>
<tr><td>任务名称</td><td colspan="4"></td></tr>
<tr><td>任务完成方式</td><td colspan="4">独立完成(　　)　　小组完成(　　)</td></tr>
<tr><td>完成所用时间</td><td colspan="4"></td></tr>
<tr><td rowspan="2">考 核 要 点</td><td colspan="4">任务考核
A(优秀)，B(良好)，C(合格)，D(较差)，E(很差)</td></tr>
<tr><td>自我评价(30%)</td><td>小组评价(30%)</td><td>教师评价(40%)</td><td>总　评</td></tr>
<tr><td>正确使用编辑工具</td><td></td><td></td><td></td><td rowspan="5"></td></tr>
<tr><td>创建站点的操作</td><td></td><td></td><td></td></tr>
<tr><td>新建、编辑、保存和打开网页的操作</td><td></td><td></td><td></td></tr>
<tr><td>色彩搭配</td><td></td><td></td><td></td></tr>
<tr><td>网页完成整体效果</td><td></td><td></td><td></td></tr>
<tr><td>存在的主要问题</td><td colspan="4"></td></tr>
</table>

1.9 单元习题

一、单选题

1. 使用浏览器访问网站时,第一个被访问的网页称为(　　)。

A. 网页　　B. 网站　　C. HTML　　D. 主页

2. 以下不能编辑网页的软件是(　　)。

A. FireWork　　B. Dreamweaver

C. FrontPage　　D. IE

3. 关于网站的设计和制作,下列说法错误的是(　　)。

A. 设计是一个思考的过程,而制作只是将思考的结果表现出来

B. 设计是网站的核心和灵魂

C. 一个相同的设计可以有多种制作表现形式

D. 设计与制作是同步进行的

4. 影响网站风格的最重要的因素是(　　)。

A. 色彩和窗口　　B. 特效和架构　　C. 色彩和布局　　D. 内容和布局

5. 下列各项中属于网页制作工具的是(　　)。

A. Photoshop　　B. Flash

C. Dreamweaver　　D. CuteFTP

6. 下列不属于 Adobe 公司产品的是(　　)。

A. Dreamweaver　　B. FireWorks

C. Flash　　D. FrontPage

7. 网页的本质特征是(　　)。

A. 超文本与超链接

B. 标识语言,网页中不能没有标记

C. 网页实现了对原文档信息的无限补充或扩展

D. 网页提供了一些措施,以防在网上冲浪的过程中迷失方向

8. 使用浏览器访问 Web 服务器时,主要使用的传输协议为(　　)。

A. FTP　　B. Telnet　　C. HTTP　　D. SMTP

9. IP 地址为 202.112.112.224 的主机位于(　　)类网络中。

A. D类　　B. C类　　C. B类　　D. A类

10. 对于一个完整的 URL,各组成部分的正确排列顺序是(　　)。

A. 服务器地址、协议名称、目录部分、文件名

B. 文件名、目录部分、服务器地址、协议名称

C. 协议名称、服务器地址、目录部分、文件名

D. 协议名称、目录部分、文件名、服务器地址

11. 下列关于域名系统的说法,正确的是(　　)。

A. 域名转换成主机名　　　　B. 主机名转换成域名

C. 主机名转换成 IP 地址　　　　D. 域名转换成 IP 地址

二、问答题

1. 什么叫主机的 IP 地址？IP 地址由哪几部分组成？什么是 Internet 上主机的域名？

2. 我国的顶级域名是什么？二级域名 edu 指的是哪个机构？

3. 请解释 http://www.sdut.edu.cn/wwwroot/default.html 的含义。

4. 什么是网页？什么是网站？两者有什么区别？

5. 常见的网页结构布局包括哪几种？

6. 简述网站建设基本流程。

单元 2

HTML 基础

Unit 2

案例宏观展示引入

HTML(HyperText Markup Language)称为超文本标记语言，是网页制作的基础。任何网页都是以 HTML 为基础编写的。使用 HTML 编写的文档称为 HTML 文档。如图 2-1(a)所示为腾讯网站的主页。在 IE 11 浏览器中，选择【查看】→【源】菜单命令，即可打开网页源代码，如图 2-1(b)所示。不难发现，网页源代码是用 HTML 编写的。

本单元主要介绍 HTML 基础，常见的各种元素的含义，并使用记事本编写简单的网页，让读者对 HTML 代码有一个初步认识，能看懂基本的 HTML 源代码。

(a) 腾讯网主页

图 2-1　HTML 与网页

http://www.qq.com/ - 原始源

文件(F) 编辑(E) 格式(O)

```
1  <!DOCTYPE html>
2  <html lang="zh-CN">
3  <head>
4  <meta content="text/html; charset=gb2312" http-equiv="Content-Type">
5  <meta http-equiv="X-UA-Compatible" content="IE=edge">
6  <title>腾讯首页</title>
7  <script type="text/javascript">
8  if(window.location.toString().indexOf('pref=padindex') != -1){
9  }else{
10         if(/AppleWebKit.*Mobile/i.test(navigator.userAgent) ||
   (/MIDP|SymbianOS|NOKIA|SAMSUNG|LG|NEC|TCL|Alcatel|BIRD|DBTEL|Dopod|PHILIPS|HAIER|LENOVO|MOT-|Nokia|SonyEricsson|SIE-
   |Amoi|ZTE/.test(navigator.userAgent))){
11         if(window.location.href.indexOf("?mobile")<0){
12                 try{
13                         if(/Android|Windows Phone|webOS|iPhone|iPod|BlackBerry/i.test(navigator.userAgent)){
14                                 window.location.href="http://xw.qq.com/index.htm";
15                         }else if(/iPad/i.test(navigator.userAgent)){
16                 window.location.href="http://www.qq.com/pad/"
17                         }else{
18                                 window.location.href="http://xw.qq.com/simple/s/index/"
19                         }
20                 }catch(e){}
21         }
22         }
23 }
24 </script>
25 <script type="text/javascript">var QosSS=new Object();QosSS.t=new Array([0,0,0]);QosSS.t[0]=(new Date()).getTime();
   </script>
26 <meta name="apple-itunes-app" content="app-id=660653351">
27 <meta content="资讯,新闻,财经,房产,视频,NBA,科技,腾讯网,腾讯,QQ,Tencent" name="Keywords">
28 <meta name="description" content="腾讯网(www.QQ.com)是中国浏览量最大的中文门户网站，是腾讯公司推出的集新闻信息、互动社区、娱
   乐产品和基础服务为一体的大型综合门户网站。腾讯网服务于全球华人用户，致力成为最具传播力和互动性，权威、主流、时尚的互联网媒体平
   台。通过强大的实时新闻和全面深入的信息资讯服务，为中国数以亿计的互联网用户提供富有创意的网上新生活。" />
29 <link rel="shortcut icon" href="http://mat1.gtimg.com/www/icon/favicon2.ico"/>
30
```

(b) 网页HTML源代码

图 2-1(续)

学习任务

- 理解 HTML 的概念
- 掌握编写简单 HTML 网页文档的方法
- 掌握各类常见元素的含义及其使用方法
- 了解 XHTML 和 HTML 5 的相关概念
- 能够使用记事本编写简单的网页

2.1 任务 2-1：认识 HTML

任务描述

(1) 认识 HTML。

(2) 了解 HTML 网页文件的命名规则。

知识点

HTML 概念。

HTML 是一种用来制作超文本文档的简单标记语言。用 HTML 编写的超文本文档称为 HTML 文档。HTML 通过标签符号来标记要显示的网页中的各个部分，浏览器根据不同的标签来解释和显示其标签的内容，使访问者浏览到漂亮的网页。

对于初学者而言，学习 HTML 中的各种标签可能非常枯燥，但 HTML 的学习对后期网页制作水平的提高有重要的影响。

HTML 有多个版本，都是通过浏览器来解释和翻译，最终将网页中所能呈现的内容显示给用户。实际上，HTML 不能算是一种程序设计语言，因为它缺少程序设计语言应有的特征，它是一种 Internet 上比较常见的网页制作标记语言。

HTML 网页文件的命名规则如下所述。

(1) 以 HTML 编写的网页文件，其扩展名为.htm 或.html，网站主页的常用名称为 index.htm 或 index.html 等。

(2) 网页文件命名允许使用汉字、英文字母和下划线，不能包括空格和特殊字符，但不建议使用汉字命名。

(3) 网页文件命名区分大小写。

使用 HTML 编写网页的方法一般有 3 种。

(1) 使用最传统文本编辑器(如记事本)编写 HTML 网页。

(2) 使用网页制作工具编写网页。采用这种方法制作网页较为简单、方便、快捷，例如 Dreamweaver CS6、FrontPage 2010 等网页制作工具。

(3) 动态网页制作方法，即通过编写程序，由 Web 服务器实时、动态地生成网页。

2.2 任务 2-2：编写简单的 HTML 网页文档

 **任务描述**

(1) 掌握 HTML 网页的基本结构。

(2) 编写简单的 HTML 网页文档。

知识点

(1) HTML 网页的基本结构。

(2) HTML 标签、元素和属性。

HTML 网页文档可以采用多种工具编写。下面以记事本为例，说明 HTML 文档的编写方法。

 **任务实例 2-2-1：利用记事本编辑简单的网页**

 **任务实施**

主要操作步骤如下所述。

(1) 打开记事本，输入如图 2-2 所示 HTML 代码。这是一个简单的 HTML 网页文件，也是组成网页文档的基本结构。

(2) 将记事本保存为扩展名为 *.html 或 *.htm 的网页文档。

(3) 用浏览器打开保存的 HTML 文档，这就是“我的第一个网页作品”的显示效果，如图 2-3 所示。

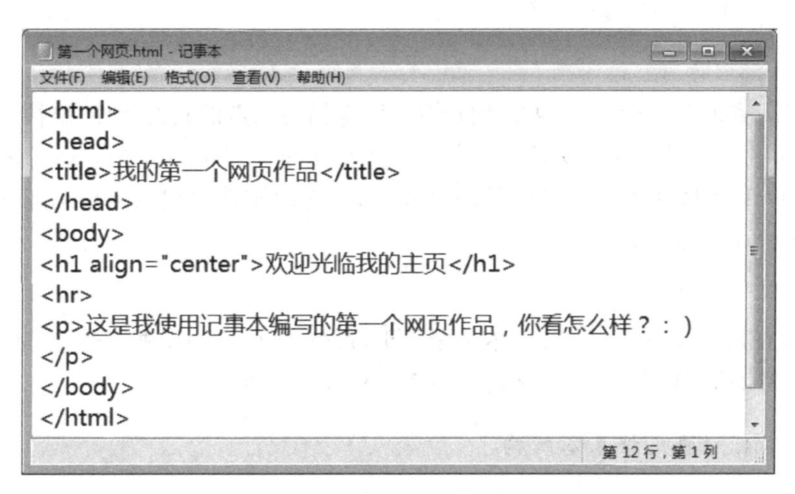

图 2-2　HTML 网页文档基本结构实例

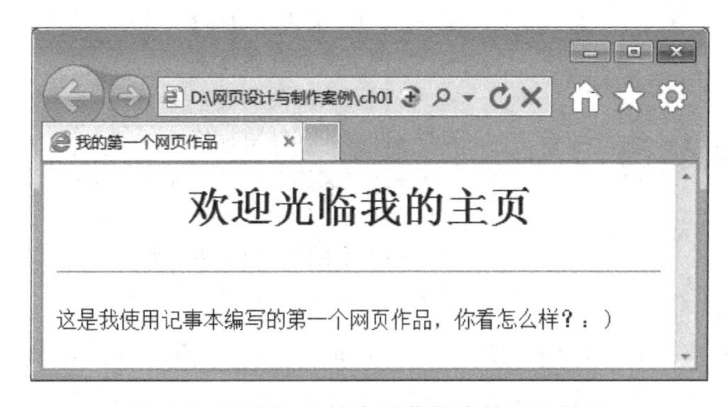

图 2-3　HTML 文档在浏览器中的显示效果

从编写的简单网页实例可以看出，HTML 文档是由各种 HTML 元素组成的，例如 html 元素、head(头部)元素、body(主体)元素、p(段落)元素、h1(一级标题)元素等。这些元素通过一对尖括号组成标签来表现网页内容。

1. 标签

HTML 标签是由一对尖括号“<”和“>”，以及标签名组成的。在 HTML 网页文档中，标签通常都是成对出现的。标签分为开始标签“< >”和结束标签“</ >”。例如“<p>段落</p>”，p 为标签名称，<p>为开始标签，</p>为结束标签。HTML 网页文档就是通过不同功能的标签来控制 Web 页面内容。

2. 元素

HTML 元素是组成 HTML 文档的最基本部分，按照有无内容，分为有内容元素和空元素。例如：

```
<h1>欢迎光临我的主页</h1>          <!--该 h1(一级标题)元素为有内容元素-->
<hr>                               <!--该 hr(水平线)元素为空元素-->
```

3. 属性

在各种元素的开始标签中,可以增加“属性”来描述元素的其他特性,属性的值用等号“=”连接,并用英文的双引号标注。例如,在“<h1 align="center">欢迎光临我的主页</h1>”中,align 属性用于设置标题的对齐方式,它的属性值包括 left(左对齐)、center(居中)和 right(右对齐)。

提示

(1) 在 HTML 源文件中,标签不区分大小写;但在 XHTML 中,一律使用小写。

(2) 编写 HTML 文档,实际上是编写各种标签及其属性。

4. HTML 网页文档基本结构

HTML 网页文档基本结构及其代码解读如下:

```
<html>                          <!--HTML 文档开始标签-->
  <head>                        <!--网页头部开始标签-->
      ...                       <!--网页头部的内容-->
  </head>                       <!--网页头部结束标签-->
  <body>                        <!--网页文档主体开始标签-->
      ...                       <!--网页主体内容-->
  </body>                       <!--网页主体内容结束标签-->
</html>                         <!--HTML 文档结束标签-->
```

HTML 定义了 3 个元素用于描述网页页面的整体结构。页面结构元素不影响页面的显示效果,而是帮助 HTML 工具对 HTML 文件进行解析和过滤。主要的 3 个基本元素包括 html 元素、head 元素和 body 元素。

提示

(1) head 元素包含的是网页中的不可见区域。

(2) body 元素包含的是网页中的可见区域。

5. HTML 注释

在 HTML 源文件中,注释采用“<!--注释内容-->”的形式,注释内容只出现在源代码中,便于阅读与理解代码,不会在浏览器中显示出来。

同步练习

选择一首唐诗(如李白的《静夜思》),利用记事本编辑自己的第一个网页作品。在源代码中加上必要的注释、说明。

2.3 任务2-3：认识常见的HTML元素

任务描述

(1) 理解常见的HTML元素的语法格式及属性。

(2) 熟练运用常见的HTML元素编写简单的网页。

丰富多彩的网页是由一系列HTML元素组成的。下面介绍常用的HTML元素。

2.3.1 任务2-3-1：HTML基本元素

知识点

(1) html元素。

(2) head元素及属性。

(3) body元素及属性。

HTML基本的结构元素包括3个，分别是html元素、head元素和body元素，这3个元素是每个网页文档中必不可少的组成部分，但是在每个网页文档中只能出现1次。

1. html元素

html元素由一对<html>…</html>标签组成，表明这是一个HTML文档，其作用是告知浏览器网页的格式为HTML格式。html元素用来界定html文档的起始位置，从标签<html>开始，到标签</html>结束。

2. head元素

head元素包含的是HTML文档的头部信息，从标签<head>开始，到标签</head>结束，主要包含页面的一些基本描述语句。一般情况下，头部信息不会直接显示在网页正文中，它为浏览器提供一些信息，如标题、文档使用的脚本、样式定义等。常用的头部标签如表2-1所示。

表2-1 常用的头部标签

标　　签	描　　述
<title>…</title>	设置出现在浏览器左上角的标题内容
<meta>	描述网页的信息，这些信息常被搜索引擎用于检索网页，例如关键字
<style>…</style>	设置用于本页面的CSS(层叠样式表)规则
<link>	设置外部文件的链接，如外部CSS或JavaScript等文件
<script>…</script>	设置页面中程序脚本的内容

请解释下列例题中HTML代码的含义。

【例2-1】 <meta http-equiv="Content-Type" content="text/html"; charset=

"GB2312" />

content 属性提供页面内容的相关信息，指明文档为文本类型。charset 属性定义字符集，提供网页的编码信息，浏览器根据这行代码选择正确的语言编码。GB2312 表示网页内容采用标准简体中文显示。

【例 2-2】 <meta name="keywords" content="HTML,网页制作"/>

设置网页关键字两个，分别为“HTML”和“网页制作”。搜索引擎根据这些关键字查找网站主页，各个关键字用逗号隔开。

【例 2-3】 <meta http-equiv="refresh" content="3;url=http://www.sohu.com"/>

网页自动刷新，经过用户自定义的 3 秒后，网页自动跳转到 URL 指定的位置。

【例 2-4】 <meta name="author" content="sohu315"/>

指定网页作者为“sohu315”。

【例 2-5】 <meta name="description" content="网页制作项目实用教程"/>

描述该网页的主题为“网页制作项目实用教程”。

注意

(1) 在 HTML 头部可以包括任意数量的<meta>标签。

(2) <meta>标签只能放在<head>…</head>标签内。

3. body 元素

body 元素包含的是 HTML 文档的网页内容的主体，从<body>开始，到</body>结束，包括页面所有内容，如文本、图片、动画、视频、表格、链接、表单等。body 元素常用属性如表 2-2 所示。

表 2-2 body 元素常用属性

属　性	描　述
text	设置页面文本颜色
link	设置链接文本颜色
vlink	设置活动链接颜色，即单击鼠标左键时链接文本所显示的颜色
alink	设置已访问过的链接文本颜色
bgcolor	设置页面的背景颜色
background	设置页面的背景图像
leftmargin	设置页面的左边距
topmargin	设置页面的上边距

body 元素中可以同时使用多个属性，如下所示。

```
<body text="#FF0000" bgcolor="#CCCCCC" background="bg.jpg" link="3300FF"
alink="#FFCC99" leftmargin="20px" topmargin="50px">
```

其中，属性值颜色由一个十六进制符号来定义，这个符号由红色、绿色和蓝色的值组成(RGB)。例如，#FF0000 表示红色。

提示

学习 HTML 语言需要记住的东西很多，但是没有必要全部记住，需要做的是了解几个常用元素的功能及其属性。当看到一个网页时，知道能用什么元素或者属性实现就可以了。编辑网页时，可以查看“帮助”资料。

任务实例 2-3-1：HTML 基本元素示例

任务实施

主要操作步骤如下所述。

(1) 打开记事本，输入 HTML 代码，如图 2-4 所示。

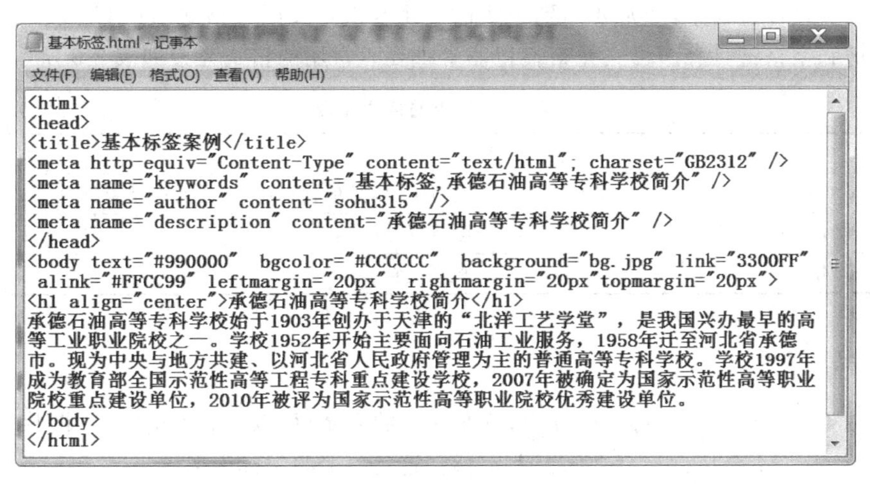

```
基本标签.html - 记事本
文件(F) 编辑(E) 格式(O) 查看(V) 帮助(H)
<html>
<head>
<title>基本标签案例</title>
<meta http-equiv="Content-Type" content="text/html"; charset="GB2312" />
<meta name="keywords" content="基本标签,承德石油高等专科学校简介" />
<meta name="author" content="sohu315" />
<meta name="description" content="承德石油高等专科学校简介" />
</head>
<body text="#990000" bgcolor="#CCCCCC" background="bg.jpg" link="3300FF"
 alink="#FFCC99" leftmargin="20px" rightmargin="20px"topmargin="20px">
<h1 align="center">承德石油高等专科学校简介</h1>
承德石油高等专科学校始于1903年创办于天津的“北洋工艺学堂”，是我国兴办最早的高
等工业职业院校之一。学校1952年开始主要面向石油工业服务，1958年迁至河北省承德
市。现为中央与地方共建、以河北省人民政府管理为主的普通高等专科学校。学校1997年
成为教育部全国示范性高等工程专科重点建设学校，2007年被确定为国家示范性高等职业
院校重点建设单位，2010年被评为国家示范性高等职业院校优秀建设单位。
</body>
</html>
```

图 2-4　基本元素案例代码

(2) 将记事本保存为扩展名为.html 或.htm 的网页文档。

(3) 用浏览器打开保存的 HTML 文档，显示效果如图 2-5 所示。

图 2-5　基本元素案例显示效果

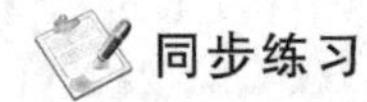

请参照任务实例2-3-1,制作以班级简介为主题的网页。

2.3.2 任务2-3-2:格式元素

知识点

(1) 换行元素。

(2) 段落元素。

(3) 水平线元素。

在网页设计过程中,经常要用到一些格式元素来定义网页格式,特别是HTML不识别回车键和空格键,因此,格式元素显得非常重要。常用的格式元素如表2-3所示。

表2-3 常用的格式元素

元 素	描 述
 	换行标签,是单独标签,不需要有结束标签
<p>…</p>	段落标签
<hr>	水平线标签

1. 换行元素

使用
标签强制换行、分段,放在一行的末尾,可以使后面的文字、图片、表格等显示在下一行,不会在行与行之间留下空行。这是一个自关闭元素。

2. 段落元素

使用<p>…</p>标签定义段落,使网页正文的文字段落排列得更加整齐、美观。例如:

```
<p align="center">欲穷千里目,更上一层楼。</p>
```

其中,align属性表示段落的对齐方式:left(左对齐)、center(居中)和right(右对齐)。默认左对齐。

3. 水平线元素

使用<hr>标签,可以在页面中插入一条水平标尺线,使不同功能的文字隔开,便于查找、阅读。例如:

```
<hr width="100%" size="1px" color="#0000FF" noshade>
```

水平线的样式由标签的属性值确定。属性size用来设定线条粗细,以像素(px)为单位,默认为2px。width用来设置水平线的长度,可以设置绝对值(以像素为单位)或相对值(相对于当前窗口的百分比)。color用来设定线条的颜色,默认为黑色。noshade用来去掉水平线的阴影效果。

任务实例 2-3-2：HTML 格式元素示例

任务实施

主要操作步骤如下所述。

(1) 打开记事本，输入 HTML 代码，如图 2-6 所示。

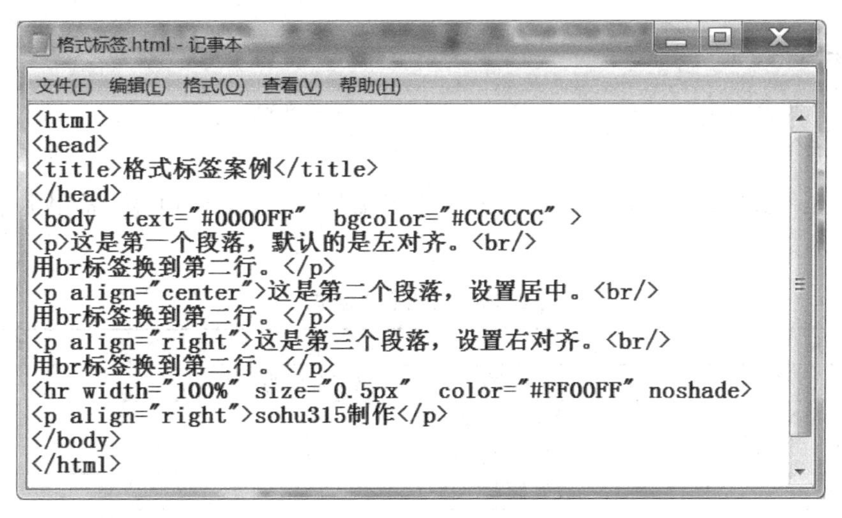


```
<html>
<head>
<title>格式标签案例</title>
</head>
<body  text="#0000FF"  bgcolor="#CCCCCC" >
<p>这是第一个段落，默认的是左对齐。<br/>
用br标签换到第二行。</p>
<p align="center">这是第二个段落，设置居中。<br/>
用br标签换到第二行。</p>
<p align="right">这是第三个段落，设置右对齐。<br/>
用br标签换到第二行。</p>
<hr width="100%" size="0.5px"  color="#FF00FF" noshade>
<p align="right">sohu315制作</p>
</body>
</html>
```

图 2-6　格式元素案例代码

(2) 将记事本保存为扩展名为.html 或.htm 的网页文档。

(3) 用浏览器打开保存的 HTML 文档，显示效果如图 2-7 所示。

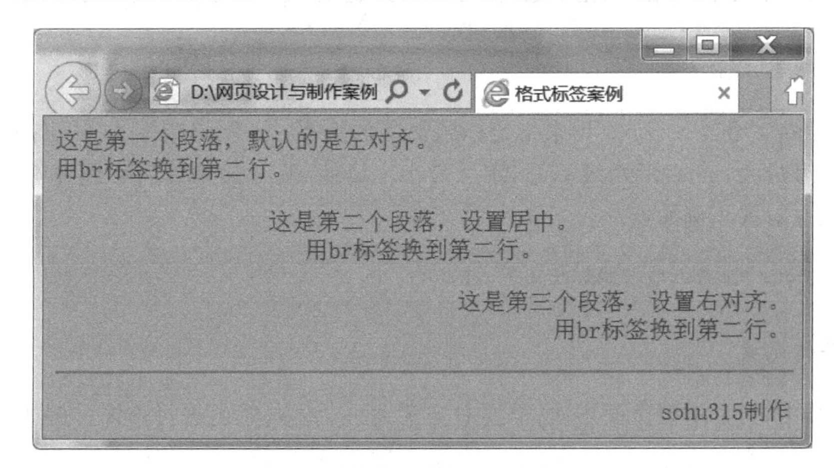

图 2-7　格式元素案例显示效果

注意

p 元素的行间距大于 br 元素的行间距，这是因为段落本身存在段前、段后距离，因此间距较大。

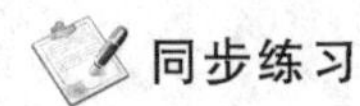

请参照任务实例 2-3-2，制作以个人简历为主题的网页，从个人基本情况、个人能力和自我评价三方面介绍，并用水平分隔线隔开。

2.3.3 任务 2-3-3：字体元素

知识点

(1) 标题类元素。

(2) 字体元素。

文字是网页中非常重要的元素，通过文字来说明网页的具体内容。常用字体标签如表 2-4 所示。

表 2-4 常用字体标签

标 签	描 述
<hn>	n 级标题标签。n 的取值范围为 1～6
<font>	设置字体标签
<b>	设置加粗字体
<i>	设置倾斜字体
<strong>	格式化需要强调显示效果的字体，通常显示为斜体＋粗体
<u>	设置下划线
<sup>	设置文本为上标格式
<sub>	设置文本为下标格式

1. 标题类元素

标题标签<hn></hn>用来指定标题文字的大小。n 取值范围为 1～6；h1 表示一级标题，字号最大，h6 表示六级标题，字号最小。属性 align 用来设置标题在页面的对齐方式，默认左对齐。例如：

```
<h2 align="center">二级标题文字</h2>
```

2. 字体元素

在网页中，为了增强页面层次，需要对文字大小、字体、颜色进行修饰。例如：

```
<font size="5" face="宋体" color="red">被设置的文字</font>
```

其中，size 属性设置文字的大小，取值范围 1～7，1 表示最小字号，7 表示最大字号；face 属性用来设置字体，如宋体、黑体等；color 属性设置文字颜色，如 red(红色)。

提示

随着网页技术的发展，网页中的文字样式主要通过 CSS 样式来设置(在后续章节介绍)，已经不提倡使用字体元素设置字体格式。

任务实例 2-3-3：字体元素案例

任务实施

主要操作步骤如下所述。

(1) 打开记事本，输入 HTML 代码，如图 2-8 所示。

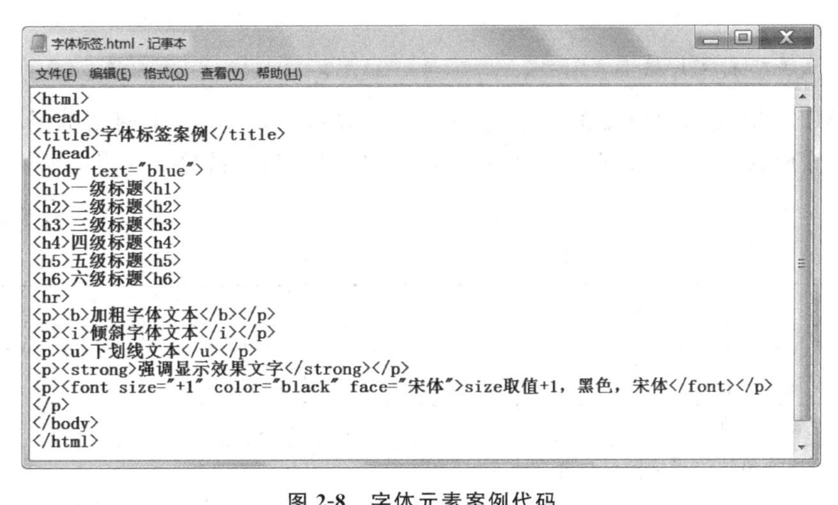

```
<html>
<head>
<title>字体标签案例</title>
</head>
<body text="blue">
<h1>一级标题<h1>
<h2>二级标题<h2>
<h3>三级标题<h3>
<h4>四级标题<h4>
<h5>五级标题<h5>
<h6>六级标题<h6>
<hr>
<p><b>加粗字体文本</b></p>
<p><i>倾斜字体文本</i></p>
<p><u>下划线文本</u></p>
<p><strong>强调显示效果文字</strong></p>
<p><font size="+1" color="black" face="宋体">size取值+1, 黑色, 宋体</font></p>
</p>
</body>
</html>
```

图 2-8 字体元素案例代码

(2) 将记事本保存为扩展名为 *.html 或 *.htm 的网页文档。

(3) 用浏览器打开保存的 HTML 文档，显示效果如图 2-9 所示。

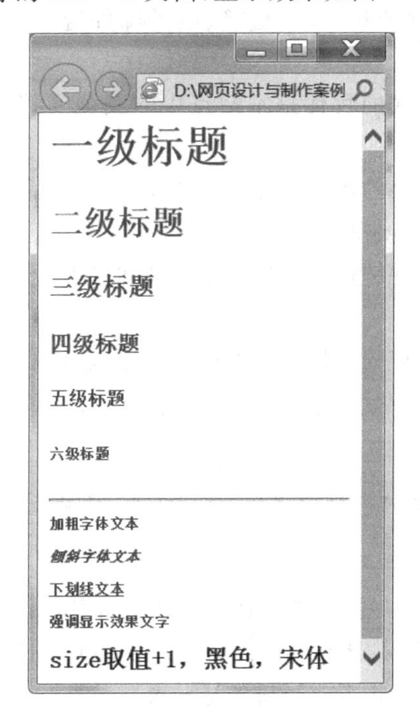

图 2-9 字体元素案例显示效果

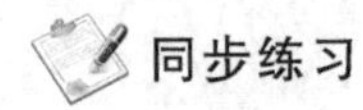

同步练习

请参照任务实例 2-3-3，完善个人简历，进行网页文字的修饰。

2.3.4 任务 2-3-4：超级链接元素

知识点

超级链接元素及其属性

HTML 网页文档中重要的元素之一就是超级链接，它是一个网站的灵魂。通过<a>标签的 href 属性可完成网页中超级链接的定义。超级链接 a 元素的属性如表 2-5 所示。

表 2-5 超级链接 a 元素的属性

属 性	描 述	举 例
href	指定超级链接地址	<a href="http://www.baidu.com">百度</a>
name	设置锚点名称	<a name="top">锚点 </a>
title	设置超级链接提示文字	<a title="百度"> 百度</a>
target	设置超级链接目标窗口打开方式。target 常用的值有_blank (在新窗口打开)和_self(在同一窗口打开，默认)	<a href="http://www.baidu.com" target="_blank">百度</a>

超级链接主要分为内部链接、外部链接、电子邮件链接和锚点链接。具体含义如下所述。

(1) 内部链接：这种链接的目标是本站点中的其他文档。利用内部链接，可以在本站点内的页面之间跳转。

(2) 外部链接：这种链接的目标是互联网中的某个页面，是本站点之外的某个页面。利用外部链接，可以跳转到其他网站。

(3) 电子邮件链接：这种链接可以启动电子邮件程序，完成邮件的书写，并将其发送到指定的邮箱中。

(4) 锚点链接：这种链接的目标是文档中的命名锚点。利用锚点链接跳转到当前文档或其他文档的某一指定位置，适合内容较多的长页面信息定位。

提示

超级链接的外观样式与颜色可以通过 CSS 定义，后续章节将介绍。

注意

(1) href 属性如果为外部链接，在网址前必须含有“http://”。

(2) 在进行锚点链接时，属性 name 不可缺少。href 属性赋值若为锚点的名称，必须在锚点名称前加“#”符号，而且名称必须保持一致。

任务实例 2-3-4：a 元素示例

任务实施

主要操作步骤如下所述。

(1) 打开记事本，输入 HTML 代码，如图 2-10 所示。

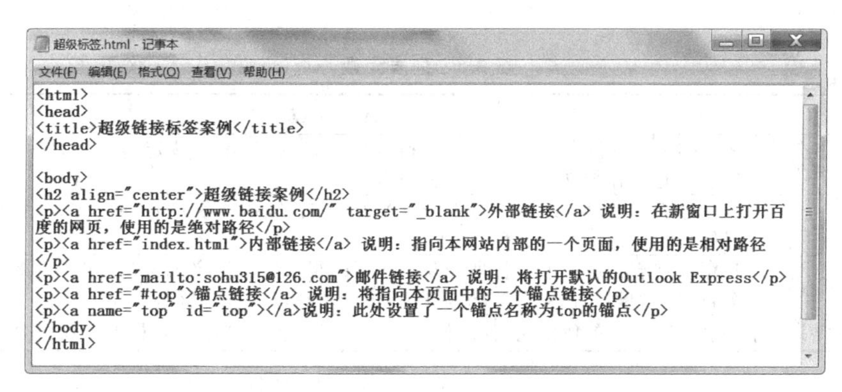

```
超级标签.html - 记事本
文件(F) 编辑(E) 格式(O) 查看(V) 帮助(H)
<html>
<head>
<title>超级链接标签案例</title>
</head>

<body>
<h2 align="center">超级链接案例</h2>
<p><a href="http://www.baidu.com/" target="_blank">外部链接</a> 说明：在新窗口上打开百度的网页，使用的是绝对路径</p>
<p><a href="index.html">内部链接</a> 说明：指向本网站内部的一个页面，使用的是相对路径</p>
<p><a href="mailto:sohu315@126.com">邮件链接</a> 说明：将打开默认的Outlook Express</p>
<p><a href="#top">锚点链接</a> 说明：将指向本页面中的一个锚点链接</p>
<p><a name="top" id="top"></a>说明：此处设置了一个锚点名称为top的锚点</p>
</body>
</html>
```

图 2-10　超级链接元素案例代码

(2) 将记事本保存为扩展名为.html 或.htm 的网页文档。

(3) 用浏览器打开保存的 HTML 文档，显示效果如图 2-11 所示。

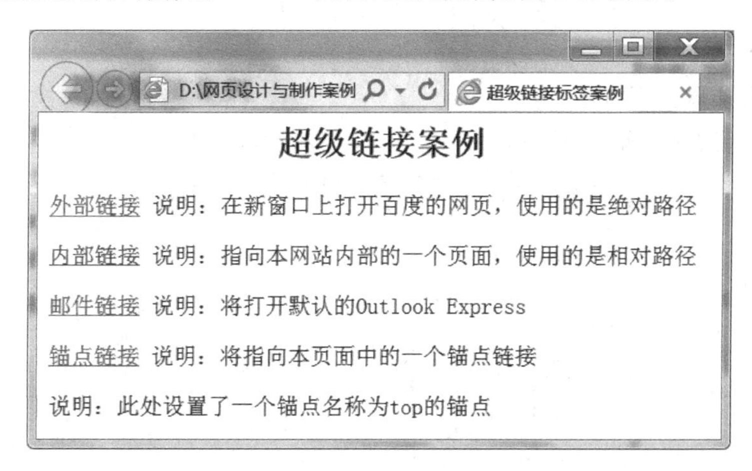

图 2-11　超级链接元素案例显示效果

同步练习

请参照任务实例 2-3-4，完善个人简历，通过超级链接方式增加个人专业能力和获奖情况。

2.3.5　任务 2-3-5：列表元素

知识点

(1) ul 元素。

(2) ol 元素。

(3) dl 元素。

(4) li 元素。

HTML 中常见的列表元素包括 ul 元素、ol 元素和 dl 元素和 li 元素。利用这些元素，结合后面学习的 CSS，能够实现导航栏、新闻列表等页面效果，应用非常广泛。列表元素如表 2-6 所示。

表 2-6　列表元素

元　　素	描　　述
<ul>…</ul>	无序列表：所包含的列表项将以粗点格式显示，且没有特定的顺序，经常与<li>标签一起制作导航。默认为纵向排列
<ol>…</ol>	有序列表：所包含的列表将以顺序数字方式显示，列表项自动从 1 开始对有序条目编号
<dl>…</dl>	自定义列表：是一个项目列表及其注释的组合。自定义列表从<dl>标签开始，每个自定义列表项以<dt>标签开始，每个注释以<dd>标签开始
<li>…</li>	列表项：不能单独使用，仅能作为列表条目包含在有序列表和无序列表中

提示

列表元素在使用过程中可以相互嵌套。

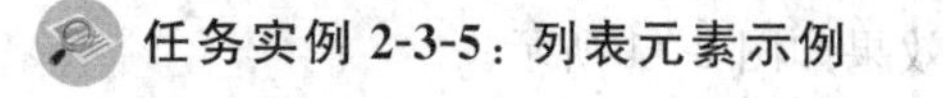

任务实例 2-3-5：列表元素示例

任务实施

主要操作步骤如下所述。

(1) 打开记事本，输入 HTML 代码，如图 2-12 所示。

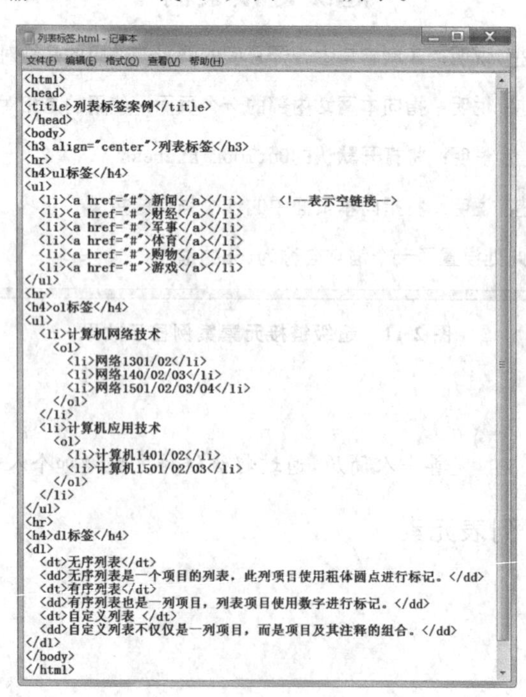

```
列表标签.html - 记事本
文件(F) 编辑(E) 格式(O) 查看(V) 帮助(H)
<html>
<head>
<title>列表标签案例</title>
</head>
<body>
<h3 align="center">列表标签</h3>
<hr>
<h4>ul标签</h4>
<ul>
  <li><a href="#">新闻</a></li>      <!—表示空链接—>
  <li><a href="#">财经</a></li>
  <li><a href="#">军事</a></li>
  <li><a href="#">体育</a></li>
  <li><a href="#">购物</a></li>
  <li><a href="#">游戏</a></li>
</ul>
<hr>
<h4>ol标签</h4>
<ul>
  <li>计算机网络技术
    <ol>
      <li>网络1301/02</li>
      <li>网络140/02/03</li>
      <li>网络1501/02/03/04</li>
    </ol>
  </li>
  <li>计算机应用技术
    <ol>
      <li>计算机1401/02</li>
      <li>计算机1501/02/03</li>
    </ol>
  </li>
</ul>
<hr>
<h4>dl标签</h4>
<dl>
  <dt>无序列表</dt>
  <dd>无序列表是一个项目的列表，此列项目使用粗体圆点进行标记。</dd>
  <dt>有序列表</dt>
  <dd>有序列表也是一列项目，列表项目使用数字进行标记。</dd>
  <dt>自定义列表 </dt>
  <dd>自定义列表不仅仅是一列项目，而是项目及其注释的组合。</dd>
</dl>
</body>
</html>
```

图 2-12　列表元素案例代码

(2) 将记事本保存为扩展名为.html 或.htm 的网页文档。

(3) 用浏览器打开保存的 HTML 文档，显示效果如图 2-13 所示。

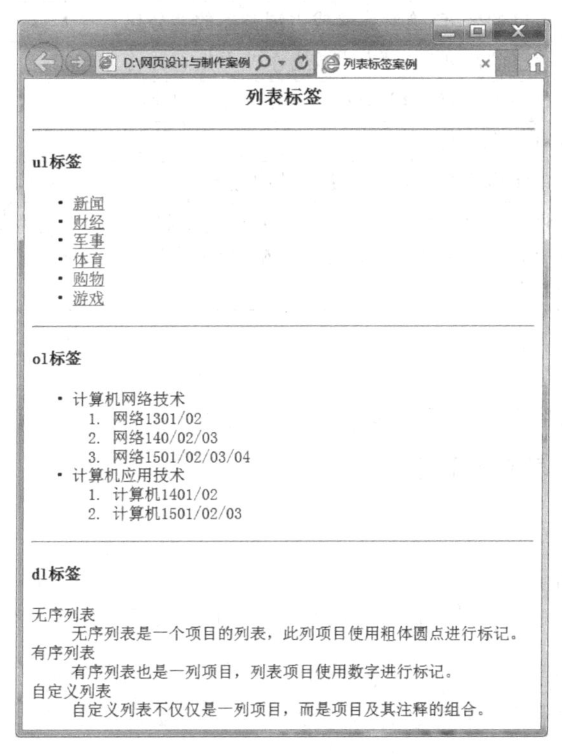

图 2-13　列表元素案例显示效果

同步练习

请参照任务实例 2-3-5，运用 3 种元素介绍自己所学的专业课程。

2.3.6　任务 2-3-6：表格元素

知识点

表格元素及其属性。

表格是 HTML 文件中常用的页面元素。表格不但能够有序排列数据，而且能对页面合理布局。表格元素的基本结构由<table>标签（表格）、<tr>标签（表格行）、<th>标签（标题单元格）、<td>标签（单元格）组成。表格常用的属性如表 2-7 所示。

表 2-7　表格常用的属性

属　性	描　述
border	设置表格边框的宽度。默认没有边框
bordercolor	设置表格边框的颜色
bgcolor	设置表格的背景色
background	设置表格的背景图像

续表

属性	描述
width	设置表格的宽度(绝对像素或占浏览器的百分比)
height	设置表格的高度(绝对像素或占浏览器的百分比)
summary	设置表格内容摘要,不会在浏览器中显示出来
cellspacing	设置单元格的间隔大小
cellpadding	设置单元格边框与其内部之间的间隔大小
scope	设置将数据单元格与表头标题单元格联系起来。指定属性值为 row 时,绑定当前行的所有单元格与表头标题单元格;指定属性值为 col 时,绑定当前列的所有单元格与表头标题单元格

提示

表格中的具体内容必须放在<td>与</td>之间。

任务实例 2-3-6:表格元素示例

任务实施

主要操作步骤如下所述。

(1) 打开记事本,输入 HTML 代码,如图 2-14 所示。

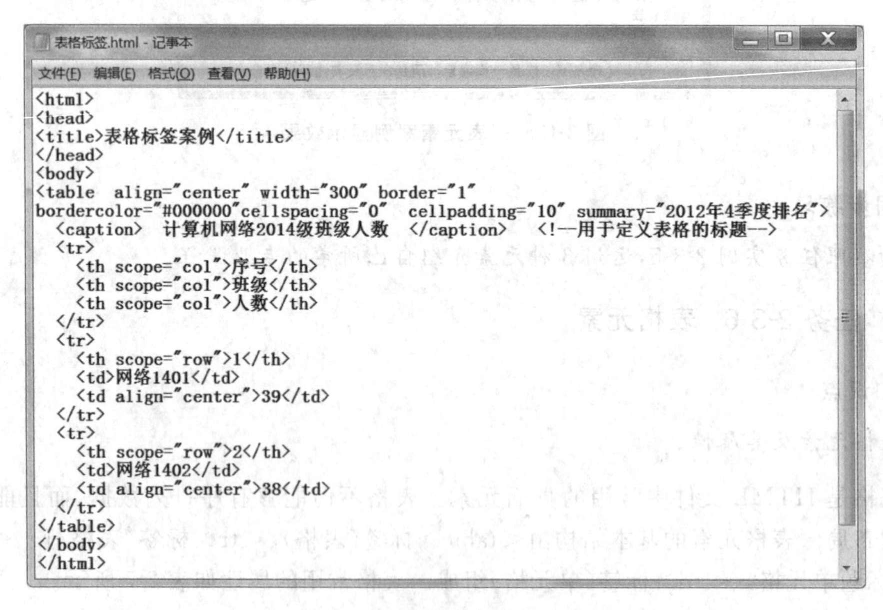


```
<html>
<head>
<title>表格标签案例</title>
</head>
<body>
<table  align="center" width="300" border="1"
bordercolor="#000000"cellspacing="0"  cellpadding="10" summary="2012年4季度排名">
  <caption>  计算机网络2014级班级人数  </caption>   <!--用于定义表格的标题-->
  <tr>
    <th scope="col">序号</th>
    <th scope="col">班级</th>
    <th scope="col">人数</th>
  </tr>
  <tr>
    <th scope="row">1</th>
    <td>网络1401</td>
    <td align="center">39</td>
  </tr>
  <tr>
    <th scope="row">2</th>
    <td>网络1402</td>
    <td align="center">38</td>
  </tr>
</table>
</body>
</html>
```

图 2-14 表格元素案例代码

(2) 将记事本保存为扩展名为.html 或.htm 的网页文档。

(3) 用浏览器打开保存的 HTML 文档,显示效果如图 2-15 所示。

同步练习

请参照任务实例 2-3-6,制作表格形式的个人简历。

图 2-15 表格元素案例显示效果

2.3.7 任务 2-3-7：图像元素

知识点

图像元素及其属性。

在 HTML 文件中，可以嵌入图片、声音、视频、Flash 动画等多媒体内容，丰富网页的表现力。插入图片的元素标签只有一个，就是<img/>标签。图像元素常用的属性如表 2-8 所示。

表 2-8 图像元素常用的属性

属 性	描 述
src	指定图像文件的位置，可以是图像文件 URL，也可以是引用图像文件的绝对路径或相对路径
alt	图像无法显示时的替代文本，或光标移动时的提示文字
width	设置图像的宽度
height	设置图像的高度

提示

(1) 图像元素必须包括 src 属性。

(2) img 是一个自关闭元素。

(3) 为了保证网页中图片的下载速度，图片不要太大。图片也不是越多越好。

任务实例 2-3-7：图像元素示例

任务实施

主要操作步骤如下所述。

(1) 打开记事本，输入 HTML 代码，如图 2-16 所示。

(2) 将记事本保存为扩展名为.html 或.htm 的网页文档。

(3) 用浏览器打开保存的 HTML 文档，显示效果如图 2-17 所示。

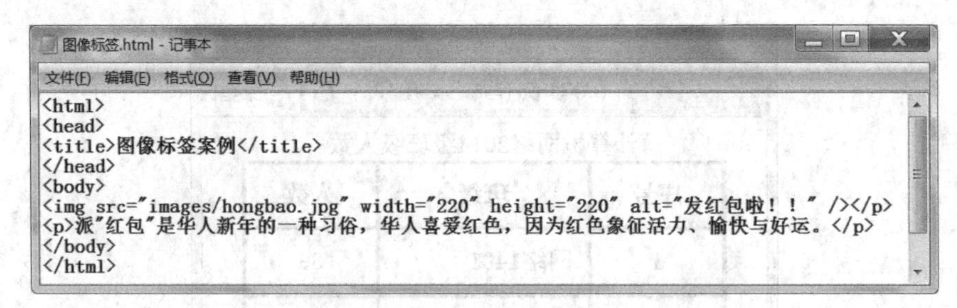


```
<html>
<head>
<title>图像标签案例</title>
</head>
<body>
<img src="images/hongbao.jpg" width="220" height="220" alt="发红包啦！！" /></p>
<p>派"红包"是华人新年的一种习俗，华人喜爱红色，因为红色象征活力、愉快与好运。</p>
</body>
</html>
```

图 2-16　图像元素案例代码

图 2-17　图像元素案例显示效果

同步练习

请参照任务实例 2-3-7，在制作表格形式的个人简历的基础上，使用图像元素在合适的位置嵌入照片。

2.3.8　任务 2-3-8：DIV 元素

知识点

DIV 元素。

DIV(Division，划分)是常见的区块元素。区块元素从一个新行开始显示，其后面的元素需要另起一行显示。例如，段落、标题、列表、表格、DIV 和 body 元素都属于区块元素。

DIV 元素是使用最广泛的元素之一，在 DIV＋CSS 的 Web 标准网页设计中可以取代表格布局网页。在 HTML 网页中，DIV 为网页中的大块内容提供了结构和背景。＜div＞…＜/div＞标签是为 HTML 文档内的大块内容提供结构的容器。在 DIV 中可以包含各种网页元素，如文字、图片、动画、表格、视频、表单等。例如：

```
<div align="center">文字内容</div>
```

用户不仅能够通过定义元素属性来控制整块文本的位置，还可以使用 CSS 样式来控制 DIV，实现各种网页布局形式，为网页设计者提供内容与结构分离的网站架构。在后续章节中将重点介绍相关内容。

2.3.9 任务 2-3-9：常见的表单元素

知识点

（1）<input>标签。

（2）<select>标签。

（3）<textarea>标签。

（4）<label>标签。

表单的主要功能是收集信息。具体来说，就是收集浏览者的信息，实现交互功能，应用于调查、订购、搜索等操作。HTML 表单元素 form 收集输入的信息，然后将这些信息传送到 action 属性指示的程序中进行处理。表单从<form>标签开始，到</form>标签结束。<form>表单的格式如下所示。

```
<form name="表单名称" action="URL" method="get|post" >
```

其中，name 属性值为表单名称；action 属性指示表单的处理方式，这个值可以是一个程序或脚本的完整 URL；method 属性用于规定使用 get 方法或者 post 方法发送表单数据，默认为 get 方法。get 方法的传输速度比 post 方法快，但是数据长度不能太长，而且不安全；post 方法没有数据长度的限制，较为安全且常用。

表单元素包括<input>标签（输入类表单控件）、<select>标签（下拉列表框控件）、<textarea>标签（文本域控件）、<label>标签（表单名称控件）等。

1. <input>标签

在 HTML 表单中，<input>是最常用的标签，其常用 type 属性如表 2-9 所示。

表 2-9 <input>标签 type 属性

属　　性	描　　述
input type="text"	单行文本输入框
input type="password"	密码输入框，输入文字用"*"表示
input type="radio"	单选按钮
input type="checkbox"	复选框
input type="button"	普通按钮
input type="submit"	提交按钮，表示将表单内容提交服务器
input type="reset"	复位按钮，表示清空当前表单内容，重新填写
input type="hidden"	隐藏按钮。它不显示在页面上，但会将内容传递给服务器
input type="file"	文件域，一般让用户填写文件路径

2. ＜select＞标签

＜select＞下拉列表框控件主要用来选择给定答案中的一种。这类选择答案比较多，使用单选按钮比较浪费空间。可以说，下拉列表框控件主要是为了节省页面控件而设置的，和＜option＞标签一起使用来实现。其中，＜option＞用来定义＜select＞标签中的每个选项。浏览器将＜option＞中的内容作为＜select＞标签的下拉式菜单。下拉列表框标签常用属性如表 2-10 所示。

表 2-10 ＜select＞标签属性

属　性	描　　述
name	菜单和列表名称
size	显示选项的数量
multiple	借助 Ctrl 键实现多选
value	选项值
selected	默认选项

提示

＜select＞标签中的 name 属性是必须存在的。

3. ＜textarea＞标签

＜textarea＞标签可以添加多行文字，一般应用于留言系统中。常见的属性如表 2-11 所示。

表 2-11 ＜textarea＞标签属性

属 性	描　　述
name	文本域的名称
value	文本域的默认值
rows	设置行数
cols	设置列数

4. ＜lable＞标签

＜lable＞标签不会向用户呈现任何特殊效果。不过，它为鼠标用户改进了可用性，即当用户选择该标签时，浏览器自动将焦点转到标签相关的表单控件上。例如，当用户单击“用户名”时，光标自动定位到其右侧的文本框中，这是因为＜lable＞控件标签内的for＝"username"与 input 标签内的 id＝"username"的意义相对应。

任务实例 2-3-8：表单示例

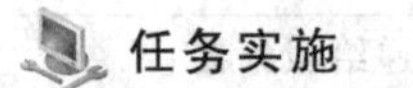

任务实施

主要操作步骤如下所述。

(1) 打开记事本,输入 HTML 代码,如图 2-18 所示。

表单.html - 记事本

文件(F) 编辑(E) 格式(O) 查看(V) 帮助(H)

```
<html>
<head>
<title>表单案例</title>
</head>
<body>
<img src="images/zhuce.gif" />
<form id="wf"  method="post" action="/example/form_action.asp">
  <div>
    <label for="usename">用户名</label>
    <input type="text" name="usename2" id="usename2" size="20" maxlength="40"/>
  </div><br>
  <div>
    <label for="password">密  码</label>
    <input type="password" name="password" id="password" size="20" maxlength="40"/>
  </div><br>
  <div> 性  别
    <input type="radio" name="sex" value="M" id="male" />
    <label for="male">男</label>
    <input type="radio" name="sex" value="F" id="female" />
    <label for="female">女</label>
  </div><br>
 <div>
    <label for="email">邮  箱</label>
    <input type="text" name="usename" id="email" size="20" maxlength="40"/>
  </div><br>
  <div>学  历
    <select name="degree" id="degree">
      <option value="college">大专</option>
      <option value="undergraduate">本科</option>
      <option value="master">硕士研究生</option>
      <option value="Dr">博士研究生</option>
    </select>
  </div><br>
  <div>备  注
    <textarea name="note" cols="30" rows="5"></textarea>
  </div><br>
  <div align="center">
    <input type="submit" name="button_1" id="button_1" value="提交" />
  </div>
</form>
</body>
</html>
```

图 2-18 表单案例代码

(2) 将记事本保存为扩展名为.html 或.htm 的网页文档。

(3) 用浏览器打开保存的 HTML 文档,显示效果如图 2-19 所示。

图 2-19 表单案例显示效果

提示

在 HTML 文档中，有些字符无法直接显示出来，如空格、小于号(＜)等。HTML 使用一些代码表示它们。常见的特殊代码如表 2-12 所示。

表 2-12 HTML 常用特殊字符

显示结果	描 述	字符代码	显示结果	描 述	字符代码
	空格		￥	元	¥
＜	小于号	<	©	版权	©
＞	大于号	>	®	注册商标	®
&	和号	&	×	乘号	×
"	引号	"	÷	除号	÷

同步练习

请参照任务实例 2-3-8，实现如图 2-20 所示网页显示效果，完成网页制作。

提示

placeholder 属性提供可描述输入字段预期值的提示信息，该提示在输入字段为空时显示，并在字段获得焦点时消失。例如，＜input type＝"text" placeholder＝"昵称或姓名" name＝"nickname" id＝"nickname" value＝"" maxLength＝14 size＝30＞。

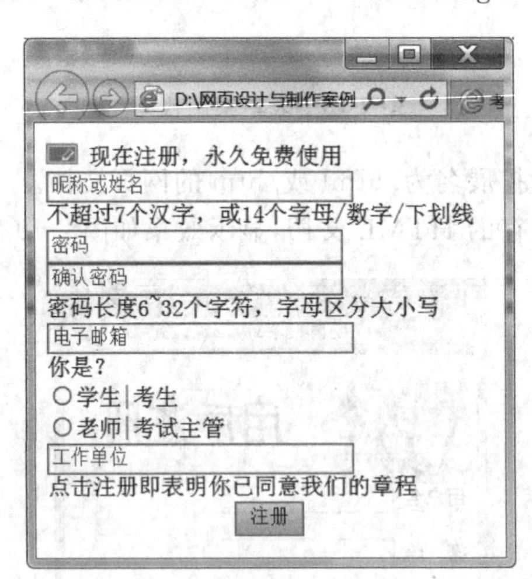

图 2-20 任务练习网页显示效果

2.4 任务 2-4：认识 XHTML

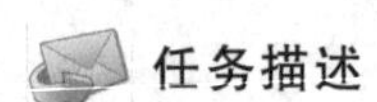
任务描述

对比认识 XHTML。

知识点

XHTML 的概念。

XHTML(eXtensible HyperText Markup Language)是可扩展超文本标记语言的缩写，表现方式与 HTML 类似。从语法上讲，XHTML 是一种增强了的 HTML，是一个要求更加严格、更加纯净的 HTML 版本。目前，国际上的网站设计推崇的 Web 标准就是基于 XHTML 的应用，即通常所说的 DIV+CSS。

由于 XHTML 的语法规则比 HTML 要求更严格，所以在书写方面必须注意。

(1) 在 XHTML 中，所有标签的属性都是小写的。

(2) 在 XHTML 中，所有标签都必须关闭。例如：

```
<p>第一个段落☺          <!--没有使用</p>封闭标签-->
```

(3) 在 XHTML 中，所有的标签必须合理嵌套。

(4) 在 XHTML 中，所有标签的属性值必须使用英文格式的双引号括起来。

2.5 任务 2-5：认识 HTML 5

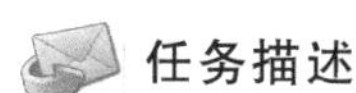

任务描述

(1) 认识 HTML 5 及新增的元素应用。

(2) 认识及应用 video 元素。

(3) 认识及应用 audio 元素。

2.5.1 任务 2-5-1：HTML 5 概述

知识点

认识 HTML 5。

2004 年，随着 W3C(World Wide Web Consortium，万维网联盟)对 XHTML 2.0 标准的关注，一个称为 WHATWG(Web 超文本应用程序技术工作组)的小组开始开发 HTML 5 标准，比 XHTML 2.0 更受欢迎。HTML 5 第一份草案于 2008 年 1 月 22 日发布。2012 年 12 月 17 日，W3C 宣布，凝结了大量网络工作者心血的 HTML 5 规范正式定稿。它有效增强了网络应用，减少了浏览器对外挂程序的需求，并肯定了 HTML 5 的地位，即 HTML 5 是开放的 Web 网络平台的奠基石。最新版的 HTML 5.1 草案发布于 2014 年 1 月 16 日。在这个版本中，功能上推陈出新，为 Web 应用程序员提供便利，并提高新元素的互操作性。HTML 5 的优势在于无须插件，开放、免费，对搜索引擎友好，其特点如下所述。

(1) 强化了 Web 网页的表现性能，结合 CSS 3 与 JavaScript 之后，HTML 表现的内容更加丰富。

(2) 扩展本地数据库等 Web 应用功能。

(3) 标准化，并且由于诸多浏览器厂商的大力支持，提升了兼容性和安全性。

(4) 作为简洁的语言，容易为广大开发者掌握。

2.5.2 任务 2-5-2：HTML 5 视频元素与音频元素

知识点

(1) video 元素。

(2) audio 元素。

HTML 5 新增了一些元素，下面介绍 video(视频)元素和 audio(音频)元素。

1. HTML 5 视频元素 video

HTML 5 视频元素 video 是新增的元素之一，使用它，可以避免通过插件(如 flash)来显示视频而出现的浏览器假死等问题。视频元素 video 为网站视频提供了极大的方便，支持新的视频格式，能在网页上高效地播放多种格式的高质量视频。HTML 5 视频元素播放一个在线视频的基本代码如下所示。

```
<video width="视频播放器宽度" width="视频播放器高度" controls=" controls ">
    <source src="这里是插入视频地址" type="video/视频格式类型">
    不支持 HTML 5 视频时，显示这里的文字内容。
</video>
```

其中，src 属性用于指定视频的地址；controls 属性显示播放控制键。<video>视频标签支持的视频格式有以下 3 种。

(1) OGG：带有 Theora 视频编码和 Vorbis 音频编码的 OGG 文件。

(2) MPEG4：带有 H.264 视频编码和 AAC 音频编码的 MPEG4 文件。

(3) WebM：带有 VP8 视频编码和 Vorbis 音频编码的 WebM 文件。

2. HTML 5 音频元素 audio

HTML 5 通过 audio 元素来包含音频文件，能够播放声音文件或者音频流，与 video 元素类似。audio 元素支持 3 种音频格式，包括 Ogg Vorbis、MP3 和 Wav。HTML 5 音频元素播放一个在线音频的基本代码如下所示。

```
<audio width="视频播放器宽度" width="视频播放器高度" controls=" controls " >
    <source src="这里是插入视频地址" type="audio/音频格式类型">
    不支持 HTML 5 音频时，显示这里的文字内容。
</audio>
```

任务实例 2-5-1：视频和音频元素示例

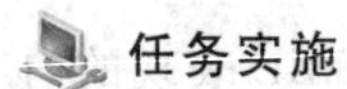

主要操作步骤如下所述。

(1) 打开记事本，输入 HTML 代码，如图 2-21 所示。

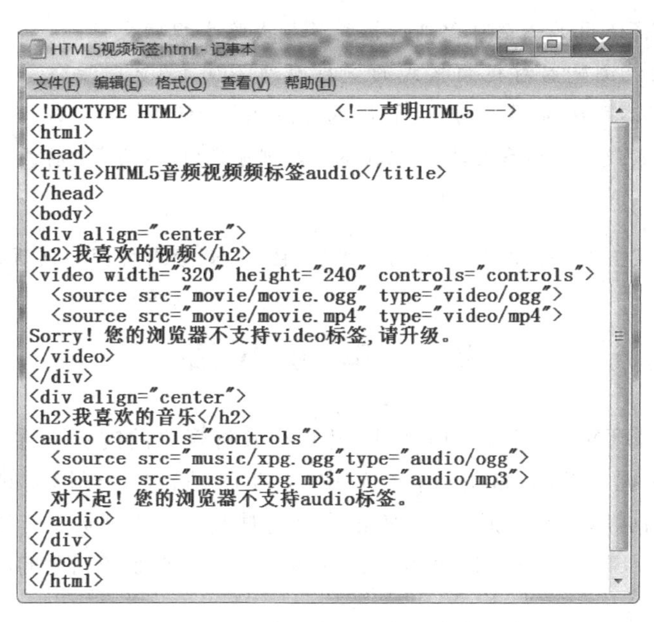

```
<!DOCTYPE HTML>              <!--声明HTML5 -->
<html>
<head>
<title>HTML5音频视频频标签audio</title>
</head>
<body>
<div align="center">
<h2>我喜欢的视频</h2>
<video width="320" height="240" controls="controls">
  <source src="movie/movie.ogg" type="video/ogg">
  <source src="movie/movie.mp4" type="video/mp4">
Sorry! 您的浏览器不支持video标签,请升级。
</video>
</div>
<div align="center">
<h2>我喜欢的音乐</h2>
<audio controls="controls">
  <source src="music/xpg.ogg"type="audio/ogg">
  <source src="music/xpg.mp3"type="audio/mp3">
  对不起! 您的浏览器不支持audio标签。
</audio>
</div>
</body>
</html>
```

图 2-21　HTML 5 音频和视频元素案例代码

(2) 将记事本保存为扩展名为.html 或.htm 的网页文档。

(3) 用浏览器打开保存的 HTML 文档,显示效果如图 2-22 所示。

图 2-22　HTML 5 音频和视频元素案例显示效果

提示

(1) video 元素和 audio 元素允许多个 source 标签。source 标签可以链接不同的视频文件。浏览器将使用第一个可识别的格式音频或格式视频文件。

(2) 目前,主流浏览器对视频格式的支持有所不同,预览时要注意本地浏览器的版本,建议使用高版本的浏览器。例如,IE 8 不支持 video 标签。

(3) audio 元素使用内部播放器,所以在不同的浏览器内部,预览的样式或功能有所不同。

同步练习

请参照任务实例 2-5-1,制作一个包含文本、图片、音频或视频的网页。

2.6 单元小结

本单元介绍 HTML 基础知识和使用记事本编辑简单的网页文件。通过学习与实践,使读者基本掌握 HTML 常用元素的应用。在使用记事本编辑网页的过程中,可能会感觉有点麻烦和枯燥,但要牢记常见元素的含义与规则。对于网页制作与设计技能,将在后续章节中结合 CSS 重点学习运用 Dreamweaver CS6 工具制作精美的网页。

2.7 单元实践操作

实践操作目的

(1) 灵活运用 HTML 常见元素制作网页。

(2) 掌握使用记事本编辑简单的网页文件的技能。

2.7.1 实践任务 2-7-1:HTML 综合运用

灵活运用 HTML 常见元素制作简单的网页。

任务实施

主要操作步骤如下所述。

(1) 打开记事本,输入 HTML 代码,如图 2-23 所示。

(2) 将记事本保存为扩展名为.html 或.htm 的网页文档。

(3) 用浏览器打开保存的 HTML 文档,显示效果如图 2-24 所示。

2.7.2 实践任务 2-7-2:设计制作以"家乡美"为主题的网页

请参照实践任务 2-7-1,设计制作一个以"家乡美"为主题的图文并茂的网页,操作要求及步骤如下所述。

(1) 使用记事本编写网页文档。

(2) 应用常见的元素制作网页,并设置标签属性,达到修饰网页的效果。

(3) 插入特殊字符、水平线等元素。

(4) 保存网页,并浏览网页效果。

操作完成后,填写实践任务评价表,如表 2-13 所示。

```
<html>
<head>
<title> HTML综合运用 </title>
<head>
<body bgcolor="#cc6600">
<h1 align="center">避暑山庄简介</h1>
<hr color="#ffffff"  size="5" />
<div align="center">
<!--marquee移动标签（创建一个滚动效果，应用与文字、图片等）-->
<marquee direction="left" loop="-1" scrollamount="20" height="230"onMouseOver=this.stop()
onMouseOut=this.start()>
  <a href="images/sz11.jpg"> <img src="images/sz11.jpg"  border=1 /></a>
  <a href="images/sz22.jpg"> <img src="images/sz22.jpg"  border=1 /></a>
  <a href="images/sz33.jpg"> <img src="images/sz33.jpg"  border=1 /></a>
  <a href="images/sz44.jpg"> <img src="images/sz44.jpg"  border=1 /></a>
</marquee>
<hr color="#ffffff"  size="5" />
</div>
<div><p >   避暑山庄，又叫“热河行宫”、“承德离宫”。它从康熙四十二年（1703年）开始动
工兴建，至乾隆五十七年（1792年）最后落成，历时89年。清代前中期的几位皇帝几乎每年都来这里消夏避暑
，处理政务，通常是每年农历四、五月份来，九、十月份返回北京。避暑山庄实际上已成为清朝的第二政治中心
。整个山庄占地564万平方米，它的面积大约是北京颐和园的两倍，北海的8倍。山庄集全国园林精华于一园，具
有南秀北雄的特点。清代山庄内共有亭子90座，堤桥29座，碑刻摩崖25处，假山叠石70余组，殿宇、楼堂、寺
庙、亭台、塔阁等各种建筑120余组，总建筑面积达10万多平方米。康熙皇帝以4个字命名的36景和乾隆皇帝以3
个字命名的36景最为著名，合称“避暑山庄72景”。康熙皇帝称赞这里是“自有山川开北极，天然风景胜西湖。
山庄可分为宫殿区和苑景区两部分:</p>
<ul>
  <li>宫殿区</li>
   <ol>
      <li>正宫</li>
      <li>松鹤斋</li>
      <li>万壑松风</li>
      <li>东宫</li>
    </ol>
 <li>苑景区</li>
  <ol>
    <li>山区</li>
    <li>湖区</li>
    <li>平原区</li>
  </ol>
</ul>
 <hr color="#ffffff" width="100%" size="5" />
</div>
<div id="footer" align="center">Copyright &copy; <a
href="mailto:sohu315@126.com">sohu315工作室</a> 2014-2016,All Rights Reserved.</div>
 </body>
</html>
```

图 2-23 HTML 综合运用案例代码

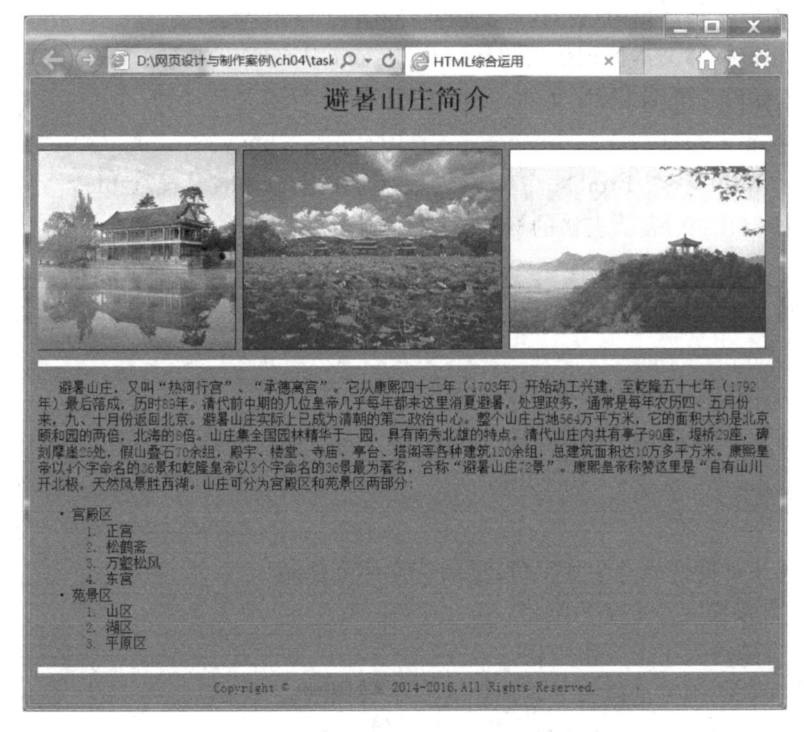

图 2-24 HTML 综合运用案例显示效果

表 2-13 实践任务评价表

任务名称				
任务完成方式	独立完成（ ） 小组完成（ ）			
完成所用时间				
考核要点	任务考核 A(优秀),B(良好),C(合格),D(较差),E(很差)			
	自我评价(30%)	小组评价(30%)	教师评价(40%)	总 评
使用记事本编辑工具				
正确使用标签及其属性				
色彩搭配是否合理				
网页完成整体效果				
存在的主要问题				

2.8 单元习题

一、单选题

1. HTML 指的是（ ）。

   A. 超文本标记语言(HyperText Markup Language)

   B. 家庭工具标记语言(Home Tool Markup Language)

   C. 超链接和文本标记语言(Hyperlinks and Text Markup Language)

2. 为了标识一个 HTML 文件,应该使用的基本标签是（ ）。

   A. <p> </p>　　B. <body> </body>

   C. <html> </html>　　D. <table> </table>

3. 在 HTML 中,表示表格的标签是（ ）。

   A. <table>　　B. <caption>　　C. <title>　　D. <form>

4. 在网页中,必须使用（ ）标记来完成超级链接。

   A. <a>…</a>　　B. <p>…</p>

   C. <link>…</link>　　D. <li>…</li>

5. 网页文件的常用扩展名有（ ）和（ ）。

   A. .jpg　　B. .htm　　C. .html　　D. .png

   E. .flv

6. 要在文章首行插入 2 个空格,正确的操作方法是（ ）。

   A. 直接输入 2 个全角空格

   B. 直接输入 4 个半角空格

   C. 在代码视图的段首文字前输入 4 个“ ”代码

   D. 按 Ctrl+Space 组合键

7. 以下创建 mail 链接的方法，正确的是(　　)。

A. <a href="master@163. com">管理员</a>

B. <a href="callto:master@163. com">管理员</a>

C. <a href="mailto:master@163. com">管理员</a>

D. <a href="Email:master@163. com">管理员</a>

8. 下列路径中，属于绝对路径的是(　　)。

A. http://www. sohu. com/index. html

B. ../webpage\05. html

C. 05. html

D. webpage/05. html

9. 要插入换行符</br>，需要使用的快捷键是(　　)。

A. Shift+Enter　　B. Ctrl+Enter

C. Enter　　D. Shift+Ctrl+Enter

10. 在下列标签中，属于单一标签的是(　　)。

A. <html>　　B. <hr>　　C. <head>　　D. <body>

11. " "代表的符号是(　　)。

A. <　　B. >　　C. 空格　　D. "

二、问答题

1. 什么是 HTML？请写出 HTML 网页文档的基本结构。

2. HTML 中有哪些常用的特殊字符？如何在网页中插入这些特殊字符？

单元 3
使用 Dreamweaver CS6 制作简单网页

案例宏观展示引入

开发和设计 Web 网页的工具很多，Dreamweaver 是众多工具中的佼佼者，是构建网站和开发应用程序的专业工具，使用率非常高。Dreamweaver 是一款专业的 HTML/CSS 编辑器，用于对 Web 站点、网页和应用程序进行编辑、开发与设计。目前流行的版本为 Adobe Dreamweaver CS6，它提供的可视化布局、应用程序等功能使各级别的开发者都能够快速创建站点与设计网页，深受国内外 Web 开发人员的喜爱。使用 Dreamweaver CS6 设计制作的文本网页如图 3-1 所示。

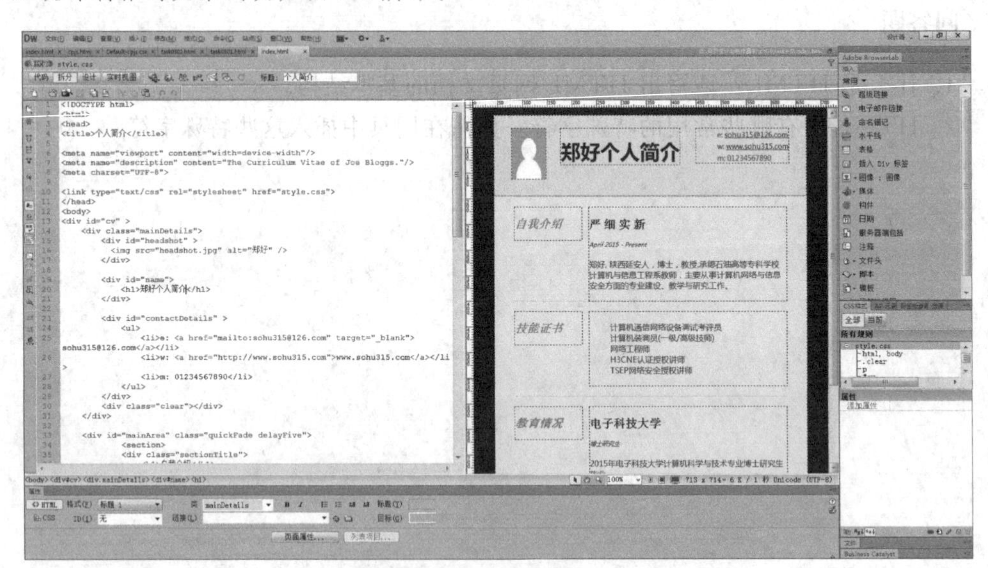

图 3-1 使用 Dreamweaver CS6 设计制作的文本网页

本单元主要介绍 Dreamweaver CS6 开发工具的基本使用方法和 CSS 基本知识。借助 Dreamweaver CS6 可以快速、轻松地完成网页设计与制作；使用 CSS 样式可以进一步美化、修饰网页。

学习任务

- 熟悉 Dreamweaver CS6 的开发环境
- 继续熟悉使用 Dreamweaver CS6 创建 Web 站点的方法及基本流程
- 掌握使用 Dreamweaver CS6 制作文本网页的方法
- 初步掌握有关 CSS 的基本概念及使用方法
- 掌握使用 CSS 美化页面文本内容的方法

3.1 任务 3-1：认识 Dreamweaver CS6 工作界面

任务描述

(1) 熟悉 Dreamweaver CS6 开发环境的工作界面。

(2) 了解 Dreamweaver CS6 工作界面各个组成部分的功能。

Adobe Dreamweaver CS6 是一个全面的专业工具集，也是最流行的网页开发工具之一，它可以设计并部署极具吸引力的网站和 Web 应用程序。它的编辑灵活、方便，适合各类技术人员和不同风格的用户使用，部分操作可以通过面板完成，使得工作流程非常形象、直观。

3.1.1 任务 3-1-1：认识 Dreamweaver CS6 的工作环境

知识点

Dreamweaver CS6 工作界面的基本组成。

1. 【起始】对话框

正确安装 Dreamweaver CS6 后，双击桌面上的快捷图标，运行此软件。打开后，在文档窗口中可以看到【起始】对话框，如图 3-2 所示。

【起始】对话框包含 3 个栏目，各栏目的功能含义如下所述。

(1) 打开最近的项目：显示最近使用 Dreamweaver CS6 编辑过的文档。如单击 task2-3-4/超级标签.html 图标，可以打开最近编辑过的网页文档“超级链接. html”。

(2) 新建：显示可以创建的文档类型。如要创建新站点，单击 Dreamweaver 站点... 图标。

(3) 主要功能：显示当前版本的最新或最主要的功能。单击其中的图标，可以链接到 Adobe 公司的官网，查阅相关资料。

提示

如果不希望在启动 Dreamweaver CS6 时显示【起始】对话框，通过选中屏幕下方的【 □ 不再显示 】复选框来取消。取消后，选择菜单中的【编辑】→【首选参数】选项，在【常规】分类中再次选择【显示欢迎屏幕】，恢复其显示。

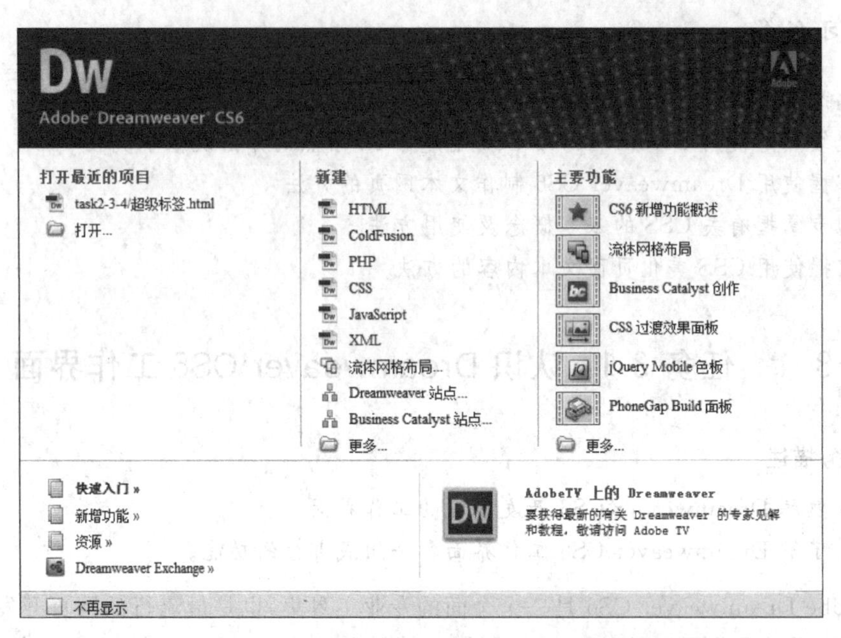

图 3-2 Dreamweaver CS6 的【起始】对话框

2. Dreamweaver CS6 的工作区

在编辑网页的状态下，Dreamweaver CS6 的工作界面如图 3-3 所示。

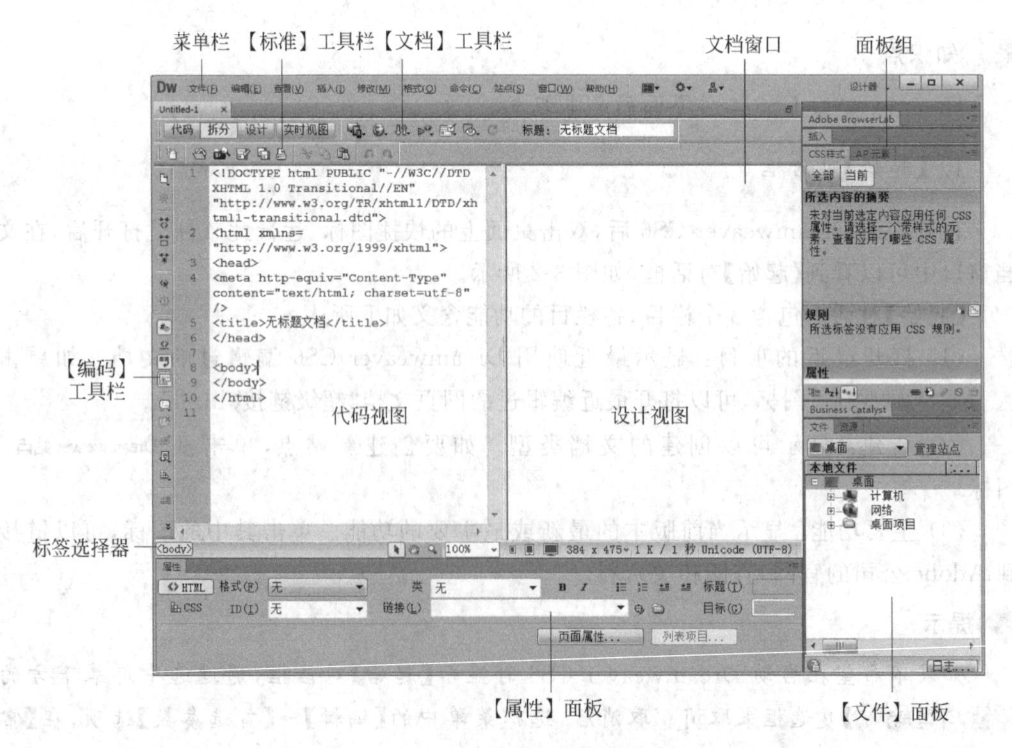

图 3-3 Dreamweaver CS6 工作界面布局与组成

1）菜单栏

Dreamweaver CS6 的菜单栏包含 10 类菜单，如图 3-3 所示。菜单按功能不同合理分类，使用起来非常方便。除了菜单栏外，还有多种快捷菜单，方便用户实现相关操作。

2）文档窗口

文档窗口也称文档编辑区，显示的内容可以是代码或网页形式的一种，也可以是代码和视图的共同体，如图 3-3 所示。在【拆分】视图被单击选中时，包含【代码】视图和【设计】视图。【代码】视图用于编辑和查看当前编辑状态下的网页源代码；【设计】视图用于可视化网页布局、可视化编辑和应用程序快速开发的设计环境。在【设计】视图中，显示网页文档完全可编辑的可视化表示形式，类似于在浏览器中查看的页面显示效果。【实时视图】与【设计】视图的不同之处在于它提供了页面在浏览器中的非可编辑的、逼真的外观效果。

提示

建议初学者使用【拆分】视图，同时显示代码视图窗口和设计视图窗口。

3）【标准】工具栏

【标准】工具栏包含网页文档的基本操作按钮，如图 3-3 所示，包括【新建】、【打开】、【保存】、【剪切】、【复制】、【粘贴】等按钮。

4）【文档】工具栏

【文档】工具栏包含用于切换文档视图的【代码】、【拆分】、【设计】、【实时视图】按钮和一些常用的功能按钮，如图 3-3 所示。

5）【编码】工具栏

【编码】工具栏垂直显示在文档窗口的左侧，仅当显示【代码】视图时才可见，如图 3-3 所示，包含用于执行多种标准编码操作的按钮，例如折叠和展开所选代码、高亮显示无效代码、应用和删除注释、缩进代码、插入最近使用过的代码片段等。

提示

如果不清楚工具栏中的按钮功能，将光标移动到该按钮上，停留片刻，其对应的功能提示就会显示出来。

6）标签选择器

标签选择器在文档底部的状态栏上，显示当前选定内容标签的层次结构。单击该层次结构中的任何标签，可以选择该标签及其全部内容，如图 3-4 所示。

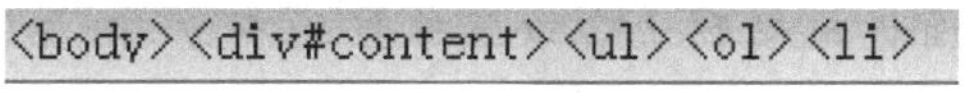

<body><div#content><ul><ol><li>

图 3-4　标签选择器

7）面板组

Dreamweaver CS6 提供了多个面板。这些面板有不同的功能，将它们叠加，便形成面板组。如图 3-3 所示，面板组包括【插入】面板、【CSS 样式】面板、【AP 元素】面板、【文件】面板等，各个面板可以显示或隐藏。显示面板的方法是：选择菜单栏上的【窗口】菜单，然后在下拉菜单中选择相应的命令。

8)【插入】面板

显示【插入】面板的方法是：选择【窗口】→【插入】菜单命令，在 Dreamweaver CS6 主界面的右上区域将显示【插入】面板，如图 3-5 所示。【插入】面板包含用于创建和插入多种网页元素的命令，如图像、动画、表格、DIV 标签、超级链接、表单等。

单击【插入】面板中的 常用▼ 下拉菜单，可展开插入工具类型列表，如图 3-6 所示。选择不同类型的插入工具，即可切换不同类型的【插入】工具栏。如图 3-7 所示为选择【表单】类别后的【插入】面板。

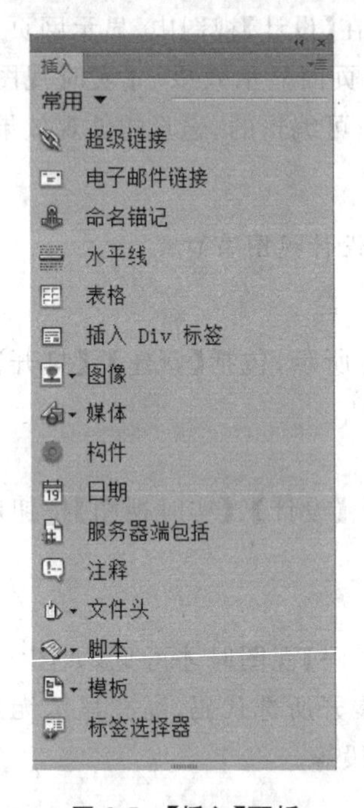

图 3-5 【插入】面板

图 3-6 【插入】工具类型

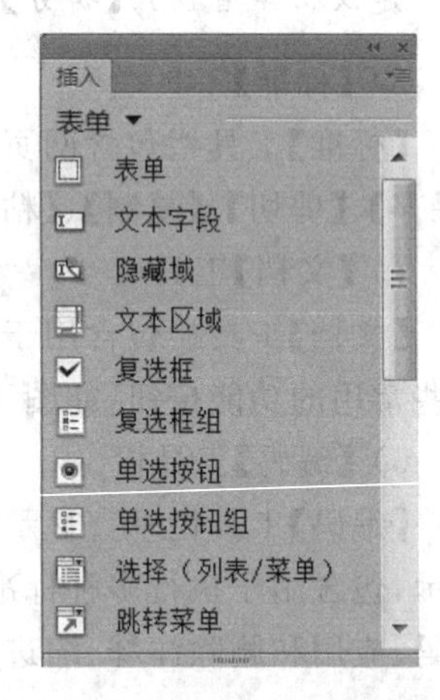

图 3-7 选择【表单】类别后的【插入】面板

提示

(1) 使用 Ctrl＋F2 组合键，可以快速显示或隐藏【插入】面板。

(2) 默认情况下，【插入】工具栏中各个按钮的图标为灰色。如需要显示图标颜色，在图 3-6 中选择【颜色图标】命令，外观为【颜色图标】状态的工具栏按钮就会出现。

(3) 也可将【插入】面板拖动到主窗口菜单栏的下方，但要注意【插入】面板的外观变化。

9)【属性】面板

【属性】面板用于查看和更改所选取对象或文本的各种属性。每个对象有不同的属性。根据选择的元素不同，呈现的属性不尽相同。例如，选择一幅图像时，【属性】面板将显示该图像对应的属性，如图 3-8 所示。通过【属性】面板，用户能够快捷地修改网页元素的多种属性，使用频率非常高。

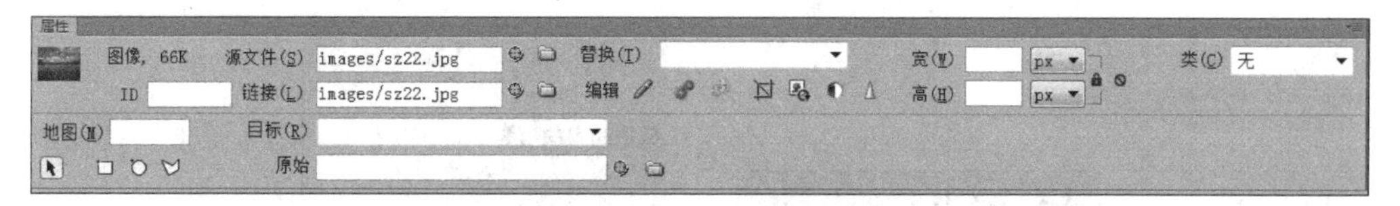

图 3-8　图像【属性】面板

提示

使用 Ctrl＋F3 组合键，可以快速显示或隐藏【属性】面板。

10）【文件】面板

网站是由多个网页、图像、动画和程序等文件有机联系的整体。通过【文件】面板，可以有效地管理这些文件及其联系。打开【窗口】→【文件】菜单命令，显示【文件】面板，其组成如图 3-9 所示，图中显示出当前站点的内容。【文件】面板主要有以下 3 个方面的功能。

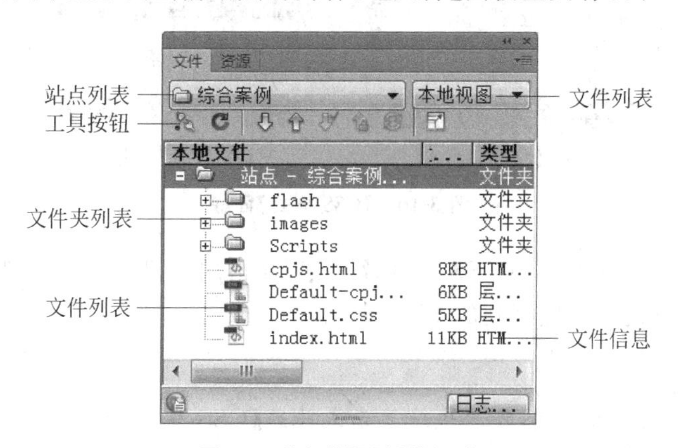

图 3-9　【文件】面板的组成

（1）管理本地站点，包括创建文件夹和文件，对文件夹和文件进行重命名等操作，也可管理本地站点的结构。

（2）管理远程站点，包括文件上传、文件更新等。

（3）连接网络应用服务器，预览动态网页。

提示

使用快捷键 F8，可以快速显示或隐藏【文件】面板。

11）【CSS 样式】面板

【CSS 样式】面板的作用在于跟踪影响当前所选页面元素的 CSS 规则和属性。该面板顶部包含【全部】和【当前】两个按钮，可以在两种模式之间切换，如图 3-10 所示。

（1）“全部”模式：在该模式下，【CSS 样式】面板显示两个窗格，包括【所有规则】窗格和【属性】窗格。【所有规则】窗格用于显示当前文档中定义的规则，以及附加到当前文件的样式表中定义的所有规则列表；【属性】窗格用于编辑【所有规则】窗格中所选规则的 CSS 属性。

（2）“当前”模式：在该模式下，【CSS 样式】面板显示 3 个窗格：【所选内容的摘要】窗

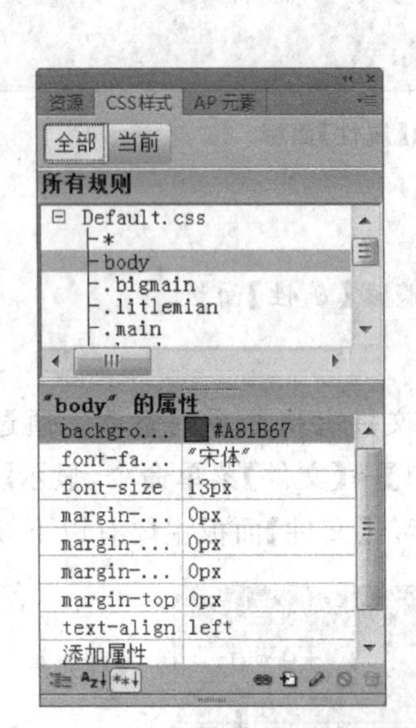

(a)【全部】模式

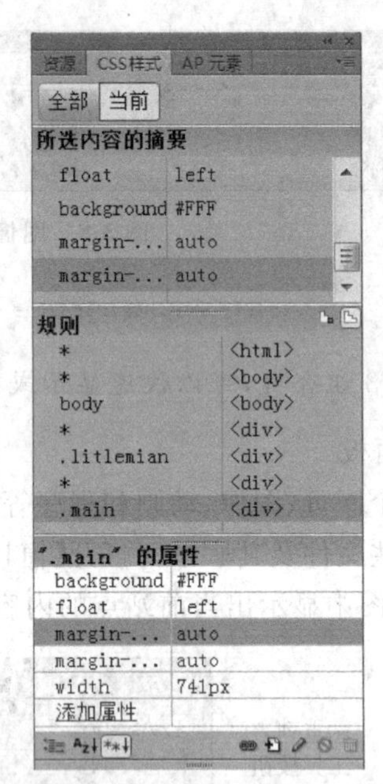

(b)【当前】模式

图 3-10 【CSS 样式】面板

格用于显示文档中所选内容的 CSS 属性;【规则】窗格用于显示所选属性的位置;【属性】窗格用于编辑所选内容对应规则的 CSS 属性。

提示

使用 Shift+F11 组合键,可以快速显示或隐藏【CSS 样式】面板。

同步练习

认识与熟悉 Dreamweaver CS6 工作界面。

3.1.2 任务 3-1-2:自定义 Dreamweaver CS6 的工作环境

知识点

自定义工作环境。

程序开发人员可以根据自己的爱好和需要,通过调整界面,修改 CSS 样式、布局模式等特征值,自定义工作环境。

1. 常规参数设置

选择【编辑】→【首选参数】命令,打开【首选参数】对话框,其中包含【文档选项】和【编辑选项】两类设置,如图 3-11 所示。用户可根据设计习惯进行设置。例如,设置新建网页文档的默认扩展名为".html",默认编码为"Unicode(UTF-8)";设置"复制/粘贴"参数等。

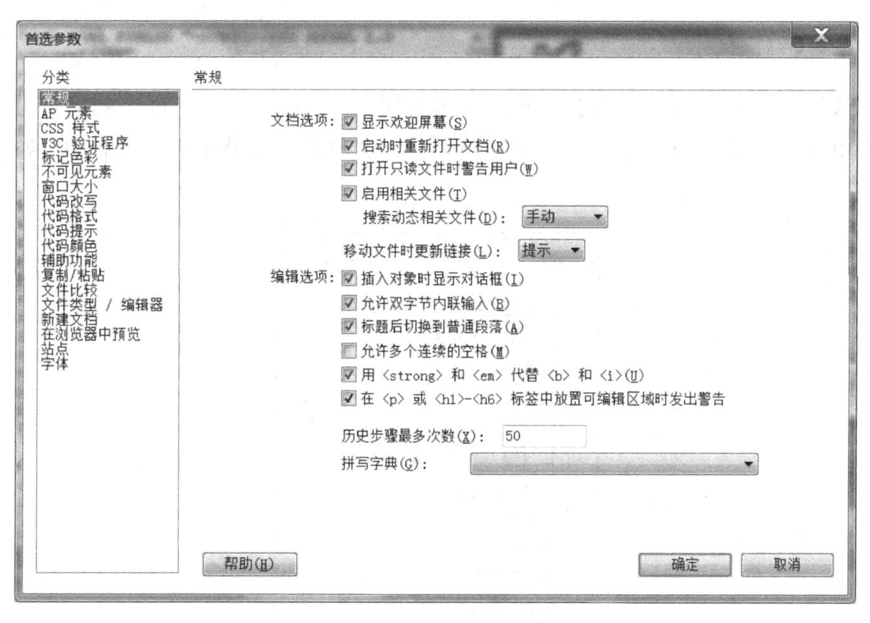

图 3-11 【首选参数】的【常规】选项

提示

使用 Ctrl+U 组合键可以快速打开【首选参数】对话框。

2. 代码格式设置

选择【编辑】→【首选参数】命令，打开【首选参数】对话框。选择左侧的【代码格式】选项，在【高级格式设置】旁单击【CSS】按钮，弹出如图 3-12 所示的对话框。选定图中所示的复选框，实现【每个属性位于单独的行上】的效果。

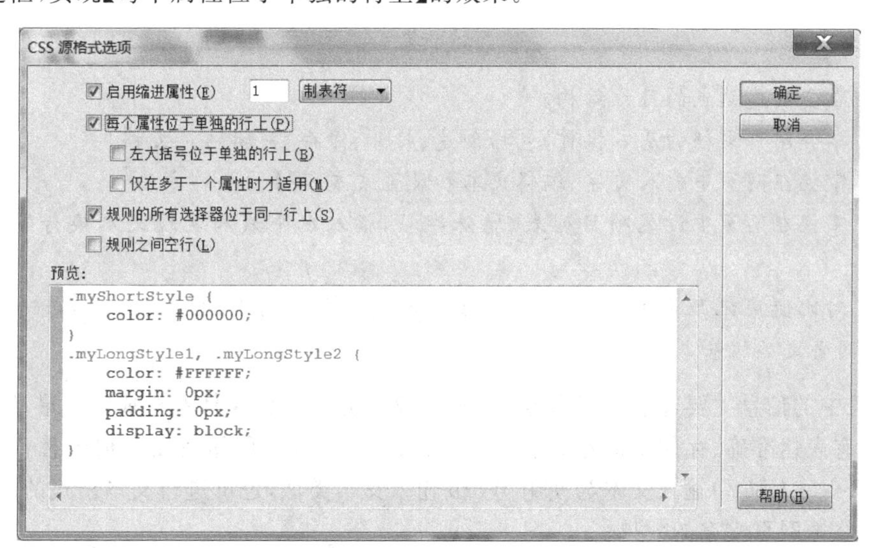

图 3-12 【CSS 源格式选项】对话框

3. 管理工作区

单击【设计器】菜单，可以选择不同的工作区模式。用户可根据自己的喜好或设计习惯，选择相应的工作区模式。对于初学者，建议选择【设计器】工作区模式，如图 3-13 所示。

图 3-13 工作区模式菜单

 同步练习

请根据自己的设计习惯，自定义 Dreamweaver CS6 工作环境。

3.2 任务 3-2：制作文本网页

任务描述

(1) 学会创建站点的目录结构。

(2) 学会网页文档的基本操作，包括创建、打开、保存、关闭网页文档。

(3) 掌握在网页中输入文字、编辑文本和设置文本属性的操作方法。

(4) 掌握在网页中设置项目列表、特殊字符，插入水平线和实现文本换行等操作的方法。

(5) 对比使用记事本和 Dreamweaver CS6 制作文本网页的不同之处，进一步熟悉 HTML 网页文档的基本结构。

网页中的信息主要通过文字内容来表达。文字是网页的主体和构成网页最基本的元素，它具有表达准确、存储空间小、信息传递速度快等优点，是其他元素很难替代的。在 Dreamweaver CS6 中输入文本与使用 Word 输入文本类似，也可进行文本格式的编辑，达到美化、修饰网页文字的效果。

3.2.1 任务 3-2-1：空白网页的创建

知识点

新建、打开、编辑、保存和关闭网页文档。

任务实例 3-2-1：创建空白网页

任务实施

主要操作步骤如下所述。

1. 创建本地站点

请参照任务 1-6，在 Dreamweaver CS6 的主界面中，选择【站点】→【新建站点】菜单命令，创建一个名为“单元 3”的本地站点，站点文件夹为 ch03。保存后，创建的站点如图 3-14 所示。

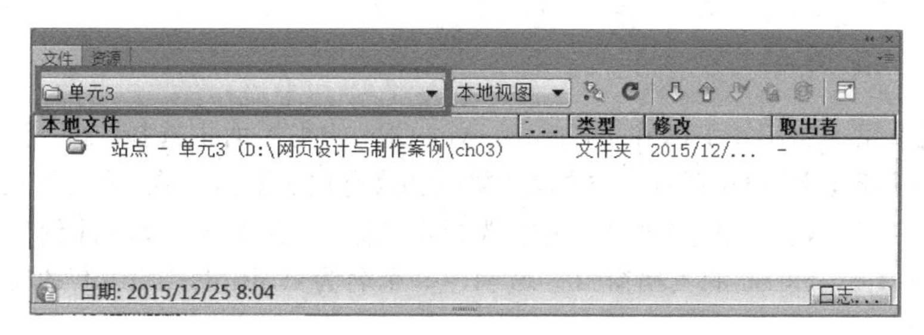

图 3-14 创建名为“单元 3”，站点文件夹为“ch03”的本地站点

提示

可以管理创建的站点。在 Dreamweaver CS6 的主界面中，选择【站点】→【管理站点】菜单命令，打开【管理站点】对话框，对站点进行编辑、复制、删除、导入和导出等操作，如图 3-15 所示。

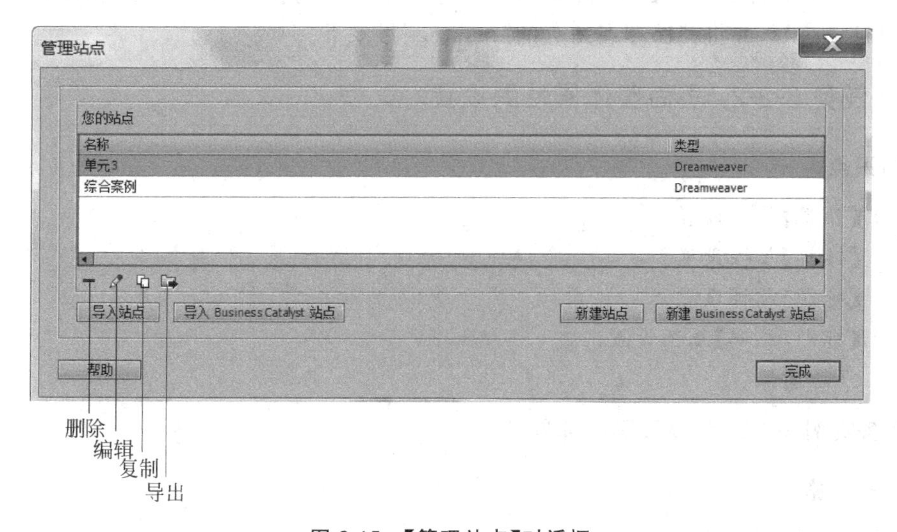

图 3-15 【管理站点】对话框

注意

删除站点的操作只是删除了 Dreamweaver 与该站点之间的关系，站点的文件夹、文档等内容都还存在，仍然存储在原来的位置；可以重新导入站点来恢复删除。

2. 建立站点目录结构

为了对站点中的各类文件分类存储，需要创建多个文件夹来规范站点的目录结构。在【文件】面板的根目录"单元 3"上单击鼠标右键，弹出快捷菜单。从中选择【新建文件夹】命令，建立一个文件夹，并将默认名为"untitled"的文件夹重命名为"task3-3"，如图 3-16 所示。

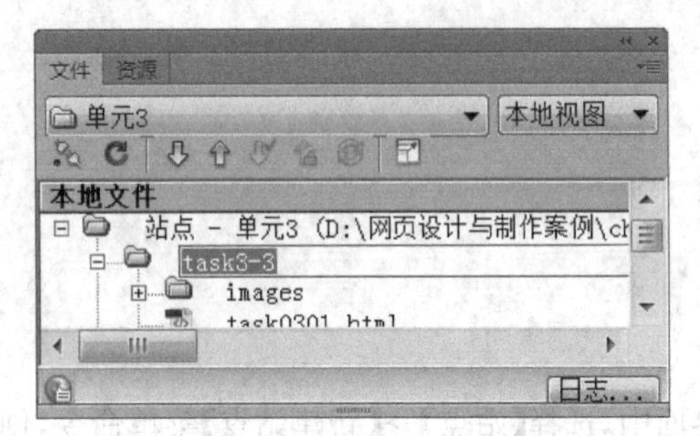

图 3-16　新建文件夹并命名为"task3-3"

3. 创建网页文档

请参照单元 1 的任务 1-6，在 Dreamweaver CS6 的主界面中选择【文件】→【新建】菜单命令，打开【新建文档】对话框。选择左侧默认的【空白页】选项，在【页面类型】列表框中选择默认【HTML】选项；在【布局】列表中选择默认【＜无＞】，然后单击【创建】按钮。此时，在 Dreamweaver CS6 的文档窗口区域创建一个名为"Untiled-1. html"的网页文档。

提示

也可以直接在【文件】面板中利用快捷菜单创建网页文档。

4. 保存网页文档

创建了一个空白的网页文档之后，请参照单元 1 任务 1-6，在 Dreamweaver CS6 的主界面中选择【文件】→【保存】菜单命令，打开【另存为】对话框。在对话框中输入"task0301. html"，并将其保存在站点的"task3-3"目录下。

3.2.2　任务 3-2-2：页面整体属性的设置

知识点

(1)【外观】属性设置。
(2)【链接】属性设置。
(3)【标题】属性设置。
(4)【标题/编码】属性设置。
(5) 跟踪图像。

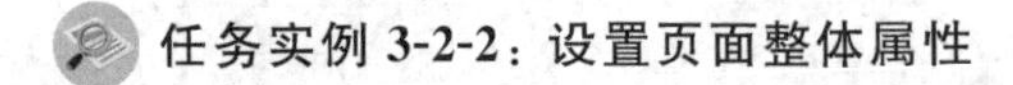

任务实例 3-2-2：设置页面整体属性

任务实施

主要操作步骤如下所述。

1. 打开【页面属性】对话框

在 Dreamweaver CS6 主界面中，选择【修改】→【页面属性】菜单命令，或者在【属性】面板中单击【页面属性】按钮，打开【页面属性】对话框，如图 3-17 所示。在【页面属性】对话框中，左侧的【分类】列表框中列出了 6 种类别。选择任意一种类别后，根据需要修改属性参数，然后单击【应用】或【确定】按钮，完成页面属性设置。

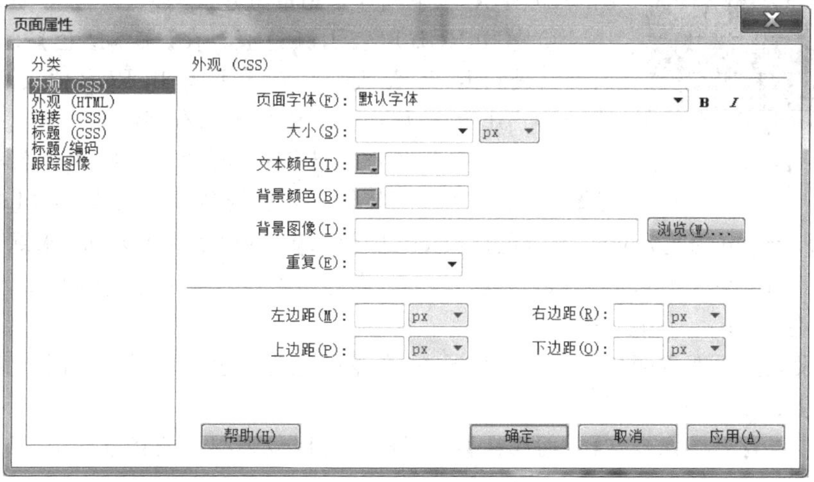

图 3-17 【页面属性】对话框

2. 设置【外观(CSS)】属性

(1) 在【页面属性】对话框左侧的【分类】中选择【外观(CSS)】选项。

(2) 设置页面字体。在【页面字体】下拉列表框中选择【宋体】，作为页面的默认字体。按钮 **B** 和 *I* 分别表示字体加粗和字体倾斜。如果该下拉列表中没有列出所需字体，选择下拉列表最后的【编辑字列表】选项，弹出如图 3-18 所示的【编辑字体列表】对话框。在【可用字体】列表框中选择【宋体】选项，然后单击按钮<<，或双击该字体，【选择的字体】和

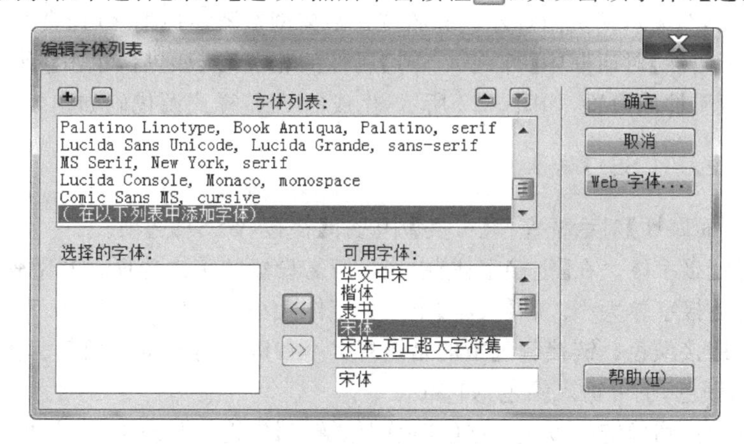

图 3-18 【编辑字体列表】对话框

【字体列表】列表框中就会出现该字体。单击【确定】按钮，实现将该字体添加到【字体列表】列表框中。

(3) 设置字体大小。可以从【大小】下拉列表中选择字体的大小，如“14”，单位为“px”。

(4) 设置文本颜色。在默认情况下，文本为黑色。为了增强文字显示效果，可以更改文本颜色。有3种方式设置背景颜色。

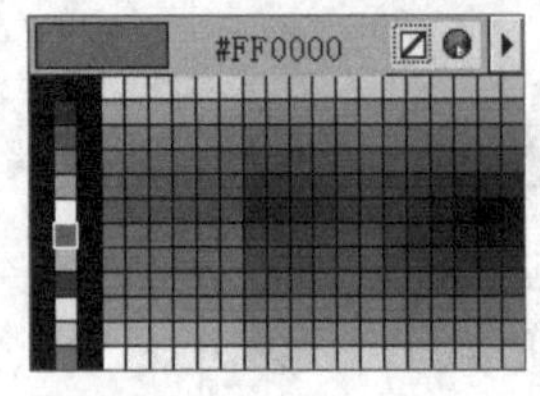

图3-19 【颜色选择器】

① 单击【文本颜色】旁边的按钮，打开【颜色选择器】，如图3-19所示，从中选择合适的颜色。

② 采用RGB值表示颜色值。在【文本颜色】文本框中输入十六进制RGB值，如“＃0066FF”。用RGB值表示颜色，以符号“＃”开始，一般由6位十六进制数字组成。

③ 采用颜色名称。HTML预设了一些颜色名称，在【颜色】文本框中可以直接输入颜色的名称来设置，如blue(蓝色)、red(红色)、green(绿色)、white(白色)、black(黑色)、yellow(黄色)、aqua(水绿色)、olive(橄榄色)、teal(深青色)、maroon(褐色)、gray(灰色)、lime(浅绿色)、fuchsia(紫红色)、purple(紫色)、silver(银色)等。

(5) 设置网页背景颜色。在默认情况下，背景颜色为白色。为了增强网页背景效果，可以通过上述3种方式设置背景颜色。

(6) 设置背景图像。在【页面属性】对话框中，可以设置网页的背景图像，其方法有以下2种。

① 单击【背景图像】文本框右侧的按钮【浏览】，打开【选择图像源文件】对话框，然后选择对应的网页背景图像。

② 在【背景图像】右侧的文本框中输入网页背景图像的路径和名称。一般使用相对路径，不使用绝对路径，如相对路径“images/02.jpg”。

在使用背景图像时，可以在【重复】下拉列表框中选择背景图像的重复方式，如no-repeat(不重复)、repeat(重复)、repeat-x(水平重复)和repeat-y(垂直重复)。

(7) 设置网页边距。网页边距表示网页内容的起始位置距离浏览器边框的距离，单位可以是px(像素)、%(百分比)、cm(厘米)和in(英寸)等。例如，在【左边距(M)】中输入“30”，单位为“px”，表示网页内容左边起始位置距离浏览器左边框30像素。

设置【页面属性】对话框中【外观(CSS)】属性的相关参数之后，单击【确定】或【应用】按钮，完成外观属性的设置，如图3-20所示，生成的CSS样式源代码如图3-21所示。

3. 设置【链接(CSS)】属性

(1) 在【页面属性】对话框左侧【分类】中选择【链接(CSS)】选项。

(2) 设置链接字体。在【链接字体】中选择所需设置的字体选项，如“微软雅黑”。

(3) 设置链接字体大小。在【大小】中选择字体大小，如“14”，单位“px”。

(4) 设置链接颜色。链接颜色指的是链接文本在链接前显示的颜色。在【链接颜色】中选择相应的颜色，也可输入颜色，如“blue”。

(5) 设置变换图像链接颜色。在【变换图像链接】中选择相应的颜色，也可输入颜色，如“green”。

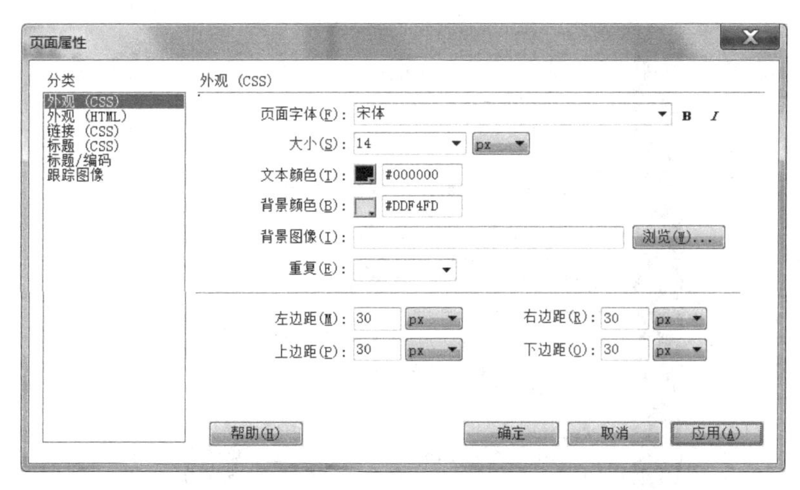

图 3-20 设置【页面属性】对话框中的【外观(CSS)】属性

```
6  <style type="text/css">
7  body,td,th {
8      font-family: "宋体";
9      font-size: 14px;
10     color: #000000;
11 }
12 body {
13     background-color: #DDF4FD;
14     margin-left: 30px;
15     margin-top: 30px;
16     margin-right: 30px;
17     margin-bottom: 30px;
18 }
19 </style>
```

图 3-21 设置【外观(CSS)】属性参数后生成的源代码

(6) 设置已访问链接颜色。已访问链接颜色指的是页面中链接被访问后显示的颜色。在【已访问链接】中选择相应的颜色,也可输入颜色,如"fuchsia"。

(7) 设置活动链接颜色。活动链接是指当鼠标在链接上单击时,链接文本显示的颜色。在【活动链接】中选择相应的颜色,也可输入颜色,如"red"。

设置【页面属性】对话框中【链接(CSS)】属性的相关参数后,单击【确定】或【应用】按钮,完成链接属性的设置,如图 3-22 所示。在其【外观(CSS)】设置的基础上,生成 CSS 样式源代码,如图 3-23 所示。

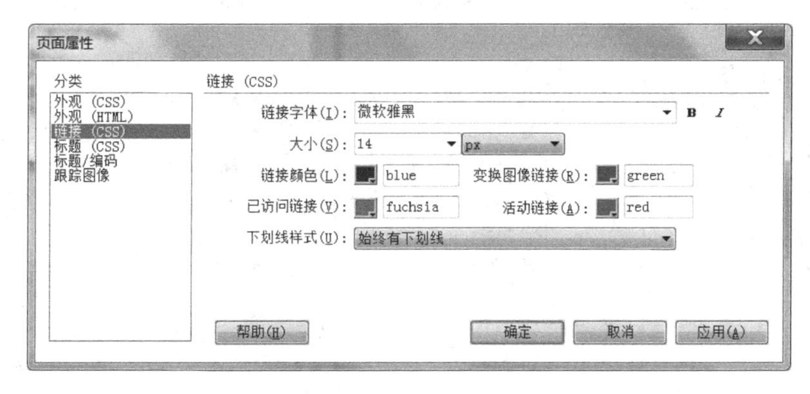

图 3-22 设置【页面属性】对话框中的【链接(CSS)】属性

```
6  <style type="text/css">
7  body,td,th {
8      font-family: "宋体";
9      font-size: 14px;
10     color: #000000;
11 }
12 body {
13     background-color: #DDF4FD;
14     margin-left: 30px;
15     margin-top: 30px;
16     margin-right: 30px;
17     margin-bottom: 30px;
18 }
19 a {
20     font-family: "微软雅黑";
21     font-size: 14px;
22     color: blue;
23 }
24 a:visited {
25     color: fuchsia;
26 }
27 a:hover {
28     color: green;
29 }
30 a:active {
31     color: red;
32 }
33 </style>
```

链接CSS样式源代码

图 3-23　设置【外观(CSS)】和【链接(CSS)】属性参数后的源代码

4. 设置【标题(CSS)】属性

(1) 在【页面属性】对话框左侧【分类】中选择【标题(CSS)】选项。

(2) 设置标题字体。在【标题字体】中选择所需设置的字体选项,如“黑体”。

(3) 设置“一级、二级、三级、…、六级标题”字体大小及颜色。对于不同级别的标题,分别设置标题字体的大小及颜色,如“标题 1”字体大小为“28”,单位“px”,并设置颜色为“#0000FF”。

设置【页面属性】对话框中【标题(CSS)】属性的相关参数之后,单击【确定】或【应用】按钮,完成标题属性的设置,如图 3-24 所示。在 CSS 样式源代码的基础上,新增加的 CSS 样式源代码如图 3-25 所示。

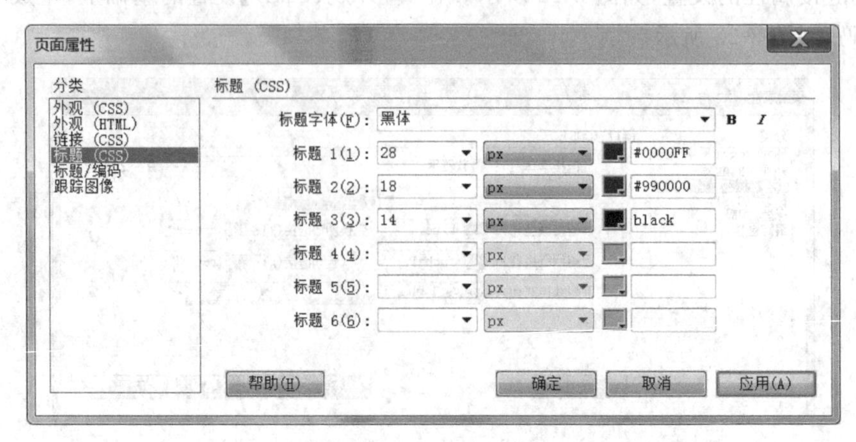

图 3-24　设置【页面属性】对话框中的【标题(CSS)】属性

```
h1 {
    font-size: 28px;
    color: #0000FF;
}
h1,h2,h3,h4,h5,h6 {
    font-family: "黑体";
}
h2 {
    font-size: 18px;
    color: #990000;
}
h3 {
    font-size: 14px;
    color: black;
}
```

图 3-25 新增【标题(CSS)】属性参数设置的源代码

5. 设置【标题/编码】属性

(1) 在【页面属性】对话框左侧【分类】中选择【标题/编码】选项。

(2) 设置标题。标题是指标题栏中出现的页面标题,包含在“<title>…</title>”之间。

(3) 设置文档类型,可以从下拉列表中根据需要选择,如“HTML 4.01 Transitional”“HTML 5”“XHTML 1.0 Transitional”等。

(4) 设置编码。指定文档中的字符所用的编码,多数为“Unicode(UTF-8)”。在【编码】右侧的下拉列表框中选择编码选项,如“简体中文(GB2312)”。

设置【页面属性】对话框中【标题/编码】属性的相关参数之后,单击【确定】或【应用】按钮,完成标题属性的设置,如图 3-26 所示,其对应的源代码如图 3-27 所示。

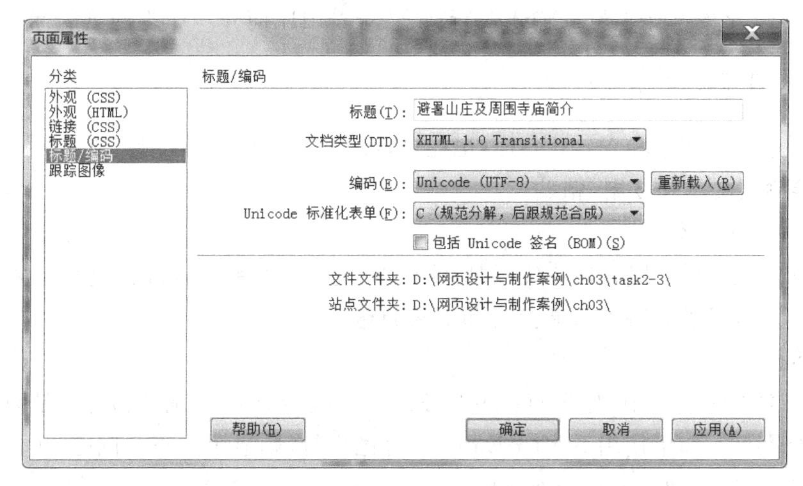

图 3-26 设置【页面属性】对话框中的【标题/编码】属性

```
<!DOCTYPE html PUBLIC "-//W3C//DTD XHTML 1.0 Transitional//EN"
"http://www.w3.org/TR/xhtml1/DTD/xhtml1-transitional.dtd">
<html xmlns="http://www.w3.org/1999/xhtml">
<head>
<meta http-equiv="Content-Type" content="text/html; charset=utf-8" />
<title>避暑山庄及周围寺庙简介</title>
```

图 3-27 设置【标题/编码】属性参数的源代码

6. 设置跟踪图像

在【页面属性】对话框中可以设置【跟踪图像】属性，制作网页。在正式制作网页之前，可以先手动绘制一幅网页设计草图，然后把草图通过【跟踪图像】设置成辅助制作背景，用于引导网页的设计。跟踪图像的文件格式必须是 JPEG、GIF、PNG 中的一种，在 Dreamweaver CS6 中是可见的；但是在浏览器中浏览网页时，跟踪图像不会显示出来。

7. 保存网页的属性设置

单击【标准】工具栏中的【保存】按钮或【全部保存】按钮，保存网页属性设置。

3.2.3 任务 3-2-3：输入与编辑网页中的文本

知识点

网页文本内容的输入与编辑。

任务实例 3-2-3：网页中文本内容的输入与编辑

任务实施

主要操作步骤如下所述。

1. 确定文字输入的位置后输入网页文本标题

将光标定位在【设计】视图的网页编辑窗口中的空白区域，窗口中随即出现闪动的光标，表示输入文字的起始位置。输入一行文字“避暑山庄简介”，作为网页的标题。

2. 输入网页文本内容

在网页中输入文本和 Word 一样，也能进行编辑、修改。输入网页文本的常用方法有两种：直接输入文本和复制/粘贴。

1）直接输入文本

将光标定位在【设计】视图中需要插入文本的地方，采用通过键盘直接输入的方法即可输入文本。这里需要特别强调换行和空格的输入。

（1）换行

在输入文本的过程中，如果直接使用 Enter 键换行，则行间距较大，这是因为软件自动生成一个段落。如果使用 Shift+Enter 组合键换行，则显示为正常间距，仍然是一个段落，这是因为软件自动插入一个换行标签
。

也可以在 Dreamweaver CS6 主界面中选择【插入】→【HTML】→【特殊字符】→【换行符】菜单命令，插入一个换行标签
，实现换行。

（2）空格

在默认状态下，Dreamweaver CS6 中不能连续输入多个空格，只能输入一个空格。如果要输入多个空格，使用 Ctrl+Shift+空格键组合键。

也可以在 Dreamweaver CS6 主界面中选择【插入】→【HTML】→【特殊字符】→【不换行空格】菜单命令，插入空格。

提示

对于一些特殊字符，可以在 Dreamweaver CS6 主界面中选择【插入】→【HTML】→【特殊字符】命令，然后选择对应的字符进行插入。

2）复制/粘贴

可以从其他应用程序中"复制"文本，然后切换到 Dreamweaver CS6，将插入点定位在【文档窗口】的【设计】视图中，执行【粘贴】命令。但是通过复制/粘贴输入文本内容时，需要注意，可能生成一些冗余代码。

注意

在 Dreamweaver CS6 中执行【编辑】→【选择性粘贴】命令，可以保留在其他应用程序中创建的所有源格式的设置，如图 3-28 所示。

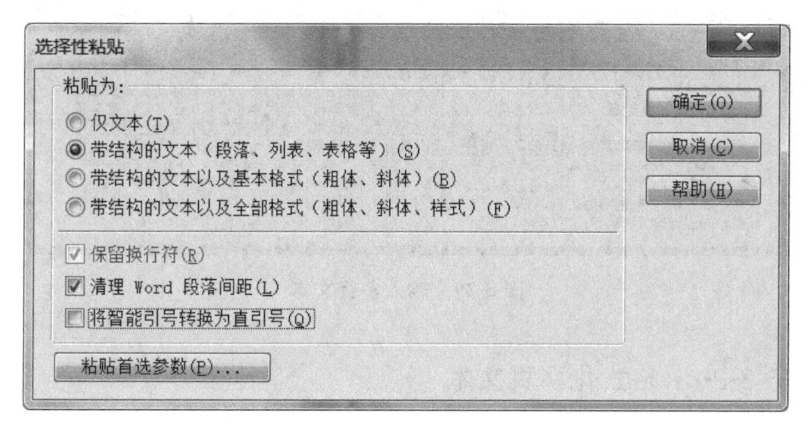

图 3-28 【选择性粘贴】对话框

输入文本内容如图 3-29 所示。请注意，使用 Enter 键和 Shift+Enter 组合键完成段落设置。输入完毕后，请保存网页。

3. 编辑网页中的文本

在网页中输入文本之后，可以像 Word 一样，对文本内容进行编辑。常见的文本编辑操作有以下几种。

（1）选择一个或多个文字，一行或多行文本，一段或多段文本。

（2）实现编辑操作，如插入、修改、复制、粘贴、删除等。

（3）实现查找与替换操作。

（4）实现撤销或重做操作。

这些网页文本编辑操作，可以在 Dreamweaver CS6 主界面的【编辑】菜单中完成；也可以选择要编辑文字，然后单击鼠标右键，使用快捷菜单完成。

修改完毕，保存网页。

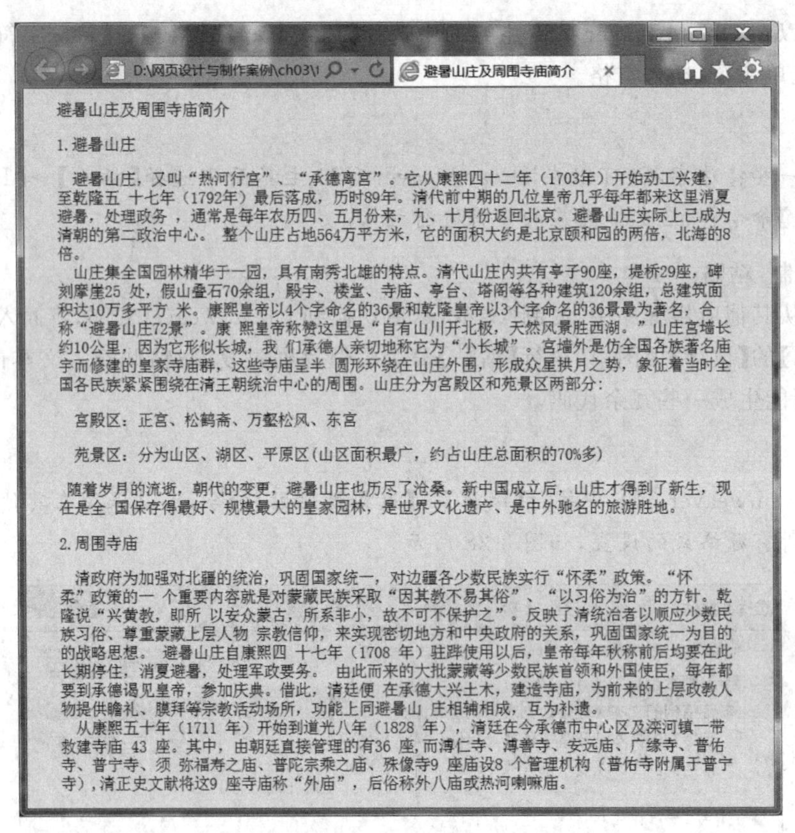

图 3-29 输入多行文本

3.2.4 任务 3-2-4：格式化网页文本

知识点

网页文本的格式化。

在 Dreamweaver CS6 工作界面中，使用【格式】菜单和【属性】面板，可以对网页文本格式化，包括字体、大小、颜色等。

任务实例 3-2-4：网页文本的格式化

任务实施

主要操作步骤如下所述。

1. 格式化标题

1）设置网页标题格式

将网页文本标题“避暑山庄及周围寺庙简介”的格式设置为“标题 1”，并居中对齐，操作步骤如下所述。

在网页中选择文本标题“避暑山庄及周围寺庙简介”，然后在 HTML【属性】面板的

【格式】下拉列表框中选择【标题 1】选项，如图 3-30 所示。

图 3-30　HTML【属性】面板设置

在【属性】面板的左下角单击按钮 CSS，切换到 CSS【属性】面板。单击【属性】面板上的居中对齐按钮，设置网页标题居中对齐，如图 3-31 所示。

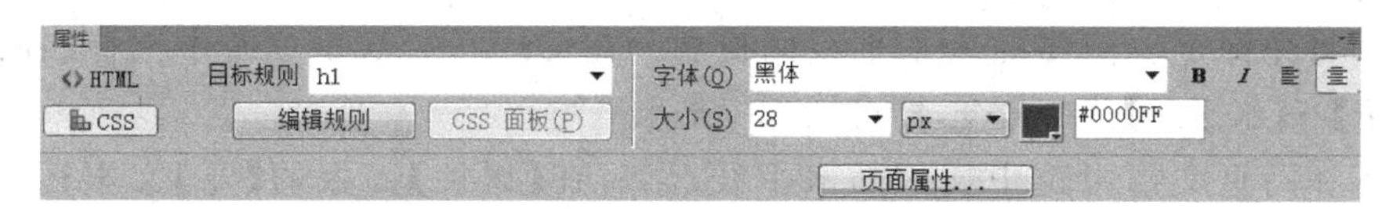

图 3-31　CSS【属性】面板设置

2）设置段落标题格式属性

选中网页中段落标题“1. 避暑山庄”，然后在 HTML【属性】面板的【格式】下拉列表框中选择【标题 2】选项，进行段落标题格式化设置。使用类似的方法对“2. 周围寺庙”标题进行格式化设置。

2. 格式化段落

选中“第一段”网页文本，然后在 HTML【属性】面板的【格式】下拉列表框中选择【段落】选项，进行段落格式化设置。使用类似的方法对其他段落进行格式化设置。

也可以在 CSS【属性】面板中进行段落格式化设置。

提示

在 HTML【属性】面板中，【格式】下拉列表框中默认选中的是【段落】。因此，除非要更改某个段落的格式，使其与其他段落不同，而需要进行相应的设置，如＜新内联样式修改＞；否则，可以不做修改，直接使用默认值。

3. 格式化项目列表

选中网页文本中的“宫殿区：……”和“苑景区：……”这两行，然后单击 HTML【属性】面板中的项目列表按钮，将选中的文本设置为项目列表。

如果网页中有其他文本格式需要设置，采用类似的方法进行格式修饰。格式修改完成后，保存网页。

3.2.5　任务 3-2-5：插入与文本相关的元素并设置其属性

知识点

(1) 插入水平线。

(2) 插入日期。

任务实例 3-2-5：与文本相关的元素的插入及其属性的设置

任务实施

主要操作步骤如下所述。

1. 插入水平线

水平线可以分隔页面内容和对象，使网页文档结构清晰、层次分明、便于浏览。在网页中合理地插入水平线，可以取得较好的视觉效果。

水平线插入方法如下所述。

(1) 将光标定位到要插入水平线的位置。在 Dreamweaver CS6 中选择【插入】→【HTML】→【水平线】菜单命令，即可插入一条水平线。

(2) 在网页文档中选中插入的水平线，然后在【属性】面板的【宽】文本框中输入"100"，单位选择"%"；在【高】文本框中输入"3"，单位选择"像素"；在【对齐】下拉列表框中选择【居中对齐】选项，再选中【阴影】复选框，如图 3-32 所示。

图 3-32　设置水平线的属性

(3) 保存网页。

2. 插入日期

在 Dreamweaver CS6 中提供了一个日期对象，供设计人员插入日期，并且可以选择在每次保存文件时自动更新该日期。插入日期方法如下：

(1) 将光标定位到要插入日期的位置。在 Dreamweaver CS6 中选择【插入】→【日期】菜单命令，即可打开【插入日期】对话框。

(2) 在【插入日期】对话框中，在【星期格式】下拉列表中选择【星期四】选项，在【日期格式】列表框中选择【1974 年 3 月 7 日】选项，【时间格式】下拉列表中选择默认设置，并选中【储存时自动更新】复选框，单击【确定】按钮，生成的日期就插入到网页文档中，如图 3-33 所示。

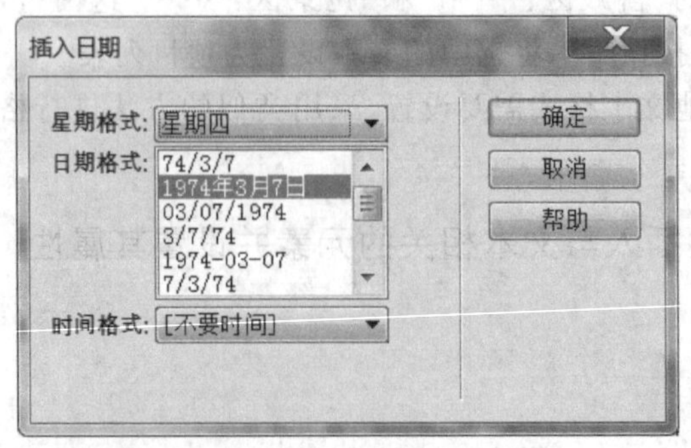

图 3-33　【插入日期】对话框参数设置

(3) 保存网页。

提示

也可以在【插入】面板的【常用】选项卡中选择插入水平线、日期等标签元素。

3.2.6 任务 3-2-6：设置超级链接与锚点

知识点

(1) 超级链接。

(2) 锚点。

任务实例 3-2-6：超级链接与锚点的设置

任务实施

超级链接是从一个网页指向另一个目标的连接关系。这个目标可以是网页、图片、电子邮件或锚点等。

设置超级链接与锚点的主要操作步骤如下所述。

1. 设置超级链接

根据链接目标的不同，分为内部链接、外部链接和空链接 3 种。在 task0301.html 网页文档末尾输入“避暑山庄美景欣赏请点击此处”，以此为例，使用以下两种方法创建超级链接。

(1) 使用菜单命令或【插入】面板设置超级链接。选中需要超级链接的文字“点击此处”，然后在 Dreamweaver CS6 中选择【插入】→【超级链接】菜单命令，或者在【插入】面板选择【常用】选项卡，最后单击【超级链接】打开【超级链接】对话框，如图 3-34 所示。

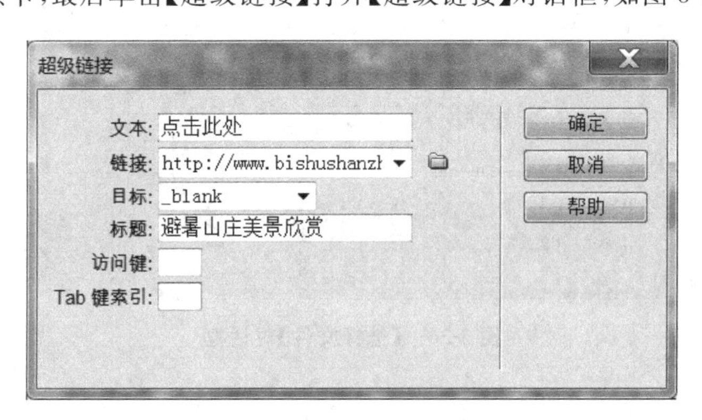

图 3-34 【超级链接】对话框参数设置

【超级链接】对话框中各选项的含义如下所述。

① 文本：是输入或修改链接的文本。

② 链接：是链接的路径和名称，这里输入“http://www.bishushanzhuang.com.cn/webgroup/Photo/Index.asp”。如果输入“#”，表示链接到当前页面，等同于输入

“task0301.html”。

③ 目标：下拉列表框用来选择打开超级链接的方式。“_blank”表示在新窗口中打开超级链接，“_parent”表示将链接文件加载到含有该链接的父窗口中，“_self”表示将链接文件加载到该链接所在的同一窗口中，“_top”表示将链接的文件加载到整个浏览器窗口中。

④ 标题：文本框中输入链接的文字，光标悬停在超级链接上显示的提示信息为“避暑山庄美景欣赏”。

(2) 使用右键快捷菜单或【属性】面板设置超级链接。选中需要超级链接的文字“点击此处”，然后单击鼠标右键，在弹出的快捷菜单中选择【创建链接】命令；或者在【属性】面板的【链接】组合框(见图 3-35)中输入“链接路径及文件名称”；也可以单击按钮，弹出【选择文件】对话框，进行相应的设置，如图 3-36 所示；还可以单击按钮，拖曳出一个箭头，将其指向目标文档，建立超级链接。

图 3-35 在【属性】面板中创建超级链接

图 3-36 【选择文件】对话框

2. 设置锚点链接

当浏览一些页面内容比较多的网页，需要快速定位某个内容模块时，可以在本页面内部建立超级链接，为用户浏览提供方便。这种超级链接称为锚点。创建锚点的方法如下所述。

(1) 将光标定位在需要创建锚点的位置上，即目标位置。本例将在标题“避暑山庄及周围寺庙简介”前面插入锚点。

（2）在 Dreamweaver CS6 中选择【插入】→【命名锚记】菜单命令，或者在【插入】面板中选择【常用】选项卡，然后单击【命名锚记】，打开【命名锚记】对话框，如图 3-37 所示。在【锚记名称】栏中输入“top”，然后单击【确定】按钮。

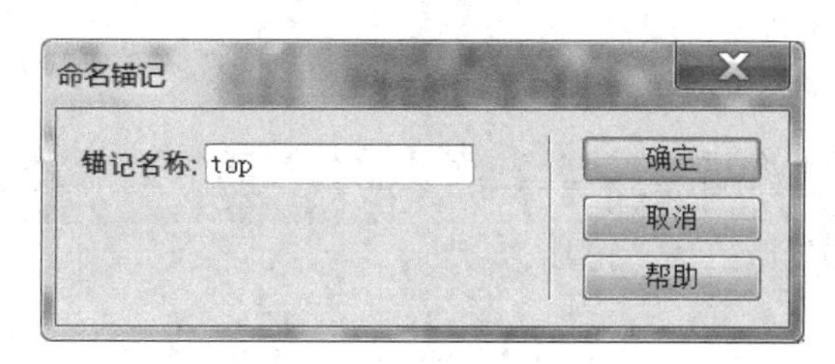

图 3-37 【命名锚记】对话框

（3）在页面底部，输入文字“返回页面顶部”。对输入的文字内容创建锚点链接。在【属性】面板的【链接】文本框中输入锚记名称“＃top”，创建一个锚点链接，如图 3-38 所示，并保存网页。

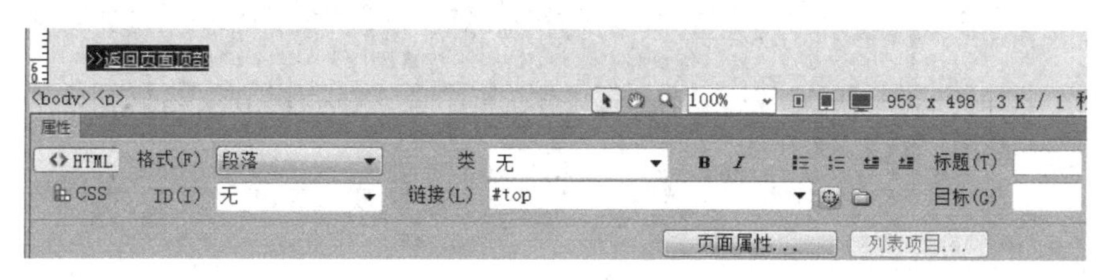

图 3-38 创建锚点链接

3.2.7 任务 3-2-7：浏览网页效果

知识点

浏览网页效果。

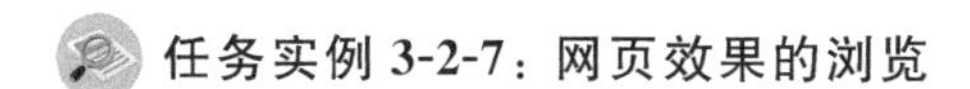

任务实例 3-2-7：网页效果的浏览

任务实施

主要操作步骤如下所述。

按 F12 键，网页效果浏览器如图 3-39 所示。

（1）观察页面中的标题、段落文字、项目列表的字体大小、颜色和对齐方式，重点观察段落中的换行和空格情况。

（2）观察超级链接，重点观察超级链接所设的颜色及锚点链接。

同步练习

请参照任务 3-2，以 Dreamweaver CS6 为开发工具，设计制作一个以“家乡旅游宣传”为主题的文本网页，要求包括标题、段落、列表和超级链接。

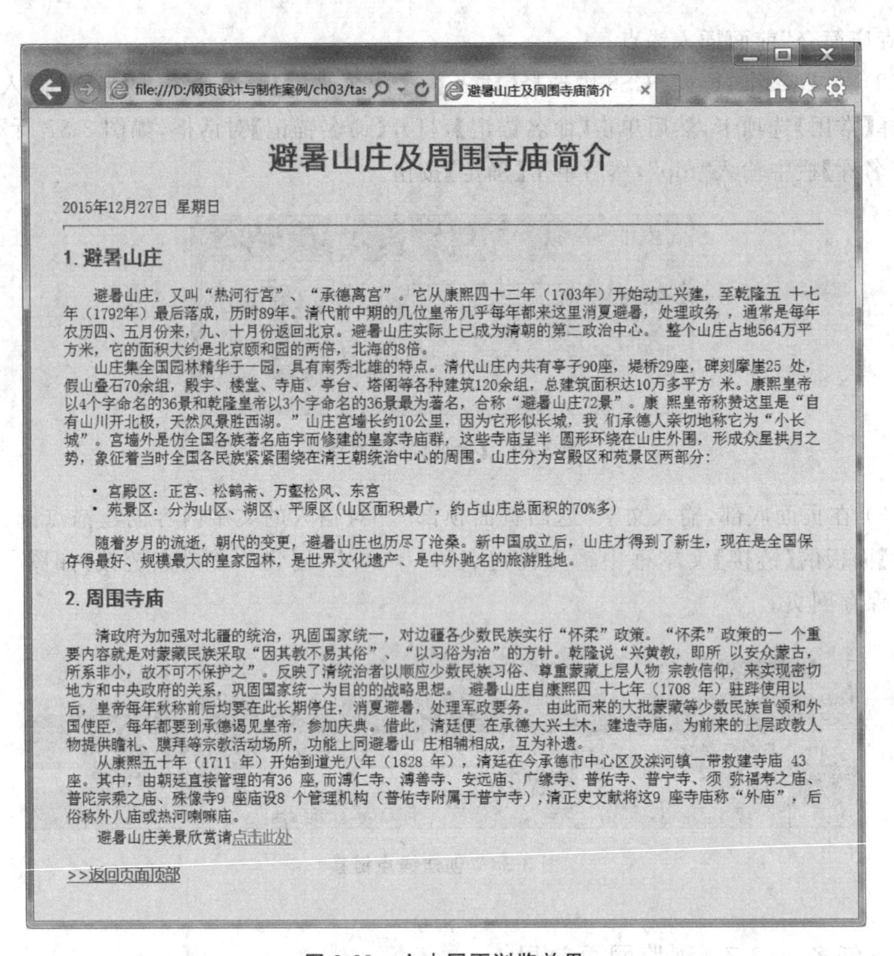

图 3-39　文本网页浏览效果

3.3　任务3-3：使用CSS控制页面文本

 任务描述

初步认识CSS，并会简单地运用。

层叠样式表(Cascading Style Sheets，CSS)又称为级联样式表，用于控制或增强网页的外观样式，是可以与网页内容相分离的一种标签性语言。使用CSS样式，可以将网页内容与网页样式分离，使网页更小，下载速度更快，还可以更加方便地更新和维护网页。总之，CSS负责页面的样式，使网页设计更加规范、美观和方便。所以，CSS在网页设计中应用非常广泛。

1997年，W3C工业合作组织首次发表CSS 1.0。1998年推出CSS 2.0。2006年，CSS 3发布，将网页设计推向全新的时代。

3.3.1 任务 3-3-1：认识 CSS

知识点

（1）CSS 基本语法。

（2）选择符。

（3）CSS 样式表引用。

CSS 的主要功能是将某些规则应用于文档中同一类型的元素，以减少网页设计者的工作量。前面介绍的 CSS【属性】面板就是设置文本格式的一种方法。如图 3-23 所示是一段 CSS 源代码。

1. HTML 格式化网页与 CSS 格式化网页对比

在 Dreamweaver 中打开两个网页。二者呈现同样的效果，但一个页面使用 HTML 格式化，另一个页面使用 CSS 格式化，如图 3-40 所示。

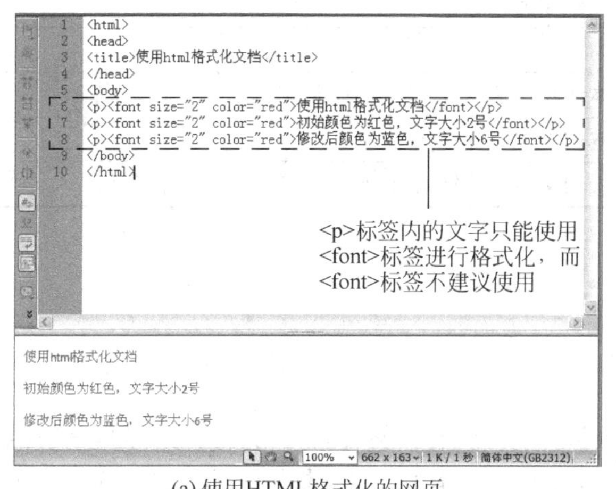

(a) 使用HTML格式化的网页

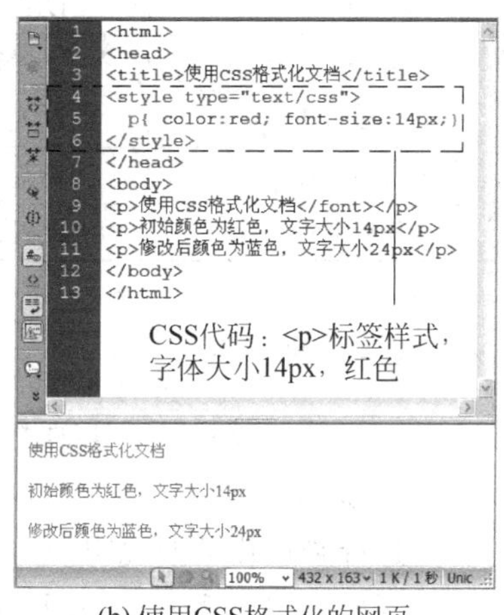

(b) 使用CSS格式化的网页

图 3-40 分别使用 HTML 和 CSS 格式化产生相同效果的网页

在比较基于 HTML 的格式化和基于 CSS 的格式化网页时，很容易看到，CSS 在工作量和时间上产生了巨大效益。因此容易理解 W3C 为何摒弃 HTML 格式化，而使用 CSS 控制网页样式。

2. CSS 基本语法

CSS 样式表一般由若干样式规则构成，每个样式规则都看成是一条 CSS 基本语句。CSS 语言由选择符、属性及属性值构成，样式列表的基本语法如下所示。

```
选择符{属性 1:属性值 1;属性 2:属性值 2;属性 3:属性值 3;…}
```

其中，选择符是标识已设置格式元素（如 body、table、p、类名、ID 名）的术语。例如，选择符为 p，在“{}”中的所有内容为声明块。如图 3-40 所示，表示＜p＞…＜/p＞标签的所有文本字体颜色为红色,字体大小为14px。

3. CSS的字体属性和文本属性

CSS字体属性用于定义文本字体的类型、大小、加粗、倾斜和变形(如小型大写字母);CSS文本属性用于控制文本的对齐方式、字符间距以及修饰等内容。在实际工作中,通过这些属性实现不同的效果。常用的属性如表3-1所示。

表3-1　CSS中常用的字体属性和文本属性

类别	属性名称	描述
CSS字体属性	Font-family	设置网页使用的字体类型,如字体类型为“宋体”“黑体”等
	Font-size	设置文本字体大小,如字体大小为“14px”
	Font-weight	设置字体粗细量,“normal(正常)”为400,“bold(粗体)”为700
	Font-style	设置字体样式,如字体样式为“倾斜”
	Font-variant	设置文本的字体为小型大写字母的外形
CSS文本属性	Color	设置文本的颜色
	Line-height	设置行高
	Text-indent	设置文本块首行缩进(段落中经常使用)
	Text-align	设置文本的水平对齐方式
	Text-decoration	设置添加到文本的装饰效果(超级链接设置中经常使用)

4. 选择符的分类

CSS选择符一般有以下4种类型。

1) 标签选择符

标签选择符也称类型说明符。HTML中的所有标签可以作为标签选择符,其特点是标签自动匹配调用。例如,定义body网页中的字体类型、字体大小、颜色和行高,代码如下所示。

```
body {
    font-family: "宋体";
    font-size: 14px;
    color: #000000;
    line-height:18px;
}
```

2) 类选择符

类选择符能够把相同的元素分类定义成不同的样式。定义类选择符时,在自定义类的前面需要加上一个“点号”。例如,定义“海上生明月,天涯共此时”为红色并且右对齐,代码如下所示。

```
.right{
    color: #FF0000;
```

```
    text-align:right;
}
```

调用的方法为

```
<p class="right">海上生明月,天涯共此时</p>
<h1 class="right">海上生明月,天涯共此时</h1>
```

提示

类选择符可以应用在不同的标签中。

3) ID选择符

在HTML页面中,ID参数指定某个单一元素,ID选择符用来对某个单一元素定义单独的样式。例如:

```
<p id="title2">海上生明月,天涯共此时</p>
```

其中,标签<p>被指定了id名称为title2。因此,ID选择符的使用和类选择符类似。定义类选择符时,在自定义类的前面需要加上一个"#"号,将class换成id即可。定义id名称title2的代码如下所示。

```
#titel2{
    color:#FF0000;
    text-align:center;
}
```

4) 复合内容选择符

如果要定义同时影响两个以上标签、类或ID的复合规则,可以使用复合选择符。通常,复合选择符分为伪类选择符、包含选择符和选择符组3种。

(1) 伪类选择符:伪类选择符可以看作是一种特殊的类选择符,是能够被支持CSS的浏览器自动识别的特殊选择符。"伪"的原因是它们所指的对象在文档中并不存在,指的是元素的某种状态。例如,定义超级链接不同的状态,代码如下所示。

```
a:link {
    color:blue;
}
a:visited {
    color: fuchsia;
}
a:hover {
    color: green;
}
a:active {
    color: red;
}
```

提示

为了确保每次鼠标经过网页文本时的效果相同,定义样式一定按照a:link、a:

visited、a:hover、a:active 的顺序编写。

(2) 包含选择符：包含选择符是可以单独定义某种元素包含关系的样式列表。元素1中包含元素2，这种定义方式只对元素1中的元素2定义样式，对单独的元素1或元素2无作用。例如，表示 table 标签内的 a 对象的样式，即表格内的超级链接样式，对表格外的超级链接文字无效，代码如下所示。

```
table a{
    font-family:"楷体";
    font-size:12px;
}
```

提示

① 使用包含选择符，可以避免过多地使用 id 或 class，直接对所需的元素进行样式定义。

② 包含选择符支持多级包含。

(3) 选择符组：选择符组是指把相同属性和值的选择符组合起来书写，用“,”将选择符隔开，以减少重复定义。例如标题标签组的样式定义，代码如下所示。

```
h1,h2,h3,h4,h5,h6 {
    font-family: "黑体";
}
```

注意

① 定义复合内容选择符时，“,”起间隔不同选择符的作用，空隔符“␣”起包含作用。通常，右侧的选择符在左侧选择符的约束下起作用。

② 在网页中引用复合选择符时，以最接近大括号的选择器类型为准。

同步练习

对比认识6类选择符，重点对比认识标签选择符、ID选择符和类选择符。

5) CSS 样式表的引用

CSS 样式表可以通过多种方式灵活地引用到 HTML 页面中，选择方式根据网页的需求来确定。这里介绍4种 CSS 样式表的引用方法。

(1) 行内样式表：直接在 HTML 代码中加入样式规则，适用于网页内某一小段文字的显示规则，效果仅可控制该标签。行内样式表引用核心代码如图 3-41 所示，页面显示效果如图 3-42 所示。

```
9   <p style="background:#FFFF33; color:#000000; font-size:30px; font-family:'微软
    雅黑', '宋体', '黑体'; text-align:center" >
10  行内样式引用实例：重要的事情要说三遍!
11  <p>
```

图 3-41 行内 CSS 核心代码

图 3-42　行内 CSS 网页显示效果

注意

① CSS 样式的多个属性及属性值包含在 style="…"之间，各属性之间用分号隔开，同一属性的各个属性值用逗号隔开。

② 在 CSS 中可以定义多个字体类型让系统自动选择，系统根据书写顺序识别、选择。如图 3-41 所示代码中，浏览器识别的字体类型是第一个"微软雅黑"。

（2）内部样式表：将 CSS 样式表以<style type="text/css">…</style>格式嵌到 HTML 文件的<head>…</head>之间。内部样式表代码如图 3-43(a)所示，内部样式表引用的代码如图 3-43(b)所示，页面显示效果如图 3-44 所示。

```
6   <style type="text/css">
7   #divbox {
8       width:180px;/*设置宽度*/
9       height:250px;/*设置高度*/
10      border:5px #0000FF solid;/*设置边框粗细、颜色和类型*/
11      padding:10px;/*设置box的内边距为10px*/
12      text-align:center;/*box内所有内容居中*/
13  }
14  .a {font-family:"黑体";}/*定义a类文字为黑体*/
15  .b {font-family:"宋体";}/*定义b类文字为宋体*/
16  .c {font-family:"华文行楷";}/*定义c类文字为华文行楷*/
17  .d {font-family:"华文彩云";}/*定义d类文字为华文彩云*/
18  .e {font-family:"微软雅黑";}/*定义e类文字为微软雅黑*/
19  </style>
```

(a) 内部CSS样式规则代码

```
23  <div id="divbox">
24    <h2>回乡偶书</h2>
25    <p class="a">贺知章（唐）</p>
26    <p class="b">少小离家老大回，</p>
27    <p class="c">乡音无改鬓毛衰。</p>
28    <p class="d">儿童相见不相识，</p>
29    <p class="e">笑问客从何处来。</p>
30  </div>
```

(b) 内部CSS样式引用代码

图 3-43　内部 CSS 样式的代码

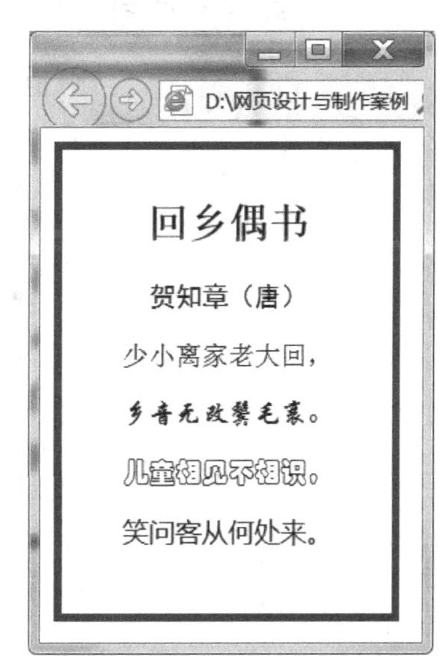

图 3-44　引用内部 CSS 网页显示效果

注意

使用 ID 选择符和类选择符，可以把相同元素分类定义成不同的样式。这一点优于标签选择符。

（3）外部链接样式表：需要把编写好的样式文件保存为扩展名为 *.css 的文件，然后将链接样式表文件链接到 HTML 文档。多个网页可以调用一个样式表文件，使网站的整体风格保持一致，同时实现页面 HTML 与 CSS 的分离。例如，事先编写好的 CSS 文件为 css1. css，代码如图 3-45 所示，链接外部样式表的代码如图 3-46 所示，页面显示效果如图 3-47 所示。

```
1  p{
2      color: #0000FF;
3      font-size:20px;
4      font-family:"微软雅黑";
5      text-align:center;
6      line-height:1.5; /*设置1.5倍的行高*/
7  }
8  h1,h2,h3,h4,h5,h6{
9      text-align:center;
10     color:red;
11 }
```

图 3-45　css1. css 代码

```
3  <head>
4  <meta http-equiv="Content-Type" content="text/html; charset=utf-8" />
5  <title>链接样式引用实例</title>
6  <link rel="stylesheet" href="css1.css" type="text/css" />
7  </head>
8  <body>
9  <h2>回乡偶书</h2>
10 <p> 贺知章（唐）<br />
11 少小离家老大回，<br />
12 乡音无改鬓毛衰。<br />
13 儿童相见不相识，<br />
14 笑问客从何处来。<br />
15 </p>
```

外部CSS引用

图 3-46　外部链接样式表引用代码

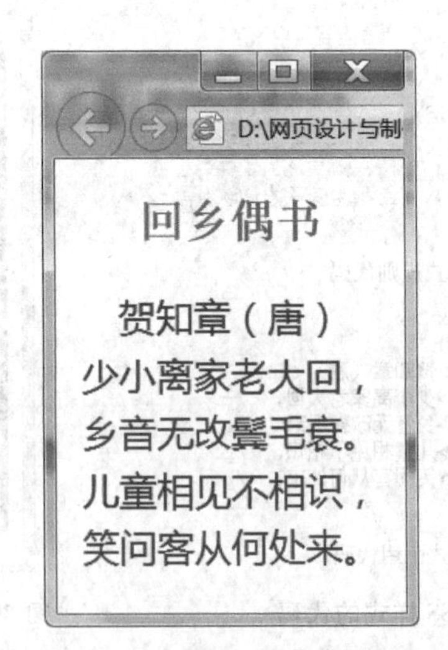

图 3-47　外部链接 CSS 网页显示效果

图 3-46 中的 href 用于设置链接 CSS 文件的路径与名称，可以使用相对路径，也可以使用绝对路径；rel="stylesheet"表示链接样式表，是链接样式表的必要属性。

(4) 导入样式表：导入外部样式表和外部链接样式表有点类似，区别在于，导入外部样式引用是在浏览器解释 HTML 代码时，将外部 CSS 文件的内容全部调入网页页面，而外部链接样式表不将外部 CSS 文件的内容调入页面，只是在用到该样式时才在外部 CSS 中调入该样式的定义。例如，事先编写好的 CSS 文件为 css1. css，代码如图 3-45 所示，导入外部样式表的代码如图 3-48 所示，页面显示效果如图 3-47 所示。

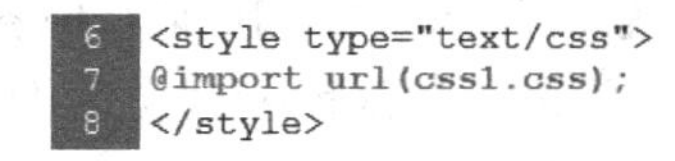

```
6 <style type="text/css">
7 @import url(css1.css);
8 </style>
```

图 3-48 导入外部样式表的代码

同步练习

对比 4 种 CSS 样式表的引用方法、并实践、练习。

3.3.2 任务 3-3-2：创建与管理 Dreamweaver CS6 中 CSS 的样式

知识点

(1) CSS 样式创建与属性设置。

(2) CSS 样式的查看、编辑与删除。

任务实例 3-3-1：Dreamweaver CS6 中 CSS 样式的创建与管理

任务实施

网页制作者可以通过编写代码定义 CSS 样式，也可以应用 Dreamweaver CS6 这样的网页制作工具定义 CSS 样式。下面以创建<p>标签的样式规则为例，说明应用 Dreamweaver CS6 这样的网页开发环境定义 CSS 样式的方法和步骤。

1. 创建 CSS 样式

(1) 在 Dreamweaver CS6 中选择【窗口】→【CSS 样式】菜单命令，或者使用 Shift+F11 组合键，展开【CSS 样式】面板。单击【格式】→【CSS 样式】→【新建】菜单命令，或在【CSS 样式】面板中单击按钮，打开【新建 CSS 规则】对话框，如图 3-49 所示。

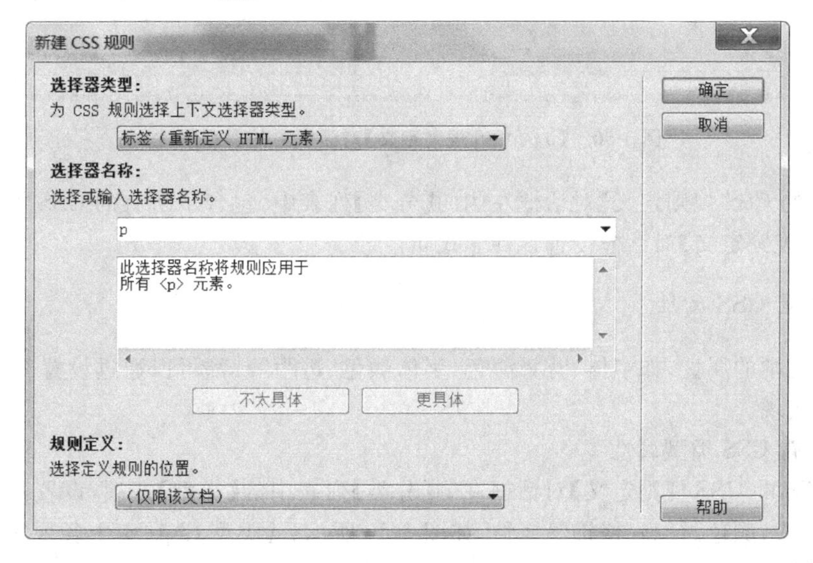

图 3-49 【新建 CSS 规则】对话框及参数设置

【新建 CSS 规则】对话框中各个选项的含义如下所述。

① 选择器类型：有“类”“ID”“标签”和“复合内容”4 种选项，分别对应类选择符、ID 选择符、标签选择符和复合内容选择符。

② 选择器名称：定义样式的名称。如果没有输入开头的名称，则 Dreamweaver 将自动根据选择器的类型添加。

③ 规则定义：定义样式保存的位置。如果选择“仅限该文档”，则将 CSS 样式表嵌入到当前文档的<head>标签中；如果选择“新建样式表文件”，则将 CSS 样式表保存成单独的外部文档。

(2) 如图 3-49 所示，在【选择器类型】中选择【标签(重新定义 HTML 元素)】，然后在【选择器名称】中选择【p】，最后在【规则定义】列表中选择【仅限该文档】。单击【确定】按钮，弹出【p 的 CSS 规则定义】对话框，如图 3-50 所示。根据需要设置 CSS 属性，然后单击【确定】按钮，新创建的 CSS 样式出现在【CSS 样式】面板中。

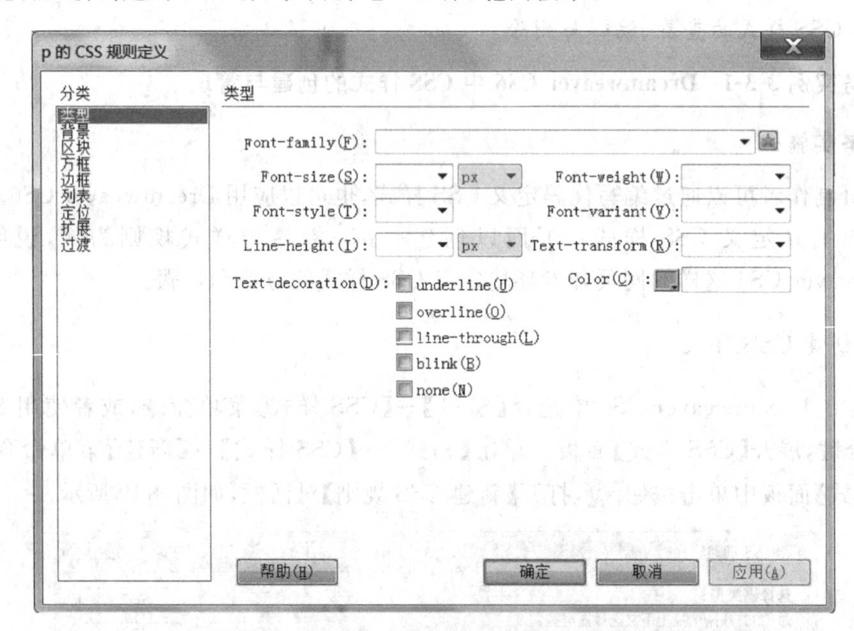

图 3-50 【p 的 CSS 规则定义】对话框中的类型属性

在【p 的 CSS 规则定义】对话框左侧的【分类】列表中，包含了所有的 CSS 类型。可以通过【CSS 规则定义】对话框设置各种样式属性。

2. 设置 CSS 属性

CSS 规则的属性，如字体、背景颜色、字体颜色、边距等，都可以通过设置 CSS 样式的规则定义实现。

1) 设置 CSS 类型属性

选择【p 的 CSS 规则定义】对话框左侧【分类】列表中的【类型】选项，设置网页中文本的字体、样式、颜色、行高、修饰等属性，如图 3-50 所示。【类型】选项卡中各项属性的含义如表 3-2 所示。

表 3-2 【p 的 CSS 规则定义】对话框的类型属性

属 性 名 称	描　　述
Font-family(字体)	设置网页使用字体的类型,如"宋体""黑体"等
Font-size(大小)	设置文本字体大小,如"14px"
Font-weight(粗细)	设置字体粗细量,"normal(正常)"为 400,"bold(粗体)"为 700
Font-style(样式)	设置字体样式,如"倾斜"。默认为"正常"
Font-variant(变体)	设置文本字体为小型大写字母的外形
Line-height(行高)	设置文本所在行的高度,默认选择"normal(正常)"
Text-transform(大小写)	将选中内容中每个单词的首字母大写,或将其设置为大写或者小写
Text-decoration(修饰)	设置文本的显示状态,有 5 个复选框,默认为"none",链接默认为"underline"
Color(颜色)	设置文本颜色

2) 设置 CSS 背景属性

选择【p 的 CSS 规则定义】对话框左侧【分类】列表中的【背景】选项,设置网页背景属性,如图 3-51 所示。

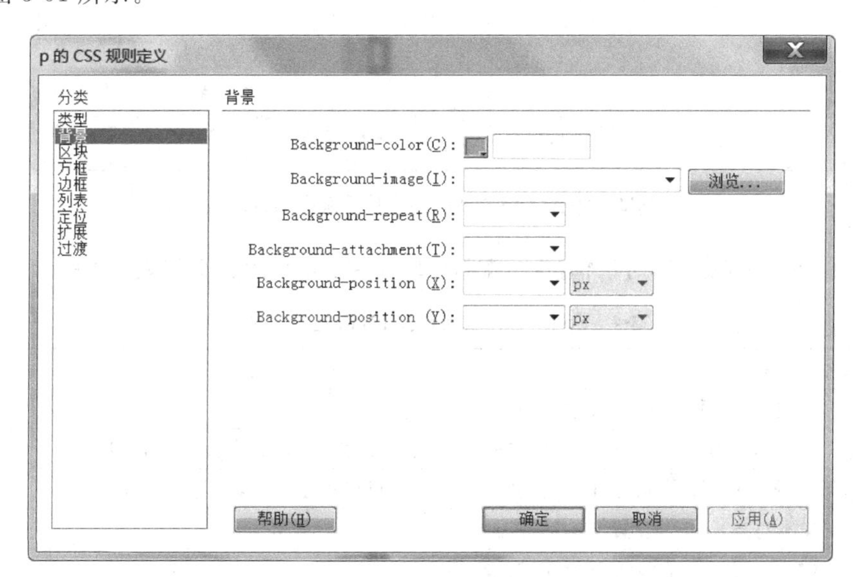

图 3-51 【p 的 CSS 规则定义】对话框中的背景属性

【p 的 CSS 规则定义】对话框【背景】选项卡中各项属性的含义如表 3-3 所示。

表 3-3 【p 的 CSS 规则定义】对话框的背景属性

属 性 名 称	描　　述
Background-color(背景颜色)	设置网页元素的背景颜色
Background-image(背景图像)	设置网页元素的背景图像
Background-repeat(重复)	当背景图像不能填满页面时,设置背景图像重复方式
Background-attachment(附件)	设置控制背景图像是否随页面一起滚动
Background-position(X)(水平位置)	设置背景图像的起始水平位置,可选左对齐、居中、右对齐等
Background-position(Y)(垂直位置)	设置背景图像的起始垂直位置,可选顶部、居中、底部等

3）设置 CSS 区块属性

选择【p 的 CSS 规则定义】对话框左侧【分类】列表中的【区块】选项，设置网页标签中的文字间距、对齐方式和文字缩进等属性，如图 3-52 所示。

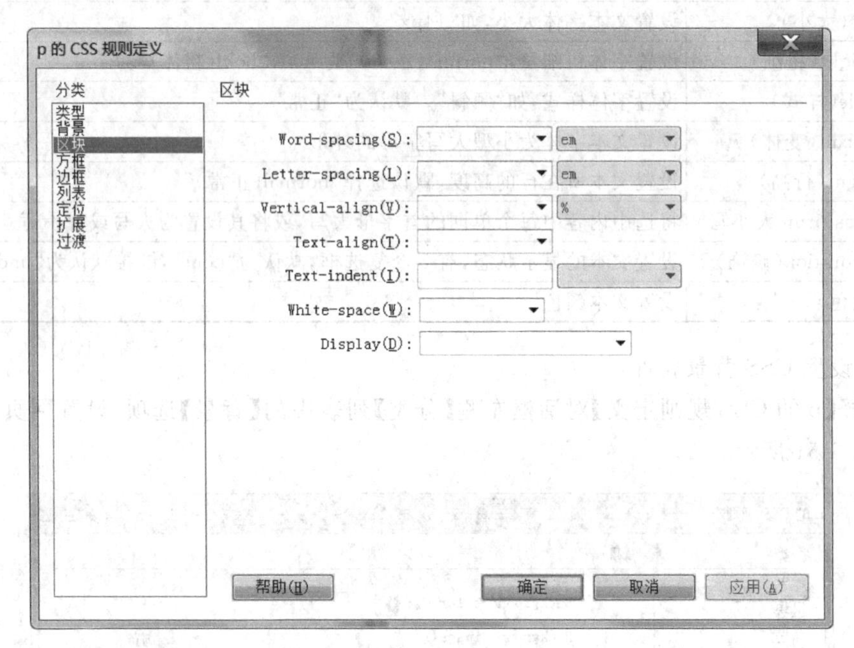

图 3-52 【p 的 CSS 规则定义】对话框中的区块属性

【p 的 CSS 规则定义】对话框【区块】选项卡中各项属性的含义如表 3-4 所示。

表 3-4 【p 的 CSS 规则定义】对话框的区块属性

属性名称	描述
Word-spacing（单词间距）	设置文字之间的间距
Letter-spacing（字母间距）	设置字符之间的间距。若要减少，指定一个负值（如－4）
Vertical-align（垂直对齐）	指定元素的垂直对齐方式，仅应用于<img>标签
Text-align（文本对齐）	设置文本对齐方式
Text-indent（文本缩进）	设置首行缩进的距离
White-space（空格）	如何处理文本中的白色空格（包括空格、跳格和回车符）。normal：收缩空白；pre：保留所有空白，作为文本，并用 pre 标签包围起来；nowrap（不换行）：仅遇到 标签时，文本换行
Display（显示）	设置文本显示方式

4）设置 CSS 方框属性

选择【p 的 CSS 规则定义】对话框左侧【分类】列表中的【方框】选项，控制元素在页面上的放置样式；应用填充和边界，设置元素各个边界的属性，如图 3-53 所示。

【p 的 CSS 规则定义】对话框【方框】选项卡中各项属性的含义如表 3-5 所示。

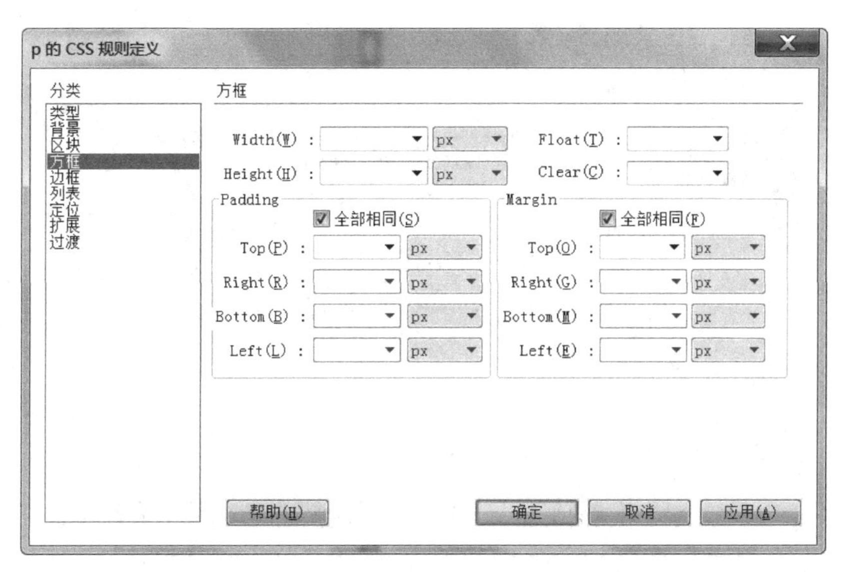

图 3-53 【p 的 CSS 规则定义】对话框中的方框属性

表 3-5 【p 的 CSS 规则定义】对话框的方框属性

属性名称	描述
Width(宽度)	设置元素的宽度
Height(高度)	设置元素的高度
Float(浮动)	设置元素在网页中的浮动位置
Clear(清除)	定义 AP Div 对象与网页其他对象的重叠方式
Padding(填充)	定义指定对象中的内容与其他边框的间距
Margin(边界)	定义指定对象与其他元素之间的间距

5) 设置 CSS 边框属性

选择【p 的 CSS 规则定义】对话框左侧【分类】列表中的【边框】选项,定义对象边框的样式、宽度和颜色属性,如图 3-54 所示。

【p 的 CSS 规则定义】对话框【边框】选项卡中各项属性的含义如表 3-6 所示。

表 3-6 【p 的 CSS 规则定义】对话框的边框属性

属性名称	描述
Style(样式)	设置边框的样式,包括虚线、点画线、实线、双线、凹陷、凸出等
Width(宽度)	设置边框的粗细,上、下、右分别为边框的四周,其下拉列表选择包括细、中、粗等
Color(颜色)	设置边框的颜色

6) 设置 CSS 列表属性

选择【p 的 CSS 规则定义】对话框左侧【分类】列表中的“列表”选项,为列表标签定义项目符号类型等属性,如图 3-55 所示。

【p 的 CSS 规则定义】对话框【列表】选项卡中各项属性的含义如表 3-7 所示。

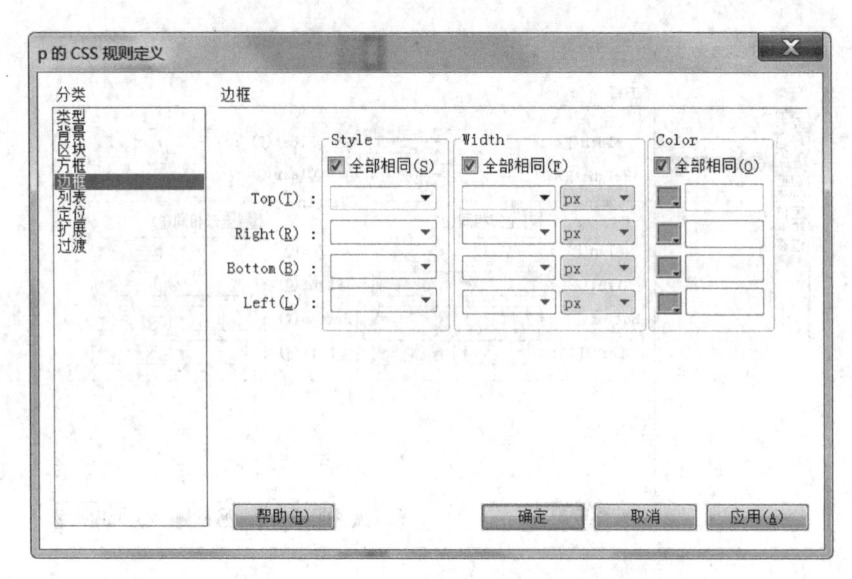

图 3-54 【p 的 CSS 规则定义】对话框中的边框属性

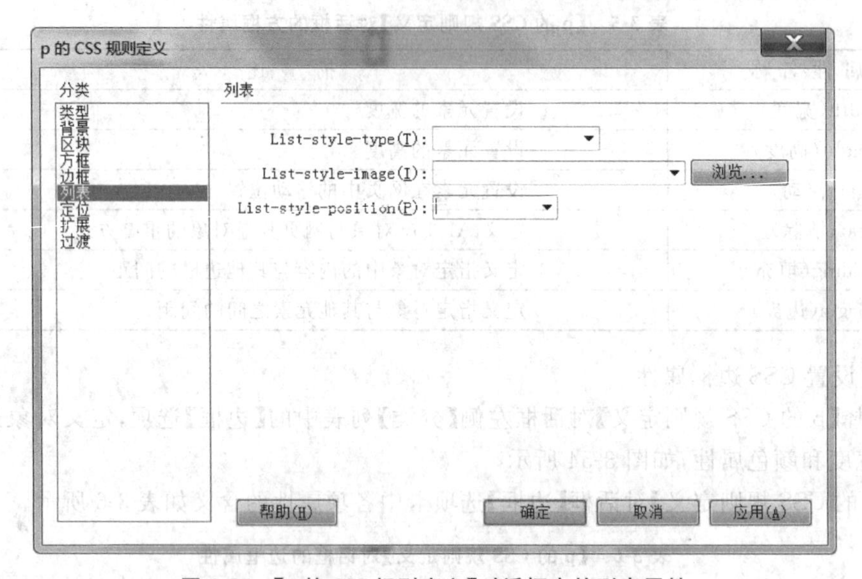

图 3-55 【p 的 CSS 规则定义】对话框中的列表属性

表 3-7 【p 的 CSS 规则定义】对话框的列表属性

属 性 名 称	描 述
List-style-type(类型)	选择项目符号或编号的外观
List-style-image(项目符号图像)	自定义项目符号的图像,可以直接输入图像路径和文件名,也可浏览选择图像
List-style-position(位置)	设置列表项换行时是否缩进,或是边缘对齐。选择"内",为缩进;选择"外",为边缘对齐

7）设置 CSS 定位属性

选择【p 的 CSS 规则定义】对话框左侧【分类】列表中的“定位”选项，控制网页中元素的位置，如图 3-56 所示。

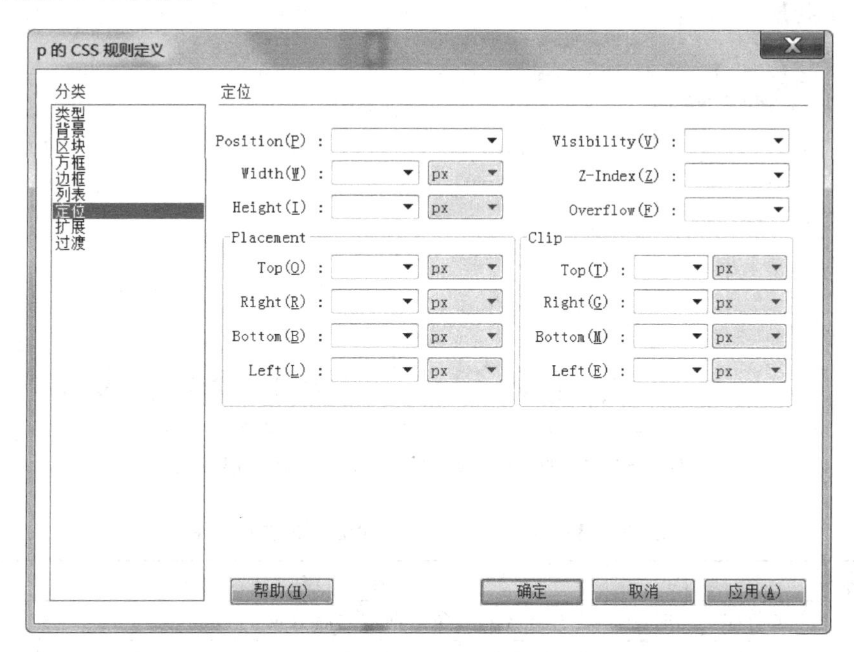

图 3-56 【p 的 CSS 规则定义】对话框中的定位属性

【p 的 CSS 规则定义】对话框【定位】选项卡中各项属性的含义如表 3-8 所示。

表 3-8 【p 的 CSS 规则定义】对话框的定位属性

属性名称	描述
Position(类型)	设置元素的定位类型，包括 absolute(绝对)、fixed(固定)、relative(相对)、static(静态)选项
Visibility(显示)	确定内容的初始显示条件，默认为“继承”，包括 inherit(继承)、visible(可见)、hidden(隐藏)选项
Z-Index(Z 轴)	设置元素的堆叠顺序。Z 轴值较高的元素显示在 Z 轴值较低的元素的上面
Overflow(溢出)	设置当容器中的内容超过其显示范围时的处理方式，包括 visible(可见)、hidden(隐藏)、scroll(滚动)和 auto(自动)选项
Placement(定位)	指定内容块的大小和位置。如果内容块大小超出设定的值，设定值将被覆盖
Clip(剪辑)	定义内容的可见部分

8）设置 CSS 扩展属性

选择【p 的 CSS 规则定义】对话框左侧【分类】列表中的“扩展”选项，设置光标形状、分页和滤镜效果等属性，如图 3-57 所示。

【p 的 CSS 规则定义】对话框【扩展】选项卡中各项属性的含义如表 3-9 所示。

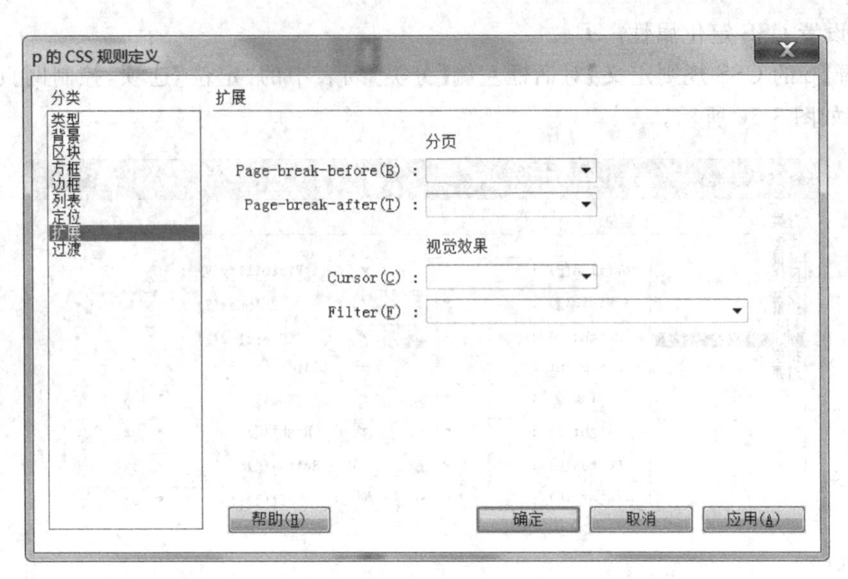

图 3-57 【p 的 CSS 规则定义】对话框中的扩展属性

表 3-9 【p 的 CSS 规则定义】对话框的扩展属性

属性名称	描　述
分页	打印页面时，强制在样式控制对象之前或之后分页
Cursor(光标)	当指针位于CSS样式控制元素上时，改变鼠标的指针状态。如选择“help”，显示帮助“?”形状
Filter(滤镜)	又称CSS滤镜，对样式控制元素使用特殊效果

9）设置CSS过渡属性

选择【p 的 CSS 规则定义】对话框左侧【分类】列表中的【过渡】选项，如图 3-58 所示。

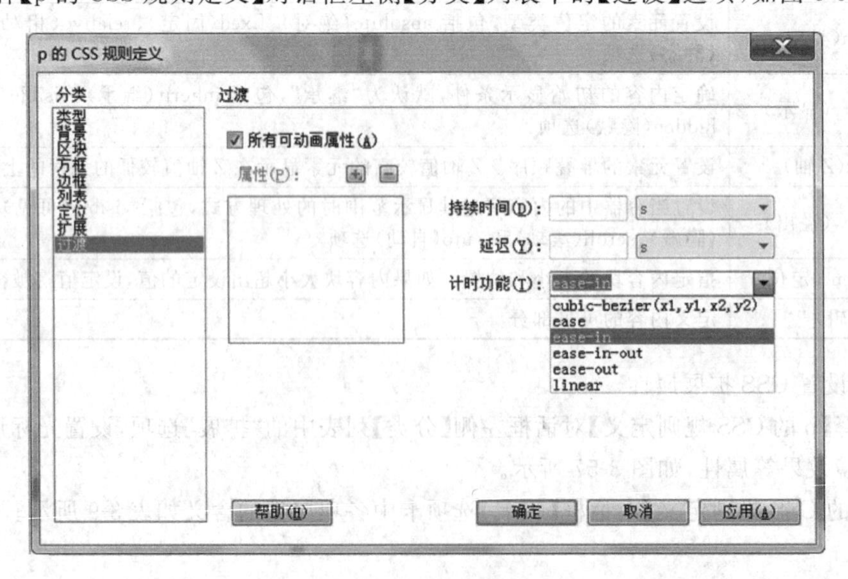

图 3-58 【p 的 CSS 规则定义】对话框中的过渡属性

CCS过渡效果可以将平滑属性的变化和更改应用于基于CSS的页面元素，以响应触发器事件。可以对所有属性使用相同的过渡效果，也可以对每个属性使用不同的过渡效果。过渡效果开启，相当于触发过渡效果的事件，如常用的hover鼠标放上时的效果。可以设置持续时间、延迟、计时功能等。计时功能值描述如下。

linear：规定以相同速度开始至结束的过渡效果，等价于cubic-bezier(0,0,1,1)。

ease：规定慢速开始，然后变快，然后慢速结束的过渡效果，等价于cubic-bezier(0.25,0.1,0.25,1)。

ease-in：规定以慢速开始的过渡效果，等价于cubic-bezier(0.42,0,1,1)。

ease-out：规定以慢速结束的过渡效果，等价于cubic-bezier(0,0,0.58,1)。

ease-in-out：规定以慢速开始和结束的过渡效果，等价于cubic-bezier(0.42,0,0.58,1)。

cubic-bezier(x1,y1,x2,y2)：在cubic-bezier函数中定义自己的值。可能的值是0和1之间的数值。

3. 管理CSS样式

使用【CSS样式】面板，可以创建、查看、编辑、删除CSS样式表，也可以导入或者链接CSS样式表。

1）链接或者导入外部CSS样式

在【CSS样式】面板中，可以轻松地将外部CSS样式表应用到当前页面中。链接外部样式表的方法如下所述。

在Dreamweaver CS6工作界面中，选择【窗口】→【CSS样式】菜单命令，打开【CSS样式】面板。在【CSS样式】面板中单击鼠标右键，在弹出的快捷菜单中选择【附加样式表】命令；或者单击【CSS样式】面板中的按钮，打开【链接外部样式表】对话框，如图3-59所示，设置相应的参数。单击【确定】按钮，将外部CSS文件链接或导入当前网页文档。

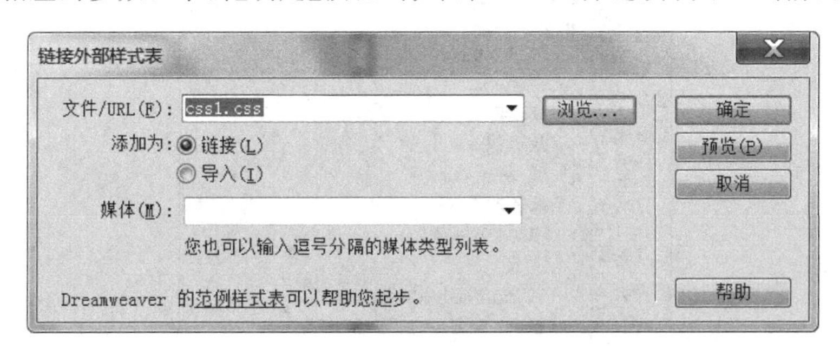

图3-59 【链接外部样式表】对话框

2）查看CSS样式

在【CSS样式】面板中，可以查看当前文档使用的CSS样式。查看CSS样式的方法是：打开【CSS样式】面板，在默认设置下，查看全部的CSS样式，在【所有规则】栏中选择某CSS样式，查看其详细设置。如图3-60所示，选择“body,td,th”样式，查看其对应的属性。也可切换到“当前”模式，查看选中的CSS样式的属性及其值。

3）编辑与删除CSS样式

在【CSS样式】面板中，可以对CSS样式进行编辑与删除等操作，具体方法是：打开

【CSS 样式】面板，单击【所有规则】栏中导入的 CSS 样式文件名左侧的按钮⊞，展开页面样式或展开导入样式表文件（如 css1. css）。选中对应的 CSS 样式规则，可以在【CSS 样式】面板下方的区域查看对应的属性，如图 3-61 所示。选中 p 的样式规则后，可以查看、编辑 p 的属性及值。也可以通过【添加属性】添加新的属性及值。

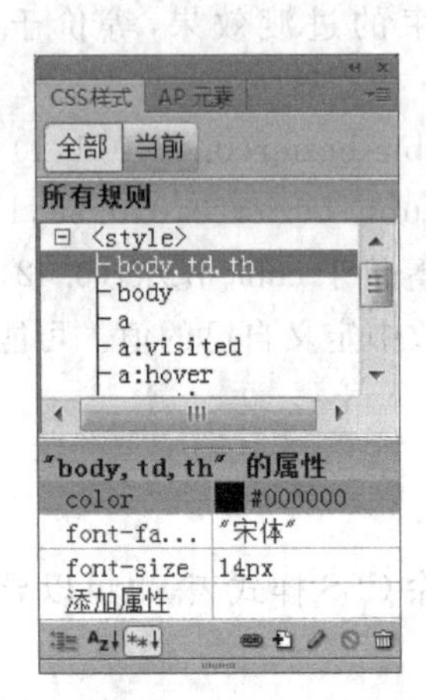

图 3-60　查看 body，td，th 样式及属性

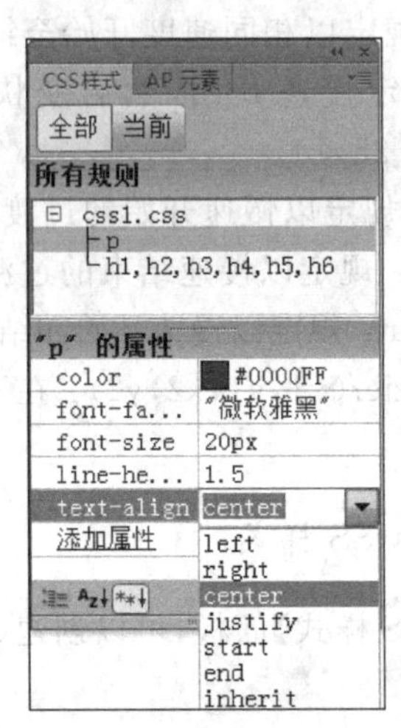

图 3-61　查看、编辑 p 的属性及值

要删除某个 CSS 样式，在其上单击鼠标右键，弹出快捷菜单，从中选择【删除】命令即可。如图 3-62 所示，删除 p 的样式。

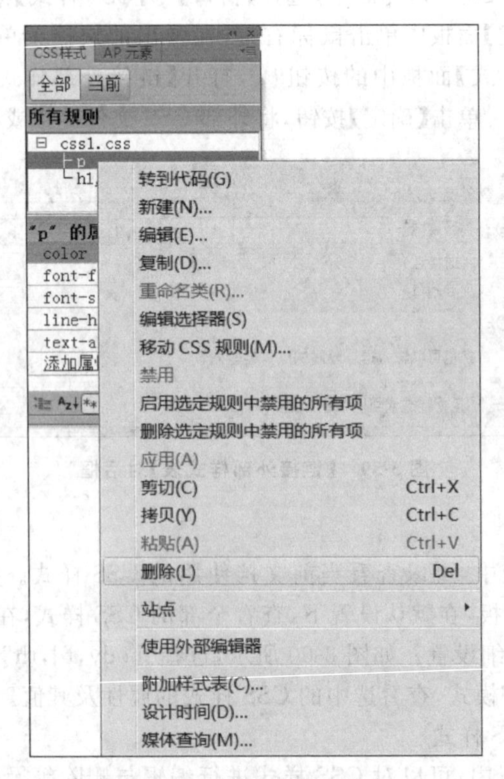

图 3-62　删除选中的样式

同步练习

应用 Dreamweaver CS6 创建、查看、编辑与删除 CSS 样式。

3.3.3 任务 3-3-3：CSS 3.0 中文字的新增属性

知识点

（1）text-shadow 属性。

（2）word-wrap 属性。

（3）text-overflow 属性。

在 CSS 3.0 新增了 3 种关于文字的属性，分别是 text-shadow 属性、word-wrap 属性和 text-overflow 属性。

1. text-shadow 属性

text-shadow 属性用来设置文本是否具有阴影及模糊效果，其属性包含 color（颜色）、length（阴影的水平延伸长度）和 opacity（模糊效果的作用长度）。

2. word-wrap 属性

word-wrap 属性用来设置当前行超过指定容器边界时，是否断开或换行，其属性包括 normal（控制连续文本换行）和 break-word（内容在边界内换行）。

3. text-overflow 属性

text-overflow 属性用来设置当文本溢出包含元素时发生的事情。例如，经常看到在网页的新闻栏中，由于标题太长，末尾出现省略号的现象，在 CSS 样式中可以通过 text-overflow 属性实现这种效果，该属性包括 clip（修剪文本）、ellipsis（显示省略符号来代表被修剪的文本）和 string（使用给定的字符串来代表被修剪的文本）。

任务实例 3-3-2：CSS 3.0 中文字的新增属性示例

任务实施

主要操作步骤如下所述。

（1）启动 Dreamweaver CS6，新建一个网页文档，然后利用 Dreamweaver 工具定义 CSS 规则和设计制作网页，或输入代码，进行网页编辑设计。生成的 CSS 规则代码如图 3-63(a)所示，HTML 网页主要源代码如图 3-63(b)所示。

（2）保存网页文件，浏览器显示效果如图 3-64 所示。

```
6  <style type="text/css">
7  h1 {text-shadow:5px 4px 3px #FF0000;
8      /*5px代表水平距离，4px代表垂直距离，3px代表模糊效果作用距离*/
9  }
10 #box_1 {border:1px #CC6600 solid;/*设置边框粗细、颜色和类型*/
11         width:150px;/*设置容器宽度*/
12         float:left;/*设置容器向左浮动*/
13         word-wrap:break-word;/*内容在边界内换行*/
14 }
15 #box_2 {border:1px #CC6600 solid;/*设置边框粗细、颜色和类型*/
16         width:150px;/*设置容器宽度*/
17         float: left;/*设置容器向左浮动*/
18         margin-left:50px;/*设置容器左外边距50px*/
19 }
20 #box_3 {border:1px #CC6600 solid;/*设置边框粗细、颜色和类型*/
21         width:350px;/*设置容器宽度*/
22 }
23 #box_1,#box_2 p {text-indent:2em;
24                  /*设置缩进距离为字体大小的2倍，即两个汉字的距离*/
25 }
26 a { display:block;/*块状化a标签*/
27     width:280px;/*设置固定宽度*/
28     overflow:hidden;/*溢出内容为隐藏*/
29     text-overflow:ellipsis;/*文本溢出时显示省略标记（...）*/
30     white-space:nowrap;/*强制文字在一行内显示*/
31     text-decoration:none;/*取消超链接默认时的下划线效果*/
32 }
33 li {
34     border-bottom:1px #999 dashed;/*设置新闻列表底部虚线外观*/
35     margin-bottom:1px;/*设置列表项之间的距离*/
36 }
37 </style>
```

(a) CSS规则代码

```
41 <h1>text-shadow实现阴影效果</h1>
42 <div id="box_3">
43   <h3>新闻列表</h3>
44   <ul>
45     <li><a href="#">我校四名青年教师被推荐为河北省第二批青年拔尖人才候选人选 </a></li>
46     <li><a href="#"> 机械工程系举办"变废为宝"科技创新大赛 </a></li>
47     <li><a href="#"> 学校关工委组织大学生举行"庆祝中国人民抗日战争暨世界反法西
斯战争胜利七十周年"知识竞赛 </a></li>
48   </ul>
49 </div>
50 <hr />
51 <div id="box_1">
52   <p>该容器使用了word-warp属性，在这里模拟的长单词"abcdefghijklmnopqrstuvwxyz"
文本内容在容器边界内换行！</p>
53 </div>
54 <div id="box_2">
55   <p>该容器没有使用了word-warp属性，此处模拟的长单词
"abcdefghijklmnopqrstuvwxyz"文本内溢出到容器外！</p>
56 </div>
```

(b) 网页主要代码

图 3-63　当前 CSS 规则代码及核心代码

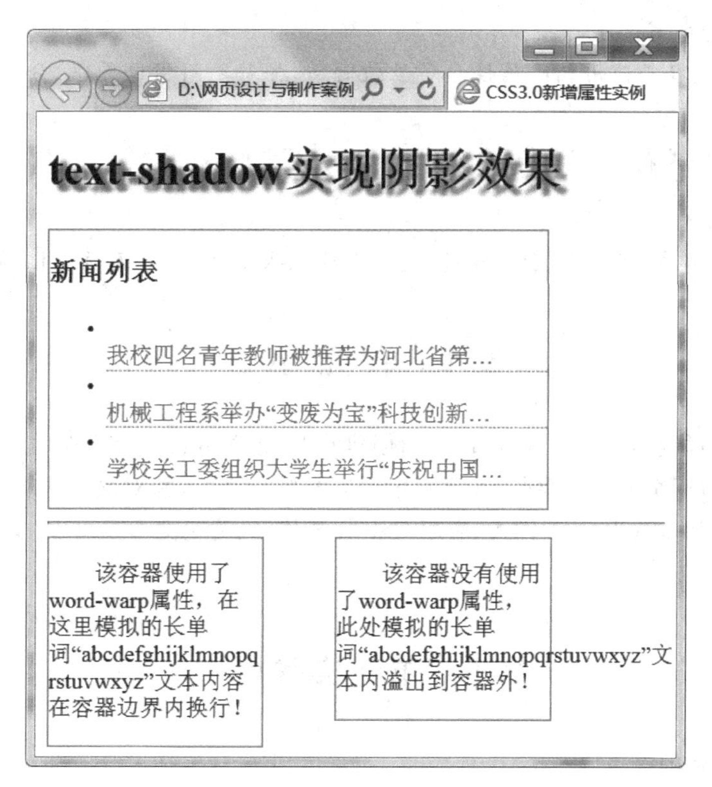

图 3-64　网页显示效果

3.3.4　任务 3-3-4：CSS 样式冲突

知识点

CSS 样式冲突。

如果在一个选择符上使用了多个不同的样式表，这些样式会相互冲突，产生不可预料的效果。浏览器根据以下规则显示样式属性。

(1) 如果在同一个文本中应用两种样式，浏览器显示出两种样式中除冲突属性之外的所有属性。

(2) 如果在统一文本中应用的两种样式相互冲突，浏览器显示出最里面的样式属性(即距离文本最近的样式属性)。

一般情况下，浏览器依照后定义优先的原则显示样式属性。也就是说，内嵌样式表和内部样式表的优先级高于导入外部样式表；链接样式表和内部样式表则根据定义的先后顺序来评定，即最后定义的优先级最高。

注意

一般情况下，在书写 CSS 样式表时，需要注意以下几个原则。

(1) 如果属性值由多个单词组成，必须用引号(" ")将属性值括起来。

(2) 如果需要对一个选择符指定多个属性，在属性之间要用分号(;)分隔。为了便于阅读，最好分行书写。

(3) 多个选择符使用相同属性和属性值时，选择符之间用逗号(,)分隔，以减少样式的重复定义。

(4) CSS样式表中的注释语句介于"/*…*/"之间。

同步练习

创建CSS样式，并应用CSS样式，进一步对task0301.html网页美化、修饰。

3.4 单元小结

本单元通过制作一个文本网页，介绍创建站点，建立站点目录结构，创建、编辑和保存网页文档，设置网页的首选参数，在网页中编辑与输入文本，并对文本进行格式化处理等内容。使读者初步认识CSS样式，应用CSS样式修饰、美化文本网页，对文本网页制作有较深的理解。

3.5 单元实践操作

实践操作目的

(1) 熟悉Dreamweaver CS6的工作界面。

(2) 掌握菜单栏、工具栏、状态栏、【属性】面板、【CSS样式】面板、【文件】面板和面板组的功能及使用。

(3) 会应用Dreamweaver CS6开发环境制作文本网页，并进行网页文本的格式化处理。

(4) 会创建CSS样式，并应用CSS样式修饰、美化文本网页。

3.5.1 实践任务3-5-1：熟悉Dreamweaver CS6工作界面

请参照任务3-1，打开Dreamweaver CS6开发环境，熟悉Dreamweaver CS6工作界面的组成及功能。

操作要求及步骤如下所述：启动Dreamweaver CS6，熟悉Dreamweaver CS6的工作布局，掌握菜单、工具栏、状态栏、【属性】面板、【CSS样式】面板和【文件】面板的功能及使用方法。

3.5.2 实践任务3-5-2：制作新闻文本网页

制作如图3-65所示文本网页，并使用CSS美化网页文本。

操作要求及步骤如下所述。

(1) 创建站点，创建文本网页，并输入文本内容。

(2) 设置标题"招生就业处、建筑工程系召开'三严三实'专题教育民主生活会"。

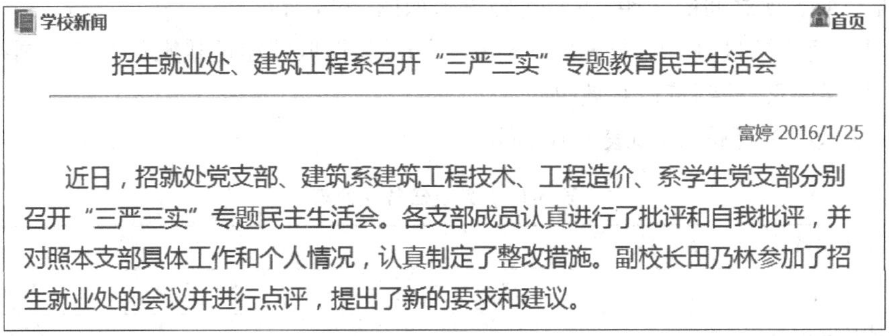

学校新闻　　首页

招生就业处、建筑工程系召开“三严三实”专题教育民主生活会

富婷 2016/1/25

近日，招就处党支部、建筑系建筑工程技术、工程造价、系学生党支部分别召开“三严三实”专题民主生活会。各支部成员认真进行了批评和自我批评，并对照本支部具体工作和个人情况，认真制定了整改措施。副校长田乃林参加了招生就业处的会议并进行点评，提出了新的要求和建议。

图 3-65　新闻文本网页

(3) 在适当的位置插入水平线和“空格”特殊字符。水平线的颜色值为“#BBB”。

(4) 将网页中的“学校新闻”和“首页”设置为超级链接。

(5) 使用 CSS 美化网页：文本字体为宋体 14 号，暗红色字体颜色值为 rgb(153,0,0)，文本边框为实线，1px，颜色 #BBB。

(6) 保存并浏览网页效果。

3.5.3　实践任务 3-5-3：制作班级简介文本网页

请参照任务 3-2 和任务 3-3，以 Dreamweaver CS6 为开发工具，设计制作一个以“班级简介”为主题的文本网页，并应用 CSS 样式美化网页。

操作要求及步骤如下所述。

(1) 创建站点，创建文本网页。

(2) 网页元素包括标题、段落、列表、超级链接等。

(3) 插入特殊字符、水平线和日期等与文本相关的元素。

(4) 创建 CSS 样式，并使用 CSS 样式美化网页中的文字，主要属性要求有以下几点。

① 使用 text-shadow 属性设置标题阴影效果。

② 使用 text-indent 属性设置首行缩进，代替段落空格缩进。

③ 使用 line-height 属性设置行高。

④ 在第一段落中，使用伪对象:first-letter，配合 font-size、float 属性，实现对象内首字下沉(主要代码提示如图 3-66 所示)。

```
24  li {
25      border-bottom:1px #999 dashed;/*设置列表项底部虚线外观*/
26      margin-bottom:5px;/*设置列表项之间的距离*/
27  }
28
29  p:first-letter{
30      float:left; /*设置浮动，其目的是占据多行空间*/
31      font-size:2em;/*设置下沉字体大小为其他字体的2倍*/
32      font-weight:bold;/*设置首字体加粗显示*/
33  }
```

图 3-66　主要 CSS 样式代码

⑤ 对于列表项，使用 border-bottom 属性和 margin-bottom 属性分别设置列表底部

虚线外观和列表项之间的间距(主要代码提示如图 3-66 所示)。

⑥ 对于超级链接,使用 text-decoration:none 属性取消超链接默认时的下画线效果。

(5) 保存网页,并浏览网页效果。

填写实践任务评价表,如表 3-10 所示。

表 3-10　实践任务评价表

任务名称				
任务完成方式	独立完成(　　)　　小组完成(　　)			
完成所用时间				
考 核 要 点	任务考核 A(优秀),B(良好),C(合格),D(较差),E(很差)			
	自我评价(30%)	小组评价(30%)	教师评价(40%)	总　评
正确使用编辑工具				
制作文本网页				
使用 CSS 美化网页				
色彩搭配与布局合理				
网页完成整体效果				
存在的主要问题				

3.6　单 元 习 题

一、单选题

1. 在使用 Dreamweaver CS6 编辑网页时,按 Ctrl + Shift + 空格组合键插入的 HTML 源代码为(　　),表示(　　)。

　A. 　　B. 　　C. &sbnp　　D. &sbnp

　E. 空格　　F. 回车　　G. 版权

2. 外部式样式单文件的扩展名为(　　)。

　A. *.js　　B. *.dom　　C. *.htm　　D. *.css

3. CSS 的中文全称是(　　)。

　A. 层叠样式表　　B. 层叠表　　C. 样式表　　D. 以上都正确

4. 如果用户计算机上没有安装网站所需的字体类型,会发生(　　)。

　A. 浏览器支持该字体　　B. 显示默认字体

　C. 不显示文本　　D. 字体自动下载

5. 将超链接的目标网页在新窗口打开的方式属性值是(　　)。

　A. _parent　　B. _blank　　C. _top　　D. _self

6. 具备单击后直接返回网页顶部功能的超链接是(　　)。

　A. 图像链接　　B. 锚点链接

C. 电子邮件链接　　D. 空链接

7.（　）是构成网站的基本信息资源。

A. 文本　　B. 声音　　C. 动画　　D. 图像

8. CSS样式常放置在网页文档的（　）元素中。

A. head　　B. body　　C. table　　D. font

9. 如果一个元素外层套用了CSS样式，内层套用了HTML样式，起作用的是（　）。

A. CSS样式　　B. HTML样式

C. 两种样式的混合效果　　D. 冲突，不能同时套用

10. 如果一个元素外层套用了HTML样式，内层套用了CSS样式，起作用的是（　）。

A. CSS样式　　B. HTML样式

C. 两种样式的混合效果　　D. 冲突，不能同时套用

二、问答题

1. 超链接分为哪几类？请列举实例说明。
2. 什么是CSS？它有何优点？
3. 引用CSS样式表的方法有哪些？

单元 4

制作图文混排网页

Unit 4

案例宏观展示引入

文本和图像是构成网页内容的主体，是网页不可缺少的组成元素。文本可以直观体现信息内容，图像使网页内容更加丰富、美观。恰到好处地使用图文混排，可以增强网页效果，使网页更加生动、形象。图 4-1 所示是一种经典的图文混排网页。

图 4-1　典型的图文混排网页

本单元主要介绍通过 Dreamweaver CS6 开发工具，设计制作图文混排的网页文档，包括插入图像和编辑图像的基本方法，设置图像的属性，以及图文混排的技巧等内容。

 学习任务

- 了解网页中的图像格式
- 掌握插入图像和编辑图像的基本操作
- 掌握设置图像属性的方法
- 熟练应用 CSS 样式实现图文混排

4.1 任务 4-1：认识网页中的图像格式

任务描述

了解网页中的图像格式。

图像在网页设计中具有非常重要的作用，除了传达必要的信息之外，还可以烘托网站主题，增强页面美感，吸引浏览者的注意力。

知识点

图像格式。

在网页中，常见的图像格式有 3 种，即 JPEG/JPG、GIF 和 PNG。

1. JPEG

JPEG(联合图像专家组)是网络上比较流行的一种图像格式，其文件扩展名为 *.jpg 或 *.jpeg。JPEG 是一种有损压缩格式，其文件体积非常小，有利于网络传输，但由于是有损压缩，将一幅图像转换为 JPEG 格式后，图像质量会降低。

2. GIF

GIF(图形交换格式)也是网络上比较流行的一种图像格式，其文件扩展名为 *.gif。GIF 格式支持背景透明以及动画，使用无损压缩，文件体积比较小。但是它有一个缺点：最多只支持 256 种颜色，当将一幅高色彩的图像转换为 GIF 格式时，图像质量会变得非常差。所以，GIF 格式适用于颜色数不是很多的静态图像及动画。

3. PNG

PNG(可移植网络图形)格式图片具有保真性、透明性及文件体积较小等特性，PNG 图片在下载的过程中占用带宽较少，而且颜色逼真，因此被广泛应用于网页设计中。其文件扩展名为 *.png。

同步练习

打开搜狐、新浪等常用网页，查看网页中的图像格式。

4.2 任务4-2：插入图像与设置图像属性

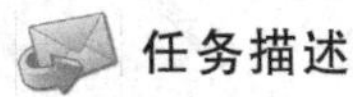

任务描述

(1) 掌握插入图像的基本方法。

(2) 掌握图像属性设置。

4.2.1 任务4-2-1：插入图像示例

知识点

插入图像。

任务实例4-2-1：插入图像

任务实施

主要操作步骤如下所述。

1. 操作准备

(1) 创建一个名为“单元4”的本地站点，站点文件夹为ch04。

在Dreamweaver CS6的主界面中，选择【站点】→【管理站点】菜单命令，打开【管理站点】对话框。单击【新建站点】，打开【站点设置对象】对话框。输入站点名“单元4”，选择本地文件夹“D:\网页设计与制作案例\ch04”，然后单击【保存】按钮，完成本地站点创建。

(2) 新建网页文档并保存。

2. 插入图像

要在网页中插入一幅图像，先准备好图像，然后将光标定位于网页文档需要插入图像的位置，再按照下述方法操作。

(1) 选择【插入】→【图像】菜单命令。

(2) 单击【插入】面板【常用】类别中的【图像】按钮，或将该按钮拖动到文档窗口中。

(3) 使用Ctrl+Alt+I组合键。

(4) 在【文件】面板或【资源】面板中，选择要插入的图像，然后直接拖拽图像到文档窗口需插入的位置。

按上述4种方法中的任意一种操作，将弹出【选择图像源文件】对话框，如图4-2所示。选择需要插入的图像，右侧预览窗口中将显示预览效果。最后单击【确定】按钮。

单击【确定】按钮后，弹出如图4-3所示的【图像标签辅助功能属性】对话框。对话框中的【替换文本】指的是需要为图像输入一个名称或一段简短描述，这里输入“避暑山庄导览图”。图像【替换文本】是指图像不能在浏览器中正常显示时，图片位置显示的文本内容。对话框中的【详细说明】用于设置单击图像时所显示的文件位置。这里可以不设置。单击【确定】按钮，图像即插入网页文档。最后，保存网页文档。

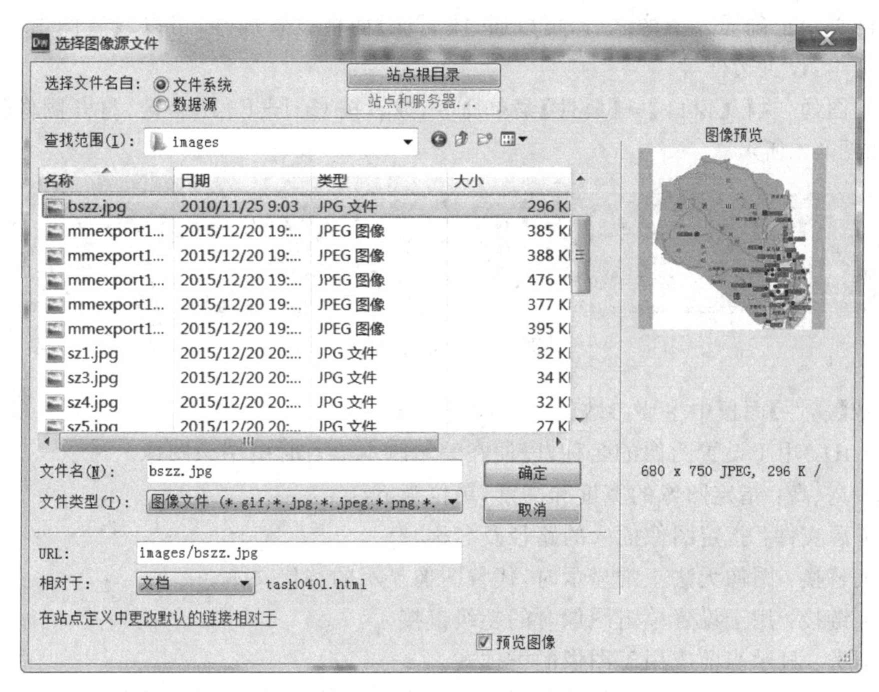

图 4-2 【选择图像源文件】对话框

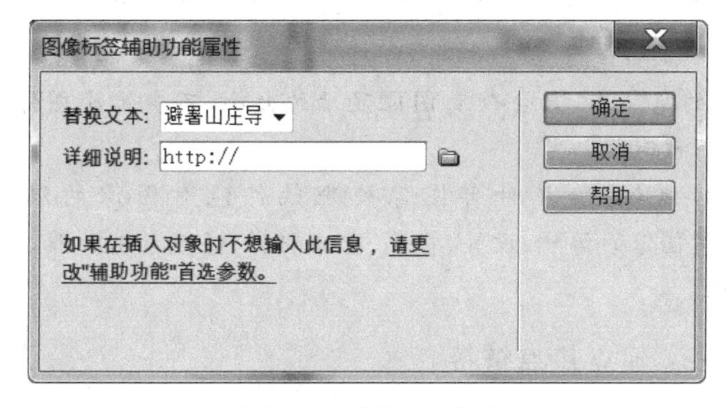

图 4-3 【图像标签辅助功能属性】对话框

注意

在插入图像时，一定要注意图像的 src 属性值是绝对路径还是相对路径。通常将图像放在本地站点内的 images 文件夹中，并使用相对路径链接。在实际工作中，如果使用指向本地的绝对路径，网站发布后，将导致图像无法显示。例如，src="images/bssz.jpg"为相对路径，src="file:///C|/My Documents/My Pictures/images/1.jpg"为绝对路径。

4.2.2 任务 4-2-2：设置图像属性

知识点

图像属性。

在网页中正确插入图像之后，可以通过【属性】面板设置属性，可以设置图像大小，更改替换文本，设置边框等。

选中图像，执行【窗口】→【属性】菜单命令，或者按Ctrl+F3组合键，打开图像【属性】面板，如图4-4所示。

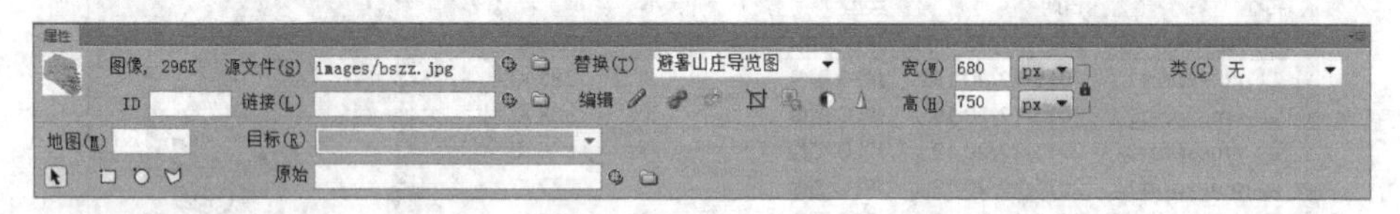

图4-4 【属性】面板

图像【属性】面板中主要参数的含义如下所述。

(1) ID：用于设置图像的名称，以便在编辑脚本语言时引用该图像。

(2) 宽、高：指定图像的宽度和高度，单位为px。

(3) 源文件：指定图像插入的路径及名称。

(4) 替换：图像无法正常显示时，代替图像显示的替代文本。

(5) 链接：用于设置单击图像时的超级链接。

(6) 类：显示当前应用于图像的类样式。

(7) 编辑：使用指定的外部编辑器打开选定图像并编辑，通过右侧相应的按钮，可以对图像执行编辑、设置、裁剪、重新取样、亮度和对比度、锐化等操作。

提示

(1) 设置图像的宽和高，只会改变图像显示的大小，不会缩小图像的存储空间。因此，不会缩短图像下载时间。

(2) 对图像的编辑，除了外部图像处理软件能对图像的编辑永久改变，在Dreamweaver中，对图像的编辑、设置、裁剪、重新取样、亮度和对比度、锐化等操作，也将永久改变所选图像。

4.2.3 任务4-2-3：建立热点链接

知识点

热点链接。

除了对整个图像设置超级链接，还可以将图像划分成不同大小的区域进行超级链接设置，这就是热点链接。在一张图像中可以创建多个热点链接，对不同的热点可以单独设置超级链接。对于创建了热点的图像，热点成为图像的一部分，若改变图像的大小，图像中的热点会发生相应的变化。

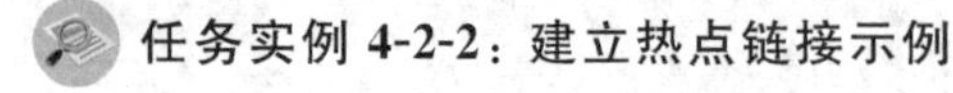

任务实例4-2-2：建立热点链接示例

任务实施

主要操作步骤如下所述。

(1) 在上述制作网页的基础上，打开【属性】面板，选中插入的图像。在【属性】面板中

选择热点工具 (分别表示矩形热点工具、圆形热点工具和多边形热点工具)，在图像上绘制热点区域。如图 4-5 所示，在图像的“热河”两个字处绘制矩形区域，将其超级链接到“rehe. html”，替换为“查看热河简介”。

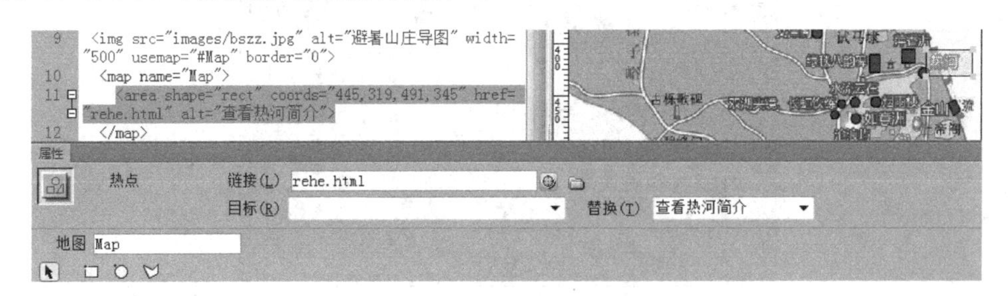

图 4-5 在图像上绘制热点区域

(2) 保存当前网页，并在浏览器中浏览。当鼠标指向热点区域时，指针变为手形，单击后跳转到指定页面。

同步练习

参照任务 4-2，创建“校园旅游导图”网页。输入文本内容，插入“校园平面”图像，设置图像属性，并在“校园旅游导图”的关键位置处插入热点链接，链接关键位置简介或图片欣赏。

4.3 任务 4-3：插入图像占位符和鼠标经过图像

**任务描述**

(1) 掌握插入图像占位符的方法。

(2) 掌握插入鼠标经过图像的方法。

4.3.1 任务 4-3-1：插入图像占位符

**知识点**

图像占位符的插入。

在网页制作的过程中，常常会遇到某些图像暂时未制作好的情况，这时可以使用图像占位符来替代图像，等图像设计制作完成后，再将占位符变成具体的图像。

**任务实例 4-3-1：插入图像占位符示例**

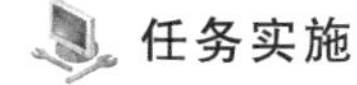**任务实施**

插入图像占位符的主要操作步骤如下所述。

(1) 将光标定位于网页文档需要插入图像占位符的位置。

(2) 选择【插入】→【图像对象】→【图像占位符】菜单命令，或单击【插入】面板【常用】类别中的【图像占位符】按钮，或将该按钮拖动到文档窗口中，打开【图像占位符】对话框，如图 4-6 所示。在【图像占位符】对话框中设置占位符的名称、宽度、高度、颜色以及替换文本参数，如图 4-6 所示。最后，单击【确定】按钮，在页面中插入一个图像占位符。

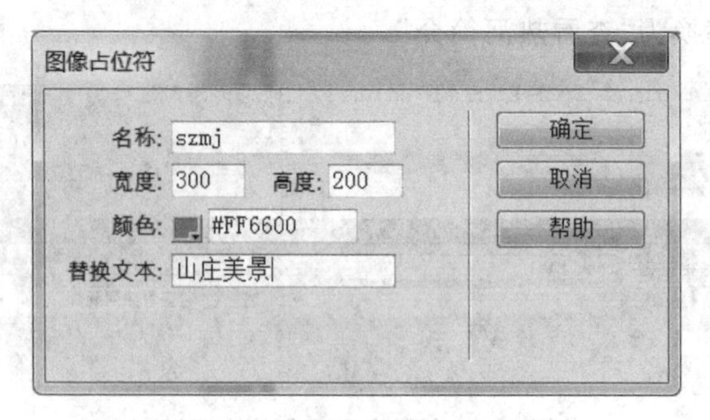

图 4-6 【图像占位符】对话框

(3) 采用同样的方法，可以在网页中插入多个图像占位符。这里以插入两个图像占位符为例，保存网页，预览效果如图 4-7 所示。

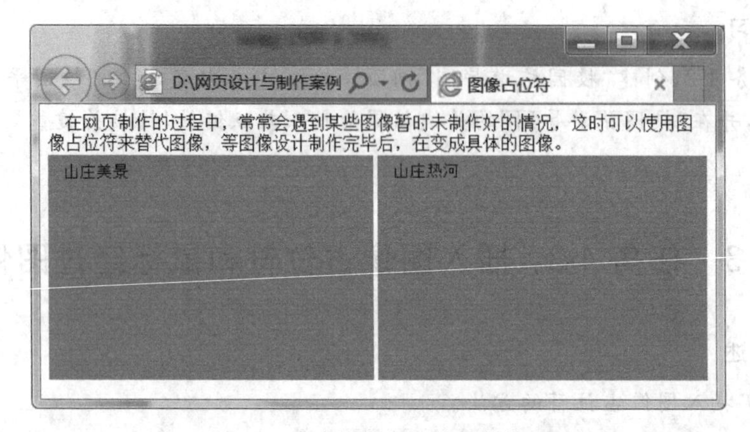

图 4-7 两个图像占位符预览效果

使用图像占位符的目的只是占位，最后应该用具体的图像替换图像占位符。在图像占位符上双击鼠标，打开【选择图像源文件】对话框。在资源列表中选择具体的图像文件，然后单击【确定】按钮，完成替换。

提示

(1) 图像占位符的名称只能包含小写 ASCII 字母和数字，且不能以数字开头。

(2) 当替换的图像与图像占位符尺寸不一致时，将以图像的实际大小显示。

4.3.2 任务 4-3-2：插入鼠标经过图像

知识点

插入鼠标经过图像。

鼠标经过图像是指当鼠标指针从某一幅图像的上面移动过时，会显示另一幅图像；鼠标离开图像，将恢复原有图像。这种图像必须由两幅图像组成，一幅是首次加载页面时显示的图像，即主图像；另一幅是鼠标经过主图像时显示的图像，即次图像。主、次图像的大小应该一致。如果主、次图像尺寸不一致，将调整次图像的大小来匹配主图像。

任务实例 4-3-2：插入鼠标经过图像示例

任务实施

插入鼠标经过图像的步骤如下所述。

(1) 将光标定位于网页文档需要插入图像的位置。

(2) 选择【插入】→【图像对象】→【鼠标经过图像】菜单命令，或单击【插入】面板【常用】类别中的【鼠标经过图像】按钮，或将该按钮拖动到文档窗口中，打开【插入鼠标经过图像】对话框，如图 4-8 所示。

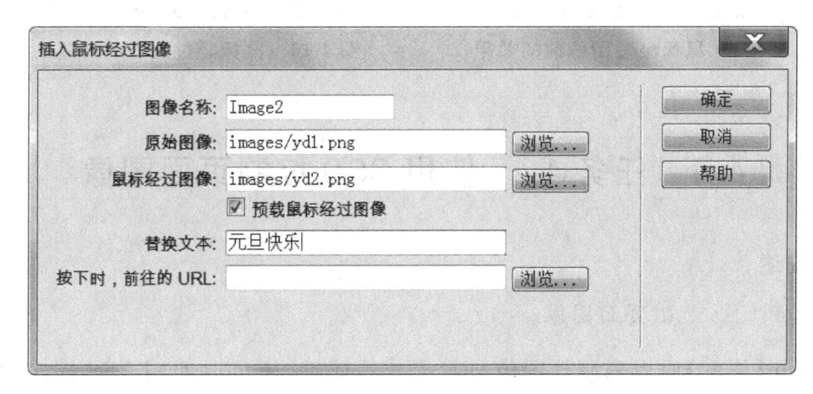

图 4-8 【插入鼠标经过图像】对话框

(3) 在【插入鼠标经过图像】对话框中设置相应的参数，如图 4-8 所示。

【插入鼠标经过图像】对话框中主要项目的含义如下所述。

① 图像名称：用于设置鼠标经过图像的名称。

② 原始图像：用于设置页面加载时要显示的主图像。

③ 鼠标经过图像：鼠标经过主图像时显示的次图像。

④ 预载鼠标经过图像：选中该复选框，表示次图像将被预先加载到浏览器的缓冲中，以便显示次图像时不会发生延迟。

⑤ 替换文本：图像无法显示时，显示替换文本。

⑥ 按下时，前往的 URL：用于设置当单击图像时，前往的超级链接地址。

(4) 保存网页后，预览效果如图 4-9 和图 4-10 所示。

同步练习

参照任务 4-3，新建一个网页，内容主题自拟，插入两幅图像占位符，插入一个鼠标经过图像。

图 4-9 鼠标经过图像前的效果

图 4-10 鼠标经过图像时的效果

4.4 任务 4-4：使用 CSS 控制页面图像

任务描述

掌握使用 CSS 控制页面图像。

可以使用【属性】面板来调整图像显示尺寸等属性，还可以使用 CSS 样式设置图像。在实际工作中，一般使用 CSS 控制图像。

4.4.1 任务 4-4-1：背景属性

知识点

(1) 背景色。

(2) 背景图。

在网页中，一般都需要对背景图像进行美化、修饰。在 CSS 的众多属性中，背景(background)属性使用率非常高。在【页面属性】对话框中，在【外观(CSS)】或【外观(HTML)】类别中可以设置网页的背景色、背景图像、背景图像的重复方式等。操作完毕，其主要代码如图 4-11 所示，网页浏览效果如图 4-12 所示。

```
6  <style type="text/css">
7  body {
8      background-color: #FFFFCC; /*设置背景颜色*/
9      background-image: url(images/tu1111.jpg);/*设置背景图像地址*/
10     background-repeat: no-repeat; /*背景图像不重复*/
11     background-position: center top; /*背景顶部水平居中*/
12 }
13 </style>
```

图 4-11 CSS 背景色和背景图像属性代码

图 4-12 插入背景色和背景图像的效果图

4.4.2 任务 4-4-2：图像边框、边距与缩放

知识点

（1）图像边框。

（2）图像缩放。

（3）图像边距与填充。

网页设计制作过程中经常使用 CSS 样式控制和美化图像，常见属性有 padding（内边距）、border（边框）、margin（外边距）等。对于初学者，经常会搞不清楚 margin、border、padding 和 content（内容）之间的关系。下面图解 CSS 中的 padding、margin、border 属性，如图 4-13 所示。

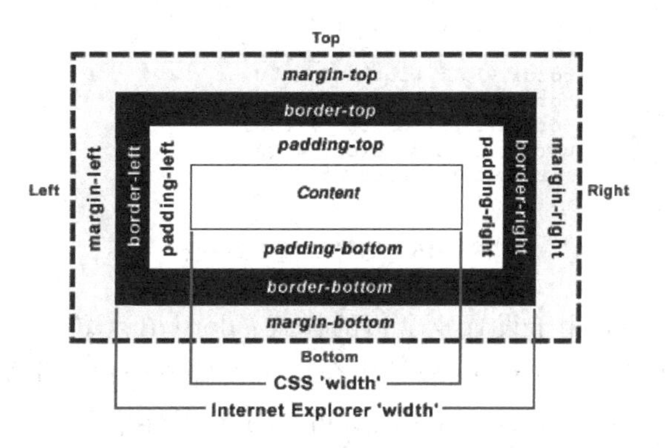

图 4-13 图解 CSS 中的 padding、margin、border 属性

1. 图像边框

图像边框就是利用 border 属性作用于图像元素来设置不同的边框，是围绕元素内容

的线条。通过使用 CSS 边框属性，可以创建效果出色的边框。

选中图像，在【CSS 样式】面板中，单击鼠标右键，弹出快捷菜单，从中选择【新建…】命令，弹出【新建 CSS 规则】对话框。在【选择器类型】下拉列表中选择【标签】选项，建立【选择器名称】为【img】CSS 样式。单击【确定】按钮，弹出【img 的 CSS 规则定义】对话框。在【分类】中选择【边框】设置相应的参数，如图 4-14 所示。对应的代码如图 4-15 所示。

图 4-14 【img 的 CSS 规则定义】对话框参数设置

```
14 img {
15     border-top-style: solid; /*设置上边框为实线*/
16     border-right-style: dashed;
17     border-bottom-style: double;
18     border-left-style: dotted;
19     border-top-width: 5px;/*设置上边框粗细为5px*/
20     border-right-width: 5px;
21     border-bottom-width: 5px;
22     border-left-width: 5px;
23     border-top-color: #FF0000;/*设置上边框颜色为红色*/
24     border-right-color: #FF0000;
25     border-bottom-color: #FF0000;
26     border-left-color: #FF0000;
27 }
```

图 4-15 图像边框 CSS 代码

其中，style 属性集合用于设置 4 个边的样式：dotted(点划线)、dashed(虚线)、solid(实线)或 double(双实线)等；width 属性集合用于设置 4 个边的粗细，除了输入数值外，还可以选择 thin(细)、medium(中)或 thick(粗)；color 属性集合用于设置四边的颜色。

提示

在如图 4-15 所示 CSS 代码中，上边框属性可以简写为

```
border-top: 5px solid #FF0000;        /*上、左、下、右 4 个边框粗细为 5px，实线，红色*/
```

网页浏览效果如图 4-16 所示。

图 4-16 图像边框预览效果图

2. 图像边距

图像的边距分为外边距(margin)和内边距(padding)两个属性。在【img 的 CSS 规则定义】对话框的【分类】中选择【方框】,设置相应的参数,也可直接在代码窗口输入 CSS 代码,如图 4-17 所示。

```
28 img {
29     margin: 100px;/*这里是简写: 设置图像上、下、左、右外边距为100px*/
30     padding: 50px;  /*这里是简写: 设置图像上、下、左、右内边距为50px*/
31 }
```

图 4-17 使用 CSS 设置图像内边距和外边距属性

网页浏览效果及图像边距示意图如图 4-18 所示。

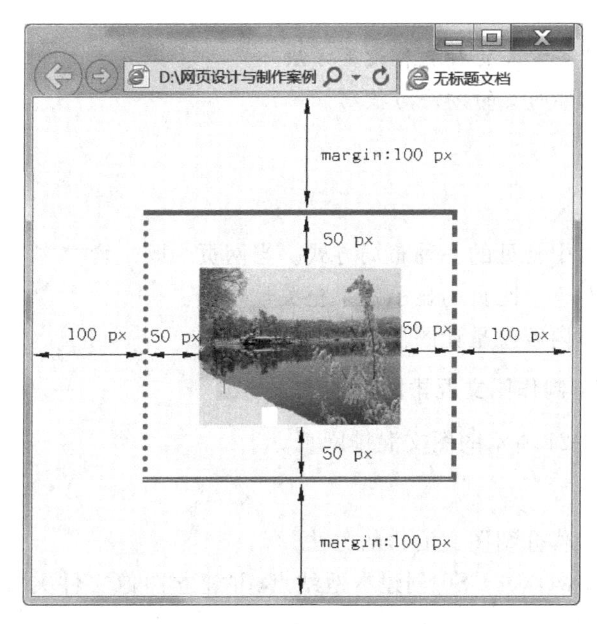

图 4-18 图像内、外边距预览效果图

3. 图像缩放

图像缩放就是调整图像显示尺寸大小，通过 width 和 height 两个属性控制图像元素的显示尺寸。这两个属性取值可以是“px”，也可以是“%”“cm”“in”等单位。图像缩放方法有以下 2 种。

(1) 在【属性】面板中设置，对应的代码如图 4-19 所示。

```
33  <img src="images/sz3.jpg" alt="热河" width="201" height="151" align="middle" />
```

图 4-19　用<img>标签设置图像显示尺寸

(2) 在【img 的 CSS 规则定义】对话框的【分类】中选择【方框】来设置相应的参数，也可以直接在代码窗口输入 CSS 代码，如图 4-20 所示。

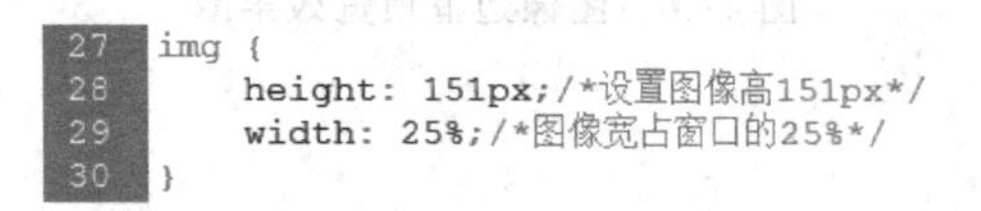

```
27  img {
28      height: 151px;/*设置图像高151px*/
29      width: 25%;/*图像宽占窗口的25%*/
30  }
```

图 4-20　使用 CSS 调整图像显示尺寸

同步练习

参照任务 4-4，制作个人相框展示。使用自己的一张靓照，应用 CSS 设置背景颜色，调整图像大小尺寸，设置边框和边距等属性来控制页面中的照片。

4.5　任务 4-5：图文混排

任务描述

(1) 掌握图像对齐方式的种类和设置方法。

(2) 掌握图文混排网页的方法与技巧。

知识点

图文混排。

图文混排是网页中常见的一种布局方式。当网页中既包含文本，又包含图像时，文本和图像的排版格式对整个网页的显示效果至关重要。

图文混排的核心内容就是让图像浮动。

任务实例 4-5-1：制作图文混排网页

设计制作如图 4-21 所示的图文混排网页。

任务实施

下面通过具体操作介绍图文混排的方法。

(1) 启动 Dreamweaver CS6 创建本地站点，并建立图像文件夹 images，将使用的图像存放在该文件夹中。

图 4-21 图文混排预览效果图

（2）在页面中插入一个 ID 为 box 的 DIV 容器，在其中依次插入 h2 标题、图像、段落文字、h3 标题、图像和无序列表后，结构代码如图 4-22 所示。

```
40 <body>
41 <div id="box">
42 <h2>热  河</h2>
43 <img src="images/rh1.jpg" alt="热河" width="300" height="200"/>
44  <p>位于避暑山庄湖区东北隅，是山庄湖泊的主要水源。清澈的泉水从地下涌出，流经澄
   湖、如意湖、上湖、下湖，自银湖南部的五孔闸流出，沿长堤汇入武烈河。热河全长700多
   米，在一般地图上找不到它有踪迹。它是中国最短的河流。热河发源于避暑山庄诸泉的一
   条涓涓细流，主要水源来自热河泉。冬季水温为8℃。泉侧有巨石，刻&ldquo;热河&rdquo;两字。<br />
45       热河泉是山庄极为重要的景观要素、湖区的主要水源。春天，澄湖位于泉水的源头，
   澄澈见底。夏天，浮萍点点，泛起阵阵清香。节令过了白露、霜降，泉水融融，水温高于
   一般水体，湖中的荷花仍与秋菊同放异彩，乾隆皇帝因而写道：&ldquo;荷花仲秋见，惟应此热泉。&rdquo;
   虽值隆冬，仍不见冰，景色幽绝；尽管白雪皑皑，这里却藻绿水清，碧水涟畸，春意盎然
   。是热河泉把春天留在了山庄。</p>
46   <h3>周边景区导览</h3>
47 <img  class="hhcdimg" src="images/hhcd.jpg" alt="和合承德" width="140" height=
   "120" />
48   <ul>
49     <li>【避暑山庄景区】<a href="#">导览</a></li>
50     <li>【布达拉宫&middot;行宫景区】<a href="#">导览</a></li>
51     <li>【普宁寺景区】<a href="#">导览</a> </li>
52     <li>【磬锤峰景区】<a href="#">导览</a> </li>
53     <li>【木兰围场坝上草原景区】<a href="#">导览</a> </li>
54  </ul>
55 </div>
56 </body>
```

图 4-22 图文混排结构源代码

(3) 使用CSS对图像进行美化，通过新建【复合内容】选择器的CSS样式规则(如#box img)和新建【标签】选择器的CSS样式规则(如a)实现；也可以输入相应的CSS样式代码，如图4-23所示。

```
6  <style type="text/css">
7  body{font-size:14px;
8        line-height:1.5;/*设置段落中1.5倍行距*/
9  }
10 li {list-style:none;}/*设置列表项无样式*/
11 a { text-decoration:none;}/*设置超链接无下划线*/
12 a:hover {text-decoration:underline;}/*设置超链接鼠标悬停时有下划线*/
13 #box{ height:550px;/*设置容器高度*/
14       width:500px;/*设置容器宽度*/
15       padding:5px;/*设置内边距，使内容与边框留有空隙*/
16       margin:20px;
17       border:1px #999 solid;/*设置容器边框属性*/
18 }
19 #box img {
20      margin-right:10px;/*此属性值用于控制图像与文字间的距离10px*/
21      float: left;/*设置图像向左浮动，实现图文环绕效果*/
22      border:2px #FF0000;/*设置图像边框*/
23 }
24 #box h2 {
25      text-align:center;/*设置标题居中*/
26      line-height:35px;
27      font-size:20px;
28      padding-left:5px;
29      border-bottom:1px #333 solid;
30 }/*设置标题字号，以及相关美化*/
31 #box h3 {
32      font-size:16px;/*设置标题字号大小*/
33 }
34 #box p {
35      font-size:12px;/*设置字体大小*/
36      text-indent:2em;/*设置首行缩进两个汉字的距离*/
37 }
38 </style>
```

图4-23 图文混排CSS样式源代码

(4) 保存网页文件，浏览器预览效果如图4-21所示。

同步练习

参照任务4-5，制作一个以"我爱我的家乡"为主题的图文混排网页，使用CSS样式美化网页。

4.6 单元小结

本单元通过制作一个图文混排网页，介绍设置网页的背景图像，插入图像，插入鼠标经过图像，插入图像占位符，以及使用CSS样式进行图像控制与美化。但是，对于负责网页中各个对象的布局，需要用到表格或DIV布局的知识，后续章节将介绍。

4.7 单元实践操作

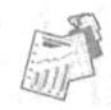
实践操作目的

(1) 熟练应用Dreamweaver CS6开发环境制作图文混排网页。

(2) 熟练应用 CSS 样式对网页中的文本和图像进行控制与美化。

(3) 掌握图文混排网页的制作方法与技巧。

(4) 能看懂简单的 CSS 样式代码。

4.7.1 实践任务 4-7-1：观察图文混排网页

浏览或者下载一些网页模板，认真观察这些经典的图文混排网页，重点观察网页图文混排特点，并查看 CSS 源代码，基本看懂 CSS 是如何美化文本和图像。

4.7.2 实践任务 4-7-2：制作一个图文混排网页

制作如图 4-24 所示的图文混排网页，操作要求及步骤如下所述。

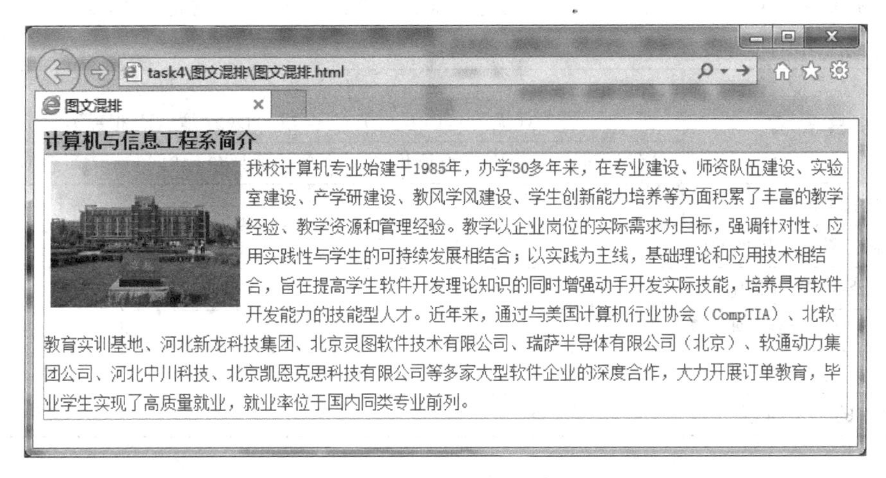

图 4-24 图文混排网页效果图

(1) 创建图文混排网页，并输入网页内容。

(2) 插入图片，宽 160px，高 120px。

(3) 使用 CSS 美化文本及图像，具体要求如下。

① 文本内容：字体为宋体 14 号，字体颜色为 rgb(153,0,0)；文本边框为实线，1px；颜色 #BBB。

② 图像：距离正文 5 像素，向左浮动。

③ 标题：背景图像为“images/title_bg1. gif”，水平方向重复，垂直方向底端对齐，颜色 rgb(221, 221, 221)；边框颜色为 rgb(204, 204, 204)，1px，实线。

(4) 保存网页，并预览网页效果。

4.7.3 实践任务 4-7-3：制作一个图文混排班级简介网页

请参照任务 4-4，以 Dreamweaver CS6 为开发工具，设计制作一个以“班级简介”为主题的图文混排网页，并应用 CSS 样式美化网页。

操作要求及步骤如下所述。

(1) 创建网页。

(2) 网页元素包括标题、段落、列表、超级链接和图像等。

(3) 创建CSS样式,并使用CSS样式美化文字、图像(包括设置图像背景、图像的边框及边距等),使网页图文混排布局合理,色彩搭配合适。

(4) 在网页中的某个图像上创建热点链接。

(5) 创建网页中的插入鼠标经过图像。

(6) 保存网页,并浏览网页效果。

填写实践任务评价表,如表4-1所示。

表4-1 实践任务评价表

任务名称				
任务完成方式	独立完成( ) 小组完成( )			
完成所用时间				
考核要点	任务考核 A(优秀),B(良好),C(合格),D(较差),E(很差)			
	自我评价(30%)	小组评价(30%)	教师评价(40%)	总评
正确使用编辑工具				
设计制作图文混排网页				
使用CSS控制和美化				
色彩搭配与布局合理				
网页完成整体效果				
存在的主要问题				

4.8 单元习题

一、单选题

1. 在HTML文件中插入图像时,对插入的图像进行文字说明的属性是( )。

A. ALIGN B. CTRL C. CAPS D. ALT

2. 标签＜img src＝"pic1.gif" align＝"center"＞的作用是( )。

A. 插入图片pic1.gif,图片水平对齐采用“居中”方式

B. 插入图片pic1.gif,图片垂直对齐采用“居中”方式

C. 插入图片pic1.gif,图片右侧文字的水平对齐采用“居中”方式

D. 插入图片pic1.gif,图片右侧文字的垂直位置相对图片“居中”

3. 下面在图片中设置超级链接的说法中,正确的是( )。

A. 图片上不能设置超级链接

B. 一个图片上只能设置一个超级链接

C. 鼠标移动到带超级链接的图片上仍然显示箭头形状

D. 一个图片上能设置多个超级链接

4. 在网页文件中，能起到动画效果的图形格式是（　　）。

A. JPEG　　B. GIF　　C. TIF　　D. BMP

5. 在图像上创建热区超链接时，一幅图像最多可以创建（　　）个超级链接。

A. 1　　B. 3　　C. 多个　　D. 以上都不对

6. 在 HTML 源代码中，图像的属性用（　　）标签来定义。

A. picture　　B. image　　C. pic　　D. img

7. 当浏览器不能正常显示图像时，在图像位置显示的内容是（　　）。

A. 替换文本　　B. 目标文本　　C. 链接内容　　D. 低解析度源

二、问答题

1. 网页中常见的图像格式有哪些？在实际的网页制作过程中，如何选取图像的格式？

2. 什么是热点链接？

3. 图文混排的核心要素是什么？

单元 5

网页中的表格

Unit 5

案例宏观展示引入

表格能够存放任何形式的数据信息，是网页中常用的页面元素之一。在以前的网页布局设计中，常常使用表格进行网页布局，通过设置表格和单元格属性对页面中的元素准确定位。随着 Web 2.0 的推广，当前比较流行的布局是 DIV+CSS，其特点是简洁灵活、自由度高，深受网页设计者的喜爱。

在实际工作中，不再使用表格进行网页布局，表格的作用回归到它的本意——存储结构化数据信息，例如一张课程表、成绩单和统计报表等。如图 5-1 所示，班级考试及成绩表就非常适合用表格直观地展示内容。

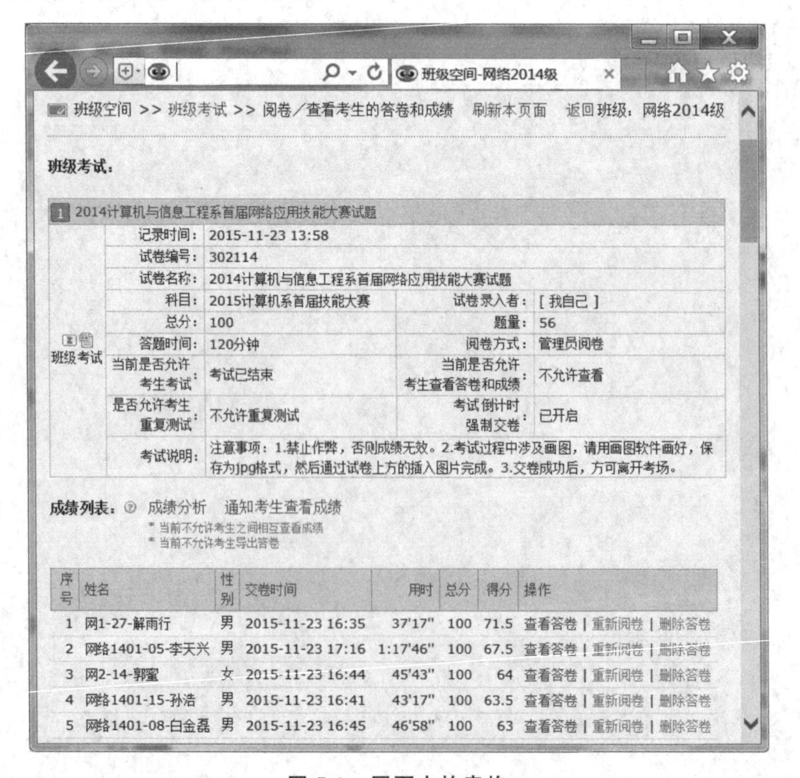

图 5-1　网页中的表格

本单元主要通过 Dreamweaver CS6 开发工具，介绍在网页中制作表格的基本方法，包括插入表格、编辑表格、设置表格属性、插入/删除表格的行或列、单元格的拆分与合并等内容，并使用 CSS 样式美化表格。由于网页设计理念的重大转变，这里不再介绍表格布局网页的方法。

学习任务

- 理解表格在网页中的作用
- 掌握插入表格和编辑表格的基本操作
- 掌握设置表格属性的方法
- 熟练应用 CSS 样式美化表格

5.1 任务 5-1：创建表格与编辑表格

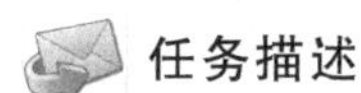

任务描述

（1）掌握创建表格的方法。

（2）掌握编辑表格的方法。

5.1.1 任务 5-1-1：插入表格

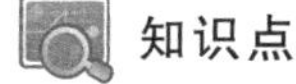

知识点

插入表格。

任务实例 5-1-1：插入表格示例

任务实施

1. 操作准备

（1）在 Dreamweaver CS6 中，创建一个名为“单元 5”的本地站点，站点文件夹为 ch05。

（2）新建网页文档，并保存。

2. 插入表格

将插入点定位于网页文档需要插入表格的位置，按照如下 3 种方法执行表格的插入操作。

（1）选择【插入】→【表格】菜单命令。

（2）单击【插入】面板【常用】类别中的【表格】按钮，或将该按钮拖动到文档窗口中。

（3）使用 Ctrl＋Alt＋T 组合键。

选用任意一种方法操作后，弹出【表格】对话框，如图 5-2 所示。设置相关参数后，单击【确定】按钮，插入 4 行 3 列的表格。

【表格】对话框中主要参数的含义如下所述。

① 行数：设置表格的行数。

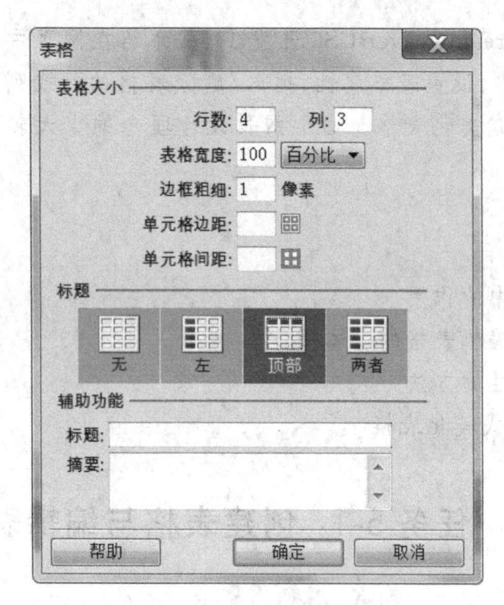

图 5-2 【表格】对话框

② 列：设置表格列数。

③ 表格宽度：以像素为单位或按照浏览器窗口宽度的百分比指定表格宽度。

④ 边框粗细：设置表格边框的宽度，单位为像素；如果设置为“0”，则在浏览器中不显示表格的边框。

⑤ 单元格边距：设置单元格内容与单元格之间的像素数。

⑥ 单元格间距：设置相邻单元格之间的像素数。

⑦【标题】栏：设置表格的标题样式。

⑧【辅助功能】栏：包括【标题】和【摘要】。【标题】是显示在表格之外的表格标题；【摘要】是表格的说明信息。

3. 输入表格内容

将光标定位到某个单元格中，直接输入文字，也可以插入图像或表格，如果在一个表格的单元格中再次插入一个表格，就是表格嵌套，如图 5-3 所示。

图 5-3 在表格中插入文本、图像和表格

图 5-3 所示表格生成的 HTML 源代码如图 5-4 所示。

```
8  <body>
9  <table width="100%" border="1">              <!--4行3列表格开始，table是表格标签-->
10   <tr>                                        <!--第1行开始，tr是表格行标签-->
11     <th width="37%" scope="col">在表格中输入文字</th>  <!--第1行第1列，th是特殊单
元格标签，是表格标题标签，在表格中不是必须的-->
12     <th width="800" scope="col">在表格中插入图像</th>  <!--第1行第2列-->
13     <th width="23%" scope="col">嵌套表格</th>          <!--第1行第3列-->
14   </tr>                                        <!--第1行结束-->
15   <tr>                                         <!--第2行开始-->
16     <td>直接输入文字，即可实现表格文字的插入</td>    <!--第2行第1列，td是单元格标签-->
17     <td><img src="100.png" width="246" height="171" /></td>  <!--第2行第2列-->
18     <td><table width="95%" border="1">        <!--第2行第3列嵌入新表格开始-->
19       <tr>
20         <td> </td>
21         <td> </td>
22         <td> </td>
23       </tr>
24       <tr>
25         <td> </td>
26         <td> </td>
27         <td> </td>
28       </tr>
29     </table></td>                              <!--第2行第3列嵌入新表格结束-->
30   </tr>                                        <!--第2行结束-->
31   <tr>
32     <td> </td>
33     <td bgcolor="#D6D6D6"> </td>
34     <td> </td>
35   </tr>
36   <tr>
37     <td> </td>
38     <td> </td>
39     <td> </td>
40   </tr>
41 </table>                                       <!--4行3列表格结束-->
42 </body>
```

图 5-4 生成的 HTML 源代码及注释说明

5.1.2 任务 5-1-2：编辑表格

知识点

（1）选择表格。

（2）合并/拆分单元格。

（3）插入/删除行或列。

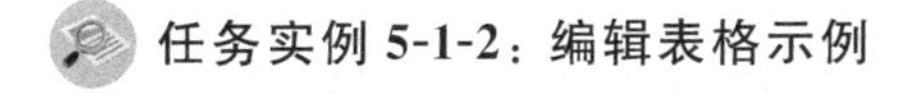

任务实例 5-1-2：编辑表格示例

任务实施

1. 选择表格

表格由行和列组成。行和列交叉的区域称为单元格，它是组成表格的最小单位，数据信息的输入、修改都是在单元格中操作。选中表格元素是对表格进行编辑操作的基础。

选择表格或单元格的方法如下所述。

（1）选择单个单元格：将鼠标指向某个单元格后单击，即选中该单元格。

（2）选择连续的多个单元格：将光标定位在某个单元格内，拖动鼠标，可选中多个连

续的单元格。

(3) 选择表格的行或列：将光标移到表格的上边缘或左边缘，当鼠标指针变为“箭头”时，单击鼠标，可以选择一整列或一整行。

(4) 选择整个表格：将光标移动到表格上、下边框或表格的 4 个顶角，当指针变成“表格网格图表”时，单击，即选中整个表格。

2. 设置单元属性

选择一个或多个单元格，然后利用【属性】面板设置单元格的相关属性，如图 5-5 所示。

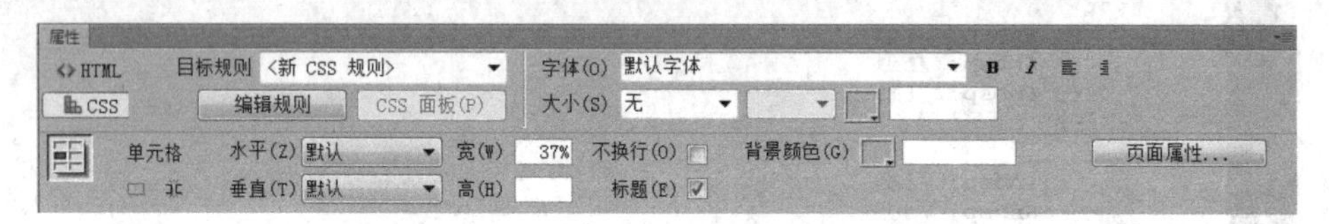

图 5-5 在【属性】面板设置单元格属性

表格【属性】面板中主要参数的含义如下所述。

(1) 水平：用于设置单元格内容的水平对齐方式，包含默认、左对齐、右对齐和居中 4 个选项。

(2) 垂直：用于设置单元格内容的垂直对齐方式，包含默认、顶端、居中、底部和基线 5 个选项。

(3) 宽、高：以像素为单位，或以整个表格宽度或者高度的百分比为单位，设置所选单元格的宽度和高度。

(4) 不换行：选中复选框，则单元格中的文本都在一行上。对于超出宽度的内容，单元格会加宽，以容纳所有的数据。

(5) 标题：选中复选框，则将所选单元格格式设置为标题单元格。默认情况下，表格标题单元格的内容为粗体居中。

(6) 背景颜色：设置单元格的背景颜色。

(7) 按钮和按钮：单击按钮，将选择的单元格合并为一个单元格；单击按钮，将选择的某个单元格拆分为多个单元格。

3. 合并/拆分单元格

在实际工作中，经常会根据需要合并表格的某些单元格，或者拆分单元格。

1) 合并单元格

选择多个连续的单元格，有 3 种方式合并单元格：单击鼠标右键，然后在弹出的快捷菜单中选择【表格】→【合并单元格】；或者执行【修改】→【表格】→【合并单元格】菜单命令；或者在【属性】面板中单击按钮。

2) 拆分单元格

选择单个单元格，有 3 种方式拆分单元格：单击鼠标右键，然后在弹出的快捷菜单中选择【表格】→【拆分单元格】；或者执行【修改】→【表格】→【拆分单元格】菜单命令；或者在【属性】面板单击按钮，弹出【拆分单元格】对话框。如图 5-6 所示，将单元格拆分为 1 行

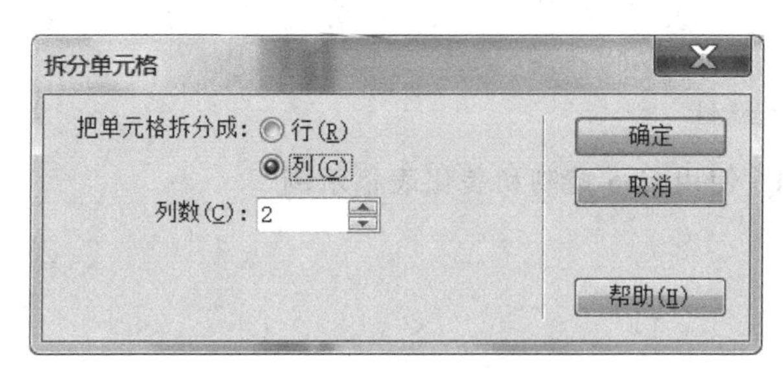

图 5-6　【拆分单元格】对话框

2 列的单元格。

4．删除/插入行或列

1）删除行或列

选择表格的 1 列或 1 行，有 4 种方式删除行或列：单击鼠标右键，然后在弹出的快捷菜单中选择【表格】→【删除列】；或者执行【修改】→【表格】→【删除列】菜单命令；或者执行【编辑】→【清除】菜单命令；或者直接按 Delete 键，删除表格中的行或列。

2）插入行或列

将光标定位在要添加行或列的单元格的内部，有两种方式插入行或列：单击鼠标右键，然后在弹出的快捷菜单中选择【表格】→【插入行】，或【插入列】，或【插入行或列】；或者执行【修改】→【表格】→【插入行】，或【插入列】，或【插入行或列】菜单命令。如果选择【插入行或列】，弹出【插入行或列】对话框，如图 5-7 所示，在所选行之下插入 1 行。

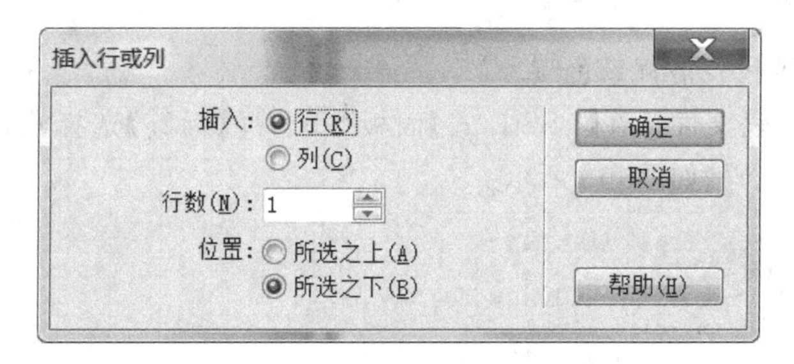

图 5-7　【插入行或列】对话框

同步练习

参照任务 5-1，以本学期“课程表”为例，制作表格网页，要求设置单元格背景颜色，合并或拆分必要的单元格，插入或删除行/列。

5.2　任务 5-2：使用 CSS 控制和美化表格

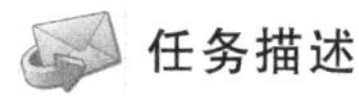

任务描述

掌握使用 CSS 样式控制和美化表格的基本方法。

知识点

border-collapse 属性。

任务实例 5-2-1：使用 CSS 控制和美化表格示例

任务实施

1. 操作准备

新建一个网页，创建一个 4 行 3 列的表格。在【表格】对话框中，设置"边框粗细"为"0 像素"；选择【顶部】标题，设置表格标题为"学生名单"，然后在插入的表格中，输入如图 5-8 所示的文本内容。保存网页后，浏览效果如图 5-8 所示。

图 5-8 网页中表格浏览效果

2. 使用 CSS 控制与美化表格

1）设置细实线和表格背景色

新建 CSS 样式表文件。在【CSS 样式】面板中，选择【标签】选择器，创建 CSS 样式规则，生成 CSS 样式代码，如图 5-9 所示。

```
6  <style type="text/css">
7  table {
8      border:1px solid #000000;
9      font-size:12px;
10     font-family:"宋体";
11     line-height:1.5;
12     border-collapse:collapse;/*合并单元格之间的空白间距*/
13 } /*设置表格的边框属性，文字内容大小，行高*/
14 caption {
15     text-align:center;
16     font-size:16px;
17 } /*设置表头信息居中显示,字体大小 */
18 th {
19     color:#F4F4F4;
20     border:1px solid #000000;
21     background: #328aa4;
22 } /*设置表格中标题的样式（标题文字颜色、边框、背景色）*/
23 td {
24     text-align:center;
25     border:1px solid #000000;
26     background: #e5f1f4;
27 } /*设置所有单元格td内容单元格的文字居中显示，并添加黑色边框和背景颜色*/
28 </style>
```

图 5-9 CSS 样式代码

提示

在 CSS 样式代码中，boder-collapse 属性的主要功能是设置表格边框是否被合并成为单一的边框，它包含 separate 和 collapse 两个属性，分别表示边框会被分开和边框将会合并。在实际网页制作过程中，“border-collapse: collapse”属性可以认为是必不可少的 CSS 样式代码，如果没有它，将影响整个表格的视觉效果。

保存网页，浏览效果如图 5-10 所示。

D:\网页设计与制作案例

学生名单

姓名	班级	学号
张三	网络1501	2015060106
李四	网络1502	2015060222
王五	网络1503	2015060308
郑六	网络1504	2015060415

图 5-10　网页浏览效果图

2）设置隔行换色表格

当表格存放的数据信息较多时，为了清晰地显示表格，方便阅读，需要隔行或隔列采用不同的背景色。在上述案例的基础上，插入 1 行。

在如图 5-8 所示的样式基础上，继续创建选择器为【类】的 CSS 样式规则，命名为“. ghhs”，设置隔行背景色 CCS 代码，增加 CSS 代码如图 5-11 所示。

图 5-11　增加的 CSS 样式代码

注意

图 5-11 中的 CSS 样式“. ghhs td”表示将名为“. ghhs”的类规则应用在表格内部的 td 元素上。

在第 2 行、第 4 行……HTML 代码中，引用“. ghhs”类规则，引用代码为

```
<tr  class="ghhs">
```

保存网页，浏览效果如图 5-12 所示。

同步练习

参照任务 5-2，新建班级学生成绩表，并使用 CSS 美化表格，包括表格的边框、背景色、表格文字内容格式处理等。

图 5-12　隔行换色表格预览效果图

5.3　单元小结

本单元通过制作含有表格的网页，介绍在网页中插入表格的方法，表格及单元格属性设置方法，拆分/合并单元格的方法，插入/删除表格中的行或列的方法，以及使用 CSS 样式控制和美化表格的方法。

5.4　单元实践操作

实践操作目的

（1）体会网页中表格的用途及作用。

（2）熟练应用 Dreamweaver CS6 开发环境制作网页中的表格。

（3）熟练应用 CSS 样式美化网页中的文本、图像和表格，掌握网页中表格制作的技巧。

（4）能看懂一些基本 CSS 样式代码。

5.4.1　实践任务 5-4-1：观察网页中的表格

浏览或者下载一些含有表格的网页，认真观察这些网页中的表格，体会在网页中使用表格的作用与用途，并查看 CSS 源代码，能基本看懂 CSS 是如何控制和美化表格的。

5.4.2　实践任务 5-4-2：制作欧冠联赛积分榜表格

制作如图 5-13 所示欧冠联赛积分榜网页。

操作要求及步骤如下所述。

（1）创建网页，插入表格，并输入相关内容。

（2）使用 CSS 网页中的文字及表格：表格边框颜色为天蓝色，第一行为标题单元格，背景为浅蓝色。

（3）保存网页，并浏览效果。

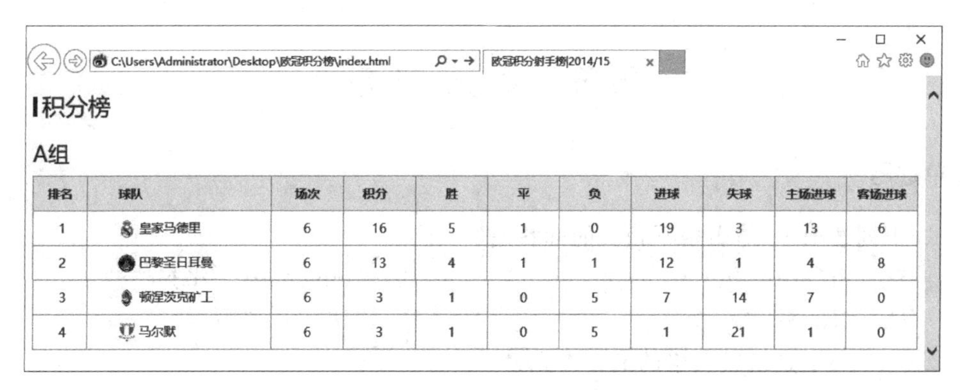

积分榜

A组

排名	球队	场次	积分	胜	平	负	进球	失球	主场进球	客场进球
1	皇家马德里	6	16	5	1	0	19	3	13	6
2	巴黎圣日耳曼	6	13	4	1	1	12	1	4	8
3	顿涅茨克矿工	6	3	1	0	5	7	14	7	0
4	马尔默	6	3	1	0	5	1	21	1	0

图 5-13 欧冠联赛积分榜网页

5.4.3 实践任务 5-4-3：制作个人简历网页

请参照任务 5-1 与任务 5-2，以 Dreamweaver CS6 为开发工具，设计制作一个以“个人简历”为主题的表格网页，并应用 CSS 样式美化网页。

操作要求及步骤如下所述。

(1) 创建网页。

(2) 在网页中插入表格，并添加表格标题“个人简历”。

(3) 编辑表格(拆分/合并单元格，插入/删除行或列等)，输入相应的文字内容，插入个人照片。

(4) 创建 CSS 样式，并使用 CSS 样式美化文字、图片和表格(包括设置表格边框及边距，文字格式和表格边框及背景色等)，使网页中的文字、图片和表格布局合理，色彩搭配合适。

(5) 保存网页，并浏览网页效果。

填写实践任务评价表，如表 5-1 所示。

表 5-1 实践任务评价表

任务名称				
任务完成方式	独立完成(　　)　小组完成(　　)			
完成所用时间				
考核要点	任务考核 A(优秀)，B(良好)，C(合格)，D(较差)，E(很差)			
	自我评价(30%)	小组评价(30%)	教师评价(40%)	总　评
正确使用编辑工具				
表格的正确应用				
网页中的表格及美化				
色彩搭配与布局合理				
网页完成整体效果				
存在的主要问题				

5.5 单元习题

一、单选题

1. 下列选项中,与表格不相关的标签是(　　)。

A. <t>…</t>　　B. <table>…</table>

C. <tr>…</tr>　　D. <td>…</td>

2. (　　)不是组成表格的最基本元素。

A. 行　　B. 列　　C. 边框　　D. 单元格

3. 实现单元格合并的,必须是(　　)的单元格。

A. 大小相同　　B. 相邻连续　　C. 颜色相同　　D. 同一行

4. 在表格【属性】面板中,不能设置表格的(　　)。

A. 边框颜色　　B. 文本的颜色　　C. 背景图像　　D. 背景颜色

5. 设置列的宽度为100px,则(　　)标签的属性被修改。

A. <table>　　B. <tr>　　C. <td>　　D. <th>

6. 在Dreamweaver中,下面关于表格属性的说法,错误的是(　　)。

A. 可以设置表格宽度　　B. 可以设置表格高度

C. 可以设置表格的背景颜色　　D. 不可以设置单元格之间的间距

二、问答题

1. 表格的作用是什么?
2. 选中表格元素的方法有哪几种?
3. border-collapse:collapse属性的功能是什么?

单元 6

制作 DIV 布局的网页

Unit 6

案例宏观展示引入

传统的网页制作方法中，HTML 既用于内容和结构的描述，也用于外观属性的设置，整个网页中的各种标记属性互相嵌套，文件结构杂乱无章，维护和开发非常困难。CSS（层叠样式表）的出现改变了传统的网页制作思想，实现了内容和表现的分离，使得网页内容简洁而富有条理，既提高了开发和后期维护的效率，又方便了各搜索引擎的收录。

CSS 只能用于网页外观表现设置，网页的内容结构怎么处理呢？答案就是：交由 HTML 代码完成。在众多 HTML 元素中，DIV 元素的重要性被提升到前所未有的高度。因为 DIV 代替表格成为当前网页制作技术中最重要的布局工具。

如图 6-1 所示，该美妆网站首页采用典型的 CSS+DIV 技术制作而成。

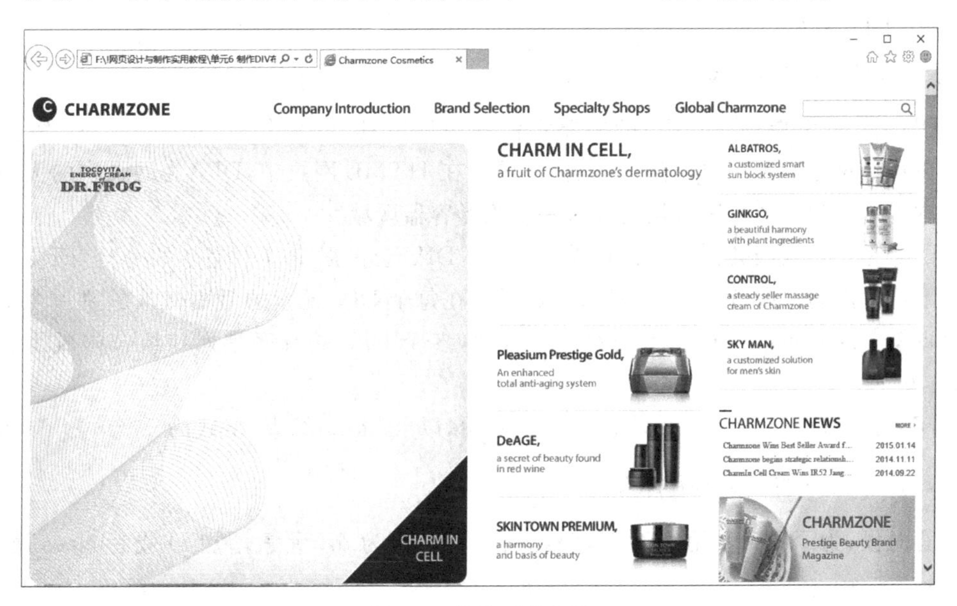

图 6-1　美妆网站首页

在前述 CSS 技术和 HTML 技术的基础上，本单元主要介绍使用 DIV 布局的网页设计制作方法与技巧。

学习任务

- 理解 DIV 的概念
- 掌握 DIV 的插入和格式设置方法
- 掌握 AP 元素的概念和用法
- 能够制作基于 DIV 的简单网页

6.1 任务6-1：认识DIV

任务描述

(1) 认识 DIV。

(2) 掌握 DIV 的插入和格式设置方法。

(3) 掌握 DIV 大小和布局方法。

DIV 作为重要的网页布局工具，结合 CSS，可以展现出强大的页面架构能力。下面介绍 DIV 的插入方法、基本的格式设置和页面架构方法。

6.1.1 任务6-1-1：DIV的插入

知识点

(1) DIV 标签。

(2) DIV 的插入方法。

DIV 是 CSS(层叠样式表)的主要定位和布局工具，英文全称 Division，中文称为划分。在其绝对定位方法中，有时候也称为层。在 HTML 网页中，DIV 为网页中的大块内容提供了结构和背景。其形状表现为一个矩形容器区域。

DIV 是一个块级元素。默认情况下，一个 DIV 会占据窗口中完整的一行，即便其宽度并不足以占满这一行。也就是说，浏览器会在每个 DIV 元素的后面默认放置一个所谓的换行符。DIV 可以互相嵌套或者前后排列，多个 DIV 的有序排列和组合构成了整个网页。

DIV 元素成对出现，即以标记<div>开始，以</div>结束，格式为

```
<div >此处放置该划分的内容</div>
```

有时候，为了便于使用 CSS 对其格式化设置，也为 div 元素增加 id 或者 class 属性。例如：

```
<div class="c1">此处放置该划分的内容</div>
```

或

```
<div id="id_1">此处放置该划分的内容</div>
```

这样就可以分别建立如下所示CSS规则来格式化上面的示例。

```
.c1{ 属性:值; …}
```

或

```
#id_1{ 属性:值; …}
```

在Dreamweaver CS6中,DIV标签的插入方法有以下两种。

(1) 直接在源代码的<body>标签中正确的位置输入,如图6-2所示。

```
2  <html xmlns="http://www.w3.org/1999/xhtml">
3  <head>
4  <meta http-equiv="Content-Type" content="text/html; charset=utf-8" />
5  <title>DIV的插入</title>
6  </head>
7
8  <body>
9  <div>DIV的插入</div>
10 </body>
11 </html>
```

图6-2 通过源代码插入DIV

在源代码中直接插入DIV标签的方法比较直接,但是要注意标签的完整性和嵌套的正确性。对于源代码的语法错误,有时候Dreamweaver并不能检测出来,只有在浏览器中浏览测试的时候才能看到异常,但是浏览器一般不会指出错误位置和错误类型。所以,修改源代码时一定要细心。

(2) 通过Dreamweaver的【插入】面板插入DIV。

打开Dreamweaver CS6的【插入】面板,将插入点定位在设计视图或者代码视图的待插入位置后,单击【插入】面板【常用】分类中的【插入Div标签】按钮,弹出如图6-3所示的【插入Div标签】对话框。

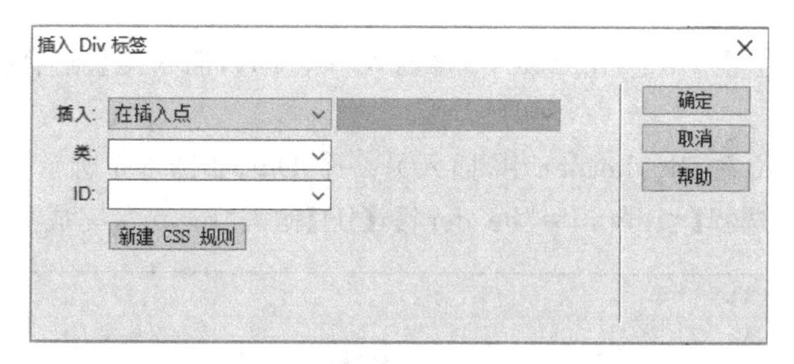

图6-3 【插入Div标签】对话框

根据需要,设定新插入的Div的位置、类和ID。【插入】位置有3种选项:【在插入点】、【在标签之前】和【在标签之后】。默认为【在插入点】,即新插入的Div将出现在光标所在处。Div插入后,在设计视图上将显示一个辅助虚线框,用来提示网页设计人员这个Div的大小和形状。虚线框外观如图6-4所示。

任务实例6-1-1:使用Dreamweaver建立简单的基于Div的页面结构

该页面的结构框图如图6-5所示,每一个矩形框代表一个Div。其中,wrapper是整个页面的容器,用于放置其他元素;header是页面头部信息;menu是页面菜单信息。

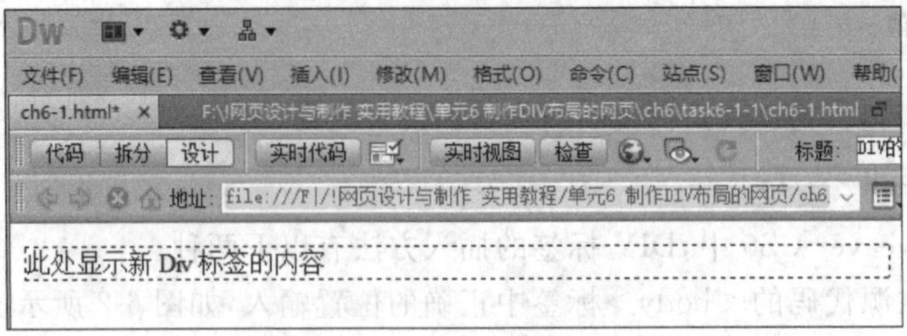

图 6-4 设计视图中的 Div

图 6-5 页面结构框图

任务实施

设计与制作网页的主要步骤如下所述。

(1) 新建一个空白网页。

(2) 插入点定位在设计视图或者代码视图的 body 元素中。

(3) 单击【插入】面板的【插入 Div 标签】插入最外层的 Div。【ID】一栏填写“wrapper”。

(4) 插入点定位在 Div:wrapper 中,再插入一个 Div,插入位置选择【插入点】,【ID】输入“header”。

(5) 插入点定位在 Div:header 中,插入另一个 Div,如图 6-6 所示,插入点选择【在结束标签之后】,后面选择【<div id="header"】,【ID】输入“menu”,完成页面结构的创建。

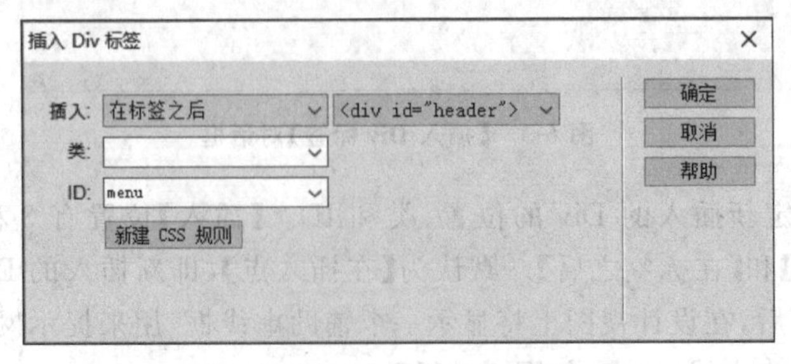

图 6-6 插入 Div:menu

完成后的网页源代码如图 6-7 所示。

从源代码可以看出,Div:header 和 Div:menu 包含在 Div:wrapper 中,其结构和页面

```
8   <body>
9   <div id="wrapper">此处显示  id "wrapper" 的内容
10    <div id="header">此处显示  id "header" 的内容</div>
11    <div id="menu">此处显示  id "menu" 的内容</div>
12  </div>
13  </body>
```

图 6-7 页面源代码

结构框图一致。需要特别说明的是，在 Dreamweaver 的设计视图中，反而更难看出页面的结构层次。设计视图中的外观如图 6-8 所示。

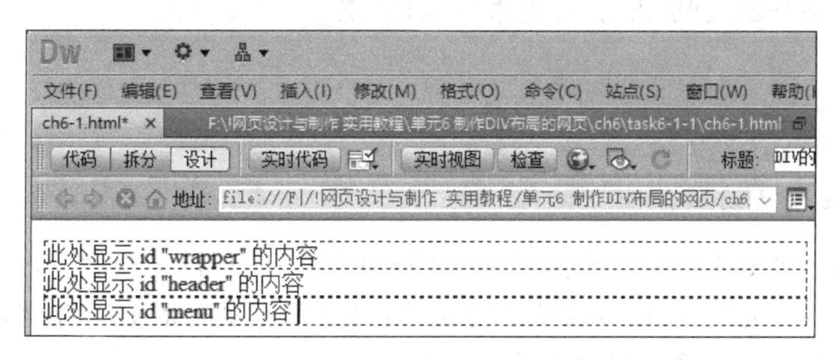

图 6-8 页面的设计视图

提示

在制作网页的过程中，绝不能把目光局限在设计视图中，应该时刻翻阅、查看、对比代码视图中的源代码，并时刻注意查看在浏览器中的效果。

同步练习

请参照任务实例 6-1-1，建立拥有如图 6-9 所示 DIV 结构的页面，只需要结构即可，大小不用设置。

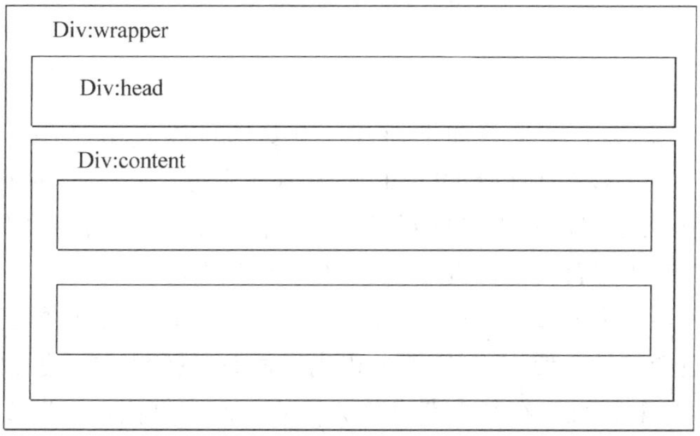

Div:wrapper
Div:head
Div:content

图 6-9 任务练习

参考源代码如图 6-10 所示。

```
8   <body>
9   <div id="wrapper">此处显示  id "wrapper" 的内容
10    <div id="header">此处显示  id "header" 的内容</div>
11    <div id="content">此处显示  id "content" 的内容
12      <div>此处显示新 Div 标签的内容</div>
13      <div>此处显示新 Div 标签的内容</div>
14    </div>
15  </div>
16  </body>
```

图 6-10 任务练习参考源代码

6.1.2 任务 6-1-2：DIV 大小设置和布局方法

知识点

(1) DIV 的大小设置。

(2) DIV 的布局方式。

DIV 是网页重要的布局工具。作为一个块级元素，一个 DIV 会独自占据网页中的一行。DIV 也是容器元素，可以容纳其他网页元素和 DIV。通过对 DIV 适当的排序和大小设置，可以使网页的内容编排有序而美观。

任务实例 6-1-2：实现如图 6-11 所示的页面结构，并设置相应的大小

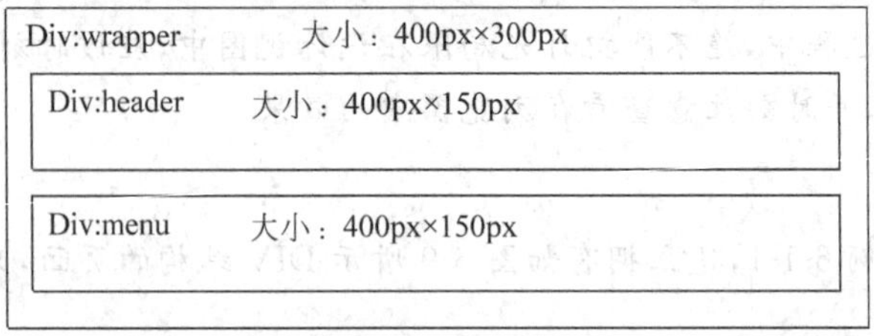

Div:wrapper 大小：400px×300px
Div:header 大小：400px×150px
Div:menu 大小：400px×150px

图 6-11 页面结构图

任务实施

设计与制作网页的主要步骤如下所述：由要求可以看出，该实例是基于任务实例 6-1-1 的。在其基础上，增加对应 DIV 的大小属性定义。在当前的网页设计思想中，HTML 代码基本不再承担格式设置的任务，所有外观格式控制都由 CSS 实现。为了便于设置大小，开始前，需要首先清除 3 个 DIV 中的所有内容。

CSS 代码的编写可由 Dreamweaver CS6 的 CSS 构造器完成，也可直接在源代码中书写。第一种方法适合初学者使用，只需要单击主界面右侧【CSS 样式】面板下面的按钮，弹出【新建 CSS 规则】对话框，在其中完成相关设置。本实例使用如图 6-12 所示的 ID 选择器，建立的 CSS 规则只对 ID 为 wrapper 的元素有效。

下面设置最外层 DIV 的大小。单击【确定】后，Dreamweaver 弹出如图 6-13 所示【#wrapper 的 CSS 规则定义】对话框。在这里设置宽度和高度后，完成外层 DIV 的大小设置。

单击【确定】按钮，Dreamweaver 的 CSS 规则构造器创建一个 CSS 规则。CSS 代码如图 6-14 所示。

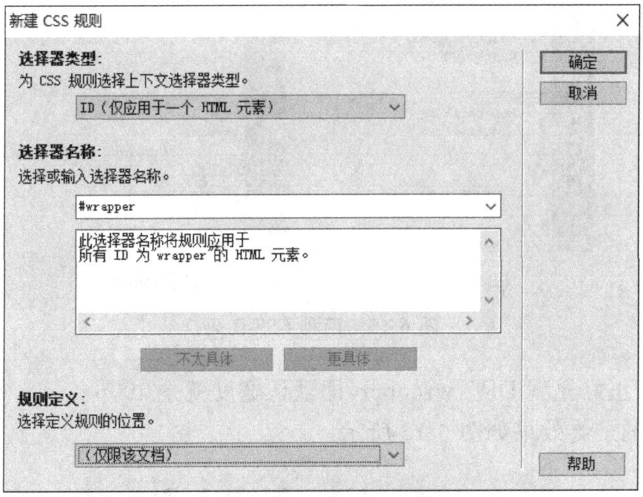

图 6-12 【新建 CSS 规则】对话框

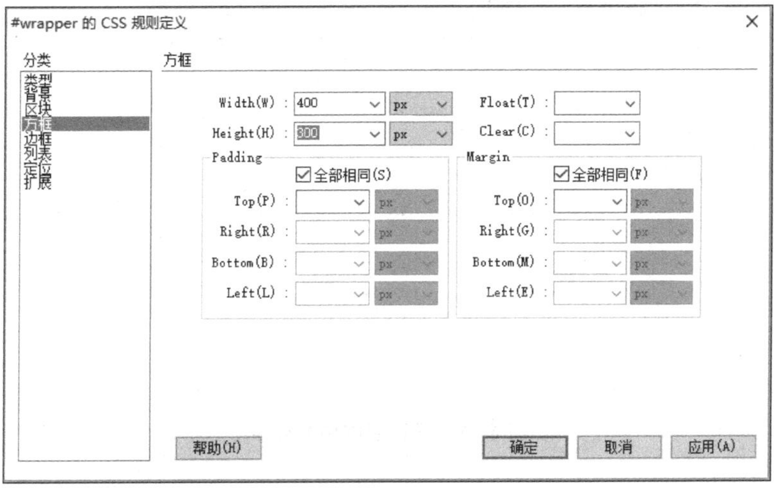

图 6-13 【#wrapper 的 CSS 规则定义】对话框

```
6  <style type="text/css">
7  #wrapper {
8      height: 300px;
9      width: 400px;
10 }
11 </style>
```

图 6-14 DIV:wrapper 的 CSS 代码

用此方法继续设置 DIV:header 和 DIV:menu 的大小都为 400px×150px。需要说明的是，如图 6-15 所示的两种代码将产生相同的效果。

通过代码 a 和代码 b 的对比可以看出，第二种方法省去了 DIV:header 和 DIV:menu 的宽度属性。DIV 作为一个块级元素，其默认宽度为 100%。即如果不设置宽度，它会充满整个容器。DIV:header 和 DIV:menu 所在的容器正是 DIV:wrapper，所以在不设置宽

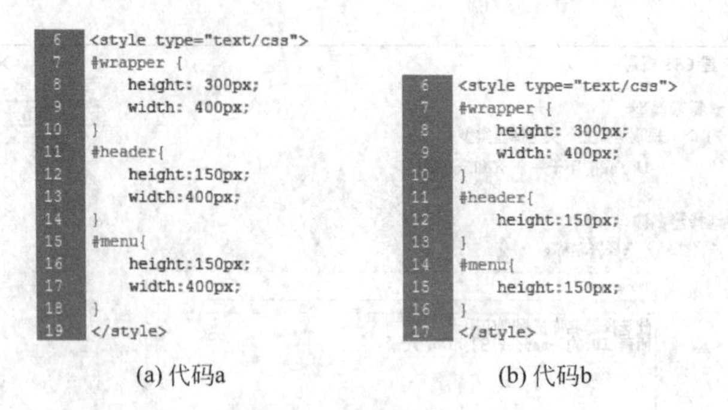

(a) 代码a　　(b) 代码b

图 6-15　两种 CSS 代码

度的情况下，它们正好充满 DIV：wrapper，即默认宽度就是 400px。

设计视图中的最终效果如图 6-16 所示。

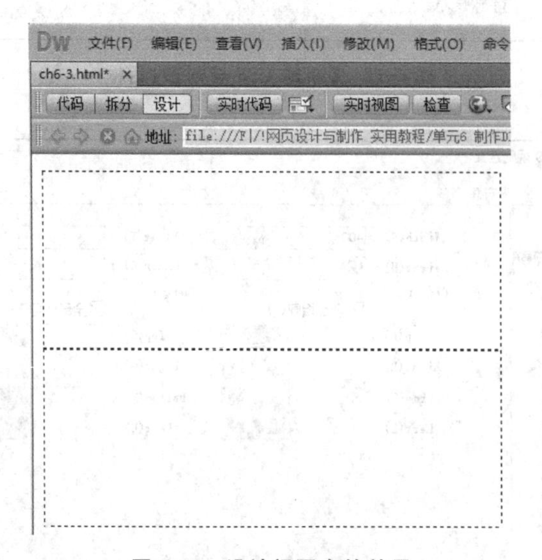

图 6-16　设计视图中的效果

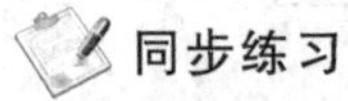

同步练习

请参照任务实例 6-1-2，建立拥有如图 6-17 所示 DIV 结构的页面。

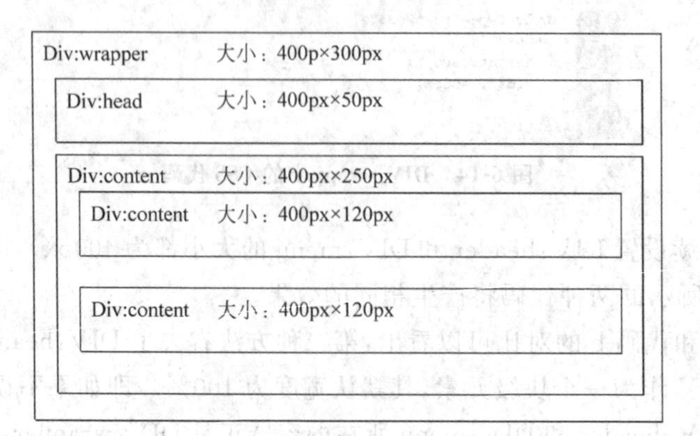

图 6-17　任务练习页面结构图

6.1.3 任务 6-1-3：DIV 的边框设置

知识点

（1）DIV 的边框设置。

（2）边框的样式、宽度和粗细。

根据 CSS 的盒子模型的定义，任何一个可见的 HTML 元素均可看作是一个盒子，DIV 更不例外。在盒子模型中，DIV 包括内容、填充（内边距）、边框和外边距。其中，填充、边框和外边距都有 4 个值，分别对应于 DIV 的上、右、下、左 4 个方向。

DIV 每个方向的 border 边框属性包括 border-style 样式、border-width 宽度、border-color 颜色等。

（1）border-style 样式属性决定了边框的线条样式。属性值如表 6-1 所示。

表 6-1 border-style 样式属性值列表

属性值	描　述
none	定义无边框
dotted	定义点状边框
dashed	定义虚线边框
solid	定义实线
double	定义双线，其宽度等于 border-width 的值
groove	定义 3D 凹槽边框，其效果取决于 border-color 的值
ridge	定义 3D 垄状边框，其效果取决于 border-color 的值
inset	定义 3D inset 边框，其效果取决于 border-color 的值
outset	定义 3D outset 边框，其效果取决于 border-color 的值

请解释下列例题中 CSS 代码的含义。

【例 6-1】 border-style：dotted solid double dashed；

解释：上边框是点状，右边框是实线，下边框是双线，左边框是虚线。

【例 6-2】 border-style：dotted solid double；

解释：上边框是点状，右边框和左边框是实线，下边框是双线。

【例 6-3】 border-style：dotted solid；

解释：上边框和下边框是点状，右边框和左边框是实线。

【例 6-4】 border-style：dotted；

解释：所有 4 个边框都是点状边框。

（2）border-width 边框宽度属性的取值情况如表 6-2 所示。

【例 6-5】 border-width：5px；

解释：所有 4 个边框的宽度都是 5 像素。

（3）border-color 属性，代表边框颜色，其属性取值如表 6-3 所示。

表 6-2 border-width 属性值列表

属性值	描　述
thin	定义细的边框
medium	默认。定义中等的边框
thick	定义粗的边框
length	允许自定义边框的宽度

表 6-3 border-color 属性值列表

属性值	描　述
color_name	规定颜色值为颜色名称的边框颜色(例如 red)
hex_number	规定颜色值为十六进制值的边框颜色(例如 ＃ff0000)
rgb_number	规定颜色值为 rgb 代码的边框颜色(例如 rgb(255,0,0))
transparent	默认值。边框颜色为透明

【例 6-6】 border-color:red green blue pink;

解释:上边框是红色,右边框是绿色,下边框是蓝色,左边框是粉色。

【例 6-7】 border-color:＃f00;

解释:CSS 十六进制简写的颜色值,等于＃ff0000。4 个边框的颜色都设为红色。

【例 6-8】 DIV 边框格式 CSS 代码(见图 6-18)

解释:代码由上到下的含义为:定义划分 div 的高度为 100 像素,宽度为 100 像素,4 个边框粗细均为 5 像素;上、右、下、左的样式和颜色分别为:点状虚线、虚线、单实线、双线和红色、绿色、蓝色、黑色。最终效果如图 6-19 所示。

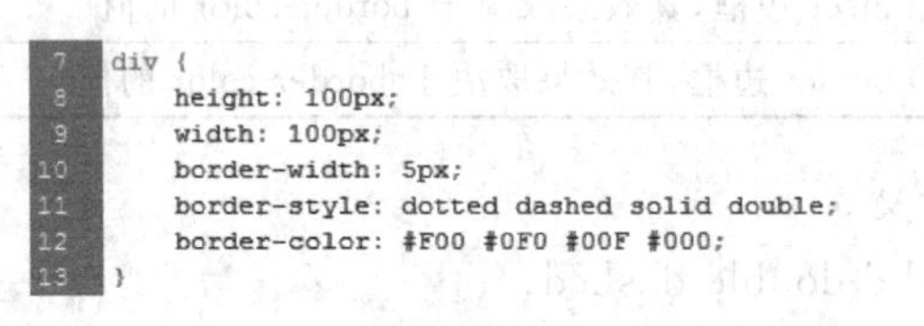

图 6-18 DIV 边框格式 CSS 代码

图 6-19 DIV 边框格式效果

提示

这里虽然介绍的是 DIV 的边框,但是按照 CSS 的盒子模型所述,任何可见的 HTML 元素均带有边框属性,因此这些边框的设置方法同样适用于那些元素。

为了提高书写效率,border-style、border-width、border-color 还有一个简写属性 border 与之相对应。

【例 6-9】 p{border:5px solid red;}

解释:为网页中所有段落设置 4 个 5 像素宽红色实线边框。最终显示效果如图 6-20 所示。

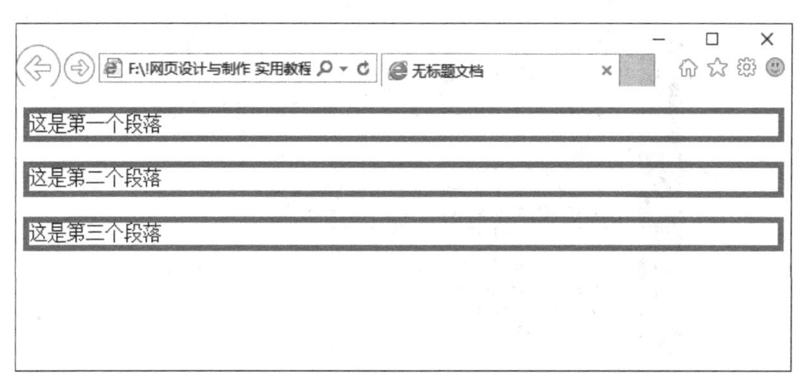

图 6-20 段落边框(此处边框为红色)

任务实例 6-1-3：使用 Dreamweaver CS6 完成如图 6-21 所示的简单通知网页

任务实施

设计与制作网页的主要步骤如下所述。

(1) "最新通知"周围为 DIV 的边框。标题的下方实线和每条通知的下方虚线都通过相应元素的下边框线实现。整个网页的 HTML 代码结构如图 6-22 所示。

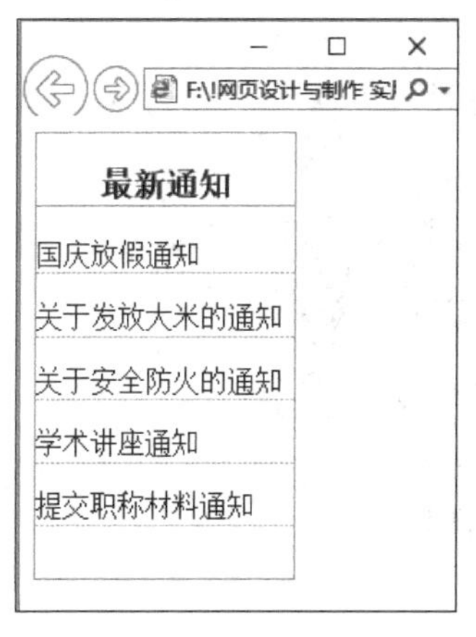

图 6-21 任务实例效果图

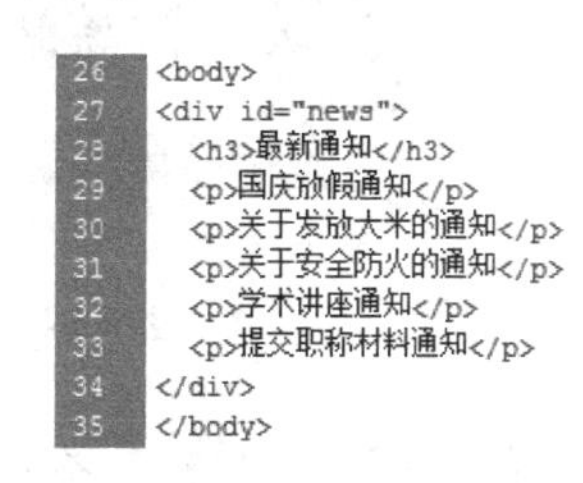

```
26 <body>
27 <div id="news">
28   <h3>最新通知</h3>
29   <p>国庆放假通知</p>
30   <p>关于发放大米的通知</p>
31   <p>关于安全防火的通知</p>
32   <p>学术讲座通知</p>
33   <p>提交职称材料通知</p>
34 </div>
35 </body>
```

图 6-22 HTML 代码结构

(2) DIV 的 4 个边框和每一行文字的下方边框，均通过如图 6-23 所示的 CSS 代码实现。

6.1.4 任务 6-1-4：DIV 的内边距和外边距设置

知识点

(1) DIV 的填充(内边距)。

(2) DIV 的外边距。

在 CSS 中，每个对象都有填充和外边距的概念。填充(padding)即内边距，是包括

```
<style type="text/css">
#news {
    height: 250px;     /*DIV:news的高度*/
    width: 150px;      /*DIV:news的宽度*/
    border: 1px solid #CCC;/*整个DIV设置4个1像素宽灰色实线边框*/
}
#news h3 {
    text-align: center;  /*标题水平居中*/
    border-bottom-width: 1px;  /*下边框线为1像素宽*/
    border-bottom-style: solid;/*下边框线为单实线*/
    border-bottom-color: #CCC;/*下边框线为灰色*/
}
#news p {
    border-bottom-width: 1px;
    border-bottom-style: dashed;/*下边框线为虚线*/
    border-bottom-color: #FC6;
}
</style>
```

图 6-23　CSS 代码

DIV 在内的每个 HTML 元素的内容和边框的最短距离。外边距(marging)指整个 HTML 元素的最外边缘距相应边框的距离。如果发现一个 HTML 元素和其他元素无法贴合,就要考虑是不是外边距或者内边距的原因。

填充和外边距属性 padding 和 marging 可分别取 4 个值,用空格间隔,分别指上、右、下、左 4 个方向的间距。由如图 6-24 所示的 CSS 盒子模型可以看到这两个属性及边框的作用。

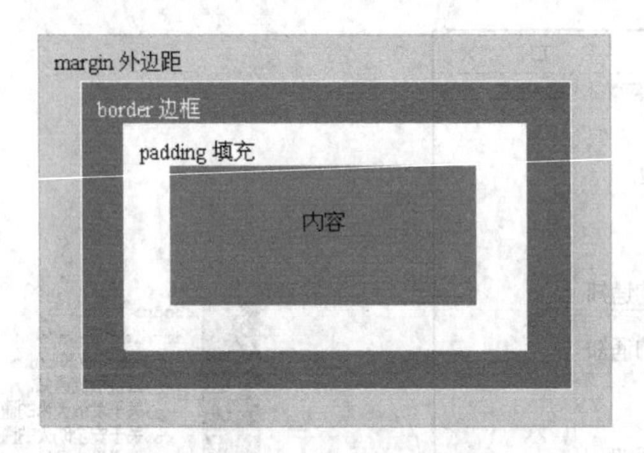

图 6-24　CSS 盒子模型

请解释下列例题中 CSS 代码的含义。

【例 6-10】 div {padding:10px 5px 15px 20px;};

解释: div 的上、右、下、左内边距分别为 10px、5px、15px 和 20px。

【例 6-11】 padding:10px 5px;

解释: 上、下内边距是 10px,左、右内边距是 5px。

【例 6-12】 margin:10px;

解释: 上、右、下、左外边距都是 10px。

与 border 类似,padding 和 margin 为简写属性。padding 属性又可写成下列 4 个属性: padding-top、padding-right、padding-bottom 和 padding-left。margin 属性也可写成 4 个属性: margin-top、margin-right、margin-bottom 和 margin-left。

提示

(1) 内、外边距不仅适用于 DIV,还适用于任何可见的 HTML 元素,比如段落、标题、表格、列表等。

(2) HTML 元素的默认内边距和外边距有时候会对页面布局产生不良影响。可使用下面的规则来消除这些影响。

```
*{padding:0px;margin:0px};
```

任务实例 6-1-4:使用 Dreamweaver CS6 完成如图 6-25 所示的网页

图 6-25 是一个典型的页面结构,包括页面主体、导航栏、左侧分类栏、右侧主显示区域和下侧的页脚区域等。页面效果图如图 6-25(a)所示,页面结构图如图 6-25(b)所示。DIV:wrapper 的下外边距和 DIV:footer 的上外边距各 5px。DIV:content_main 的左外边距为 50px。

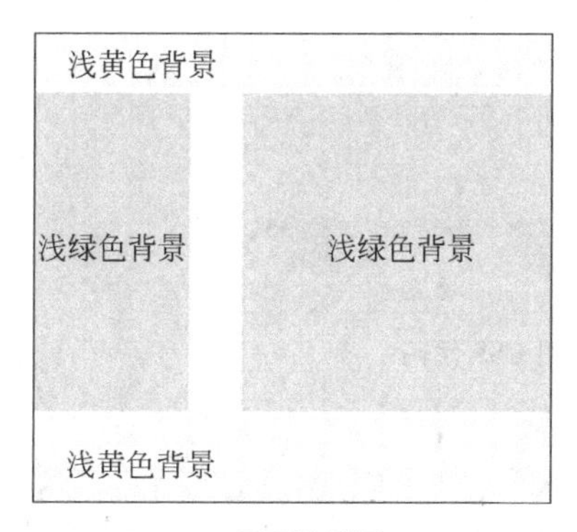

(a) 页面效果图

DIV:wrapper 宽500px
DIV:menur 500px×50px
DIV:content 500px×300px
DIV: left_bar 150px×300px
DIV:content_main 300px×300px
DIV:footer 500px×80px

(b) 页面结构图

图 6-25 任务实例

任务实施

设计与制作网页的步骤如下所述。

(1) 该实例的 HTML 代码如图 6-26 所示。其中,wrapper 为整个页面,menu 为导航栏,content 为页面主体,left_bar 为左侧分类栏,content_main 为页面内容显示区域,footer 为页脚区,通常显示版权和网站注册信息。

```
46 <div id="wrapper">
47   <div id="menu"></div>
48   <div id="content">
49     <div id="left_bar"></div>
50     <div id="content_main"></div>
51   </div>
52   <div id="footer"></div>
53 </div>
```

图 6-26 实例 HTML 代码

(2) DIV 的布局和大小都由 CSS 实现。CSS 代码如图 6-27 所示。

在 CSS 代码中,针对 DIV:left_bar 和 DIV:content_main,使用了浮动属性 float。该属性的功能是让多个块元素排列在一行中。DIV 属于块元素,意味着即便一个 DIV 的右侧有足够的空间,其他元素也不会出现在其右面。如果让这个元素设置了浮动效果,可以实现两个块级元素 DIV 同处一行的效果。当然,这一行必须要有足够的宽度,足以容纳这两个元素,否则还是会出现换行的效果。

```
7  * { /*清除网页元素的默认内外边距*/
8      margin: 0px;
9      padding: 0px;
10 }
11 #wrapper {/*存放页面区域*/
12     width: 500px;
13      /*左右外边距取值auto，这样该DIV即使窗口大小变化了也始终能保持在窗口中间*/
14     margin-right: auto;
15     margin-left: auto;
16 }
17 #menu {
18     height: 50px;
19     margin-bottom:5px;    /*下外边距5px*/
20     background-color:#FFC;    /*设置菜单栏背景色*/
21 }
22 #content {
23     height: 300px;
24 }
25 #footer {
26     height: 80px;
27     margin-top:5px;
28     background-color:#FFC;
29 }
30 #left_bar {
31     height: 300px;
32     width: 150px;
33     float: left;    /*设置左浮动*/
34     background-color:#CFC;
35 }
36 #content_main {
37     float: left;    /*设置左浮动*/
38     height: 300px;
39     width: 300px;
40     margin-left: 50px;  /*设置左外边距目的是和左侧分类栏离开间隙*/
41     background-color:#CFC;
42 }
```

图 6-27 实例 CSS 代码

同步练习

请参照任务实例 6-1-4，制作个人简历网页，要求添加适当的文字和图片等内容，建立图文并茂的网页。

6.2 任务 6-2：制作包含 DIV 的网页

任务描述

熟练制作包含 DIV 的简单网页。

知识点

(1) DIV 的大小、边框和内、外边距设置。

(2) 应用 DIV 布局页面。

前面学习了 DIV 的基本插入和布局方法，本任务将结合更多实际案例，学习 DIV 在现实中的应用。下面以制作商品展示网页为例，说明 DIV 在网页中的重要作用。

利用 DIV 的大小、内外边距、边框，结合正确的排列和嵌套，可以构造出很多有实用价值的网页。在购物网站里，商品展示无疑成为页面最重要的功能之一，图 6-28 所示就是一个商品展示页面的案例。

任务实例 6-2-1：制作商品展示网页

制作如图 6-28 所示的商品展示网页。该网页的页面由 DIV 组成，结构图如图 6-29 所示。

图 6-28 商品展示页面效果图

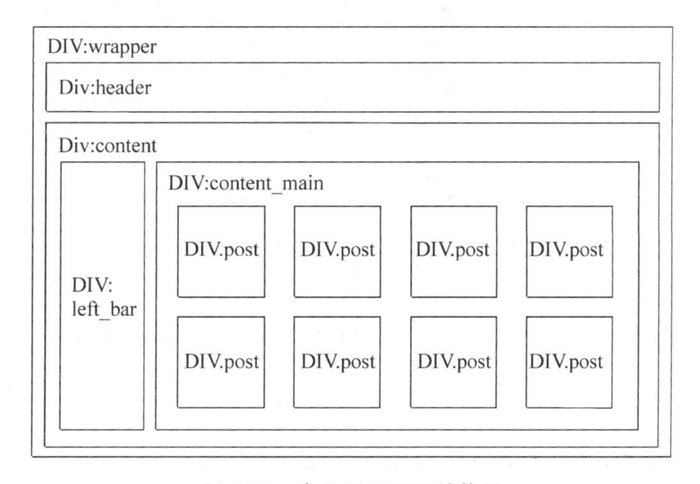

图 6-29 商品展示页面结构图

任务实施

设计与制作网页的步骤如下所述。

(1) 启动 Dreamweaver CS6，建立新站点，并把本案例所需图片全部复制到站点目录下的“images”文件夹中。

(2) 使用 Dreamweaver CS6 的【文件管理器】建立一个空白网页，并双击打开编辑。

(3) 制作 header 区域。

① 单击【插入】面板【常用】类别中的【插入 DIV 标签】按钮，插入一个 DIV。【位置】选择【插入点】,【ID】输入“wrapper”。

② 将光标定位在 DIV:wrapper 中。如果设计视图难以定位，可以在代码视图中进行光标定位。再插入一个 DIV,【ID】输入“header”，如图 6-30 所示。

③ 单击 CSS 窗口下面的按钮，添加 CSS 规则。选择器类型选择【标签选择器】，在【选择器】文本框中输入“body”。为【规则构造器】【背景】类别中的【background-image】背景图片属性选择“images/body_bg.png”，设置整个网页的背景。

在源代码中产生如下所示 CSS 规则。

```
body {background-image: url(images/body_bg.png);}
```

当然，也可以直接编辑源代码，在源代码中直接输入 CSS 规则。

④ 采用同样的方法，建立对 wrapper 和 header 进行格式设置的 CSS 规则，如图 6-31 所示。

```
26 <div id="wrapper">
27   <div id="header">
28     <h1>服饰家居</h1>
29   </div>
30 </div>
```

图 6-30 header 部分结构图

```
7  body {
8      background-image: url(images/body_bg.png);
9  }
10 * {   /*清除所有网页元素默认内外边距*/
11     margin: 0px;
12     padding: 0px;
13 }
14 #wrapper {
15     width: 990px;
16     padding: 0px;
17     margin: 0px auto;/*上下外边距0px，左右自动让页面保持在窗口中间*/
18 }
19 #header {
20     background-image: url(images/header_bg.jpg);
21     background-repeat: no-repeat;  /*背景图片不重复*/
22     background-position: center center;
23     height: 123px;
24     width: 990px;
25 }
26 #header h1 {
27     line-height: 123px; /*设置行高，让文字垂直方向在中间*/
28     color: #FFF;
29     text-align: center; /*文字水平居中*/
30     font-size: 40px;
31     font-family: "黑体";
32 }
```

图 6-31 header 和 wrapper 部分 CSS 代码

提示

① 适当设置行高，让文本垂直方向保持在适当的位置。

② 通配符选择器“*”用来匹配所有网页元素。使用通配符选择器的 CSS 规则常用于清除网页的默认内、外边距。

(4) 制作 content 区域。

① 依次插入 DIV:content、DIV:left_bar、DIV:content_main 以及 8 个用于展示商品的 DIV。

网页的 HTML 代码结构如图 6-32 所示，这与页面结构图是对应的。

```
36 <body>
37 <div id="wrapper">
38   <div id="header">
39     <h1>服饰家居</h1>
40   </div>
41   <div id="content">
42     <div id="left_bar"></div>
43     <div id="content_main">  <!--商品展示区-->
44         <div></div>  <!--这下面的8个DIV会应用类"post"-->
45         <div></div>
46         <div></div>
47         <div></div>
48         <div></div>
49         <div></div>
50         <div></div>
51         <div></div>
52     </div>
53   </div>
54 </div>
55 </body>
```

图 6-32 网页的 HTML 代码结构

② 新建 CSS 规则，设置 DIV：content 的高度为 610px，宽度不设置，默认为 100%。这个宽度正好是所在容器的宽度 990px。

③ 新建 CSS 规则，设置 DIV：left_bar 的大小为 190px×610px，设置背景图片为 tree.jpg，设置右外边距 5px，并设置左浮动效果。

④ 新建 CSS 规则，设置 DIV：content_main 的大小为 780px×610px。

⑤ 新建 CSS 规则，选择器类型使用“类”，类名为“.post”。这个规则用于每一个展示商品的 DIV。需要设置左浮动效果，即“float：left；”。需要设置右外边距和下外边距都为 5px，目的是让商品之间产生间隔。设置浮动效果的目的是为了多个块级 HTML 元素可以排列在一行上，大小为 190px×300px。

设置完成后，这部分的 CSS 代码如图 6-33 所示。

```
33 #content {
34     height: 610px;  /*高度610像素，宽度默认100%*/
35 }
36 #left_bar {
37     background-image: url(images/tree.jpg);
38     background-repeat: no-repeat;       /*背景图片不重复*/
39     background-position: center top;  /*背景图片对其方式水平居中，
40     垂直顶端对齐*/
41     height: 610px;
42     width: 190px;
43     margin-right: 5px;  /*右外边距5像素*/
44     float: left;        /*左浮动*/
45 }
46 #content_main {
47     float: left;
48     height: 610px;
49     width: 780px;
50 }
51 .post {/*用于每一个展示商品的DIV的格式化的类*/
52     float: left;
53     height: 300px;
54     width: 190px;
55     margin-right: 5px;
56     margin-bottom: 5px;
57 }
```

图 6-33 新建 CSS 代码

⑥ 将光标分别定位在这8个DIV中,然后单击【插入】面板【常用】分类中的【图像】按钮。在每个DIV中直接插入8种商品的图片。如果在设计视图中比较难定位,进入代码视图,然后将光标定位在相应的<div>标签和</div>中间。

⑦ 将光标再次定位在这8个DIV中,并确保【属性】面板显示的是当前DIV的属性。然后,如图6-34所示,在【属性】检查器的【类】列表框中选择【post】类。

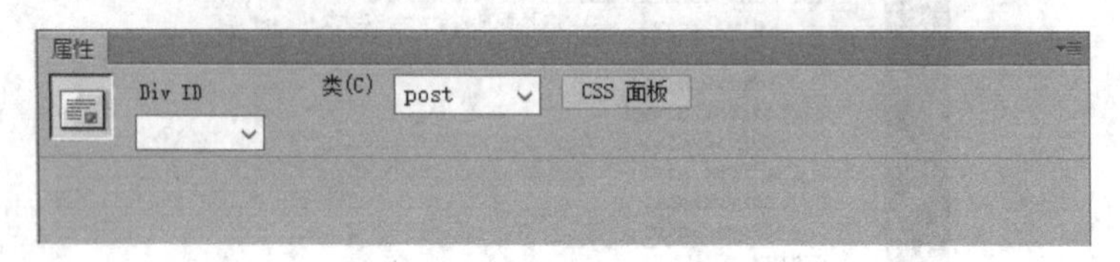

图 6-34 DIV的属性检查器

⑧ 分别单击这8张图片,在【属性】检查器窗口的【链接】框中输入"#",建立空链接,即指向目标设置为"#"。

(5) 保存网页。单击文档工具栏的【预览】按钮,然后在下拉菜单中选择"预览在IExplore",或者直接按F12键预览。最终效果如图6-28所示。

同步练习

请参照任务6-2,完成如图6-35所示的母婴用品网页。

图 6-35 母婴用品网页效果图

6.3 任务6-3:AP元素

任务描述

(1) 掌握CSS中HTML元素的position定位属性及其常见取值。

(2) 掌握Dreamweaver CS6 AP元素的用法。

(3) 掌握在Dreamweaver CS6中使用AP元素编写网页的方法。

知识点

(1) position 定位属性。

(2) AP 元素。

(3) AP 元素的定位方法。

AP 元素是网页中带有绝对定位属性的元素的统称。任何一个带有绝对位置的 HTML 元素都是一个 AP 元素。但是在 Dreamweaver CS6 中的 AP 元素指的是绝对定位 DIV。这也是使用最多的 AP 元素之一。有时候,也用"层"来称呼 Dreamweaver CS6 的 AP 元素。

CSS 的 position 定位属性决定了给 HTML 元素定位的方式。绝对定位只是其中一种。position 的取值如表 6-4 所示。

表 6-4 CSS 的 position 属性值列表

属性值	描　　述
absolute	生成绝对定位的元素,相对于 static 定位以外的第一个父元素进行定位,元素的位置通过 left、top、right 以及 bottom 属性来规定
fixed	生成绝对定位的元素,相对于浏览器窗口进行定位,元素的位置通过 left、top、right 以及 bottom 属性来规定
relative	生成相对定位的元素,相对于其正常位置进行定位。例如,left:20 向元素的 LEFT 位置添加 20 像素
static	默认值。没有定位,元素出现在正常的流中(忽略 top、bottom、left、right 或者 z-index 声明)

对于第 4 种定位方式,静态定位"static"是默认值。该默认值按照元素在 html 或 xhtml 中出现的顺序依次分配位置,top、bottom、left、right 和 z-index 对其无效。

前 3 种定位方式的区别是:fixed 的定位参考位置总是浏览器的窗口,relative 的参考位置是该元素的正常位置,absolute 的参考位置为非 static 定位的父级元素。这几种定位方法都使用 top、left、z-index 等定位属性。

(1) top 属性:顶端距离属性,表示当前对象的上侧边缘距离参照对象上侧的偏移量。向下偏移为正值,向上偏移为负值。

(2) left 属性:左侧距离属性,表示当前对象的左侧边缘距离参照对象左侧边缘的偏移量。向右偏移为正值,向左偏移为负值。

(3) bottom 属性:下侧偏移属性,表示当前对象下侧边缘距离参照对象下侧边缘的偏移量。向上为正值,向下为负值。

(4) right 属性:右侧偏移属性,表示当前对象右侧边缘距离参照对象右侧边缘的偏移量。向左为正值,向右为负值。

(5) z-index 属性:设置元素的堆叠顺序。拥有更高堆叠顺序的元素总是会处于堆叠顺序较低的元素的前面。该属性设置一个定位元素沿 z 轴的位置,z 轴定义为垂直延伸到显示区的轴。如果为正数,表示离用户更近;为负数,表示离用户更远。

任务实例 6-3-1：使用 AP 元素设计简单网页

使用 Dreamweaver CS6，在一个空白网页中插入两个 AP 元素(AP DIV)，底层的大小为 300px×300px，上层为 100px×100px。

任务实施

设计与制作网页的步骤如下所述。

(1) 启动 Dreamweaver CS6，建立一个新站点，并建立一个新网页。

(2) 单击【插入】面板【布局】类别中的【绘制 AP Div】，鼠标变为"十"字形状。在网页空白区域中拖拽鼠标，完成区域绘制。这就是一个 AP 元素。

(3) 选择该 DIV，在属性检查器中输入如图 6-36 所示的大小和位置等属性信息。

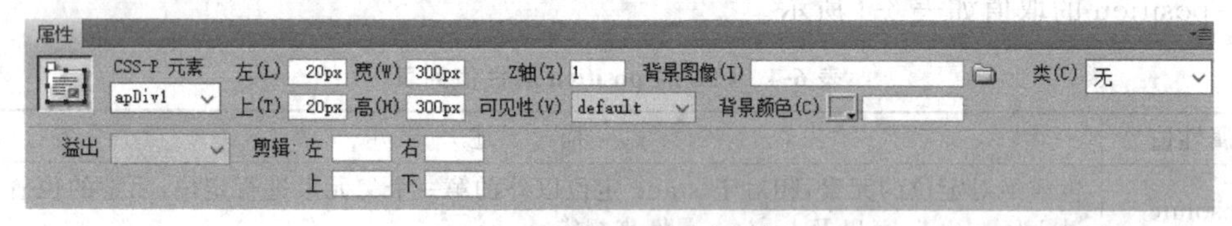

图 6-36　AP 元素属性设置

(4) 打开代码视图，此时在 head 标记之间自动产生了一个以"＃apDiv1"为选择器的 CSS 规则。在其中增加边框和背景色后的代码如图 6-37 所示。

```
7  #apDiv1 {
8      position:absolute;   /*设置绝对定位方式*/
9      left:20px;   /*设置水平位置*/
10     top:20px;    /*设置垂直方式*/
11     width:300px;
12     height:300px;
13     z-index:1;   /*z轴坐标，也就是垂直叠放次序*/
14     background-color:#FFC;
15     border:1px solid blue;
16 }
```

图 6-37　AP 元素 apDiv1 的 CSS 代码

(5) 使用相同的方法绘制第 2 个 AP Div，调整其代码结构如图 6-38(a)所示，并设置 CSS 属性如图 6-38(b)所示。

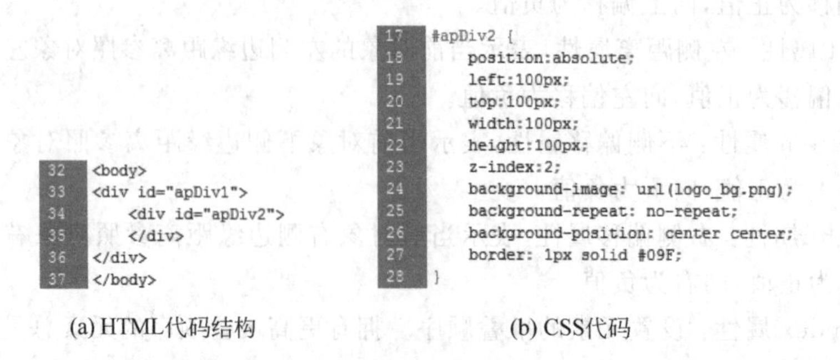

(a) HTML代码结构　　(b) CSS代码

图 6-38　AP 元素 apDiv2 的结构和格式

从代码结构可以看出，DIV：apDiv2 是隶属于 DIV：apDiv1 的，apDiv1 是 apDiv2 的父

元素。apDiv2 的 left 和 top 属性是相对于其父元素 apDiv1 的。而 apDiv2 的 z-index 属性是 2,比 apDiv2 的 1 要大,所以前者会出现在后者的上面,看起来距离用户更近一些。

(6) 保存网页。网页最终效果图如图 6-39 所示。

图 6-39 AP 元素例题效果图

注意

绝对定位方式有时候会出现局部错位的情况,所以一般不用于整个网页的布局。但是在特殊情况下,也可以用。例如,下面的任务实例 6-3-2 就使用绝对定位方式。

任务实例 6-3-2:使用 AP 元素设计图文混排网页

使用 Div 的定位技术,完成如图 6-40 所示的网页。灵活使用 position 属性,对其适当取值,并结合 left、top、z-index 等属性进行定位布局。

任务实施

设计与制作网页的主要步骤如下所述。

(1) 在 Dreamweaver CS 中建立新的空白网站,并把相关图片拷贝到站点目录下的"images"文件夹里。

(2) 新建一个空白网页,命名为"index. html"。

(3) 单击【插入】面板【布局】类别中的【插入 Div 标签】,将【ID】设置为【wrapper】,并设置其有关的 CSS 属性,如图 6-41 所示。

设置 DIV:wrapper 位置使用相对定位模式 relative,因为在默认的 static 模式下,其包含的子元素不能以其为定位参考依据。垂直叠放次序 z-index 为 1,其他包含的 DIV 的 z-index 应该大于这个值,否则 DIV:wrapper 将覆盖它。

(4) 以此在网页中的 DIV:wrapper 中间插入另外 4 个 DIV,可直接插入普通的 DIV。对其 CSS 属性增加一个"position: absolute;",即可把普通 DIV 变为绝对 AP DIV,就可以使用其他定位属性,如 left、top、z-index 等。

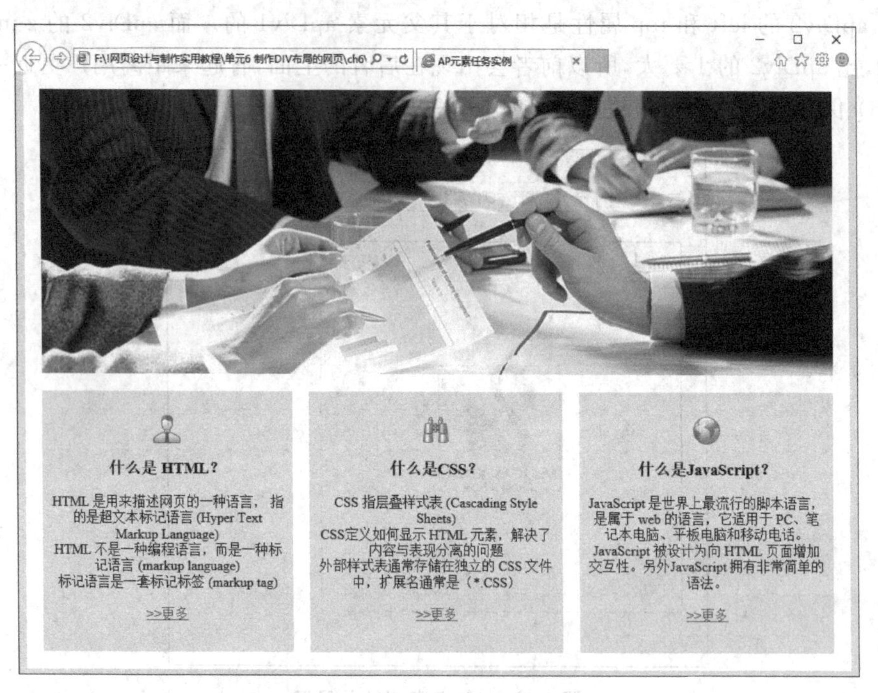

图 6-40　AP 元素任务实例(一)

完成的DIV结构如图6-42所示。

```
7   * { /*清除网页元素默认内外边距*/
8       margin: 0px;
9       padding: 0px;
10  }
11  body {
12      background-color: #EEE;   /*网页背景色，浅灰色*/
13  }
14  #wrapper {
15      background-color: #FFF;
16      margin-right: auto;
17      margin-left: auto;/*设置左右外边距自动，让网页居中*/
18      height: 687px;
19      width: 980px;
20      position:relative; /*位置设置为相对模式，否则其子元素不能以其为参照*/
21      z-index:1;  /*设置叠放次序1*/
22  }
```

图 6-41　AP 元素任务实例(二)

```
72  <body>
73  <div id="wrapper">
74    <div id="header">  </div>
75    <div id="box1">  </div>
76    <div id="box2">  </div>
77    <div id="box3">  </div>
78  </div>
79  </body>
```

图 6-42　DIV 代码结构

(5) 把DIV:header、DIV:box1～DIV:box3设置为绝对定位元素，即添加“position: absolute;”属性。只要在CSS中适当设置大小和位置(left、top)，就可以让它们出现在页面的正确位置。经过简单计算，设置这些属性的CSS代码如图6-43所示。

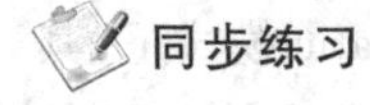

同步练习

请使用AP DIV完成如图6-44所示的照片展示网页。

```
#header{
    width:940px;
    height:327px;
    background-image:url(images/container-bg.jpg);
    background-repeat:no-repeat;
    background-position:center center;
    position:absolute; /*位置为绝对模式*/
    left:20px; /*水平绝对位置*/
    top:20px;  /*垂直绝对为止*/
    z-index:2; /*设置叠放次序2，高于wrapper的层次*/
}
#box1{
    width:280px;
    height:280px;
    background-color:#EEE;
    position:absolute;
    left:20px;
    top:367px;
    z-index:2;/*设置叠放次序2*/
    text-align:center;
    padding:10px;/*4个内边距为10px*/
    /*上下内边距+高=300px，这就是整个DIV的实际高度*/
    /*左右内边距+宽=300px，这就是整个DIV的实际宽度*/
}
#box2{
    width:280px;
    height:280px;
    background-color:#EEE;
    position:absolute;
    left:340px;  /*相对于box1，水平向右平移了340px-20px=320px*/
    top:367px;
    z-index:2;
    text-align:center;
    padding:10px;
}
#box3{
    width:280px;
    height:280px;
    background-color:#EEE;
    position:absolute;
    left:660px;/*相对于box2，水平向右平移了360px-340px=320px*/
    top:367px;
    z-index:2;
    text-align:center;
    padding:10px;
}
```

图 6-43 AP DIV 的 CSS 代码

图 6-44 AP DIV 任务练习

6.4 任务6-4：DIV布局网页实例

任务描述

（1）熟练使用DIV进行网页布局。

（2）进一步熟练运用CSS+DIV制作网页的技术。

知识点

（1）划分的大小和位置排列。

（2）针对DIV等网页元素的CSS规则的书写方法。

（3）超链接的制作和属性的设置。

任务实例6-4-1：使用DIV布局网页

使用DIV布局如图6-45所示的好莱坞巨星施瓦辛格网页，该页面使用多个DIV进行布局。

图6-45 施瓦辛格网页

页面的结构图如图6-46所示，每一个矩形框代表一个DIV。

页面主要划分为4个部分：header区域、picture区域、content区域和footer区域。

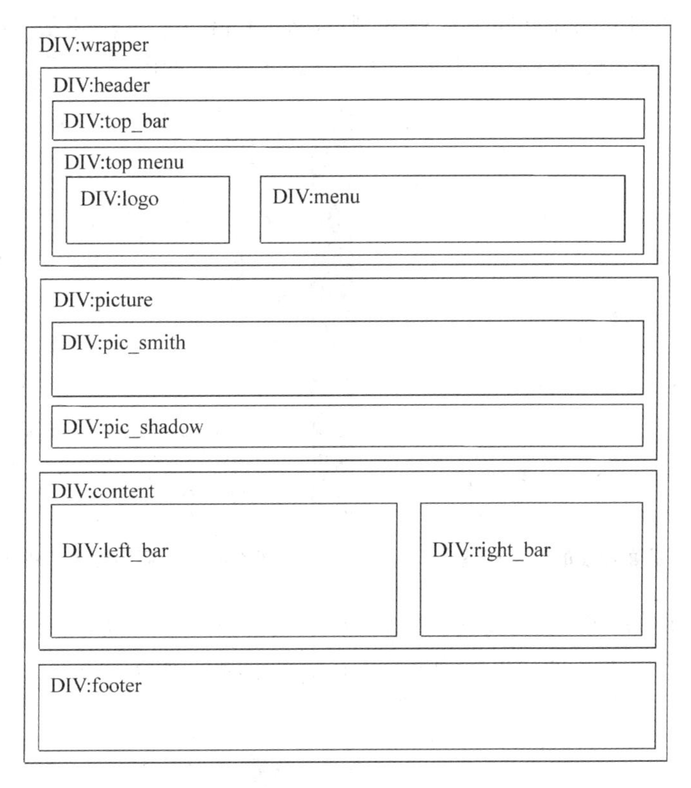

图 6-46 网页框架图

任务实施

设计与制作网页的主要步骤如下所述。

1. 建立和设置 header 区域

(1) 在 Dreamweaver CS6 中新建一个站点，把需要的图片素材都复制到网站目录下的“images”文件夹中。在网站的根目录下新建一个空白网页“index. html”。

(2) 在 Dreamweaver CS6 的文件窗口中双击打开“index. html”文件，然后依次插入 DIV：wrapper 和里面的各个 DIV，建立如图 6-47 所示的 HTML 网页结构。

```
9   <div id="wrapper"> <!--容纳整个页面-->
10      <div id="header"> <!--header区域，包括顶顶框、logo和导航栏-->
11          <div id="top_bar"></div> <!--顶框-->
12          <div id="top_menu">
13              <div id="logo">施瓦辛格</div> <!--logo-->
14              <div id="menu"></div><!--导航栏-->
15          </div>
16      </div>
17  </div>
```

图 6-47 header 区域的 HTML 结构

(3) 设置网页的整体背景为浅银灰色。在【CSS 样式】面板中单击按钮，建立一个 CSS 规则。选择器类型选择【标签选择器】，名称为“body”。确定后，设置背景中的【背景色】为“浅银灰色”。生成的 CSS 代码如图 6-48 所示。

(4) 采用同样的方法建立如下 CSS 规则,设置 wrapper 的大小和左、右外边距。设置 DIV:header 的大小以及 DIV:top_bar 的背景等,CSS 代码如图 6-49 所示。

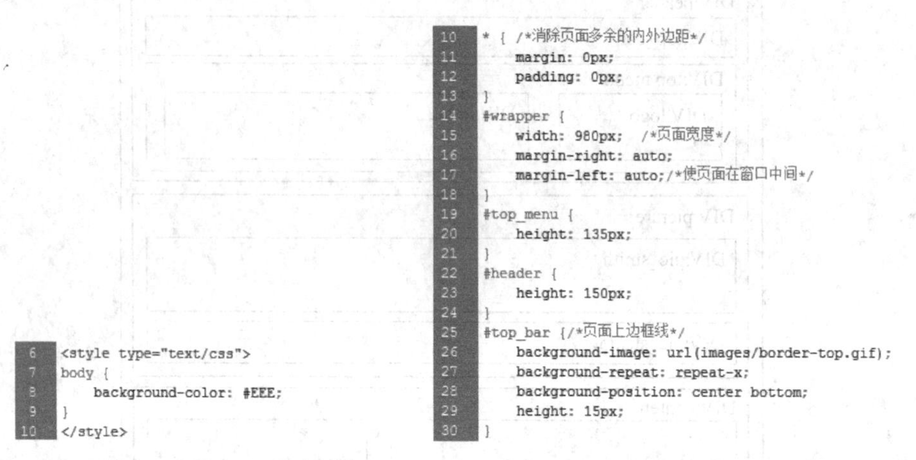

```
6   <style type="text/css">
7   body {
8       background-color: #EEE;
9   }
10  </style>
```

图 6-48 设置页面背景的 CSS 代码

```
10  * { /*消除页面多余的内外边距*/
11      margin: 0px;
12      padding: 0px;
13  }
14  #wrapper {
15      width: 980px;  /*页面宽度*/
16      margin-right: auto;
17      margin-left: auto;/*使页面在窗口中间*/
18  }
19  #top_menu {
20      height: 135px;
21  }
22  #header {
23      height: 150px;
24  }
25  #top_bar {/*页面上边框线*/
26      background-image: url(images/border-top.gif);
27      background-repeat: repeat-x;
28      background-position: center bottom;
29      height: 15px;
30  }
```

图 6-49 页面顶部的 CSS 代码

(5) 建立相应的 CSS 规则设置 logo 的格式,代码如图 6-50 所示。

(6) 在 menu 中建立一个项目列表,用于存放导航栏项目。该部分 HTML 代码如图 6-51 所示。

```
31  #logo {
32      font-size: 50px;
33      float: left;
34      height: 135px;
35      width: 300px;
36      line-height: 135px;/*设置行高使字保持在中间*/
37  }
```

图 6-50 logo 部分的 CSS 代码

```
137      <div id="menu"> <!--导航栏开始-->
138        <ul>
139          <li><a href="#">首页</a></li>
140          <li><a href="#">人物经历</a></li>
141          <li><a href="#">主要作品</a></li>
142          <li><a href="#">社会活动</a></li>
143          <li><a href="#">获奖记录</a></li>
144          <li><a href="#">人物评价</a></li>
145        </ul>
146      </div>    <!--导航栏结束-->
```

图 6-51 导航栏 HTML 代码

(7) 设置导航栏格式。

设置网页导航栏有下述 3 个关键点。

① 去除项目列表的项目符号,也就是针对 ul 或者 li 标记建立 CSS 规则,设置属性 list-style-type 取值"none"。

② 如果是横向导航栏,设置让列表项 li 左浮动,即 float 属性取值"left";如果是纵向导航栏,可能还需要设置用于分割各个项目的边框线。

③ 一般把超链接元素进行块状化操作,即 display 外观属性取值"block",使之拥有区域的属性,再设置必要的宽和高。修饰性的属性看实际需要来设置,例如背景图片、背景颜色、字体颜色、是否去除下画线、鼠标划过背景,或者字体颜色是否改变等。

具体 CSS 代码如图 6-52 所示。

CSS 代码设置完毕,导航栏最终的外观如图 6-53 所示。当鼠标划过上方时,会出现一个倒三角图形,这是使用的 CSS 的伪对象"a:hover",代表鼠标划过时的超链接元素。为该对象建立 CSS 规则,设置一个倒三角背景图片即可。

```
#menu ul {
    list-style-type: none;  /*去除项目符号*/
    float:right;  /*右浮动*/
}
#menu ul li {
    float: left; /*列表项左浮动，目的是让导航栏成为横向*/
}
#menu ul li a { /*超链接属性设置*/
    color: #666; /*灰色*/
    text-decoration: none;  /*无下划线*/
    display: block;  /*块状化超链接元素*/
    height: 15px;
    padding-top: 15px;
    margin-right:20px;/*右外边距，间隔各个菜单项*/
}
#menu ul li a:hover {/*鼠标悬停伪对象*/
/*设置鼠标悬停于超链接上的外观*/
    color: #333;
    background-image: url(images/menu-marker.gif);/*背景*/
    background-repeat: no-repeat;
    background-position: center top;
}
#menu {
    height: 50px;
    width: 600px;
    margin-top: 60px;
    float:right;
}
```

图 6-52　导航栏 CSS 代码

图 6-53　完成的导航栏

2. 建立并设置 picture 区域格式

在代码视图中，光标定位在 DIV：header 元素后面，插入或者直接输入一个 DIV，ID 为“picture”。然后在 DIV：picture 中再插入两个 DIV，ID 分别为“pic_smith”和“pic_shadow”。两个 DIV 从上到下排列。上方显示人物图片，下方显示阴影图片。其局部 HTML 结构如图 6-54 所示。

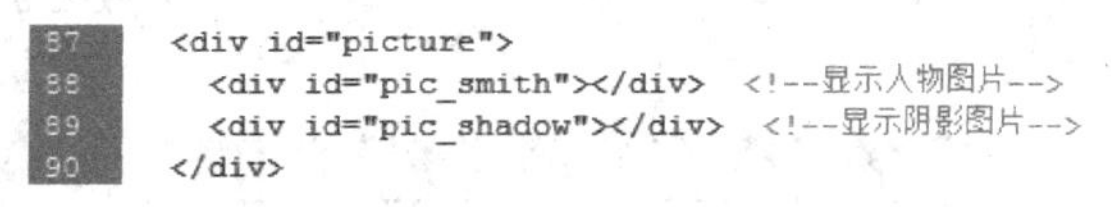

```
<div id="picture">
  <div id="pic_smith"></div>  <!--显示人物图片-->
  <div id="pic_shadow"></div>  <!--显示阴影图片-->
</div>
```

图 6-54　picture 部分 HTML 代码结构

设置完成的 CSS 代码如图 6-55 所示。

3. 建立并设置 content 区域

(1) 插入这部分 DIV。完成的局部 HTML 结构如图 6-56 所示。

```
66 #pic_smith {
67     background-image: url(images/slider-img.jpg); /*人物图片*/
68     background-repeat: no-repeat;
69     background-position: center center;
70     height: 399px;
71     width: 980px;
72 }
73 #pic_shadow {
74     background-image: url(images/slider-bg-sp1.png);/*阴影图片*/
75     background-repeat: no-repeat;
76     background-position: center top;
77     height: 54px;
78     width: 980px;
79 }
```

图 6-55 picture 部分 CSS 代码

```
105 <div id="content">
106   <div id="left_bar"></div>
107   <div id="right_bar"></div>
108 </div>
```

图 6-56 content 部分 HTML 代码

（2）为了让 DIV:left_bar 和 DIV:right_bar 水平排列,需要设置其大小和浮动效果。浮动属性 float 取值“left”。这部分布局的 CSS 代码如图 6-57 所示。

（3）插入左侧 DIV 的文字。

第一行文字“Welcome!”设置为一级标题。为了单独设置下面两个段落的格式,建立两个 CSS 规则。这里使用类选择器.first_p 和.second_p。分别应用给这两个段落的 p 标记。

这两个 CSS 规则代码如图 6-58 所示。

```
80 #content {
81     height: 250px;
82 }
83 #right_bar {
84     float: right;
85     height: 250px;
86     width: 300px;
87 }
88 #left_bar {
89     float: left;
90     height: 250px;
91     width: 610px;
92     margin-left: 40px;
93 }
```

图 6-57 content 部分 CSS 代码

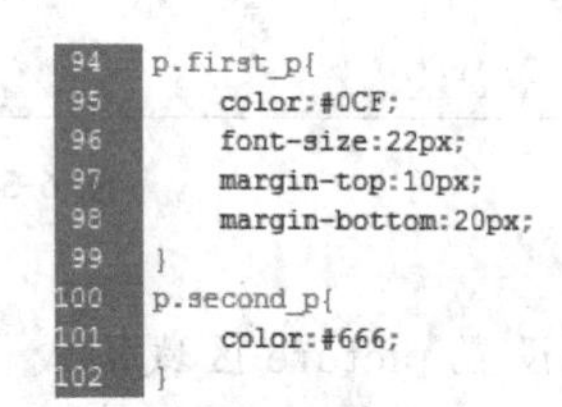

```
94 p.first_p{
95     color:#0CF;
96     font-size:22px;
97     margin-top:10px;
98     margin-bottom:20px;
99 }
100 p.second_p{
101     color:#666;
102 }
```

图 6-58 左侧段落文字格式 CSS 代码

把一个类选择器应用给一个 p 元素的方法如图 6-59 所示。

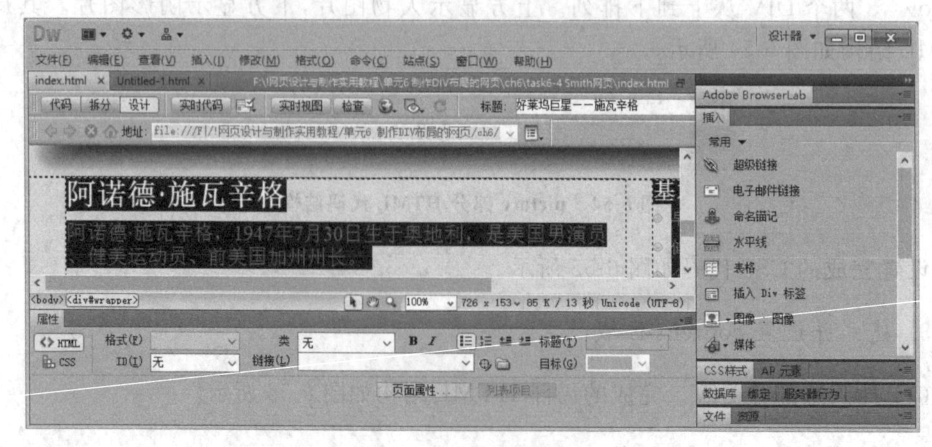

图 6-59 段落格式设置

(4) 右侧 DIV 中为一个垂直导航栏。HTML 构成一个项目列表，即 ul 元素。设置方法同横向导航栏，只是少了列表项的左浮动设置。

HTML 的内容如图 6-60 所示，其格式 CSS 代码如图 6-61 所示。

```
159    <div id="right_bar">
160      <h2>基本信息</h2>
161      <ul>
162        <li><a href="#">早年时期经历</a></li>
163        <li><a href="#">健美事业</a></li>
164        <li><a href="#">个人生活</a></li>
165        <li><a href="#">代表作品</a></li>
166        <li><a href="#">主要成就</a></li>
167      </ul>
168    </div>
```

图 6-60 右侧 DIV 中的 HTML 代码

```
103 #right_bar ul {
104     list-style-type: none;/*去除项目符号*/
105 }
106 #right_bar ul li {
107     line-height: 30px;
108     background-image: url(images/marker-1.gif);/*项目符号*/
109     background-repeat: no-repeat;
110     background-position: left center;
111     text-indent: 20px; /*设置文字首行缩进，避免文字覆盖项目符号*/
112 }
```

图 6-61 垂直导航栏 CSS 代码

超链接格式设置代码如图 6-62 所示。

```
113 #right_bar ul li a {
114     color: #666; /*设定超链接颜色为灰色*/
115     text-decoration: none;  /*超链接去下划线*/
116 }
117 #right_bar ul li a:hover {
118     color:#0CF;  /*鼠标划过变色*/
119     text-decoration:underline; /*鼠标滑过时显示下划线*/
120 }
```

图 6-62 超链接格式设置 CSS 代码

设置完成后，这个部分的效果如图 6-63 所示。

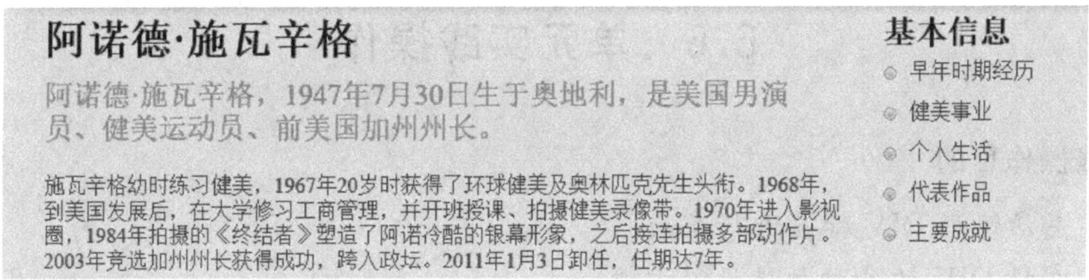

阿诺德·施瓦辛格

阿诺德·施瓦辛格，1947年7月30日生于奥地利，是美国男演员、健美运动员、前美国加州州长。

施瓦辛格幼时练习健美，1967年20岁时获得了环球健美及奥林匹克先生头衔。1968年，到美国发展后，在大学修习工商管理，并开班授课、拍摄健美录像带。1970年进入影视圈，1984年拍摄的《终结者》塑造了阿诺冷酷的银幕形象，之后接连拍摄多部动作片。2003年竞选加州州长获得成功，跨入政坛。2011年1月3日卸任，任期达7年。

基本信息

- 早年时期经历
- 健美事业
- 个人生活
- 代表作品
- 主要成就

图 6-63 content 区域效果图

4. footer 页脚区域设置

在 DIV:content 下面插入一个 DIV，ID 设置为“footer”。建立 CSS 规则，选择器类型为 ID 选择器，选择器为“#footer”。

CSS 代码内容如图 6-64 所示。

```
121 #footer {
122     line-height: 100px;  /*设置行高目的是让文字垂直居中*/
123     color: #FFF;
124     background-color: #000;
125     text-align: center;
126     height: 100px;
127 }
```

图 6-64 页脚区域 CSS 代码

页脚区效果图如图 6-65 所示，完整网页的效果图如图 6-45 所示。

ZhangQingtao© 2015

图 6-65 页脚区效果图

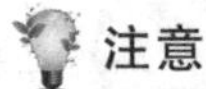注意

(1) 在这个案例中,既出现了水平导航栏,也出现了垂直导航栏。导航栏内容都是以项目列表为载体。

(2) 在制作横向导航栏的时候,列表项 li 元素需要执行左浮动操作。

(3) 超链接的鼠标划过变色(变背景)是通过 CSS 的伪对象 a:hover 实现的。该伪对象代表鼠标划过时的超链接。

6.5 单元小结

本单元介绍 CSS 布局工具 DIV 的大小、边框、内外边距设置方法及排列、嵌套等布局方法,通过多个典型案例,使读者进一步增强运用 Dreamweaver CS6 这个网页编辑工具的能力,以及使用 DIV 布局网页和利用 CSS 美化网页的能力。

6.6 单元实践操作

实践操作目的

(1) 灵活运用 DIV 标签进行布局。

(2) 掌握 DIV 的各种属性设置方法。

(3) 可以熟练阅读和修改 HTML 和 CSS 代码。

6.6.1 实践任务 6-6-1:制作家居建材网页

设计制作如图 6-66 所示的家居建材网页。

操作要求及步骤如下所述。

(1) 新建网站,并建立一个空白网页。

(2) 建立页面 HTML 结构,并输入相关内容。该家居网页的页面结构如图 6-67 所示,请按照该结构图和图 6-66 所示效果图完成网页的设计制作。页面元素的属性可参考家居网页的页面结构图和效果图来设置。

(3) 设置 DIV:wrapper 和 DIV:header 的 CSS 样式。

(4) 设置 DIV:content 部分的 CSS 样式。

(5) 页面浏览与调试。

图 6-66 家居网页效果图

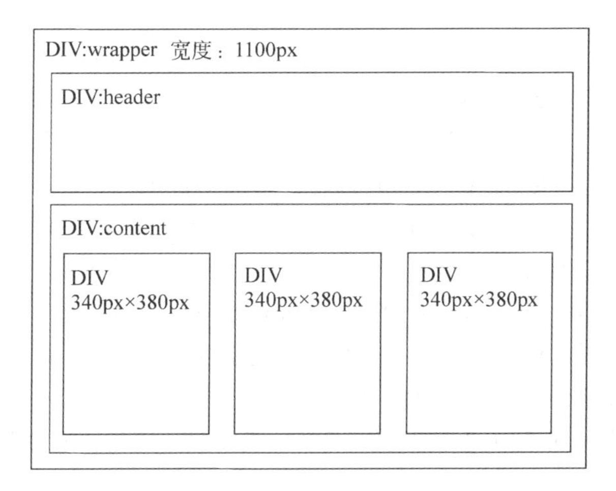

图 6-67 家居网页页面结构图

6.6.2 实践任务 6-6-2：制作班级相册

自备素材，制作班级相册网页。操作要求及步骤如下所述。

(1) 收集整理素材。

(2) 新建站点，并在站点下新建空白网页。

(3) 建立页面的 HTML 结构。

(4) 设置页面元素的 CSS 样式。

(5) 页面浏览与调试。

填写实践任务评价表，如表 6-5 所示。

表 6-5　实践任务评价表

任务名称				
任务完成方式	独立完成(　　)　　小组完成(　　)			
完成所用时间				
考 核 要 点	任务考核 A(优秀),B(良好),C(合格),D(较差),E(很差)			
	自我评价(30%)	小组评价(30%)	教师评价(40%)	总　评
Dreamweaver 使用熟练度				
DIV 布局				
CSS 样式				
网页完成整体效果				
存在的主要问题				

6.7　单元习题

一、单选题

1. 打开 AP Div 面板需要使用(　　)快捷键。
   A. F1　　B. F2　　C. F3　　D. F4
2. 如果要同时选择多个 AP Div,可以使用(　　)键配合。
   A. Ctrl　　B. Shift　　C. Alt　　D. Tab
3. 下列说法中正确的是(　　)。
   A. AP Div 的 Z 轴越小,AP Div 的叠放位置越靠近顶部
   B. AP Div 的 Z 轴越大,AP Div 的叠放位置越靠近底部
   C. 所有 AP Div 的 Z 轴的大小不能重复
   D. 在 AP Div 面板中,“睁眼”的 AP Div 表示显示 AP Div,“闭眼”的 AP Div 表示隐藏 AP Div
4. 下列关于 AP Div 的说法,不正确的一项是(　　)。
   A. 在 Dreamweaver CS6 中,AP Div 用来控制网页中元素的位置
   B. AP Div 可以放置在网页的任何位置
   C. AP Div 以点为单位精确定位页面元素
   D. AP Div 中可以包含任何 HTML 文件中的元素

二、问答题

1. 什么是 DIV? 什么是 AP Div?
2. AP 元素的常用属性有哪些? 分别解释其含义。
3. 怎样让多个 DIV 排列在一行上?

单元 7

使用框架制作网页

Unit 7

案例宏观展示引入

在浏览器加载一个新的网页时，往往整个浏览器窗口的内容都会被替换。有时候需要只更新窗口中的一个区域，其他区域的显示内容保持不变。如图 7-1 所示，当单击左侧列表中的超链接时，只有窗口右侧的内容发生变化。这就是使用框架制作的网页。

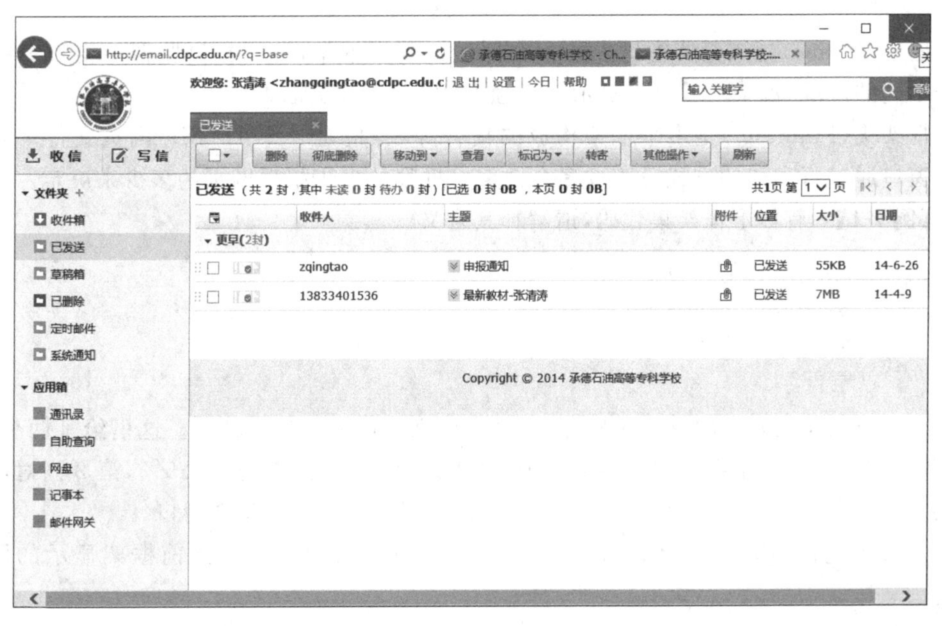

图 7-1　框架页面

本单元主要介绍框架和框架集的概念，框架的使用方法，框架和框架集的属性设置以及框架页面的设计制作方法。

学习任务

- 了解框架和框架集的概念
- 了解框架的基本功能
- 掌握框架和框架集的属性设置方法

• 掌握框架页面的设计制作方法

7.1 任务7-1：使用框架制作框架网页

任务描述

（1）认识框架和框架集。

（2）了解框架的功能。

（3）掌握框架和框架集的属性设置方法。

（4）熟练使用框架制作框架页面。

7.1.1 任务7-1-1：认识框架和框架集

知识点

（1）框架和框架集的概念。

（2）框架的功能。

框架(Frame)是浏览器窗口中的一个区域。利用框架，可以把浏览器的窗口分割成几个不同的区域，每个区域可以显示一个独立的HTML页面。

框架集(Frameset)是多个框架构成的集合，本身也是一个HTML网页文件。它将一个窗口通过行和列的方式分割成多个框架。框架的多少根据网页的多少来决定。

【例7-1】 有如下框架集代码，请解释其含义。

```
<frameset cols="25%,75%">
  <frame src="f_a.html" />
  <frame src="f_b.html" />
</frameset>
```

cols为框架集元素的可选属性之一，用来定义构成框架集的列数。这里给了两个值，“25%”和“75%”，表示框架集由两列构成，第1列对应的框架宽度为25%，第2列对应的框架宽度为75%。没有设置行数属性，表示每一列高度都纵贯整个窗口。

框架集包含的两个框架frame，都指定了src属性，用来指定当前框架显示的网页内容。

该框架集的结构如图7-2所示。

【例7-2】 框架集<frameset rows="100，*">的含义是什么？

这里使用了框架集可选属性rows来指出包含的行数。第1个值“100”表示第1行框架的高度为100像素，第2个值“*”表示第2行框架的高度占满窗口的剩余空间。没有指定列数属性，表示每一个框架的横向宽度都占满整个窗口。

该框架集的结构如图7-3所示。

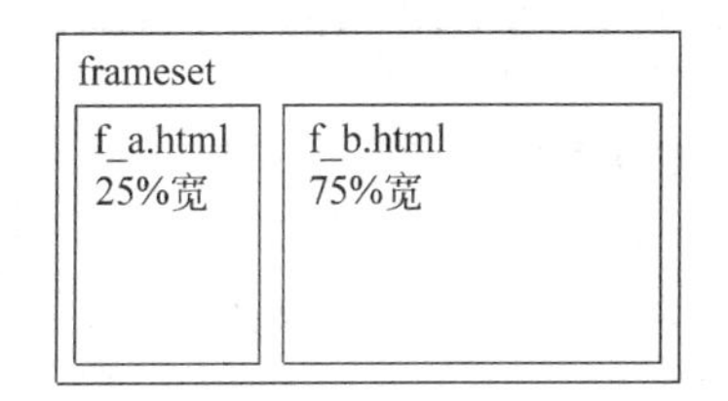

图 7-2 两列框架集页面

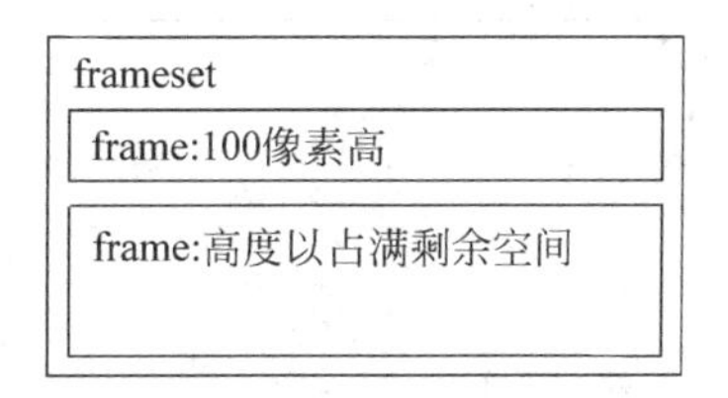

图 7-3 两行框架集页面

【例 7-3】 有一个框架集包含 3 个框架，该框架集需要保存为几个 HTML 网页文件？

需要保存为 4 个网页文件。因为框架集本身是 1 个网页文件。每个框架包含 1 个网页文件，所以总共有 4 个网页文件。

7.1.2 任务 7-1-2：框架和框架集的创建和保存

知识点

（1）框架和框架集的创建方法。

（2）框架和框架集的保存方法。

使用 Dreamweaver CS6 可以轻松创建包含框架的页面。下面通过一个实例介绍框架和框架集的创建方法。

任务实例 7-1-1：使用 Dreamweaver CS6 创建一个框架页面

框架页面结构如图 7-4 所示。

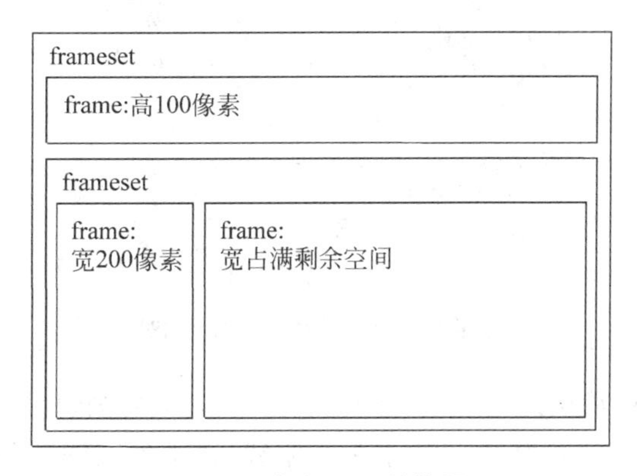

图 7-4 框架页面结构图

任务实施

主要操作步骤如下所述。

（1）在 Dreamweaver 中新建一个站点。

（2）单击【文件】→【新建】菜单，弹出如图 7-5 所示的对话框。选择【空白页】类别中的【HTML】子类。【布局】选择【无】，然后单击【创建】按钮，新建一个空白网页。

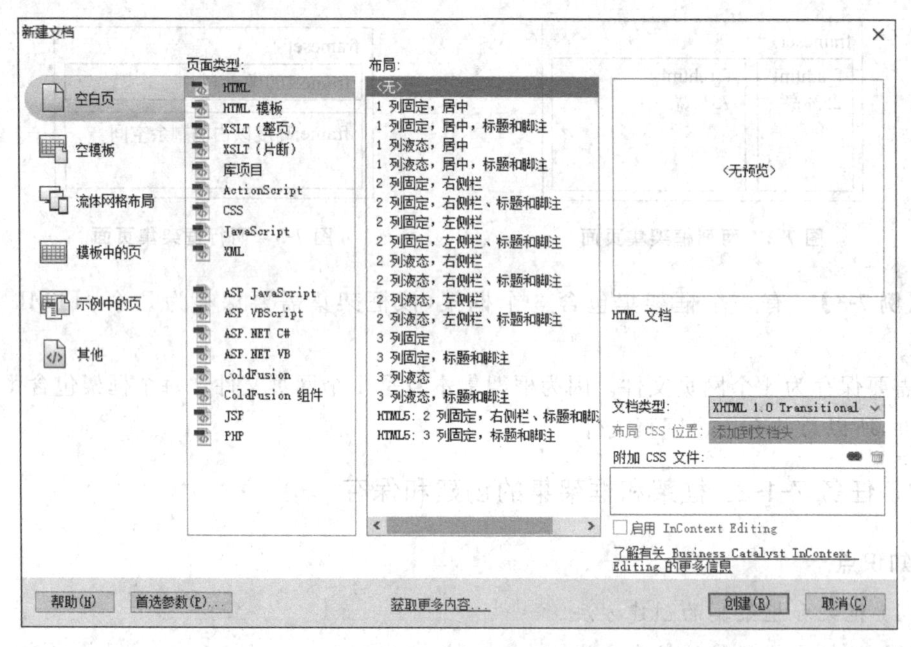

图 7-5 【新建网页】对话框

(3) 将插入点定位在设计视图中,然后用鼠标单击【插入】→【HTML】→【框架】→【上方及左侧嵌套】菜单,弹出如图 7-6 所示的对话框。

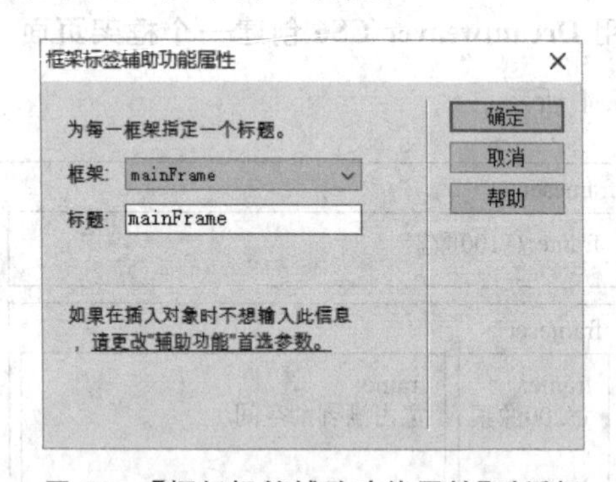

图 7-6 【框架标签辅助功能属性】对话框

框架标题全部采用默认设置,不用修改,直接单击【确定】按钮。

(4) 用鼠标单击上、下框架中间的水平分割线,选中外层框架集,【属性】面板中显示框架集属性,如图 7-7 所示。在【边框】下拉列表框选择"是",显示边框;在【边框粗细】文本框中输入"2",设置边框宽度为 2 像素。

单击【属性】面板右侧【框架选择】按钮的上半部分,选中上面框架。在行值文本框中输入"100",设置上面框架的高度为 100 像素;再选择下面框架,行值保留默认值。

设置后,【属性】面板各参数如图 7-7 所示。

(5) 用鼠标单击左、右框架中间的垂直分割线,选中内部框架集。设置左侧框架宽度为 200 像素,边框宽度 2 像素。设置后,各参数如图 7-8 所示。

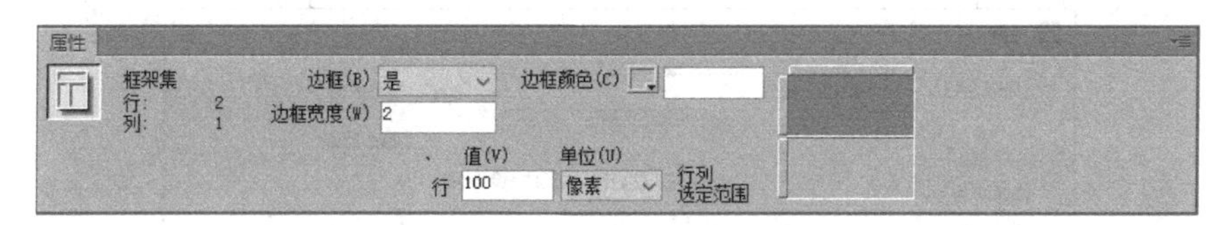

图 7-7 框架集属性

图 7-8 内部框架集属性

(6) 在框架内输入简单的内容,如图 7-9 所示。

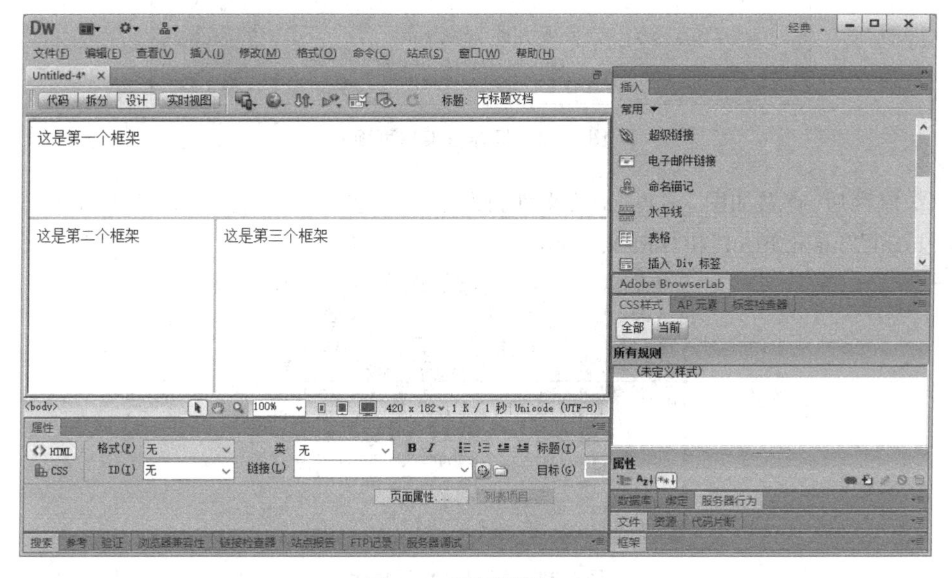

图 7-9 框架页面内容

(7) 保存框架页面。

根据框架的特性,这个框架集需要保存 4 个网页文件。

① 保存第一个框架页面。

将插入点定位在第一个框架内,然后单击【文件】→【保存框架】菜单,弹出如图 7-10 所示【另存为】对话框。在【文件名】框中输入“top”,把该框架页面保存为“top. html”。

② 使用相同的方法保存左、右两个框架页面,将其文件分别命名为“left. html”和“main. html”。

③ 保存框架集页面。单击框架集之间的任何一根分割线,选中框架集。单击【文件】→【保存框架页】菜单,在弹出对话框的【文件名】框中输入“index”,然后单击【保存】按钮,把框架集文件保存为“index. html”。

图 7-10　保存框架集页面

④ 保存后，查看如图 7-11 所示【文件】面板，应该包括 4 个文件，分别为“top. html”“left. html”“main. html”和“index. html”。

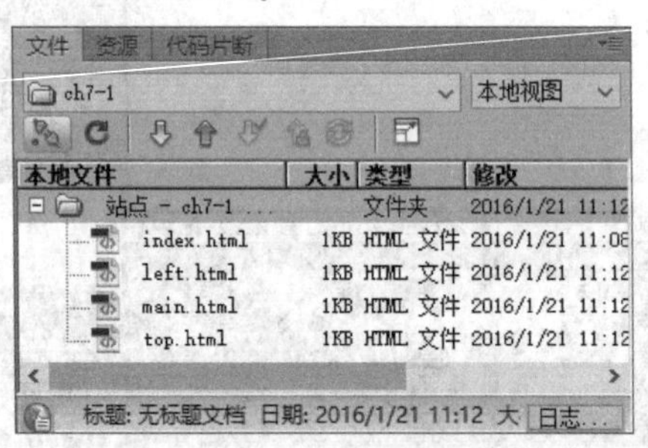

图 7-11　框架集网页文件

(8) 完成并浏览。单击文档工具栏中的按钮，在下拉菜单中选择【预览在 IExplore】，在 IE 浏览器中预览框架页面，效果如图 7-12 所示。

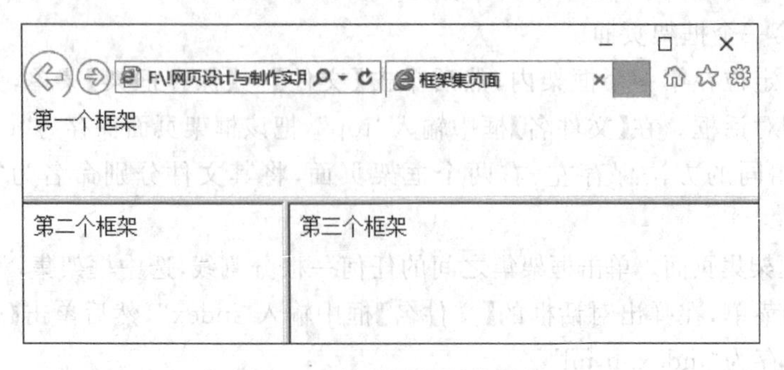

图 7-12　框架页面浏览效果

注意

(1) Dreamweaver CS6 的代码视图不能同时显示多个 HTML 文件的内容。

(2) 在设计视图中,插入点所在的位置不同,代码视图中的内容随之变化。插入点如果位于第一个框架内,则代码视图显示的是"top. html"文件的源代码;如果插入点位于第三个框架内,则代码视图显示的是"main. html"的源代码。

(3) 如果想要查看或者编辑框架集的源代码,需要用鼠标单击框架集之间的分割线,选中框架集。

(4) 每一个框架集页面都可以被单独编辑。

(5) 框架集中既可以包含框架,也可以包含子框架集。框架集可以嵌套。

同步练习

新建一个以介绍 HTML 框架为主题的框架页面。要求页面包含上、下两个框架。上面框架固定高度 80px,下面框架高度占满剩余空间。输入适当的网页内容,并正确保存。

7.1.3 任务 7-1-3:框架和框架集的属性设置

知识点

(1) 框架的属性设置。

(2) 框架集的属性设置。

1. 认识【框架】面板

单击【窗口】→【框架】菜单,或者按 Shift+F2 组合键,打开如图 7-13 所示【框架】面板。该面板用于显示当前打开的框架页面的页面结构,也可以用于选取指定的框架或者框架集。

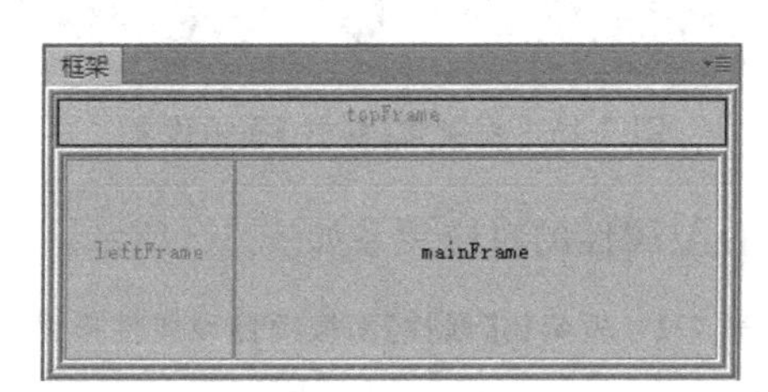

图 7-13 【框架】面板

2. 选择框架并设置其属性

在【框架】面板中,单击某个框架,选中该框架。这时,【属性】面板中显示出该框架的属性。在这里对框架属性进行设置。框架【属性】面板如图 7-14 所示。

框架【属性】面板项目和属性的对应关系如表 7-1 所示。

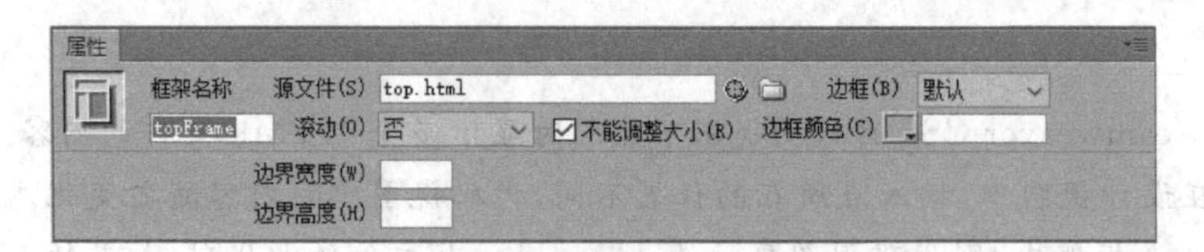

图 7-14　框架【属性】面板

表 7-1　框架【属性】面板项目和属性描述

项　　目	属　　性	值	描　　述
边框	frameborder	yes no	规定是否显示框架周围的边框
边界高度	marginheight	pixels	定义框架上方和下方的边距
边界宽度	marginwidth	pixels	定义框架左侧和右侧的边距
框架名称	name	name	规定框架的名称
不能调整大小	noresize	noresize	规定无法调整框架的大小
滚动	scrolling	yes no auto	规定是否在框架中显示滚动条
源文件	src	URL	规定在框架中显示文档的 URL

3. 选择框架集并设置其属性

在【框架】面板中单击框架集的边框部分，可选中该框架集。这时，【属性】面板将显示该框架集属性。框架集【属性】面板设置如图 7-15 所示。

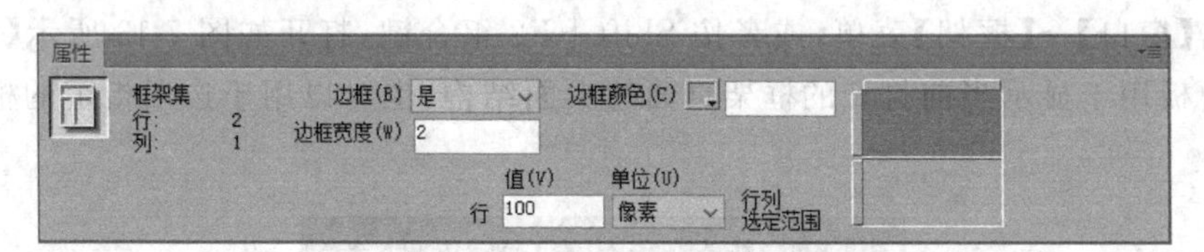

图 7-15　框架集【属性】面板设置

框架集【属性】面板项目及属性的对应关系如表 7-2 所示。

表 7-2　框架集【属性】面板项目和属性描述

项　目	属　　性	值	描　　述
边框	frameborder	yes no	规定是否显示框架周围的边框
边框宽度	border	pixels	定义边框的粗细
无	rows	pixels % *	定义框架集中列的数目和尺寸
无	cols	pixels % *	定义框架集中行的数目和尺寸

7.1.4 任务 7-1-4：使用框架制作简单网页

知识点

制作框架网页。

任务实例 7-1-2：使用 Dreamweaver CS6 制作简单框架页面

完成任务实例，网页最终效果如图 7-16 所示。

自主招生网页
栏目导航
专业介绍
常见问题汇总
联系与来校
测试样题
职业适应性
中外合作办学
考试违规处理办法
专业介绍
【软件技术专业简介】
软件业是21世纪拥有最大产业规模和最具广阔前景的新兴产业之一。中国虽然拥有丰富的劳动力资源，高等教育、职业教育的规模和水平也大幅度扩大和提高，但仍然难以满足软件业快速发展的需要。这就导致了当前软件专业人才缺口巨大、起薪待遇优厚的优势十分明显。根据前程无忧网站显示，企业对软件技术的人才需求信息每日可达2000余条，根据2014年5月发布的中国教育发展报告（2014）显示，2013年大学应届毕业生起薪排名中，软件业以4501元的起薪排名第一。
【计算机网络技术专业】
计算机网络是计算机技术和通信技术密切结合而形成的新兴的技术领域，尤其在当今互联网迅猛发展和网络经济蓬勃繁荣的形势下，网络技术成为信息技术界关注的热门技术之一，也是迅速发展并在信息社会中得到广泛应用的一门综合性学科。新一代信息技术被确立为七大战略性新兴产业之一。计算机网络技术专业在网友的评论当中，被认为是最有市场潜力的专业之一，就业前景好，就业面广，发展升值空间较大，具有不可替代的竞争优势。创业条件优越，以李开复创新工场（4亿元人民币基金和2.75亿美元基金）和新东方2亿元的宏泰基金等创业平台为基础，指导和投资大学生在互联网相关领域创业。

图 7-16 网页最终效果

任务实施

主要操作步骤如下所述。

（1）新建一个站点，并把相关图片素材复制到站点“images”目录下。

（2）单击【文件】→【新建】菜单，使用弹出的【新建文件】对话框新建一个空白 HTML 网页。

（3）单击【插入】→【HTML】→【框架】→【上方及左侧嵌套】菜单，弹出如图 7-17 所示的【框架标签辅助功能属性】对话框。保留默认属性，然后单击【确定】按钮。

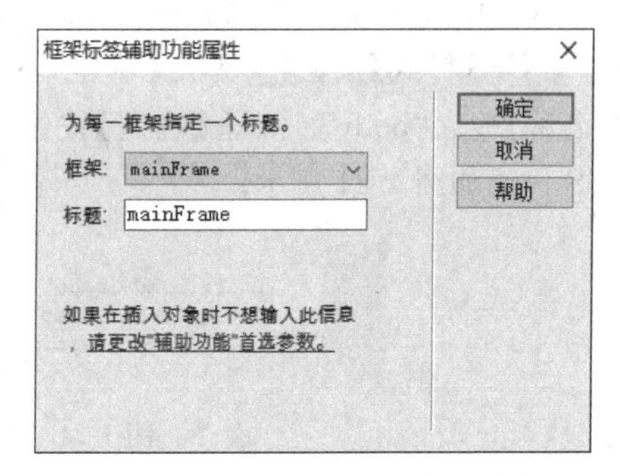
框架标签辅助功能属性
为每一框架指定一个标题。
框架：mainFrame
标题：mainFrame
确定
取消
帮助
如果在插入对象时不想输入此信息，请更改"辅助功能"首选参数。

图 7-17 【框架标签辅助功能属性】对话框

（4）将插入点定位在上方框架中，然后单击【文件】→【保存框架页】菜单，使用弹出的【另存为】对话框把该框架页保存为“top. html”。

以此类推，把左侧和右侧框架页分别保存为

“left. html”和“main. html”。

单击框架分割线,选中框架集页面,将其保存为“index. html”。

(5) 单击【窗口】→【框架】菜单,打开【框架】面板。

(6) 单击【框架】面板最外层边框,选中外层框架集,如图 7-18(a)所示。

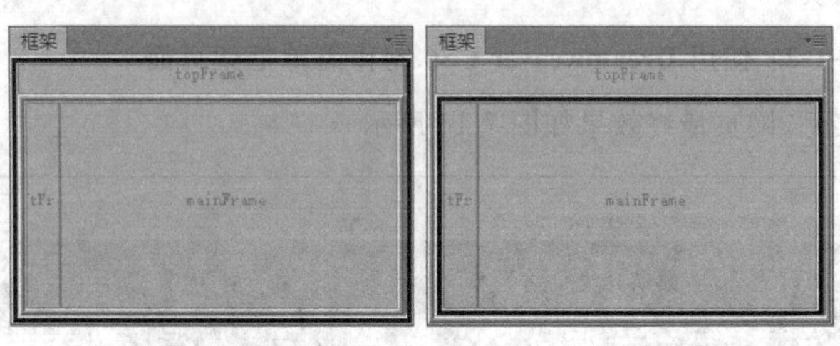

(a) 选择外层框架集　　(b) 选择内层框架集

图 7-18　框架集选择

【属性】面板如图 7-19 所示,选中上面框架,设置行值为“231px”,然后保存框架集。

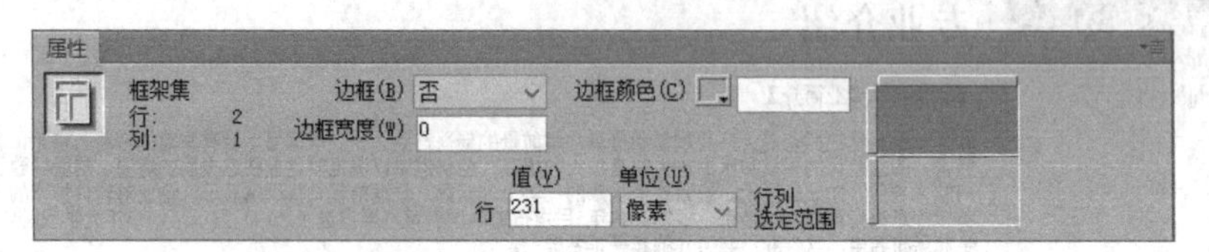

图 7-19　外层框架集属性

(7) 单击【框架】面板中的内部框架集边框,如图 7-18(b)所示。在【属性】面板选中左侧框架,如图 7-20 所示,设置宽度为 200 像素。

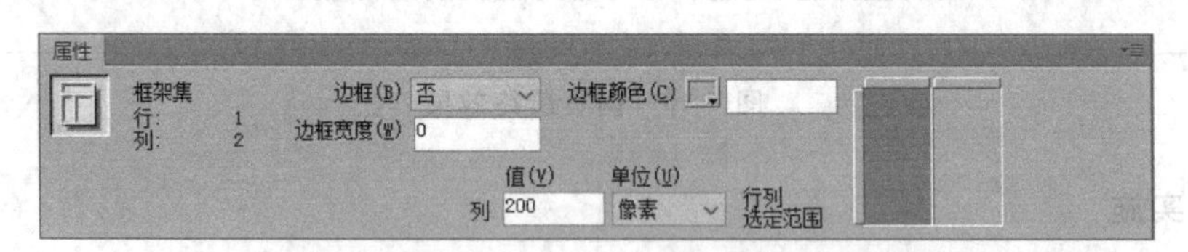

图 7-20　内层框架集属性

(8) 在设计视图中,将插入点定位在上面框架内,然后单击【CSS 样式】面板底部的【添加 CSS 样式】按钮,弹出【新建 CSS 规则】对话框。【选择器类型】选择【标签】,【选择器名称】输入“body”。单击【确定】按钮,设置页面背景图像为“header_bg. jpg”。生成的 CSS 代码如图 7-21 所示。

```
7  body {
8      background-image: url(images/header_bg.jpg);
9      background-repeat: no-repeat; /*背景图像不重复*/
10     background-position: center top;/*背景图像水平居中,垂直顶端对齐*/
11 }
```

图 7-21　上部框架页面 CSS 代码

(9) 将插入点定位在左侧框架内,输入如图 7-22 所示导航栏内容。

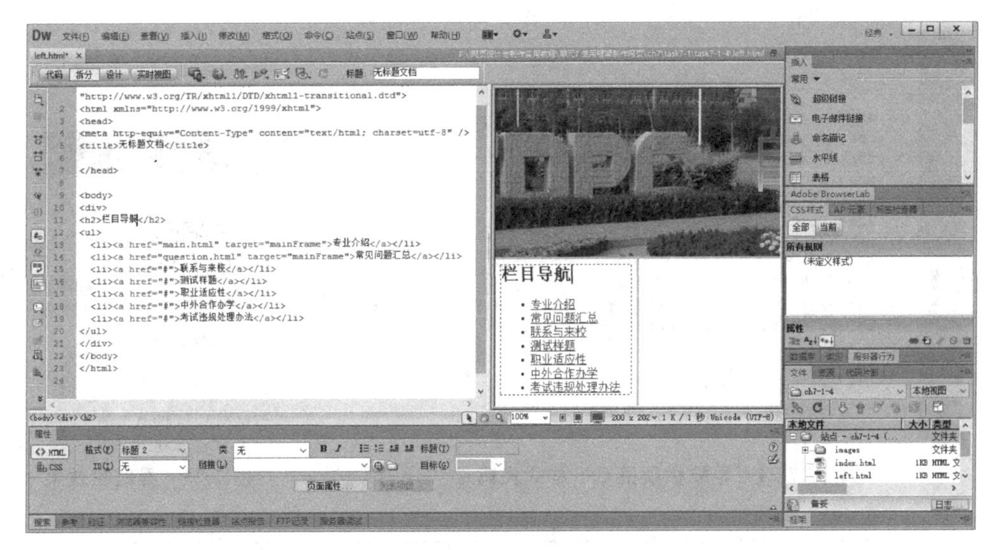

图 7-22　左侧框架内容

注意

左侧页面包含一个纵向导航栏，导航栏的超链接标签必须设置“target”属性，值为右侧框架的名字。这样，当单击该超链接时，新的页面显示在右侧框架内，窗口其他区域的内容不会改变。在本案例中，target 属性的用法是：target="mainFrame"。

(10) 设置导航栏边框和标题格式，将插入点定位在左侧框架内，借助【CSS 样式】面板，或者直接在源代码窗口内输入如图 7-23 所示 CSS 代码。

```
7   *{ /*使用通配符选择器的css规则*/
8       margin:0;
9       padding:0;
10  }
11  div{
12      border:solid 1px #99CCFF;/*导航栏边框*/
13      margin:10px 3px;/*上下外边距10像素，左右3像素*/
14      width:180px;
15  }
16  h2 { /*设置边框字体，水平对齐方式等*/
17      font-size: 16px;
18      background-color: #06F;
19      color: #EEE;
20      text-align: center;
21      height: 35px;
22      line-height: 35px;/*设置行高，使文字垂直居中*/
23  }
```

图 7-23　导航栏边框、标题等 CSS 样式代码

(11) 导航栏项目的 CSS 样式代码如图 7-24 所示。

导航栏最终效果如图 7-25 所示。

(12) 将插入点定位在右侧框架内，输入如图 7-26 所示内容。其中，将标题“专业简介”设置为一级标题。

(13) 新建空白 HTML 网页文件，输入如图 7-27 所示内容。

(14) 保存所有网页，单击文档工具栏中的【预览】按钮预览网页效果，如图 7-16 所示。

```
24 ul {
25     list-style-type: none;/*清除列表样式*/
26 }
27 a {
28     display: block; /*设置此元素为块级元素*/
29     height: 30px;
30     font-size: 14px;
31     margin: 0px 3px; /*上下外边距0像素，左右外边距3像素*/
32     padding-left: 17px;
33     line-height: 30px;
34     text-decoration: none; /*去除字体修饰*/
35     color:#900;
36     /*设置背景图像，不重复，左对齐，上对齐*/
37     background: url(images/li_bg.png) no-repeat left center;
38     border-bottom: 1px dashed #9CF;/*设置下边框线*/
39 }
40 a:hover {
41     color: #FFC; /*鼠标经过时的颜色*/
42     background-color: #6C6;/*鼠标经过时的背景颜色*/
43 }
```

图 7-24 导航栏项目 CSS 样式代码

栏目导航
专业介绍
常见问题汇总
联系与来校
测试样题
职业适应性
中外合作办学
考试违规处理办法

图 7-25 导航栏效果

专业介绍
【软件技术专业简介】
软件业是21世纪拥有最大产业规模和最具广阔前景的新兴产业之一。中国虽然拥有丰富的劳动力资源，高等教育、职业教育的规模和水平也大幅度扩大和提高，但仍然难以满足软件业快速发展的需要。这就导致了当前软件专业人才缺口巨大、起薪待遇优厚的优势十分明显。根据前程无忧网站显示，企业对软件技术的人才需求信息每日可达2000余条，根据2014年5月发布的中国教育发展报告（2014）显示，2013年大学应届毕业生起薪排名中，软件业以4501元的起薪排名第一。
【计算机网络技术专业】
计算机网络是计算机技术和通信技术密切结合而形成的新兴的技术领域，尤其在当今互联网迅猛发展和网络经济蓬勃繁荣的形势下，网络技术成为信息技术界关注的热门技术之一，也是迅速发展并在信息社会中得到广泛应用的一门综合性学科。新一代信息技术被确立为七大战略性新兴产业之一。计算机网络技术专业在网友的评论当中，被认为是最有市场潜力的专业之一，就业前景好，就业面广，发展升值空间较大，具有不可替代的竞争优势。创业条件优越，以李开复创新工场（4亿元人民币基金和2.75亿美元基金）和新东方2亿元的宏泰基金等创业平台为基础，指导和投资大学生在互联网相关领域创业。

图 7-26 main.html 网页内容

单独招生常见问题汇总
【学校作为国家示范高职，在大学生就业难的大环境下，学校就业情况如何？】
答：国家示范性高等职业院校是中国高水平高等职业院校建设的“211工程”，是带动全国高等职业院校深化改革，提升中国高等职业教育的整体水平，引领中国高职院校健康持续发展的学校。我校是河北四所国家示范校之一。
毕业生就业一次签约率连续多年列河北省同类院校第一名，2009年在“麦可思”就业能力排行榜上位列国家示范院校第一名，就业质量逐年提高。2013年被教育部评为全国就业五十强。
【2014年的报名及录取情况如何？】
答：2014年单独招生考试1589人，录取1438人，报到1418人。录取率达90.49%。

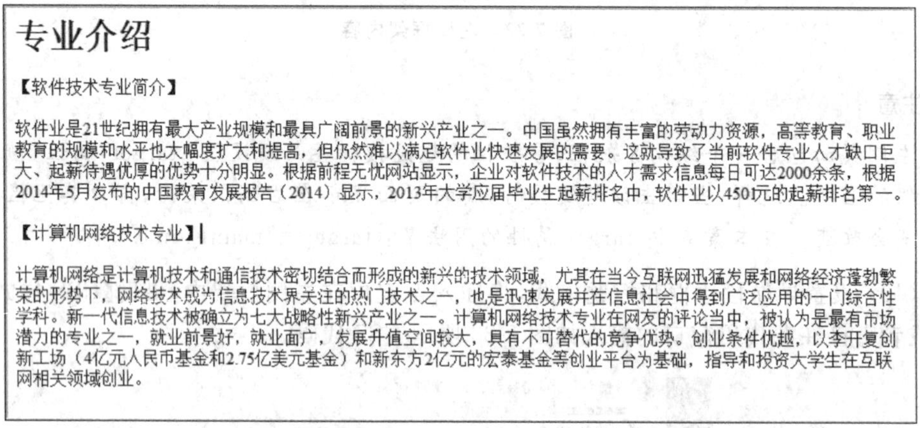

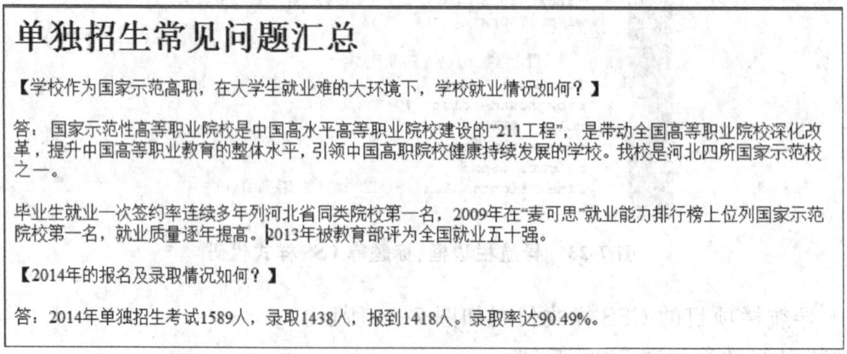

图 7-27 question.html 网页内容

7.2 单元小结

本单元围绕框架网页元素，重点讲解框架和框架集的概念，框架和框架集的创建和保存，框架和框架集的属性设置等内容，以及利用框架制作网页的方法与技巧。

7.3 单元实践操作

实践操作目的

(1) 理解框架的相关概念。

(2) 掌握使用框架制作网页的方法。

(3) 灵活使用框架实现网站后台页面的制作。

7.3.1 实践任务 7-3-1：考试系统后台管理页面的制作

使用已有素材，设计制作如图 7-28 所示的考试系统后台管理页面。

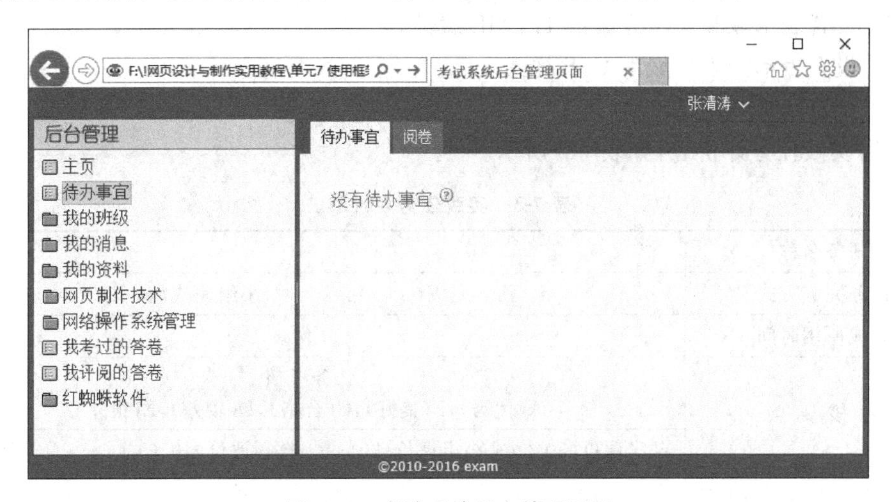

图 7-28 考试系统后台管理页面

操作要求及步骤如下所述。

(1) 在 Dreamweaver CS6 中新建站点。

(2) 使用菜单新建一个空白网页，并把所需素材全部复制到站点根目录的“images”目录下。

(3) 插入 HTML 框架结构。框架结构及参数如图 7-29 所示。

(4) 建立每个框架的 HTML 内容，并设置正确的 CSS 样式。

(5) 按照图 7-29 的要求，保存页面。

(6) 页面浏览及调试。

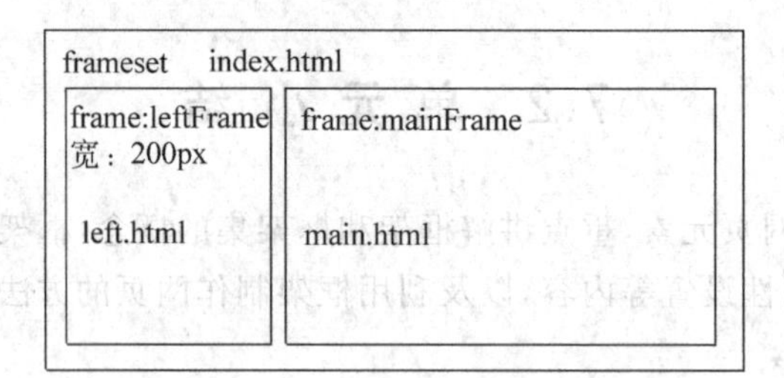

图 7-29 页面 HTML 框架结构图

7.3.2 实践任务 7-3-2：电子邮箱网页的制作

请参考任意网站电子邮箱界面，独立制作一个电子邮箱网页。操作要求及步骤如下所述。

（1）制作与收集、整理素材。

（2）在 Dreamweaver CS6 中新建站点，并建立一个空白页面。

（3）插入表单域。

（4）插入表单元素。

（5）设置表单域和表单元素的 HTML 属性。

（6）设置表单和表单域的 CSS 样式。

（7）浏览网页并调试。

填写实践任务评价表，如表 7-3 所示。

表 7-3 实践任务评价表

任务名称				
任务完成方式	独立完成（ ）		小组完成（ ）	
完成所用时间				
考核要点	任务考核 A(优秀)，B(良好)，C(合格)，D(较差)，E(很差)			
	自我评价(30%)	小组评价(30%)	教师评价(40%)	总 评
Dreamweaver 使用的熟练度				
框架使用				
超链接设置				
网页完成整体效果				
存在的主要问题				

7.4 单元习题

一、单选题

1. 下面有关框架与表格的说法，正确的有(　　)。

A. 框架对整个窗口进行划分　　B. 每个框架都有自己独立的网页文件

C. 表格比框架更有用　　D. 表格对页面区域进行划分

2. 一个有 3 个框架的 Web 页实际上共有(　　)个独立的 HTML 文件。

A. 1　　B. 2　　C. 3　　D. 4

3. 在 Dreamweaver CS6 中，想要在当前框架打开链接，“目标”属性应设置为(　　)。

A. _blank　　B. _parent　　C. _self　　D. _top

4. 定义框架集的 HTML 标签是(　　)，含有标签的源代码存放在框架集文件中。

A. <html>…</html>　　B. <frame>…</frame>

C. <frameset>…</frameset>　　D. <table>…</table>

5. 下面关于使用框架的弊端和作用的说法，错误的是(　　)。

A. 增强网页的导航功能

B. 低版本的 IE 浏览器中不支持框架

C. 整个浏览器空间变小，让人感觉缩手缩脚

D. 容易在每个框架中产生滚动条，给浏览者带来不便

二、问答题

1. 什么是框架？什么是框架集？两者有何关系？
2. 在什么情况下，页面需要使用框架？
3. 在使用框架的页面中，导航栏的超链接如何制作？

下篇　提　高　篇

单元 8

使用模板和库制作网页

Unit 8

案例宏观展示引入

对于同一个网站中的网页，为了保持比较一致的风格，页面中往往有一部分重复的内容，比如相同的页面规格大小、相同的导航栏、相同的网页背景、相同的页面边框、相同的页脚等。这些重复的部分如果分开制作，属于重复操作，会造成网站开发效率低下。

在如图 8-1 所示的两个风格基本相同的网页中，显然存在一些重复的部分，比如相同的导航栏、背景、页面边框等。为了提高网站开发效率，减少重复设计与开发，Dreamweaver CS6 提供了两种便捷、有效的方法——网页模板和库。

本单元主要介绍网页模板和库的概念，使用 Dreamweaver CS6 建立、修改和更新网页模板和库的方法，以及使用网页模板和库制作网页的方法。

(a) Photoshop产品介绍网页

图 8-1　风格相同的网页

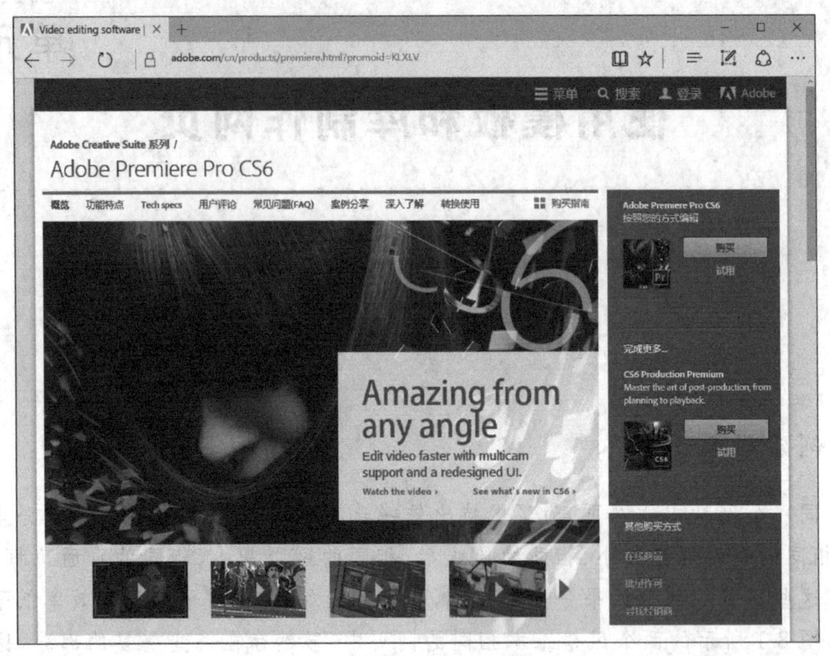

(b) Premiere产品介绍网页

图 8-1(续)

学习任务

- 理解 Dreamweaver 中网页模板和库的概念
- 掌握网页模板的建立、修改、更新和使用方法
- 掌握库项目的建立、修改和使用方法
- 能够使用网页模板和库设计包含重复内容的网页

8.1 任务 8-1：使用模板制作网页

任务描述

(1) 认识 Dreamweaver CS6 的网页模板。

(2) 掌握 Dreamweaver CS6 中如何新建网页模板。

(3) 能够套用网页模板创建新的网页。

(4) 学会网页模板的更新。

8.1.1 任务 8-1-1：认识 Dreamweaver CS6 的网页模板

知识点

(1) 网页模板的概念。

(2) 网页模板的组成。

首先申明一个基本概念，网页模板并不是标准HTML中的一种元素或者一种技术，而是Dreamweaver CS6为了方便用户编辑风格统一的网页而设计的一种方法。也就是说，网页模板只在Dreamweaver中存在，所以网页模板的模板文件扩展名是*.dwt（Dreamweaver Template的缩写），即便别的网页制作工具也提供类似的技术，它们和Dreamweaver的模板也不能通用。

模板是Dreamweaver CS6中事先建立的一组网页样式，是一个网页的半成品。可以通过套用模板的方式，再添加适当的个性化内容，快速建立一个新的网页。

模板一旦保存，被冠以扩展名*.dwt，并保存在网站根目录的Templates目录下。套用模板新建网页时，该网页自动和它套用的模板之间产生关联。一个模板可能和多个网页关联。当该模板被再次修改后保存时，Dreamweaver自动提示更新与之相关联的网页，于是这些网页都随模板一并更新；也可以手动更新某个页面或者整个网站。网页设计人员很可能只需要修改少量几个模板，便可以更新整个网站所有页面的风格，事半功倍，效率极高。

模板中常见的区域有两种，即锁定区域和可编辑区域。这两个区域都需要在模板制作的过程中指定。

1. 锁定区域

锁定区域的内容只能在设计模板时编辑。编辑套用模板的网页时，锁定区域处于锁定状态（只读状态）。该区域的内容主要包括各网页之间共同的部分，比如banner、导航栏、页面背景、页脚区域、页面的分类栏等。这些区域在制作模板的过程中不需要特殊操作，就像制作一个普通网页的各个部分一样。制作完成后，这些没有经过特殊指定的区域自动成为锁定区域。

2. 可编辑区域

可编辑区域和锁定区域不同，是可以在套用模板的网页中进行二次编辑的区域。在模板上，可编辑区域经常出现在一块较大的空白区域当中。可编辑区域需要手动建立，不会自动出现，操作方法是：将光标定位在模板的某个待插入位置，然后单击执行【插入】菜单→【模板对象】→【可编辑区域】菜单命令。

可编辑区域在模板设计时是没有内容的。因为这部分内容现在无法确定，实际内容取决于将来套用该模板的网页的用途。

提示

一个有使用价值的模板应该最少包含一个可编辑区域。

8.1.2 任务8-1-2：新建Dreamweaver CS6的网页模板

知识点

新建网页模板的方法。

在Dreamweaver CS6中，模板的创建方法有两种：直接新建和根据已有网页创建。

1. 直接创建

(1) 单击【站点】→【新建站点】菜单项,然后根据对话框提示建立一个新站点。

(2) 单击【文件】→【新建】菜单项,弹出【新建文档】对话框。在对话框左侧单击【空模板】按钮,在右侧选取合适的模板类型。界面如图 8-2 所示。

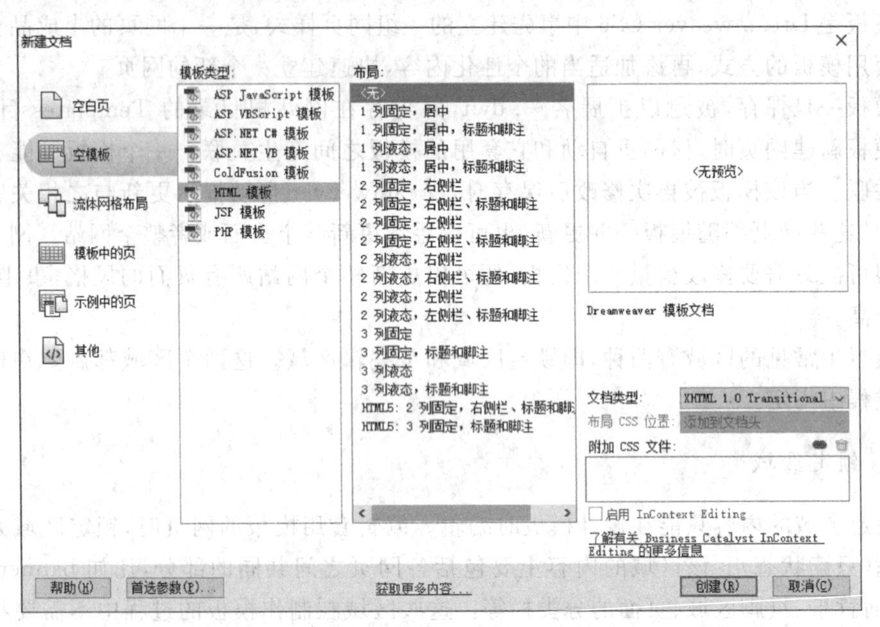

图 8-2 在【新建文档】对话框中直接新建模板

对于模板类型,根据网站的服务器端技术选择“PHP”“JSP”或其他类型。本书以静态网页为学习对象,因此这里选择“HTML 模板”。

布局有多种选项,可以根据实际应用场景来选择。

2. 根据已有网页创建

采用这种方法的创作模板的步骤如下所述。

(1) 打开站点中准备用作模板的网页。

(2) 单击【文件】→【另存为模板】菜单项,如图 8-3 所示,弹出【另存模板】对话框中输入模板的名称,如“模板 1”,完成模板创建。

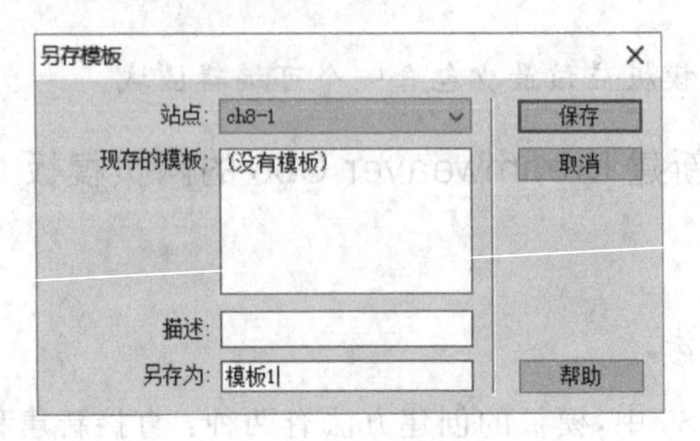

图 8-3 【另存模板】对话框

将现有网页另存为模板，是最常用的模板创建方式。

任务实例 8-1-1：利用现有网页建立网页模板

任务实施

主要操作步骤如下所述。

(1) 首先建立模板的网页，如图 8-4 所示。

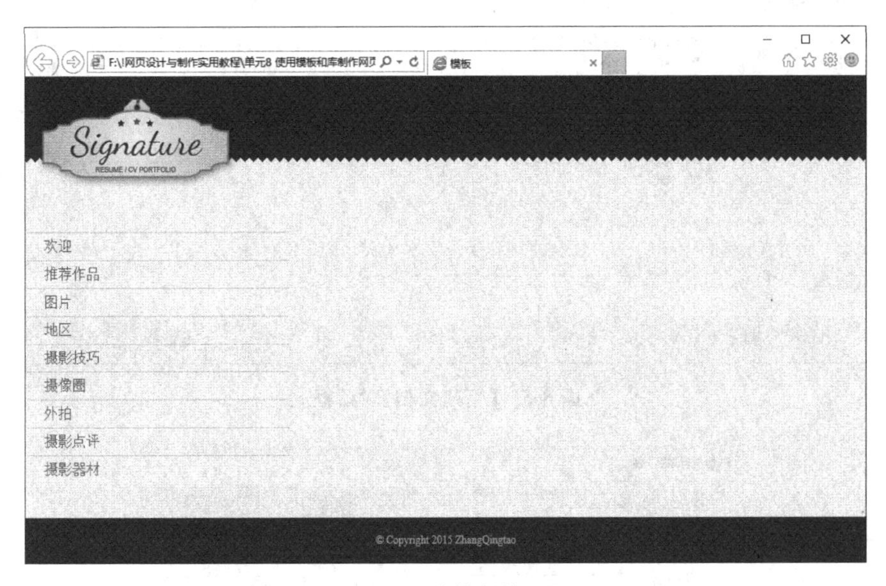

图 8-4 用作模板的网页

① 在 Dreamweaver CS6 中，用鼠标依次单击菜单【站点】→【新建站点】，建立一个新的站点，并把网页所需图片素材复制到目录“images”下。

② 单击【文件】→【新建】菜单，在网站根目录下新建一个空白 CSS 层叠样式表文件“muban. css”和一个空网页文件“index. html”。新建 CSS 文件的【新建文档】对话框如图 8-5 所示。

③ 在【文件】面板中，双击打开“index. html”文件，然后单击【CSS 样式】面板下端的【链接】按钮，如图 8-6 所示，把“muban. css”样式表文件链接进来。

④ 设计网页的结构如图 8-7 所示。

⑤ 制作 header 部分。

- 将光标定位在网页中，然后单击【插入】面板【常用】分类中的【插入 Div 标签】按钮，插入一个 ID 为 container 的 DIV。在 DIV：container 里插入 DIV：header，DIV：header 中插入 DIV：logo。在 logo 中插入相应的图片。

这部分的 HTML 代码结构如图 8-8 所示。

- 将光标定位在页面空白处，然后单击【CSS 样式】面板的【新建】按钮，在弹出的对话框中选择【标签选择器】，选择器类型输入“body”。确定后，在规则构造器窗口中设置网页背景；再建立使用通配符选择器“ * ”的规则，用于消除网页元素默认的内、外边距。生成 CSS 代码如图 8-9 所示。

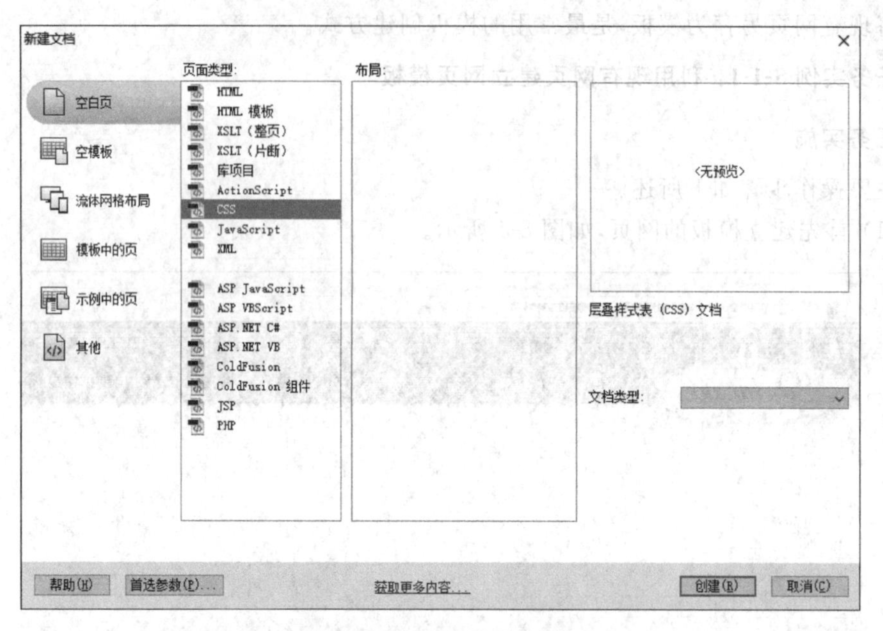

图 8-5 【新建文档】对话框

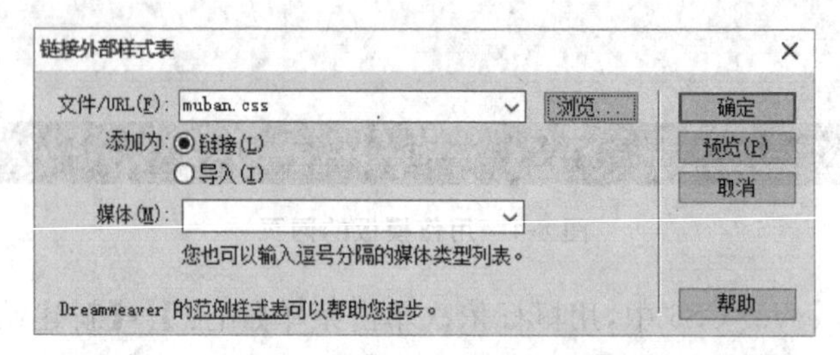

图 8-6 链接外部样式表文件

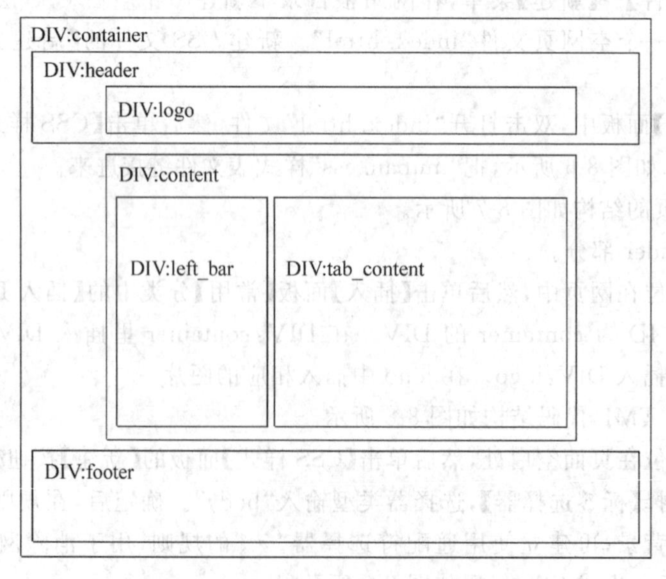

图 8-7 网页结构图

```
9  <body>
10 <div id="container">
11   <div id="header">
12      <div id="logo">
13         <img src="images/logo.png" width="248" height="134" />
14      </div>
15   </div>
16 </div>
17 </body>
```

图 8-8　header 的 HTML 结构

```
1 @charset "utf-8";
2 /* CSS Document */
3 *{
4     padding:0px;
5     margin:0px;
6 }
7 body {
8     background-image: url(images/light_grunge.jpg);
9 }
```

图 8-9　设置网页背景和消除网页元素默认内、外边距 CSS 代码

• 设置 DIV:header 的大小和背景图片。新建的 CSS 样式代码如图 8-10 所示。

```
10 #header {
11     background-image: url(images/check_strip.png);
12     background-repeat: repeat-x;
13     background-position: center top;
14     height: 134px;
15 }
```

图 8-10　设置 DIV:header 的大小和背景的 CSS 代码

• 设置 DIV:logo 格式的 CSS 代码,如图 8-11 所示。

⑥ 制作 content 部分。

• 在 DIV:header 的后面插入一个 DIV:content,并在其中依次插入 DIV:left_bar 和 DIV:tab_content。HTML 代码如图 8-12 所示。

```
16 #logo {
17     width: 960px;
18     margin-right: auto;
19     margin-left: auto;
20 }
```

图 8-11　设置 DIV:logo 的大小和位置的 CSS 代码

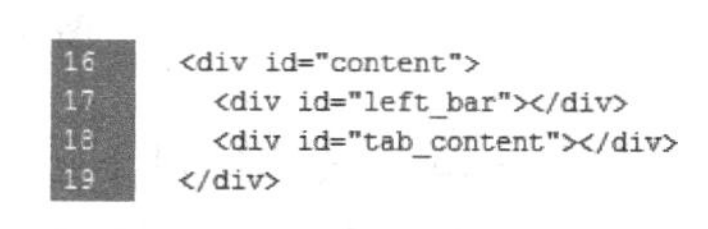

```
16 <div id="content">
17   <div id="left_bar"></div>
18   <div id="tab_content"></div>
19 </div>
```

图 8-12　content 部分的 HTML 代码

• 设置 content 部分的格式,需要针对这 3 个 DIV 分别建立 3 个 CSS 规则,它们的选择器都是 ID 选择器,名称分别为"#content""#left_bar"和"#tab_content"。建立的 CSS 规则代码如图 8-13 所示。

• 制作 DIV:left_bar 中的导航栏,其中的 HTML 代码结构如图 8-14 所示。

提示

① 导航栏的 HTML 结构是一个项目列表。

② 导航栏只有"Welcome"和"resume. html"的超链接用于测试,其他设置的都是空链接。

③ DIV:tab_content 部分内容暂空,将来设置为模板的可编辑区域。

```
21 #content {
22     height: 400px;
23     width: 960px;
24     margin-right: auto;
25     margin-left: auto;  /*使之水平居中显示*/
26 }
27 #left_bar {
28     float: left; /*左浮动*/
29     width: 300px;
30     height: 400px;
31 }
32 #tab_content {
33     float: right; /*右浮动*/
34     height: 400px;
35     width: 600px;
36 }
```

图 8-13　content 部分的 CSS 代码

```
17 <div id="left_bar">
18   <ul>
19     <li><a href="index.html">欢迎</a></li>
20     <li><a href="resume.html">推荐作品</a></li>
21     <li><a href="#">图片</a></li>
22     <li><a href="#">地区</a></li>
23     <li><a href="#">摄影技巧</a></li>
24     <li><a href="#">摄像圈</a></li>
25     <li><a href="#">外拍</a></li>
26     <li><a href="#">摄影点评</a></li>
27     <li><a href="#">摄影器材</a></li>
28   </ul>
29 </div>
```

图 8-14　导航栏 HTML 代码

- 去除项目列表的项目符号。CSS 代码如图 8-15 所示。
- 设置超链接的颜色、鼠标划过颜色、上边框线和行高。CSS 代码如图 8-16 所示。

```
37 #left_bar ul {
38     list-style-type: none;
39 }
```

图 8-15　项目列表 CSS 代码

```
40 #left_bar ul li a {
41     line-height: 30px; /*设置行高，使文字间距增大一些*/
42     color: #666;
43     text-decoration: none; /*去超链接下划线*/
44     text-indent: 20px;
45     border-top-width: 1px; /*上边框线1像素宽*/
46     border-top-style: dotted;/*上边框线点状虚线*/
47     border-top-color: #999;   /*上边框线灰色*/
48     display: block; /*块状化*/
49 }
50 #left_bar ul li a:hover {
51     color: #09F;   /*超链接鼠标划过时的颜色*/
52 }
```

图 8-16　导航栏 CSS 代码

⑦ 制作 footer 部分。

- 在 DIV:content 下面插入 DIV:footer。HTML 代码如图 8-17 所示。

```
32 <div id="footer">&copy; Copyright 2015 ZhangQingtao</div>
```

图 8-17　页脚区 HTML 代码

- 为了让页脚区紧贴窗口下边缘，采用绝对定位方式。也就是通过使用 position 属性，让该 DIV 变成一个绝对定位元素，即 AP 元素。

页脚区 CSS 代码如图 8-18 所示。

(2) 网页制作完毕，单击【文件】→【另存为模板】菜单项，如图 8-19 所示，把当前页面保存为“index. dwt”。

```
56 #footer {
57     position:absolute;   /*设置为绝对定位元素*/
58     bottom:0px;   /*紧贴窗口下边缘*/
59     line-height: 50px;
60     font-size:12px;
61     background-image: url(images/check_strip.png);
62     background-repeat:rerepeat-x;
63     background-position: center top;
64     text-align: center;
65     height: 50px;
66     width:100%;
67     color:#CCC; /*字体颜色*/
68 }
```

图 8-18　页脚区 CSS 代码

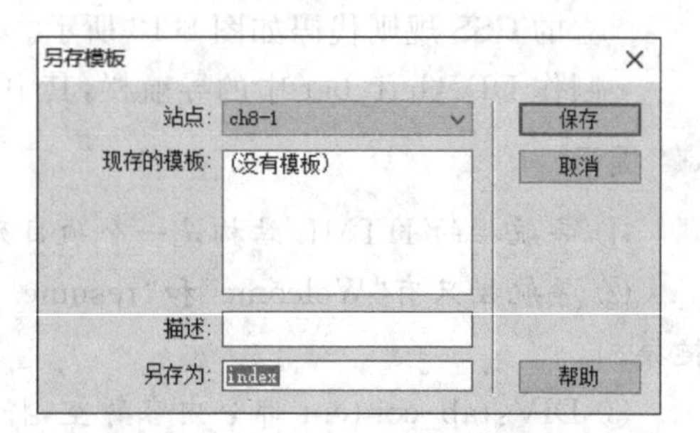

图 8-19　把现有网页保存为模板

注意

当第一次保存时，Dreamweaver CS6 弹出对话框，提示"是否更新网页链接"。这里单击【是】按钮。一般来讲，网页位置和模板的位置如图 8-20 所示，不在同一个目录，需要更新链接。

(3) 刚刚保存的模板中不包含可编辑区域，因此需要插入可编辑区域。将光标定位在 DIV：tab_content 中(空 DIV 在设计视图中不好定位，需要在源代码中定位光标)，然后单击菜单【插入】→【模板对象】→【可编辑区域】，弹出如图 8-21 所示的对话框，输入编辑区域名称后单击【确定】按钮，完成插入。再次保存模板文件，完成模板创建。

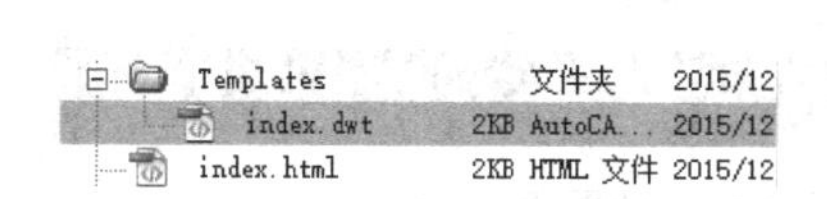

图 8-20 原文件和模板文件的位置对比

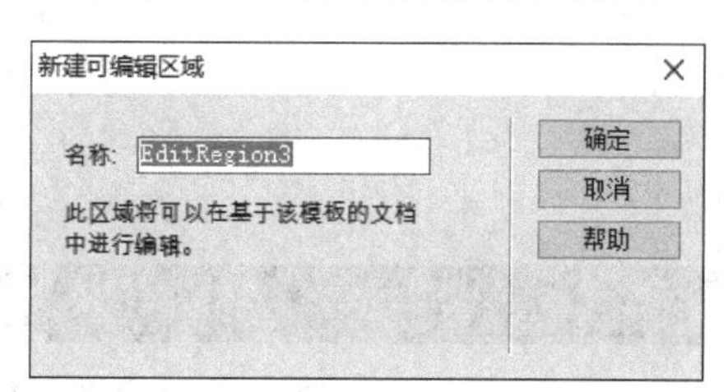

图 8-21 命名可编辑区域

同步练习

根据现有网页——单元 6 中任务 6-4 所述施瓦辛格网页建立模板 swxg，并在其中插入合适的可编辑区域，最后正确保存。

8.1.3 任务 8-1-3：套用网页模板快速新建网页

知识点

新建套用模板的网页。

如果站点中已经建好包含可编辑区域的网页模板，就可以在新建网页时套用模板了。

任务实例 8-1-2：利用网页模板快速新建网页

利用网页模板快速新建如图 8-22 所示网页。

任务实施

主要操作步骤如下所述。

(1) 单击菜单【文件】→【新建】，弹出如图 8-23 所示的【新建文档】对话框。在对话框中选择【模板中的页】，找到对应的站点，选择相应的模板后，单击【创建】按钮。

(2) 在 Dreamweaver 中保存文件，命名为"index. html"。

(3) 在可编辑区域"EditRegion3"中插入一个 DIV：tab_div，再插入两个 DIV。HTML 代码结构如图 8-24 所示。

(4) 为了让两个 DIV 产生重叠效果，必须设置 DIV：tab_div 的 position 位置属性为 relative。方便子元素 DIV：icon 的参照，DIV：icon 的 position 位置属性为 absolute。CSS 代码如图 8-25 所示。

图 8-22　利用网页模板快速创建的网页

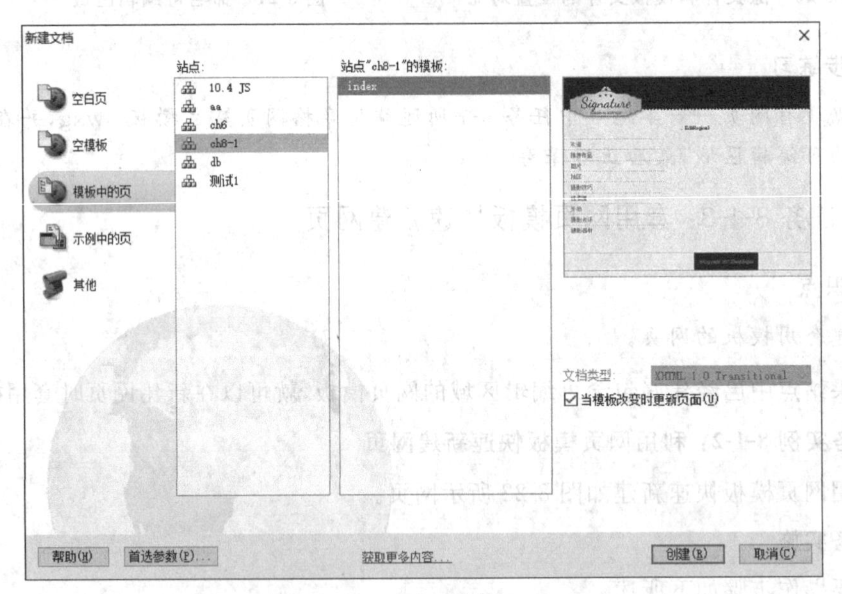

图 8-23　创建套用模板的网页

```
34  <div id="tab_content"><!-- InstanceBeginEditable name="EditRegion3" -->
35    <div id="tab_div">
36      <h2>欢迎! </h2>
37      <div id="tab_con">
38          <img src="images/img1.png" width="450" height="320" />
39      </div>
40      <div id="icon">
41          <img src="images/available2.png" width="115" height="110" />
42      </div>
43    </div>
44  <!-- InstanceEndEditable --></div>
```

图 8-24　可编辑区 HTML 代码

```
69 #tab_div {
70     position:relative; /*相对位置*/
71 }
72 #icon {
73     height: 110px;
74     width: 115px;
75     position:absolute; /*绝对位置*/
76     top:46px; /*上偏移里*/
77     left:-7px; /*左偏移里*/
78 }
79 #tab_div h2 { /*下边框线做分割线*/
80     border-bottom-width: 1px;
81     border-bottom-style: solid;
82     border-bottom-color: #999;
83     margin-bottom:20px;
84 }
```

图 8-25　可编辑区 CSS 代码

(5) 采用相同的方法再创建一个网页“zuopin.html”,效果如图 8-26 所示。

图 8-26　推荐作品网页效果图

(6) 完成。通过套用模板,用较短的时间,书写较少的代码,便创建了如图 8-22 和图 8-26 所示的两个风格相仿的网页,提高了网页制作效率。

同步练习

套用任务 8-1-2 所述任务练习中建立的模板 swxg,新建两个新网页。一个页面介绍施瓦辛格的个人事迹,另一个页面展示他本人的照片。

8.1.4　任务 8-1-4:修改网页模板批量更新网页

知识点

(1) 修改模板。

(2) 模板修改后,网页的自动更新与手动更新。

站点的所有模板都被集中存放在站点根目录的 Templates 目录下，存储情况如图 8-27 所示。双击相应的模板文件（*.dwt），可以重新打开并编辑该模板。模板在编辑时，所有区域都是可编辑的，包括锁定区域，编辑的方法和修改网页完全相同。

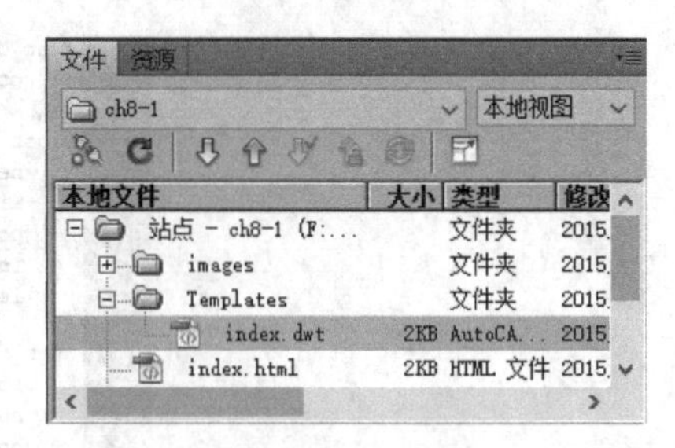

图 8-27　站点的模板文件

使用模板创建的网页会自动和创建它的模板之间产生关联。当模板被修改并保存后，依据这个模板创建的所有网页会相应地更新，这也是使用模板的优点。新建网页和更新网页都更加快捷。

模板修改后，用它创建的网页都被更新。更新的方式有两种：自动更新和手动更新。

1. 自动更新

当模板修改完保存的时候，Dreamweaver 弹出如图 8-28 所示的对话框，提示是否更新这些网页。

图 8-28 说明套用此模板的网页有两个，均列在对话框中。用鼠标单击【更新】按钮，这两个网页都会被更新。更新结果如图 8-29 所示，表示自动更新成功了。完成后，单击【关闭】按钮。

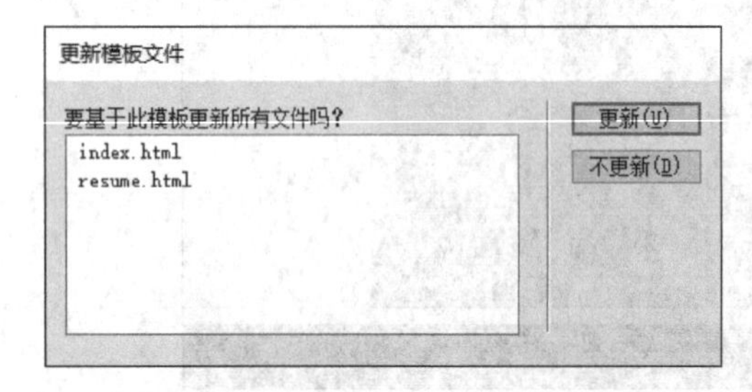

图 8-28　【更新模板文件】对话框

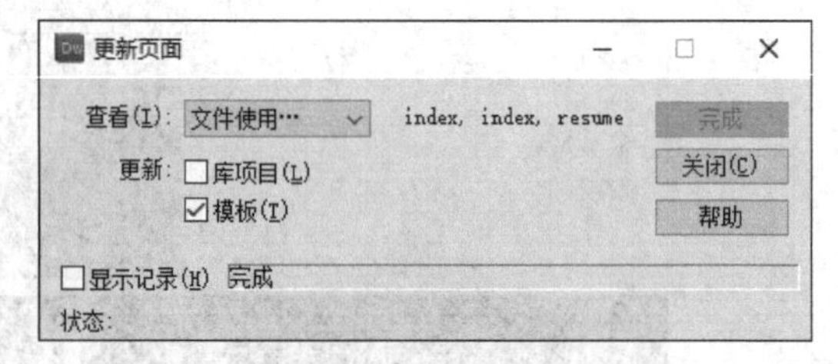

图 8-29　自动更新成功

2. 手动更新

修改完模板，在如图 8-28 所示的【更新模板文件】对话框中，如果有意或者不慎单击了【不更新】按钮，也没有关系。这个更新过程完全可以在后面手动完成。

1) 通过菜单更新

单击【修改】→【模板】→【更新当前页】菜单项，当前正在编辑的网页被更新。如果该菜单不可用，表示没有网页被打开，或者被打开的网页不是基于模板创建的。如果想要更新更多的网页，或者整个站点的所有网页，需要单击【更新当前页】→【更新页面】菜单项。这时，Dreamweaver 弹出如图 8-30 所示的对话框。

查看列表框后常见两个选项【整个站点】和【文件使用…】。

如果选择【整个站点】列表项，后方的列表框会列出在本地 Dreamweaver CS6 中建立的所有站点。选择其中一个站点后，单击【开始】按钮，则该网站的所有基于模板创建的页

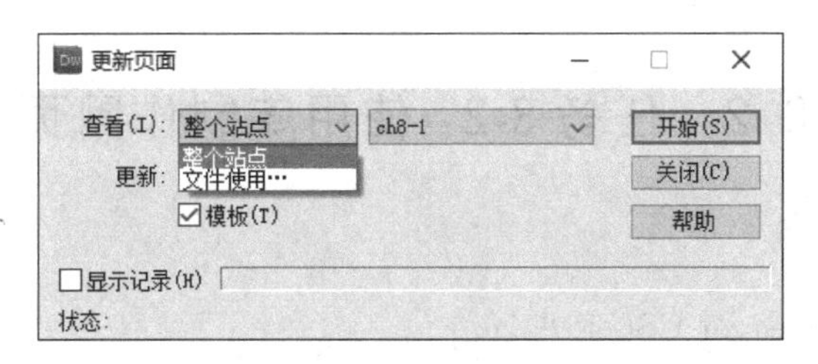

图 8-30 【更新页面】对话框

都被更新。如果选择【文件使用…】列表项,如图 8-31 所示,后方列表框中将列出当前站点中所有的模板文件。选择其中一个模板后,单击【开始】按钮,所有基于该模板创建的网页都被更新。

2) 通过【资源】面板更新网页

如果【资源】面板处于隐藏状态,可以单击【窗口】→【资源】菜单项打开【资源】面板。如图 8-32 所示,单击【资源】面板中的【模板】按钮,显示站点中的所有模板。

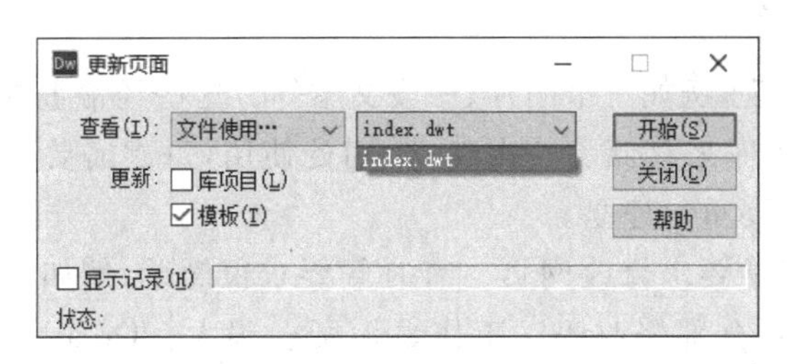

图 8-31 更新基于某一模板创建的网页

图 8-32 【资源】面板

选中一个模板,然后用鼠标右键单击该模板,再根据需要,在弹出的快捷菜单中选择【更新当前页】或者【更新站点】菜单项,其功能和通过菜单更新的选项含义相同,不再赘述。

3) 分离网页

分离网页就是断开根据模板创建的网页和创建它的模板之间的关联的操作。被分离的网页成为独立的网页,但是网页内容被全部保留下来,不会受到任何损失,包括来自模板中的部分也会被保留下来,只是原来的锁定区域消失了,整个网页都可以编辑。模板的修改也不会更新被分离后的网页。

在站点的【文件】面板中双击打开要分离的网页,然后单击【修改】→【模板】→【从模板中分离】菜单项,即可分离该网页。

同步练习

分离任务实例 8-1-3 中根据模板创建的两个网页。

8.2 任务8-2：使用库制作网页

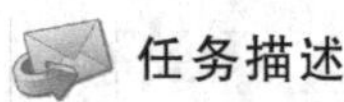

(1) 认识 Dreamweaver CS6 的库。

(2) 学习新建库的方法。

(3) 掌握根据库建立新的网页的方法。

(4) 学会库的更新。

8.2.1 任务8-2-1：认识 Dreamweaver CS6 的库

知识点

(1) 库的概念。

(2) 库的意义。

(3) 库和模板的区别。

网页当中有一些元素经常重复出现，例如一个图片、一段文本等。这些经常重复出现的网页元素可以使用 Dreamweaver 的库来存储。一次建立，到处使用，每次需要这个网页元素时，直接从库中插入即可，不需要重复建立。

网页设计师的一大烦恼是用户经常要求修改网页。有时候要求很简单，例如更改一个 logo；但是所有网页都带 logo，需要全部修改吗？工作量无疑会很大。Dreamweaver 的库给出了完美的解决方案，那就是库。把多次出现的部分做成一个库项目，每次修改时，只要修改库项目，那些采用库的网页都会被更新。这就是使用库的意义。

库文件的扩展名是 *. lbi。站点下的所有库项目文件都集中存放在根目录的 Library 目录下。

库和模板同样都是为了解决多个类似网页需要很多重复操作的问题，但是它们有不同的特点。库比模板的使用更为灵活。如果用盖房子来做比喻。模板更像是建好的房屋框架，哪家需要盖房子，则直接把这个房屋的框架拿过去，再配上自己的门窗、家具就行了。库则是装有许多房屋零件的仓库。谁家盖房子，可以从中选几扇窗户，选几扇门，再把墙抬过去几截，一拼装，房屋就建好了。听起来，感觉是不是很强大？

如图 8-33 所示的网页，站点内的很多网页都带同样的 logo 和导航栏，有同样的页脚区，包含 logo 和导航栏的页头部分可以制作成库项目，页脚区也制作成库项目。对于新的网页，只需要插入头部分和页脚部分，再加上适当的内容，页面就完成了。

提示

使用模板和库建立的网页都存在一部分处于锁定状态的内容。前者锁定的是可编辑区域以外的部分，后者锁定的是构成网页的一个个库项目。

图 8-33 库页面展示

8.2.2 任务 8-2-2：新建库

知识点

新建库。

在如图 8-33 所示的网页中，页面的头区域和页脚区域经常出现，把这两部分内容制作成库项目，将极大地方便其他类似网页的制作。

任务实例 8-2-1：库的新建过程

任务实施

下面详细阐述库的新建过程。

（1）在 Dreamweaver CS6 中单击【站点】→【新建站点】菜单项，新建一个站点。在站点下新建一个 CSS 文件“menu. css”和一个空白网页“index. html”，如图 8-34(a)所示。

双击打开文件。单击如图 8-34(b)所示【CSS 样式】面板下方的【链接】按钮，弹出如图 8-34(c)所示的【链接外部样式表】对话框。单击【浏览】按钮，选择“Style\menu. css”文件并将其连入。

采用同样的方法，建立样式表文件“footer. css”并将其连入。

注意

在建立或者使用库的时候，建议使用外部样式表，因为库项目中不包含 CSS 代码。

（2）制作用于创建库的网页。

① 网页的整体结构如图 8-35 所示。

这里链接两个 CSS 文件，分别用于格式化将来的两个库项目。

② 将光标定位在设计视图中，然后单击【插入】面板【常用】分类中的【插入 Div 标签】

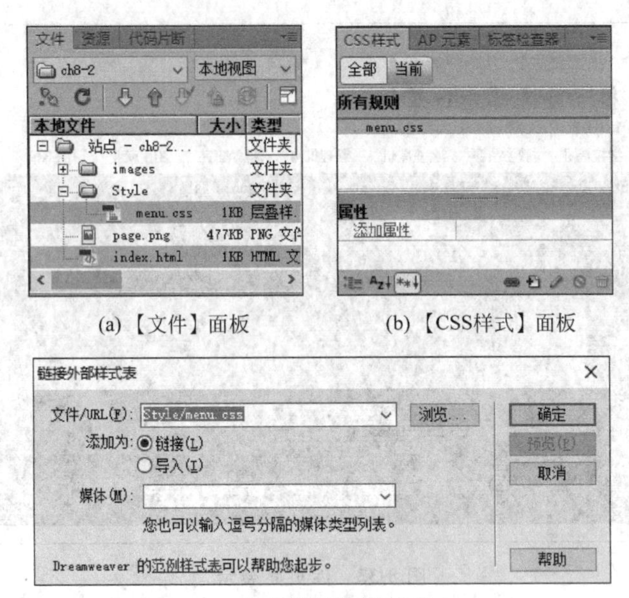

(a)【文件】面板　(b)【CSS样式】面板

(c) 链接外部样式表文件

图 8-34　样式表文件

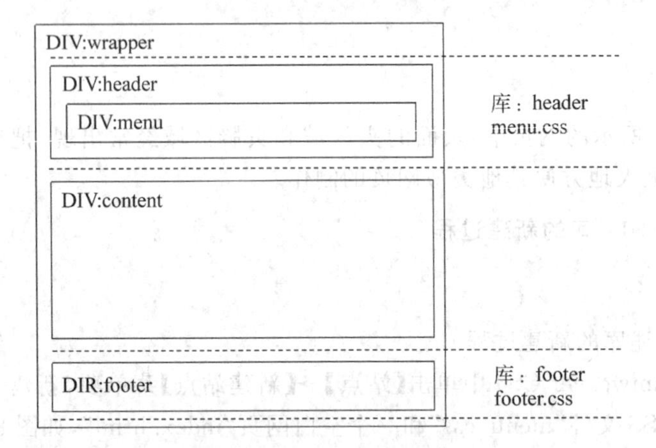

图 8-35　页面结构

按钮，插入一个 DIV，并将【ID】设置为“wrapper”。在 DIV：wrapper 中插入 DIV：header。

③ 在 DIV：header 中插入图片“logo.png”。在图片后面插入 DIV：menu。如果设计视图中定位不方便，可以切换到代码视图中进行光标定位，完成插入。

④ 在 DIV：menu 中插入必要的菜单内容，设置成空链接，最后设置为项目列表。页面的 HTML 代码结构如图 8-36 所示。

⑤ 为各 DIV 设置适当的大小等属性，将 CSS 样式代码放在 menu.css 中。设置后的 CSS 代码如图 8-37 所示。

⑥ 设置导航栏菜单的有关属性，CSS 代码如图 8-38 所示。如上所述，这些代码也必须写在 menu.css 中。

```
<body>
<div id="wrapper">
  <div id="header">
  <img src="images/logo.png" width="394" height="73" />
    <div id="menu">
      <ul>
        <li><a href="#">学校概况</a></li>
        <li><a href="#">学校新闻</a></li>
        <li><a href="#">教学系部</a></li>
        <li><a href="#">师资队伍</a></li>
        <li><a href="#">管理机构</a></li>
        <li><a href="#">科学研究</a></li>
        <li><a href="#">招生就业</a></li>
        <li><a href="#">图书馆</a></li>
        <li><a href="#">后勤服务</a></li>
      </ul>
    </div>
  </div>
</div>
</body>
```

图 8-36　页面 header 部分 HTML 代码

```
#wrapper {/*存放页面*/
    width: 900px;  /*页面宽度*/
    margin-right: auto;
    margin-left: auto; /*页面水平居中*/
}
#header {
    width: 900px;
    height:105px;
    margin-right: auto;
    margin-left: auto; /*菜单栏水平居中*/
}
#menu{
    height:30;/*菜单栏高度*/
}
* {/*去除网页元素默认内外边距*/
    margin: 0px;
    padding: 0px;
}
```

图 8-37　header 部分 DIV 有关 CSS 代码

```
#menu ul {
    list-style-type: none;/*去除项目符号*/
}
#menu ul li {
    float: left; /*列表项左浮动，可以呈现水平排列样式*/
}
#menu ul li a { /*超链接属性*/
    font-size: 16px;
    line-height: 30px; /*设置行高，让文字水平居中*/
    color: #900;  /*超链接颜色深红色*/
    text-decoration: none; /*无下划线*/
    display: block;
    height: 30px;
    width: 100px;
    text-align: center;
    font-weight: 600;/*字体笔画粗细，取值100-900*/
}
#menu ul li a:hover { /*鼠标划过超链接属性*/
    color: #FFF; /*字体白色*/
    background-color: #900;/*背景深红色*/
}
```

图 8-38　导航栏 CSS 代码

导航栏效果如图 8-39 所示。

图 8-39　导航栏效果图

⑦ 制作页面中间部分。这里只简单地在 DIV:header 后面插入一个 DIV:content，并在其中放一幅图片，不需要设置任何格式。这部分的 HTML 结构如图 8-40 所示。

⑧ 制作 footer 区域。在 DIV:content 后面插入 DIV:footer。HTML 结构如图 8-41 所示。

⑨ footer 区域的 CSS 代码如图 8-42 所示。

```
28  <div id="content">
29    <img src="images/banner1.jpg" width="900" height="300" />
30  </div>
```

图 8-40　中间部分页面结构

```
31  <div id="footer">
32     版权所有 &copy; 承德石油高等专科学校 技术支持:zqingtao@126.com
33  </div>
```

图 8-41　footer 部分页面结构

```
4   #footer {
5       line-height: 77px;
6       color: #FFF;/*字体白色*/
7       background-image: url(../images/footer_bg.png);
8       background-repeat: repeat-x;
9       text-align: center;/*文字水平居中*/
10      height: 77px;
11  }
```

图 8-42　footer 部分 CSS 格式代码

⑩ 页面完成。整个页面的效果图如图 8-33 所示。

(3) 根据上一步新建的网页“index. html”创建库项目。

① 将光标定位在设计视图的导航栏内，然后单击标签选择器的“DIV＃header”，选中整个页面的 header 部分。

② 单击【窗口】→【资源】菜单，打开【资源】面板。单击【库】按钮，如图 8-43 所示。单击【添加库项目】按钮，把当前选中的部分添加为库。

该对话框提示用户，库项目添加后，默认只包含 HTML 代码，没有包含 CSS 代码。直接单击【确定】按钮。把库项目重命名为“menu”。弹出对话框，提示更新超链接，因为库文件和源文件的路径不同。所有库文件都被存储在站点根目录的“Library”目录下，扩展名“＊. lbi”。直接单击【更新】按钮即可。

③ 新建的库项目中包含了一段 HTML 代码，也对应一段 CSS 代码。而库默认不包含 CSS 代码，使得当该库被插入到新的网页中时，无法还原原先的效果。所以，还应执行下面的操作。

- 双击刚刚新建的库项目“menu”，打开库项目的编辑视图。
- 单击【CSS 样式】面板下方的按钮，链接外部 CSS 文档“menu. css”。
- 弹出【更新库项目】对话框，如图 8-44 所示。单击【更新】按钮，更新与之关联的网页。

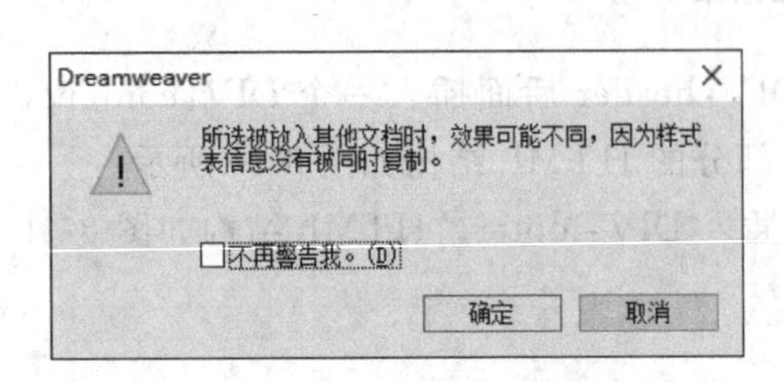

图 8-43　【提示】对话框

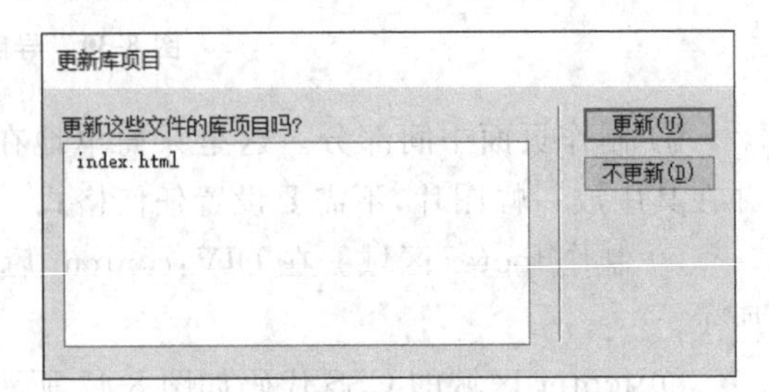

图 8-44　【更新库项目】对话框

④ 经过上一步 CSS 文档的链入，库项目恢复原来的模样，如图 8-45 所示。

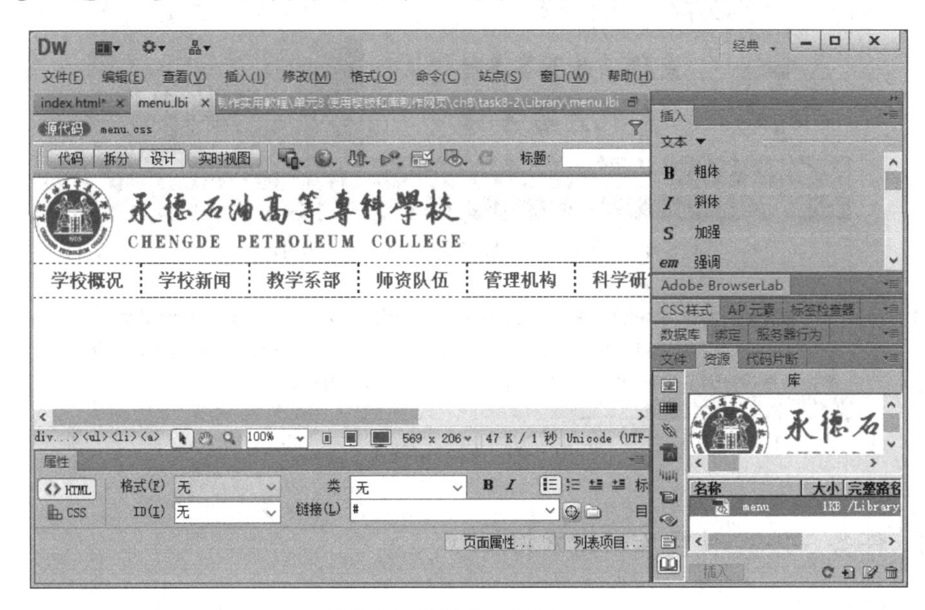

图 8-45 新建的库项目 menu

(4) 参照上一步操作，完成库项目“footer”的添加，添加后的库项目如图 8-46 所示。

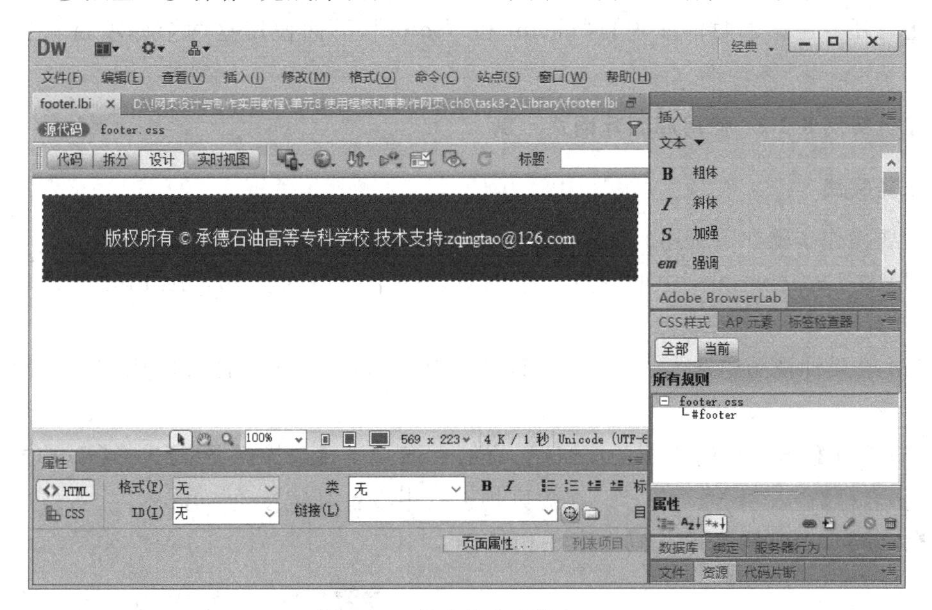

图 8-46 新建的库项目 footer

同步练习

把如图 8-47 所示网页的菜单栏建成库项目。

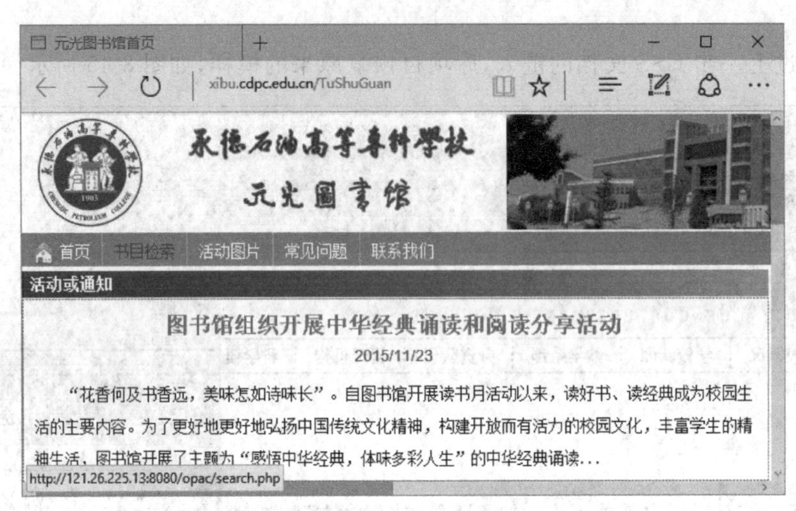

图 8-47 图书馆网页

8.2.3 任务 8-2-3：使用库新建网页

知识点

使用库快速建立网页。

上述任务建立了两个库项目“menu”和“footer”，下面使用这两个库项目新建两个网页。

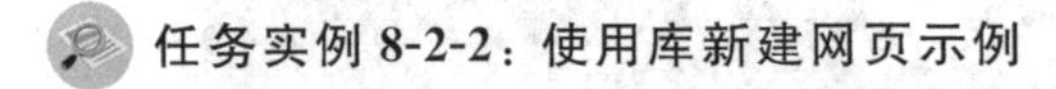

任务实例 8-2-2：使用库新建网页示例

任务实施

主要操作步骤如下所述。

(1) 在 Dreamweaver 中的站点目录下新建一个空白网页“page1. html”，并双击打开它。

(2) 在设计视图中插入一个 DIV，ID 设置为 wrapper。网页的 HTML 结构如图 8-48 所示。

(3) 单击【CSS 样式】面板的按钮，添加 CSS 规则，【选择器类型】选择【ID 选择器】，【选择器名称】输入“#wrapper”。在规则构造器中设置其宽度为 900px，左、右外边距都选择【自动】。生成的 CSS 代码如图 8-49 所示。

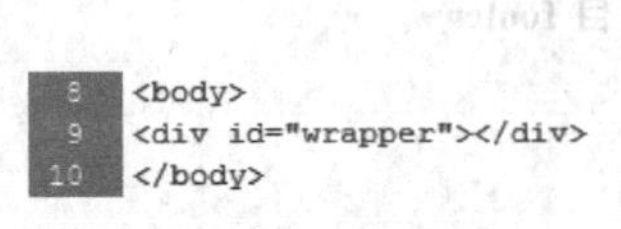

```
8  <body>
9  <div id="wrapper"></div>
10 </body>
```

图 8-48 网页 HTML 结构

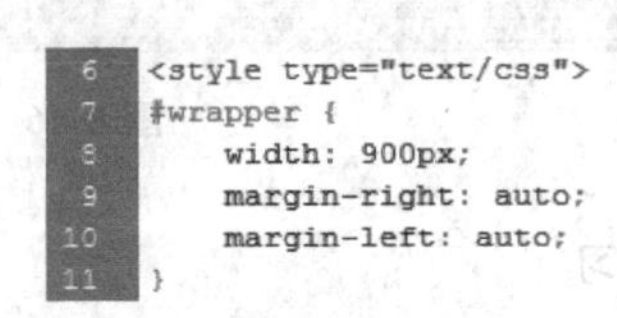

```
6  <style type="text/css">
7  #wrapper {
8      width: 900px;
9      margin-right: auto;
10     margin-left: auto;
11 }
```

图 8-49 页面 CSS 代码

(4) 将插入点在源代码中定位在 DIV：wrapper 中间，打开【资源】面板，选择【库】类别中的库项目“menu”，如图 8-50 所示。单击该面板下方的【插入】按钮，插入库。

图 8-50 【资源】面板

(5) 在代码视图中，将插入点直接定位在刚刚插入的库项目的后面，插入一个 DIV，ID 设置为 content，并在其中插入图片“banner2. jpg”。HTML 代码如图 8-51 所示。

```
34  <div id="content">
35    <img src="images/banner2.jpg" width="900" height="300" />
36  </div>
```

图 8-51 局部 HTML 代码

(6) 在代码视图中，将光标定位在 DIV:content 后面，从【资源】面板插入另一个库项目“footer”。

(7) 在 Dreamweaver CS6 的设计视图中，发现刚刚两个库项目的部分不能正常显示，其效果如图 8-52(a)所示。但是没有关系，设计视图有时候不能百分之百还原网页的真实外观。单击文档工具栏中的按钮，选择使用 IE 进行浏览，效果如图 8-52(b)所示。可以看出，在浏览器中，显示效果是正常的。

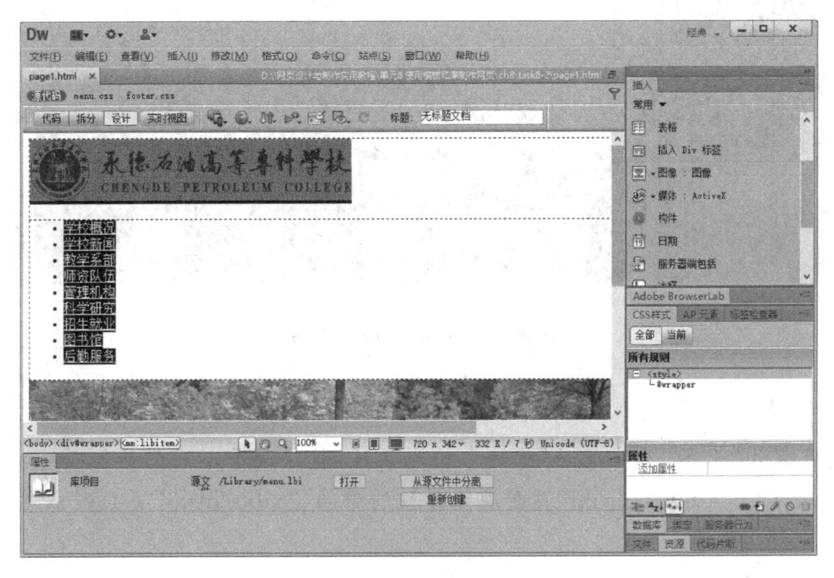

(a) 设计视图中的效果

图 8-52 库网页 page1 效果

(b) 浏览器中的效果

图 8-52(续)

(8) 重复以上过程,使用库建立另外一个网页"page2. html",其外观效果如图 8-53 所示。

图 8-53 库网页 page2 效果

同步练习

使用任务 8-2-2 的"同步练习"中建立的库项目,新建两个不同的网页"xinwen. html"和"xibu. html"。"xinwen. html"页面展示学校的新闻,"xibu. html"页面列出学校的所有教学系部。

8.2.4 任务 8-2-4：编辑库批量更新网页

知识点

（1）库的修改方法。

（2）更新网页的方法。

打开库的方法有以下两种。

（1）在如图 8-54(a)所示的【文件】面板中，双击“Library”目录下对应的库文件。

（2）在如图 8-54(b)所示的【资源】面板【库】分类中，双击库项目的名称。

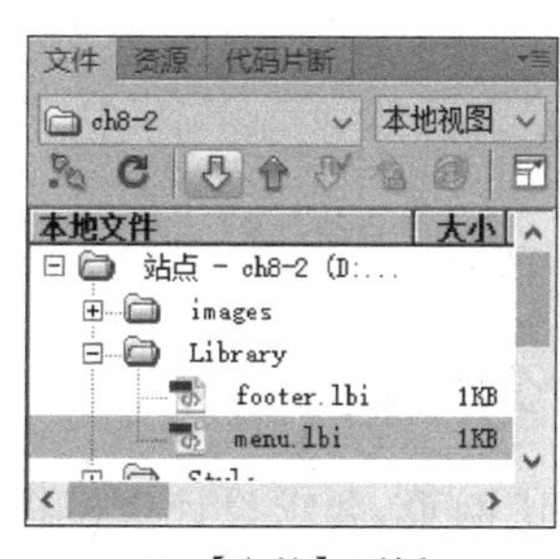

(a)【文件】面板

(b)【资源】面板

图 8-54 修改库项目

打开库项目后，其编辑、修改操作和普通网页无太大差别。

编辑库项目后，下一步是更新基于库创建的网页。更新方法和模板更新类似，也有两种：自动更新和手动更新。

编辑库文件后，保存时，Dreamweaver 自动弹出如图 8-55 所示的【更新库项目】对话框。单击【更新】按钮，即可更新该网页。

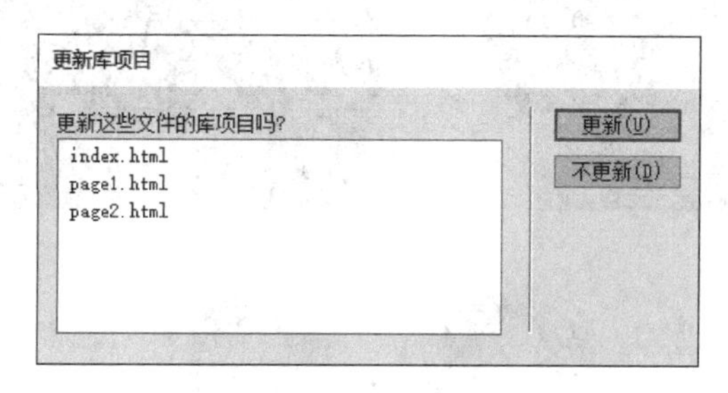

图 8-55 【更新库项目】对话框

如果不更新，可以手动更新页面，通过菜单，也可以通过【资源】面板实现，方式和模板页更新类似，这里不再详细阐述。

同步练习

修改任务 8-2-3 的“同步练习”中使用的库，然后更新网页“xinwen.html”和“xibu.html”。

8.3 单元小结

本单元从网页制作的实际应用出发，介绍 Dreamweaver CS6 中模板和库的概念，模板和库的创建、修改及更新方法，使用模板和库制作网页的方法等内容。在现实工作中，熟练使用模板和库，可以避免重复操作，提高网页开发效率。

8.4 单元实践操作

 **实践目的**

（1）学会模板的制作方法。

（2）熟练掌握模板页面的制作方法。

8.4.1 实践任务 8-4-1：使用模板制作一个网页

根据提供的素材，设计如图 8-56 所示的婚庆网页，要求设计成模板，再套用该模板制作两个不同的网页。

图 8-56 婚庆网页

操作要求及步骤如下所述。

(1) 在 Dreamweaver CS6 中新建站点,并新建一个空白网页。

(2) 按照图 8-57 所示的页面结构,建立如图 8-56 所示 HTML 页面框架。

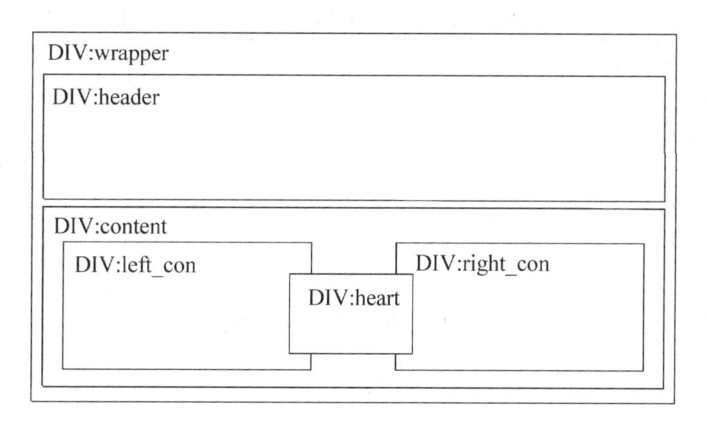

图 8-57 婚庆网页页面结构

(3) 设置 DIV:left_con 和 DIV:right_con 向左浮动。

(4) 设置 DIV:heart 为 AP 元素,并按照效果图设置适当的 CSS 位置属性。

(5) 设置网页元素的 CSS 外观属性。

(6) 另存该页面为网页模板。

(7) 编辑网页模板,清空 DIV:content 内的所有内容,并在该 DIV 内插入可编辑区域。

(8) 套用建立的模板,新建两个网页。

(9) 网页浏览、调试。

8.4.2 实践任务 8-4-2:使用库制作一个网页

将"实践任务 8-4-1"使用库重新实现,操作要求及步骤如下所述。

(1) 在 Dreamweaver CS6 中打开"实践任务 8-4-1"建立的网页。

(2) 把 DIV:header 添加为库项目,命名为"header"。

(3) 使用库项目 header 新建一个网页。

(4) 保存网页并测试。

填写实践任务评价表,如表 8-1 所示。

表 8-1 实践任务评价表

任务名称		
任务完成方式	独立完成( )	小组完成( )
完成所用时间		

续表

考核要点	任务考核 A(优秀),B(良好),C(合格),D(较差),E(很差)			
	自我评价(30%)	小组评价(30%)	教师评价(40%)	总　评
Dreamweaver使用熟练度				
库项目创建与使用				
网页完成整体效果				
存在的主要问题				

8.5 单元习题

一、单选题

1. 模板文件的扩展名为(　　)。

A. *.lbi　　B. *.html　　C. *.dwt　　D. *.asp

2. 当编辑模板自身时,以下说法正确的是(　　)。

A. 只能修改锁定区域内容

B. 只能修改可编辑区域内容

C. 锁定区域内容和可编辑区域内容都可以修改

D. 锁定区域内容和可编辑区域内容都不可以修改

3. 如果想让网页具有相同的页面布局,最好使用(　　)技术。

A. 库　　B. 模板

C. 库或模板均可　　D. 每个页面单独设计

4. 下列说法中,错误的是(　　)。

A. 在Dreamweaver CS6中,页面模板的扩展名是*.dwt

B. 模板被保存在站点本地根目录下的Templates文件夹中

C. 可以将多个表格单元格标记为单个可编辑区域

D. 可以将AP Div或AP Div中的内容标记为单个可编辑区域

5. 在模板中不能定义的模板区域类型有(　　)。

A. 可编辑区域　　B. 重复区域　　C. 可选区域　　D. 锁定区域

6. 库项目文件保存在站点根目录的(　　)文件夹下。

A. library　　B. template

C. dreamweaver　　D. css

7. 下列说法中,正确的是(　　)。

A. 某个网页中使用了库项目以后,只能更新,不能分离

B. 库项目是一个独立的文件

C. 基于模板的文件只能在模板保存时更新

D. 使用模板，能够做到多个网页风格一致、结构统一

二、问答题

1. 什么是网页模板？它有哪些用途？
2. 什么是库？库的意义是什么？
3. 模板和库有什么区别？

单元 9

制作表单网页

Unit 9

案例宏观展示引入

当注册电子邮箱、微博账号、腾讯 QQ 号，或者在网页中登录账号时，会用到类似于如图 9-1 所示的网页。这些用于输入用户名、密码等信息的 HTML 元素就是表单元素。表单元素负责接收用户输入的信息，并将其发送给指定的服务器程序。

图 9-1　网页中的表单

本单元主要介绍表单的概念，表单元素的类型和使用方法，使用 Dreamweaver CS6 制作表单网页，并使用 CSS 美化表单及网页。

学习任务

- 理解表单的概念和功能
- 掌握常见的表单元素类型及使用方法
- 会设计制作表单网页

• 能够美化表单元素

9.1 任务9-1：认识表单

任务描述

(1) 认识表单和表单域。

(2) 了解表单的功能。

(3) 掌握表单元素的类型及使用方法。

(4) 会设计制作表单网页。

表单是网页元素中非常重要的元素之一，也是网站是否具有交互功能的重要体现。表单主要负责数据采集，并将收集的数据信息发送到服务器中。

表单由表单域和多个表单元素组成。表单域内包含了多种表单元素。

9.1.1 任务9-1-1：认识表单域

知识点

(1) 表单域的概念。

(2) 表单域的常用属性。

(3) 表单的功能。

表单域是网页中被HTML标签＜form＞…＜/form＞包围的区域。所有表单对象，如文本框、密码框、隐藏域、多行文本框、复选按钮、单选按钮、下拉列表框和各种按钮都要放在表单域中才能生效。

表单域在Dreamweaver CS6的设计视图中表现为一个红色虚线框，所有表单元素都要插入到这个区域内，表单提交后，数据才能传递到服务器上。

在网页中插入表单域的方法如下所述。

(1) 将插入点定位在网页的待插入位置。

(2) 单击【插入】面板【表单】分类中的【表单】按钮。

表单域插入完成后，在Dreamweaver中的代码和外观如图9-2所示。

单击红色虚线框的边缘部分，可以选中整个表单域。下方属性检查器显示表单域的常用属性，如图9-3所示。

表单域的常用属性如表9-1所示。

表9-1 表单域常用属性

属性	中文名	取值	描述
id	表单ID	form_id	用于脚本语言，或者CSS中引用或控制
action	动作	URL	规定当提交表单时，向何处发送表单数据

续表

属 性	中文名	取 值	描 述
method	方法	get post	规定用于发送 form-data 的 HTTP 方法
name	名称	form_name	规定表单的名称
target	目标	_blank _self _parent _top framename	规定在何处打开 action URL
enctype	编码类型	application/x-www-form-urlencoded multipart/form-data text/plain	规定在发送表单数据之前，如何对其编码

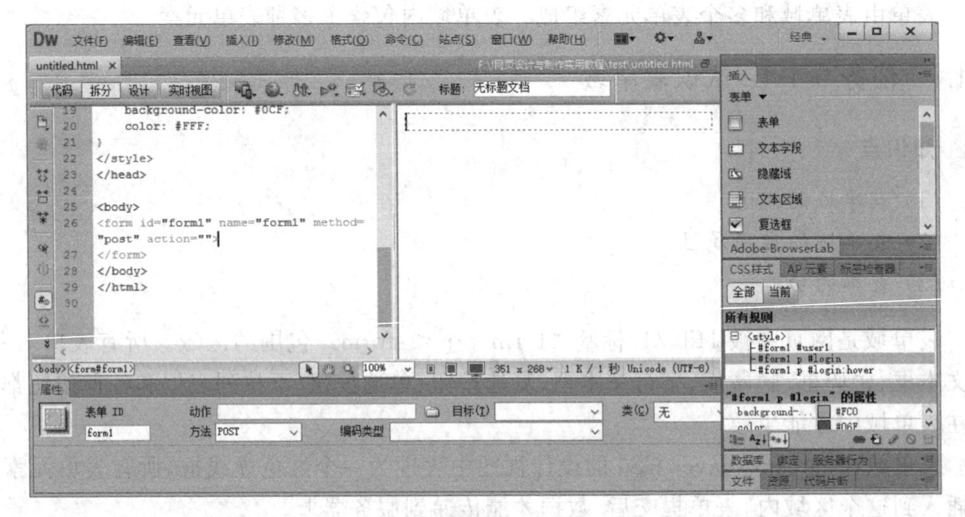

图 9-2 插入表单域

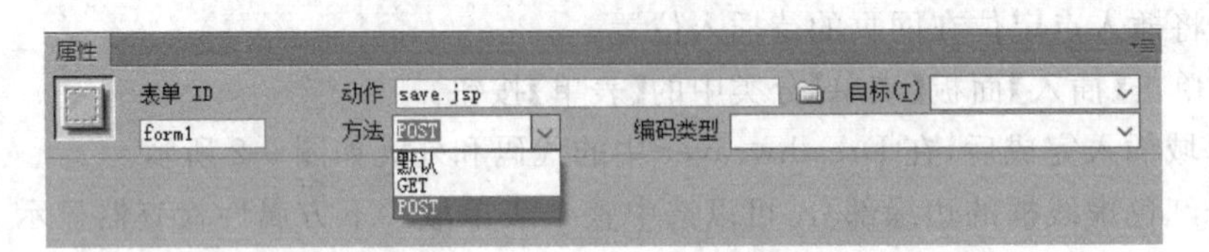

图 9-3 表单域【属性】面板

(1) action 属性：取值为一个 URL。URL 指向何处发送表单数据。action 属性值有以下两种。

① 绝对 URL：指向其他站点(如 http://www.cdpc.edu.cn/example.asp)。

② 相对 URL：指向站点内的文件(如 example.aspx)。

(2) method 属性：浏览器使用 method 属性设置的方法把表单中的数据传送给服务器进行处理。其取值有两种：get 和 post。如何选择？如下所述。

① get 方法。

如果想要获得最佳的数据传输性能，并且表单数据只有少数比较简短的字段，选用 GET 是最好的。在这种方法中，浏览器直接把表单数据放在 URL 中向服务器发送，并且是明文发送。

如果想在表单之外调用服务器端的应用程序，也要采用 get 方法，因为该方法允许把表单这样的参数作为 URL 的一部分。使用 get 方法，可以直接使用超链接 a 元素作为载体来调用服务器应用程序，并且为其提供参数。

在任何时候都可以创建一个传统的<a>标签，用这个超链接来代替一个表单，其形式如下所示。

```
< a href="http:// www.cdpc.edu.cn/example.asp?username=don&passwd=123">
```

② post 方法。

为了提高数据参数传递的安全性，应该使用 post 方法。因为这种方法不会把表单内容放在 URL 中，而且采用密文传输。另外，如果表单数据较多，也应采用 post 方法来传输。post 方法是表单的默认数据传输方式。

(3) name 属性和 id 属性：都是表单域的名称。id 用于本地访问，name 用于服务器远程访问。

(4) enctype 编码属性取值及其含义如表 9-2 所示。

表 9-2　enctype 属性值

属　性　值	描　　述
application/x-www-form-urlencoded	在发送前编码所有字符(默认)
multipart/form-data	不对字符编码 在使用包含文件上传控件的表单时，必须使用该值
text/plain	空格转换为加号"+"，但不对特殊字符编码

9.1.2　任务 9-1-2：插入常见表单元素

知识点

常见表单元素及其属性。

常见的表单元素包括文本框、密码框、隐藏域、多行文本框、复选按钮、单选按钮、下拉列表框和各种按钮等。

1. 文本字段

文本字段即文本框。将插入点定位在表单域内，打开【插入】面板，然后单击【表单】分类中的【文本字段】按钮，弹出如图 9-4 所示的【输入标签辅助功能属性】对话框，设置相关参数。

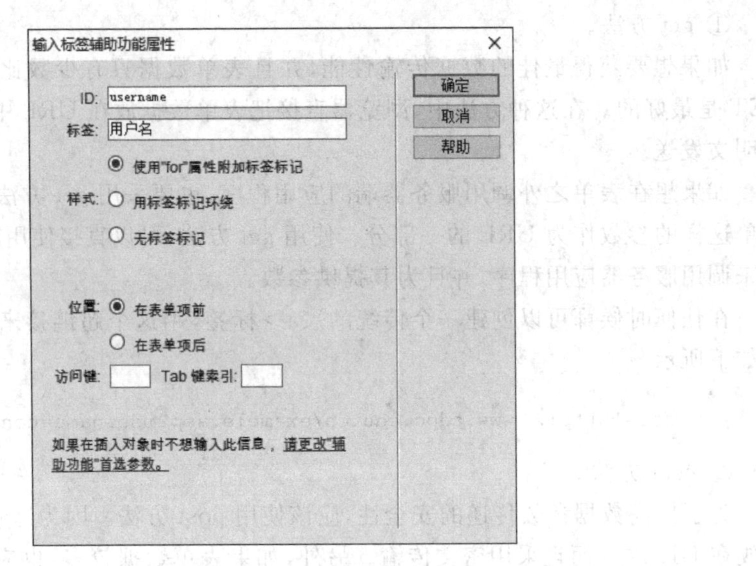

图 9-4 插入文本字段及其参数设置

提示

插入文本字段，会自动插入另外一个<lable>标签。

【输入标签辅助功能属性】对话框中各参数的含义如下所述。

(1) ID：文本框用于设置表单元素的 ID 名称，可用于 CSS 或者脚本语言对该对象的引用。

(2) 标签：文本框用于设置该文本框相关联的标签显示的内容。

(3)【样式】单选按钮：用于设置和该文本框一同自动插入的标签的关联性。选择【使用 for 属性附加标签标记】和【用标签标记环绕】都可以使该标签和文本框产生关联。默认选中的是前者。

(4)【位置】单选按钮：有两个值【在表单项前】和【在表单项后】，让用户选择标签文本出现在表单元素之前还是表单元素之后。

<label>标签用于在表单中显示一段文本。在表单中也可以直接插入文本，但是使用标签<label>的好处是，标签可以和表单元素，比如文本框，产生关联。关联后，实际操作的时候，不管是单击文本框还是与之关联的标签，都可以使文本框获得焦点。用户操作起来更容易。

选择【使用 for 属性附加标签标记】和【用标签标记环绕】这两种关联方式对应的 HTML 代码如图 9-5 所示。

插入文本框后，再次单击选中该文本框，可以通过如图 9-6 所示的【属性】面板设置其有关属性或者选择类型。

该【属性】面板的选项所对应的属性和含义如表 9-3 所示。

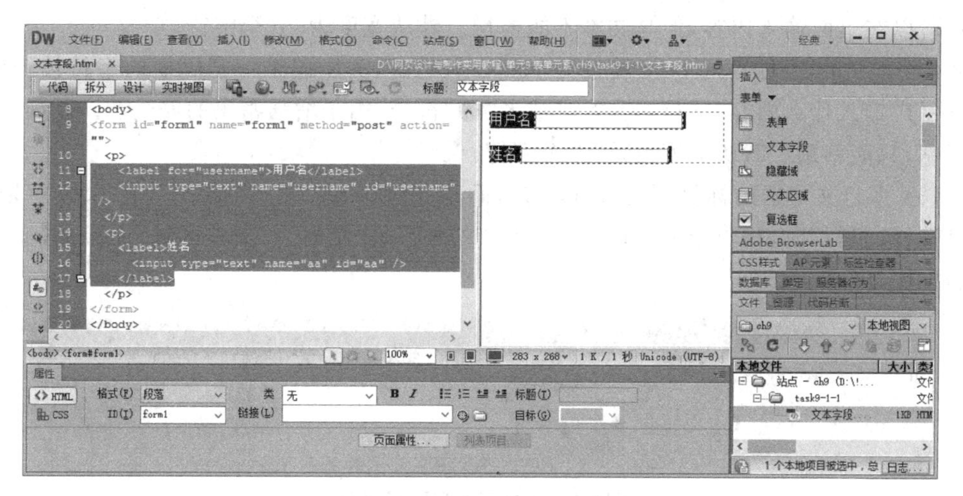

图 9-5 标签和文本框的关联

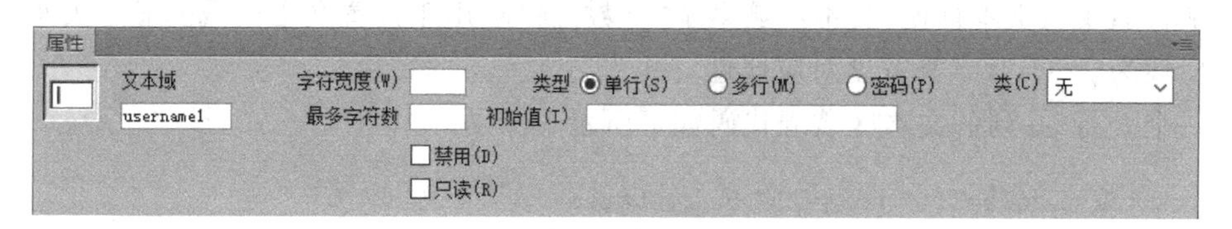

图 9-6 文本字段【属性】面板

表 9-3 文本字段【属性】面板参数描述

名 称	对应的 HTML 属性	描 述
文本域	name 和 id	设置文本框的 name 和 id 属性
字符宽度	size	设置文本框的显示宽度
最多字符数	maxlength	设置文本框的最大输入字符数
禁用	disabled	设置文本框是否禁用，即是否相应用户的鼠标和键盘操作
只读	readonly	设置文本框的内容是否允许用户输入或者修改
类	class	设置用于该复选框的 CSS 类
初始值	value	设置表单元素显示时的默认内容

【属性】面板上的【类型】单选按钮组用于设置当前文本字段所使用的表单元素类型，有 3 种，分别对应单行文本框、多行文本框（文本区域）和密码框，其对应的 HTML 代码如表 9-4 所示。

表 9-4 文本字段类型及其元素 HTML 代码

类 型	HTML 元素代码
单行文本框	<input name="username" type="text" id="username" />
多行文本框	<textarea rows="n" cols="m"></textarea>
密码框	<input name="passwd" type="password" id="passwd"/>

(1) <input>标签的 type 属性为“text”时，称为单行文本框。正如其中文名字所示，

用户可以在里面输入内容，但是文本不能换行。默认宽度为 20 个字符。

（2）<input>标签的 type 属性为“password”时，为密码框。密码框的字符被掩码。不管用户输入什么内容，都显示为“ * ”或者“●”符号，用于增强密码的安全性。其内容不可复制，只能粘贴。默认宽度也是 20 个字符。

（3）多行文本框的标签不是<input>，而是<textarea>。当插入一个“文本字段”，类型选择“多行”时，相当于直接插入了一个“文本区域”元素。“文本区域”元素的【属性】面板如图 9-7 所示。

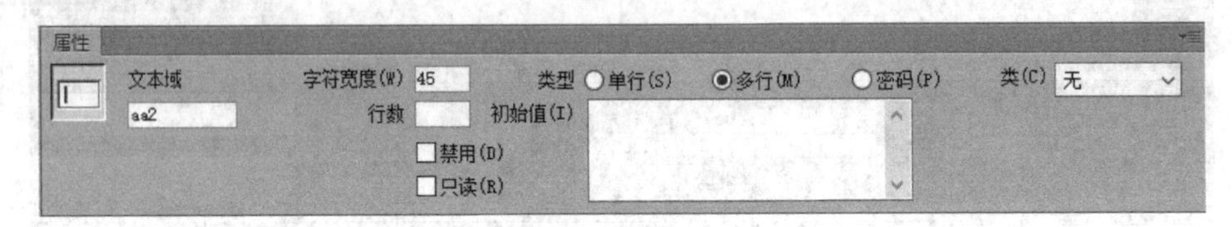

图 9-7 文本区域【属性】面板

和普通单行文本框比，文本区域多了“行数”属性，用于设置文本区域的显示大小。对应的属性为“rows”，字符宽度对应属性“cols”。

一个 5 行 50 列的文本区域源代码如下所示。

```
<textarea cols="50" rows="5"></textarea>
```

2. 按钮

在表单中，按钮元素有 3 种类型：提交按钮、重置按钮和普通按钮。按钮也是一个 input 元素，其类型由 type 属性决定。type 属性的取值及其描述如表 9-5 所示。

表 9-5 按钮 type 属性值及其描述

属性值	描　述
submit	提交按钮，功能是把当前表单的所有数据提交给服务器
reset	重置按钮，功能是恢复每个表单元素的值为初始值
button	普通按钮，功能由用户自定义。默认情况下没有任何功能

插入一个按钮的方法如下所述。

（1）将插入点定位在表单域内。

（2）打开【插入】面板，然后单击【表单】分类中的【按钮】，弹出对话框，再直接单击【确定】按钮。默认插入的按钮都是提交按钮，但是类型可通过如图 9-8 所示的【属性】面板来设置。

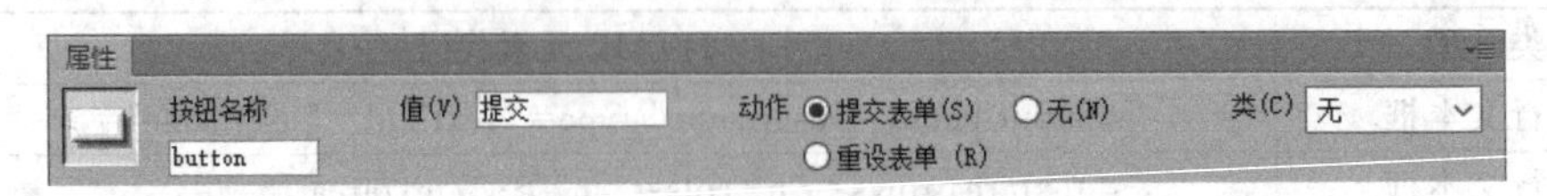

图 9-8 按钮【属性】面板

（3）【属性】面板各参数描述如表 9-6 所示。

表 9-6 按钮【属性】面板参数描述

名 称	对应的 HTML 属性	描 述
按钮名称	name 和 id	设置按钮的 name 和 id 属性
动作	type	当选择“提交表单”时，type="submit" 当选择“重设表单”时，type="reset" 当选择“无”时，type="button"
值	value	设置按钮上显示的文字
类	class	设置用于该按钮的 CSS 类

(4) 各类按钮及其代码如图 9-9 所示。

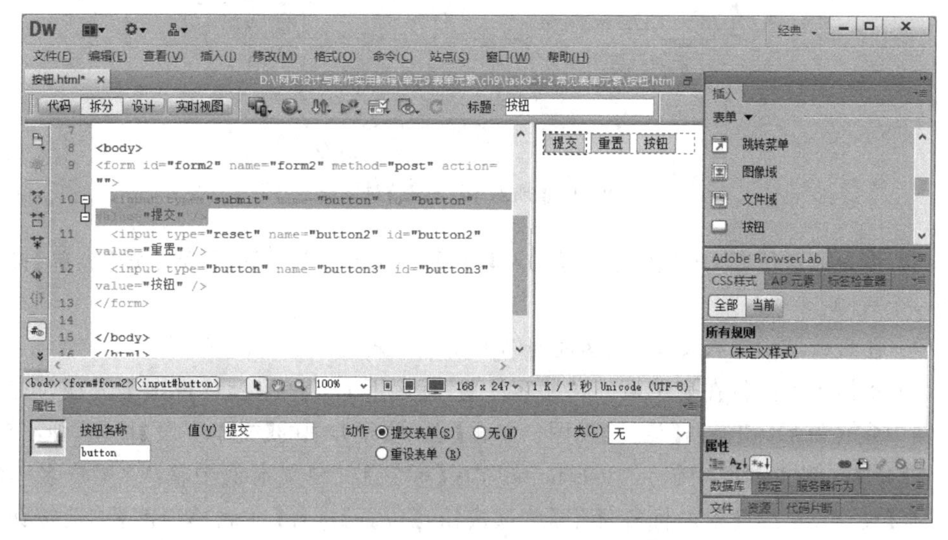

图 9-9 各类按钮及其 HTML 代码

任务实例 9-1-1：制作表单网页

制作如图 9-10 所示的表单网页。

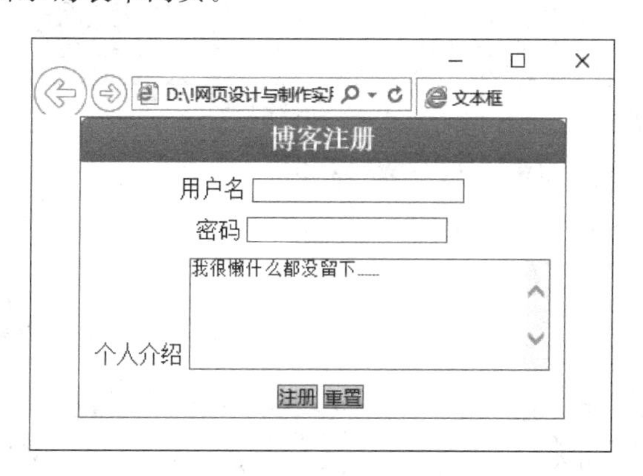

图 9-10 表单网页

任务实施

主要操作步骤如下所述。

(1) 在Dreamweaver CS6中新建站点，在其中建立一个空白网页，并在【文件】面板中双击打开它。

(2) 单击【插入】面板【常用】分类中的【插入Div标签】按钮，弹出如图9-11所示对话框。在【ID】文本框输入“wrapper”，单击【确定】按钮后，插入DIV。

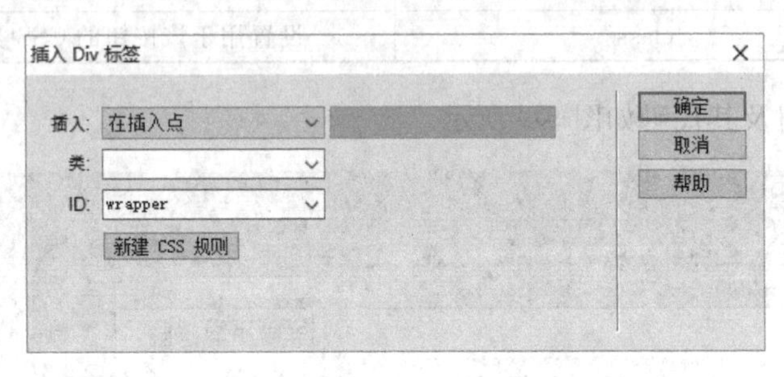

图9-11 【插入Div标签】对话框

(3) 将光标定位在DIV内，打开【插入】面板，然后单击【表单】分类下的【表单】按钮，插入一个表单。

(4) 在表单域内输入文本“博客注册”，并把它设置为“三级标题”。

(5) 将插入点定位在表单域中，“博客注册”标题下面。如果设计视图不方便，可从代码视图中定位好后，切换回【设计】视图。单击【表单】分类中的【文本字段】按钮，弹出对话框。在【ID】右侧文本框中输入“username”，在【标签】右侧文本框中输入“用户名”，【样式】选择【使用for属性附加标签标记】单选按钮，【位置】选择【在表单项前】单选按钮，然后单击【确定】按钮，完成文本字段的插入。

这时，除了插入一个<input>标签外，额外添加了一个<label>标签，代码和效果如图9-12所示。

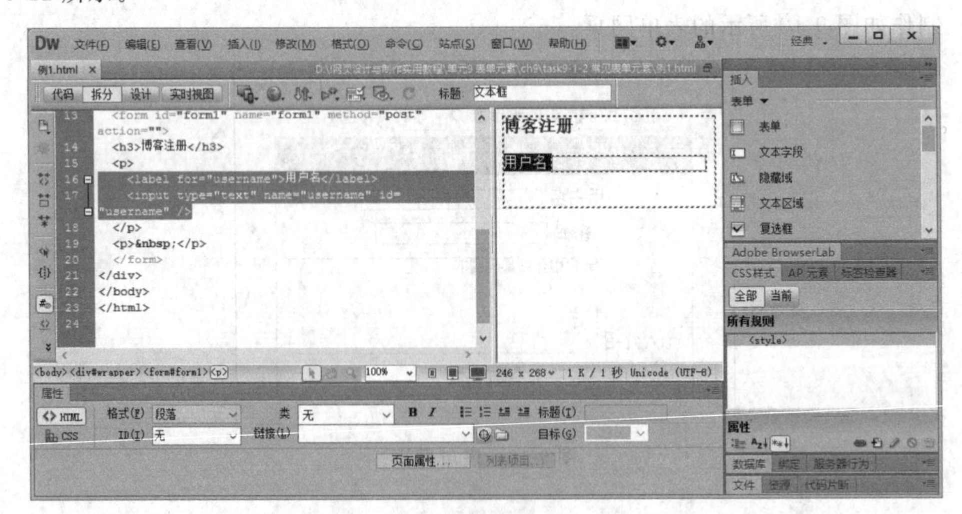

图9-12 插入文本字段后的代码和效果

(6) 在文本字段下方，再插入一个文本字段。标签内容为“密码”。插入后，单击该文本框，【属性】面板中【类型】单选按钮组的【密码】单选按钮被选中，如图 9-13 所示。

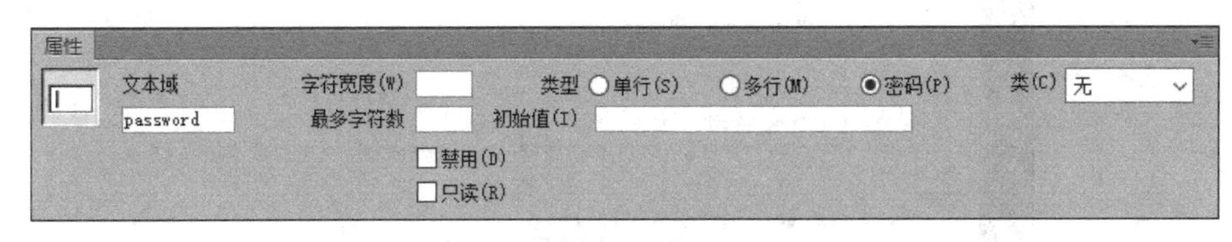

图 9-13 文本字段设置为密码框

(7) 继续插入第 3 个文本字段，标签内容为“个人介绍”。插入后，使用【属性】面板把该文本字段的类型设置为【多行】，即文本区域。【属性】面板的各项参数如图 9-14 所示。

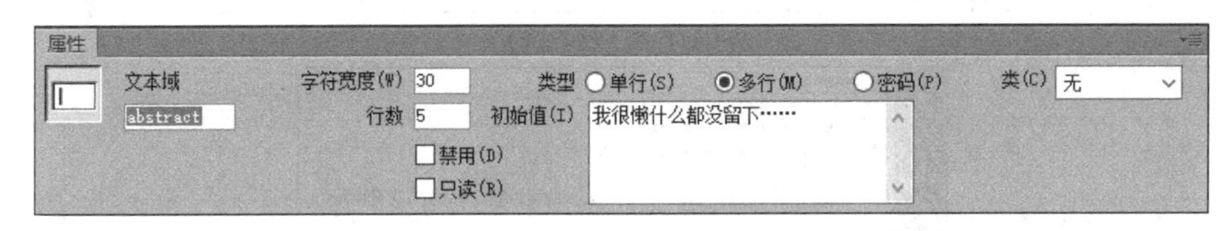

图 9-14 文本区域属性

(8) 表单一般要有提交按钮。将插入点定位在表单域最下面，然后单击【插入】面板【表单】分类中的【按钮】。在弹出的对话框中，在【ID】右侧文本框中输入“submit”，【标签】右侧文本框为空，【样式】选择【无标签标记】单选按钮，【位置】选择【在表单项前】单选按钮。单击【确定】按钮，完成按钮的插入。用同样的方法，在该按钮的右侧再插入一个按钮。

(9) 选中第一个按钮，各项参数设置如图 9-15 所示，将其设置为一个“注册”按钮。

图 9-15 “注册”按钮设置

(10) 选中第二个按钮，重设按钮设置，如图 9-16 所示，将其设置为一个“重置”按钮。

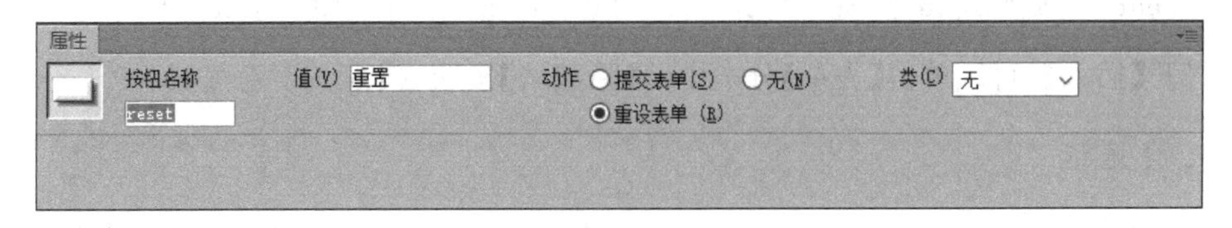

图 9-16 重设按钮

(11) 新建 CSS 规则，设置 DIV：wrapper 的宽度为 348px，为其添加一个边框。使用 CSS 设置“博客注册”为“3 级标题”，并设置其高度和背景图片。

(12) 页面的主要 HTML 代码结构如图 9-17(a)所示，CSS 代码如图 9-17(b)所示。

(13) 保存网页，最终网页效果如图 9-10 所示。

```
33 <div id="wrapper">
34   <form id="form1" name="form1" method="post" action="">
35   <h3>博客注册</h3>
36   <p>
37     <label for="username">用户名</label>
38     <input type="text" name="username" id="username" />
39   </p>
40   <p>
41     <label for="password">密码</label>
42     <input name="password" type="password" id="password" value="" />
43   </p>
44   <p>
45     <label for="abstract">个人介绍</label>
46     <textarea name="abstract" cols="30" rows="5" id="abstract">
47     我很懒什么都没留下……</textarea>
48   </p>
49   <p>
50     <input type="submit" name="submit" id="submit" value="注册" />
51     <input type="reset" name="reset" id="reset" value="重置" />
52   </p>
53   </form>
54 </div>
```

(a) HTML 代码结构

```
7  #wrapper {
8      width: 348px;
9      text-align: center;
10     border: 1px solid #06F;
11     margin-right: auto;
12     margin-left: auto; /*左右外边距自动，使DIV在窗口中间*/
13 }
14 * { /*消除默认内外边距*/
15     margin: 0px;
16     padding: 0px;
17 }
18 p {/*段落增加前后间距*/
19     margin-top: 10px;
20     margin-bottom: 5px;
21 }
22 #wrapper h3 {/*标题格式*/
23     background-image: url(images/example1_bg.png);
24     background-repeat: no-repeat;
25     height: 31px;
26     line-height: 31px;
27     color: #FFF;
28 }
```

(b) CSS 代码

图 9-17 页面 HTML 和 CSS 代码

3. 隐藏域

隐藏域是表单中的一个隐藏元素，在网页上并不显示。隐藏域的功能是向服务器传递表单中不能显示或者不用显示的数据。

```
<input type="hidden" name="hiddenField" id="hiddenField" value="" />
```

打开【插入】面板，单击【表单】分类中的【隐藏域】按钮，插入一个隐藏域。

4. 复选框

图 9-18 所示就是网页中的复选框。复选框在表单中一般成组出现，用户一次可以选择其中的一个或者多个，也可以一个都不选。图 9-18 中出现的是一组 4 个复选框。

复选框的插入方法如下所述：将光标定位在插入点，打开【插入】面板，然后单击【表单】分类中的【复选框】按钮。在弹出的对话框中，在【ID】右侧文本框中输入“xq”，在【标签】右侧文本框中输入“跑步”，【样式】选择【使用 for 属性附加标签标记】单选按钮，【位

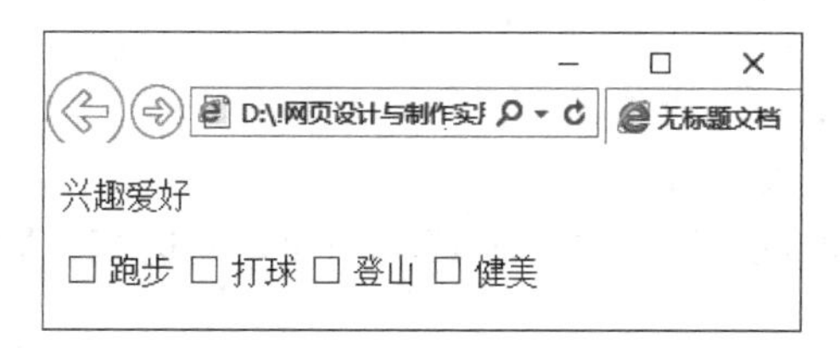

图 9-18 含“复选框”的网页

置】选择【在表单项后】单选按钮，然后单击【确定】按钮，完成复选框的插入。采用同样的方法，插入如图 9-19 所示的复选框，其外观及对应的代码如图 9-19 所示。

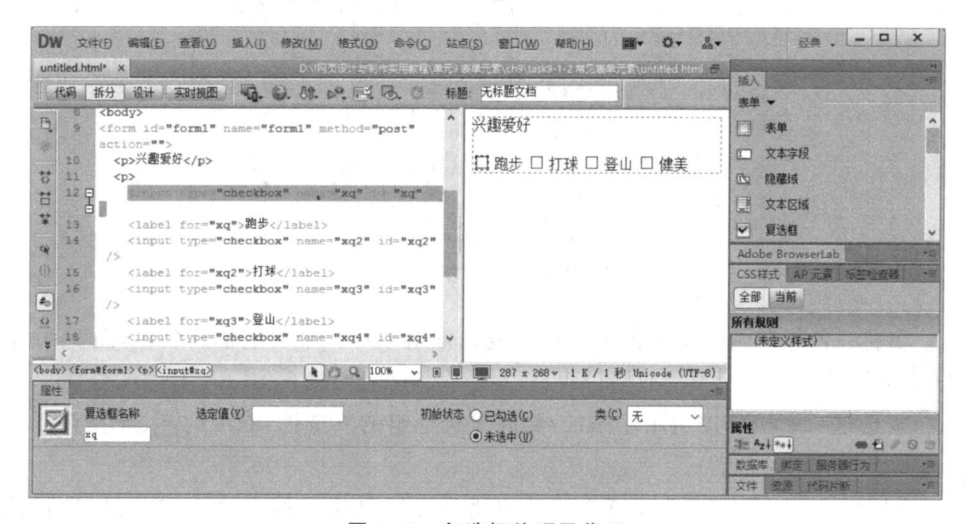

图 9-19 复选框外观及代码

选中复选框，窗口下方的【属性】面板显示该复选框的属性。可以在这里设置复选框的属性。【属性】面板的项目名称及其含义如表 9-7 所示。

表 9-7 复选框【属性】面板参数描述

名　称	对应的 HTML 属性	描　　述
复选框名称	name 和 id	设置文本框的 name 和 id 属性。同一组复选框 id 不同，name 相同
选定值	value	设置复选框的值。选中该复选框后，表单提交的这个值被提交给服务器
初始状态	checked	设置复选框的初始状态是选中，还是未选中
类	class	设置用于该复选框的 CSS 类

5. 复选框组

复选框组并不是一个表单元素，而是 Dreamweaver 为了方便设计人员操作，提供的一种批量插入复选框的方法。

复选框组就是一组复选框。这组复选框的名称 name 属性都相同。服务器在获取用户提交的选择数据的时候就是按照这个名字来获取。插入复选按钮组比逐个插入复选按钮的效率要高。

插入复选框组的方法如下所述。

(1) 将插入点定位在表单域内。

(2) 打开【插入】面板，然后单击【表单】分类下的【复选框组】按钮，弹出如图 9-20 所示对话框。

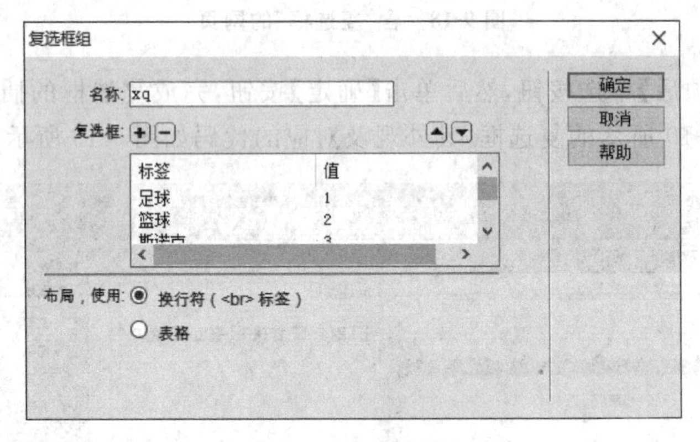

图 9-20　插入复选框组

① 名称：名称右侧的文本框用于设置复选框组中每一个复选框的名称，图 9-20 中设置的是“xq”。

② 复选框：+和−按钮用于添加/删除复选框组的复选框，右面的▲、▼按钮用于调整复选框之间的相对位置。

对话框最下方的【布局，使用】单选按钮用于设置复选框的布局方式，可以选择使用【换行符】或者【表格】进行布局。

(3) 单击【确定】按钮，插入该复选框组。效果和代码如图 9-21 所示。

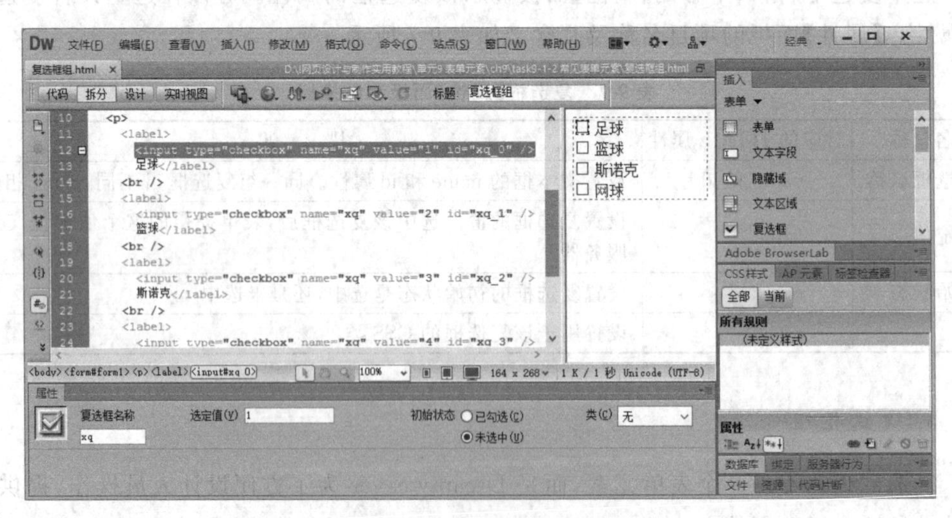

图 9-21　选框组代码和外观

复选按钮组插入后，其外观和位置还可以进一步调整，使之更符合设计人员的要求或更美观一些。

6. 单选按钮

单选按钮的外观如图 9-22 所示。单选按钮也是表单中的常用元素。和复选按钮不同，对于同一组单选按钮，一次最多只能选中其中一项。

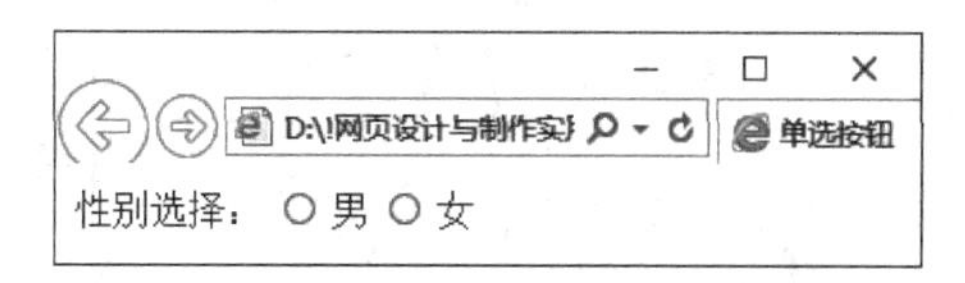

图 9-22　单选按钮

插入单选按钮的方法如下所述。

(1) 将插入点定位在表单域中。

(2) 将插入点定位在表单域中，然后单击【插入】面板【表单】分类中的【单选】按钮。在弹出的对话框中，在【ID】右侧文本框中输入“xb”，在【标签】右侧文本框中输入“男”，【样式】选择【使用 for 属性附加标签标记】单选按钮，【位置】选择【在表单项后】单选按钮，然后单击【确定】按钮，完成单选按钮的插入。采用同样的方法，插入“女”单选按钮。

(3) 图 9-22 所示单选按钮页面对应的 HTML 源代码如图 9-23 所示。

```
8   <body>
9   <form id="form1" name="form1" method="post" action="">
10    性别选择:
11    <input type="radio" name="radio" id="xb" value="xb" />
12    <label for="xb">男</label>
13    <input type="radio" name="radio" id="xb2" value="xb" />
14    <label for="xb2">女</label>
15  </form>
16  </body>
```

图 9-23　单选按钮源代码

7. 单选按钮组

使用 Dreamweaver CS6 的单选按钮组，可以一次插入一组单选按钮。插入单选按钮组的方法如下所述。

(1) 将插入点定位在表单域中。

(2) 打开【插入】面板，然后单击【表单】分类中的【单选按钮组】按钮，弹出如图 9-24 所示的对话框。设置单选按钮组的名称为“hunfou”，单选按钮的信息、布局方式等参数如图 9-24 所示。

(3) 插入的单选按钮组的外观显示效果如图 9-25 所示。

(4) 插入单选按钮组对应的 HTML 代码如图 9-26 所示。

提示

(1) 单选按钮组和复选框组一样，也不是独立的 HTML 表单元素，而是 Dreamweaver CS6 提供的一个快速插入多个单选按钮的方法。

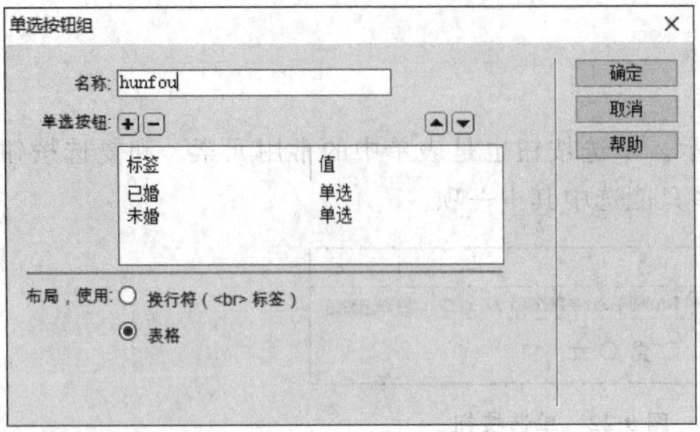

图 9-24 插入单选按钮组

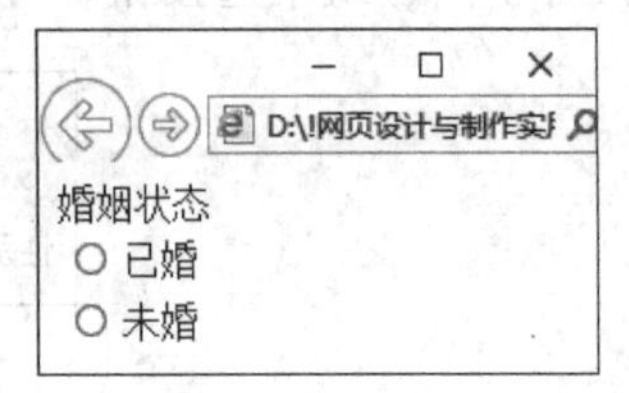

图 9-25 单选按钮组显示效果

```
<form id="form1" name="form1" method="post" action="">
  婚姻状态<br />
  <table width="200">
    <tr>
      <td><label>
        <input type="radio" name="hunfou" value="单选" id="hunfou_0" />
        已婚</label></td>
    </tr>
    <tr>
      <td><label>
        <input type="radio" name="hunfou" value="单选" id="hunfou_1" />
        未婚</label></td>
    </tr>
  </table>
</form>
```

图 9-26 单选按钮组 HTML 代码

(2) 单选按钮组插入后,在网页中就是多个独立的单选按钮。

(3) name 属性相同的单选按钮构成一组,在每组单选按钮中只可以选择一个。

8. 列表/菜单

列表也称选择列表,菜单在有些资料中也叫下拉列表框、组合框。在表单中,这两种不同外观的元素其实是一个——选择列表,对应的 HTML 标签都是 select。

列表/菜单的外观如图 9-27 所示。

在图 9-27 左侧选择列表的源代码如图 9-28 所示。

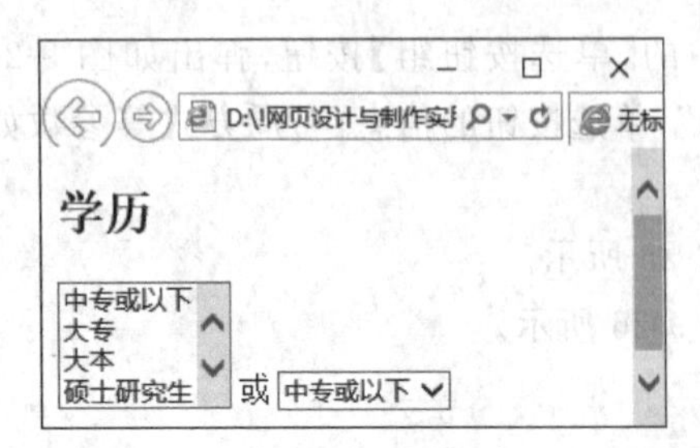

图 9-27 列表/菜单

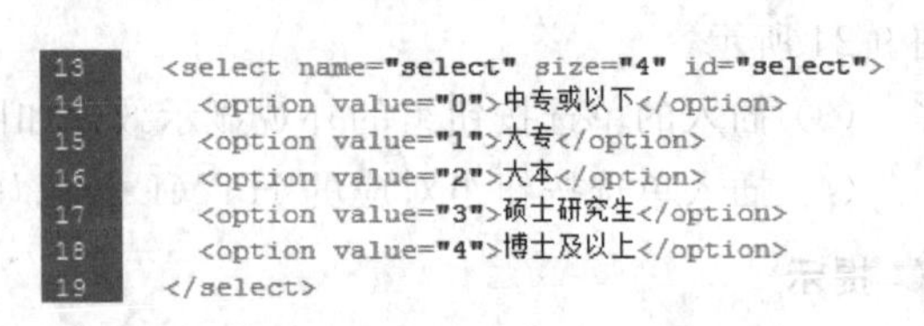

```
<select name="select" size="4" id="select">
  <option value="0">中专或以下</option>
  <option value="1">大专</option>
  <option value="2">大本</option>
  <option value="3">硕士研究生</option>
  <option value="4">博士及以上</option>
</select>
```

图 9-28 下拉列表框对应的 HTML 代码

图 9-28 右侧下拉列表框(菜单)的源代码大同小异,只是少了一个 size 属性。对于一个选择列表,把 size 属性去掉,或者把 size 属性的值设置为"1",就变成了下拉列表框。

列表/菜单的插入方法如下所述。

(1) 将插入点定位在表单域内。

(2) 打开【插入】面板,然后单击【表单】分类中的【选择(列表/菜单)】按钮。在弹出的对话框中,在【ID】右侧文本框中输入"xl",在【标签】右侧文本框中输入"学历",【样式】选择【使用 for 属性附加标签标记】单选按钮,【位置】选择【在表单项前】单选按钮,然后单击【确定】按钮,完成列表/菜单的插入。该列表/菜单目前不带任何内容,需要添加。

(3) 单击选中上一步插入的"列表/菜单"对象,其【属性】面板如图 9-29 所示。

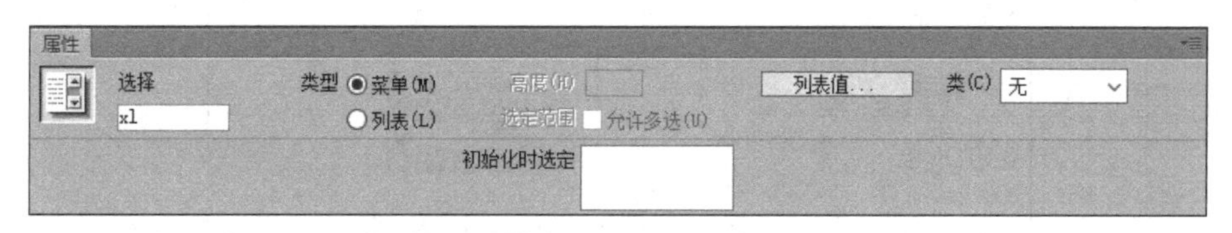

图 9-29 列表/菜单【属性】面板

列表/菜单【属性】面板的设置项目及其含义如表 9-8 所示。

表 9-8 列表/菜单【属性】面板参数描述

名　称	对应的 HTML 属性	描　述
选择	name 和 id	设置列表/菜单的 name 和 id 属性
类型	size	size 表示列表/列表中可见选项的数目 当选择"菜单"时,size="1",或者无 size 属性 当选择"列表"时,size 取值大于等于 2
列表值	option	设置列表/菜单的列表项目
类	class	设置用于该列表/菜单的 CSS 类
高度	size	设置列表/菜单中可见选项的数目(当类型选择"列表"时有效)
选定范围	multiple	设置列表/列表是否允许多选(当类型选择"列表"时有效)
初始化时选定	selected	设置列表/菜单初始状态选中的列表项

(4) 单击【属性】面板的【列表值】按钮,弹出如图 9-30 所示的对话框。按图中参数设置。单击【确定】按钮,完成添加列表/菜单项。

(5) 单击【属性】面板中【初始化时选定】列表框中的一项,如"中专及以下",设置列表/菜单在加载时初始选中的项目。

(6) 单击【属性】面板中【类型】单选按钮中的【列表】,在【高度】文本框中输入"4"。这时的选择列表/菜单变成一个列表,外观如图 9-31(a)所示。

(7) 单击选中【属性】面板的【选定范围】复选框,使得列表可以复选。复选的方法和 Windows 资源管理器中选择多个文件的方法类似,可以借助 Ctrl 键选择不连续的选项,借助 Shift 键选择多个连续的选项。可复选的列表效果如图 9-31(b)所示。

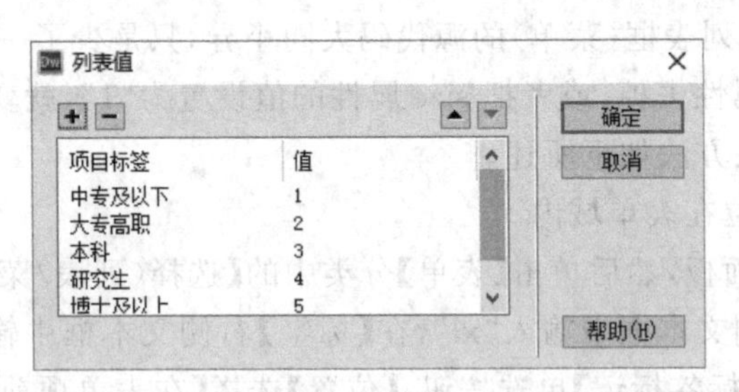

图 9-30 添加列表项

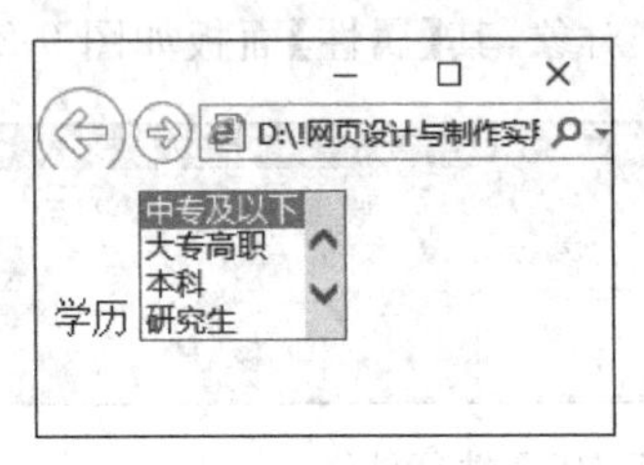

(a) 单选列表

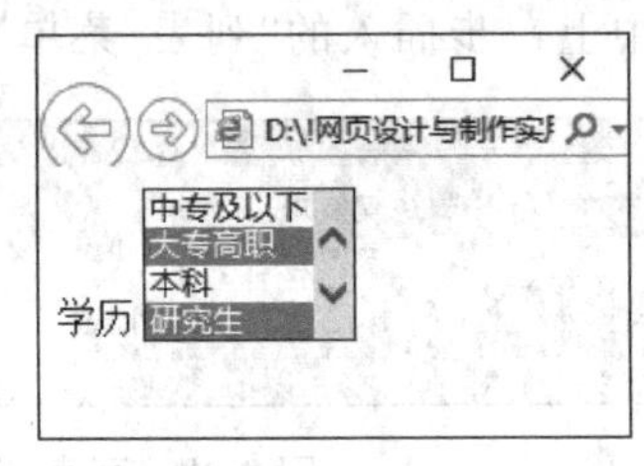

(b) 多选列表

图 9-31 选择列表的外观

9. 跳转菜单

有些网页上使用跳转菜单来代替超链接。图 9-32 所示是跳转菜单的显示效果。

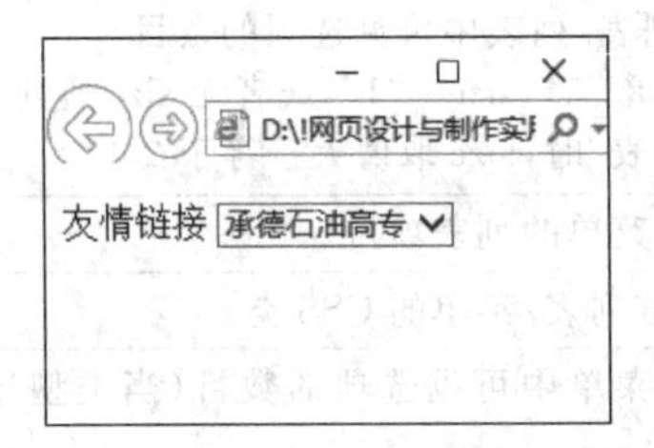

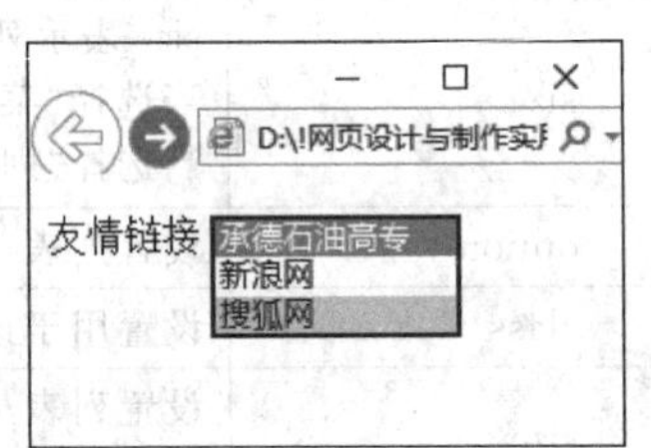

图 9-32 跳转菜单

用鼠标单击跳转菜单，然后在下拉列表中选择对应的项目，浏览器即跳转到相应的网页。

跳转菜单的制作方法如下所述。

(1) 将插入点定位在表单域中。

(2) 打开【插入】面板，然后单击【表单】分类中的【跳转菜单】按钮，弹出如图 9-33 所示对话框。

(3) 在【插入跳转菜单】对话框中加入几个菜单项，每个菜单项包括“文本”和“选择时，转到 URL”两个文本框，分别表示菜单项显示的文本内容和选中这一项时，浏览器跳转到的目标页面。URL 可以是相对路径，也可以是绝对路径。

(4) 跳转菜单实际上就是普通的选择菜单加上一段 JavaScript 脚本语言，如图 9-34 所示。

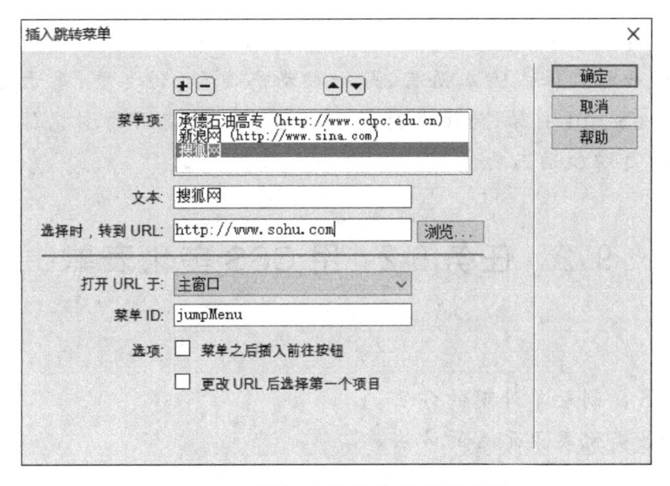

图 9-33 插入跳转菜单并设置参数

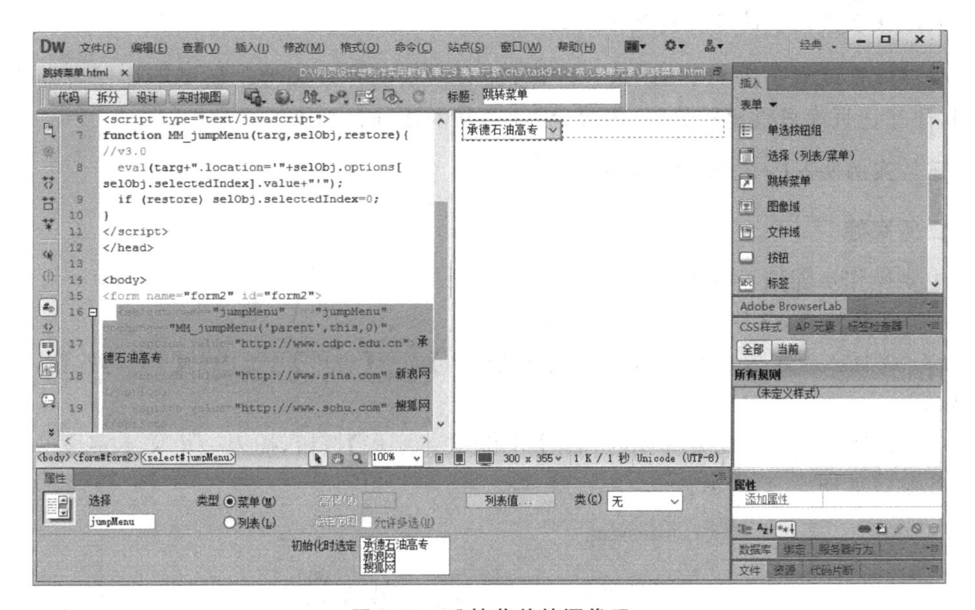

图 9-34 跳转菜单的源代码

(5) 跳转菜单的项目修改方法和普通选择菜单并无区别，只是在取值的时候必须是一个 URL，如图 9-35 所示。

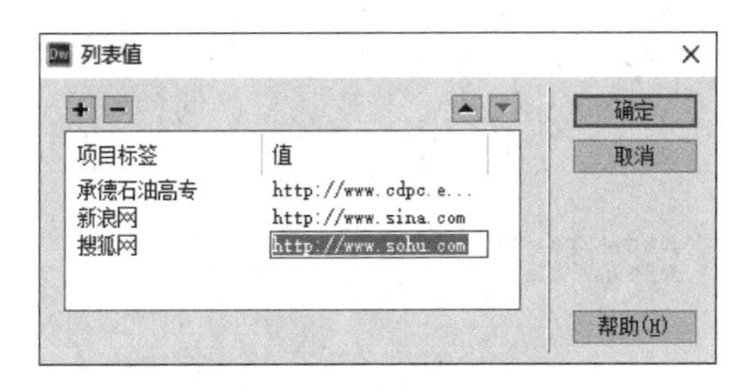

图 9-35 修改跳转菜单列表值

提示

JavaScript是一种直译式脚本语言,是一种动态类型、弱类型、基于原型的语言。它的解释器称为JavaScript引擎,为浏览器的一部分。广泛使用的浏览器客户端脚本语言可以为HTML网页增加动态功能。

9.2 任务9-2:用CSS美化表单

任务描述

(1) 掌握CSS控制表单外观的方法。

(2) 掌握CSS美化表单元素的方法。

知识点

表单及表单元素的外观美化方法。

表单元素就像其他HTML元素一样,拥有默认的外观属性。如果不加设置而直接使用,往往让页面显得比较简陋、粗糙,因此适当的修饰是必不可少的。

任务实例9-2-1:文本域的美化

任务实施

主要操作步骤如下所述。

(1) 新建站点,并建立一个空白网页。

(2) 将插入点定位在网页内,然后单击【插入】面板【表单】分类中的【表单】按钮,插入表单域。

(3) 将插入点定位在表单域内,然后单击【文本字段】按钮,插入一个文本字段。文本字段各参数如图9-36所示。

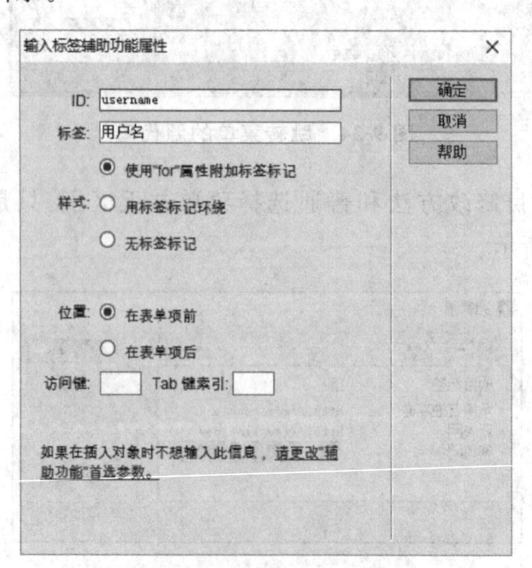

图9-36 插入文本字段并设置参数

(4) 将光标定位在文本字段"username"下方，然后插入另一个文本字段"password"。这时的外观和 HTML 代码如图 9-37 所示。

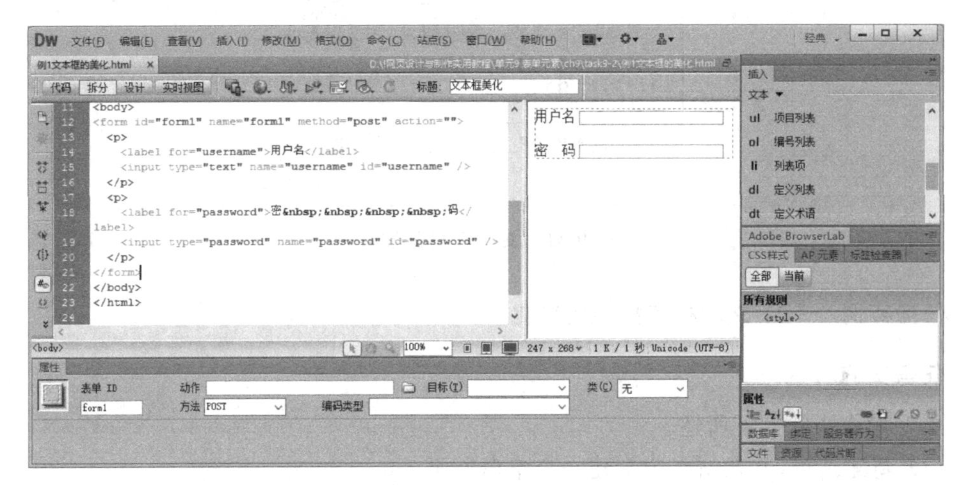

图 9-37 美化前的文本域

(5) 设置"用户名""密码"两个标签的字体为深灰色、20px 字体。

单击【CSS 样式】面板下方的添加按钮，弹出对话框。在【选择器类型】列表框中选择【标签】，在【名称】文本框输入"label"，在弹出的【属性构造器】对话框中设置字号和颜色。生成的 CSS 规则如图 9-38 所示。

(6) 设置文本框和密码框的格式，它们都是 input 元素。再次建立 CSS 样式，选择器名称"input"，设置边框为深灰色单线，字号为 20 号，蓝色。CSS 代码如图 9-39 所示。

```
7  label { /*该样式针对所有标签元素有效*/
8      font-size: 20px;
9      color: #333;
10 }
```

图 9-38 美化标签元素 CSS 代码

```
11 input { /*该样式针对所有的input元素*/
12     font-size: 18px;
13     color: #03F;
14     border: 1px solid #999;
15     width:200px;
16     line-height:20px;
17 }
```

图 9-39 文本框和密码框美化 CSS 代码

(7) 为"username"和"password"的个性化外观增加一个背景图片。相应的 CSS 代码如图 9-40 所示。

```
18 #username {
19     background-image: url(images/username_bg.jpg);
20     background-repeat: no-repeat;
21     background-position: left center;
22     padding-left: 22px;/*防止文字和背景图片重叠*/
23 }
24 #password {
25     background-image: url(images/password_bg.jpg);
26     background-repeat: no-repeat;
27     background-position: left center;
28     padding-left: 22px;
29 }
```

图 9-40 进一步美化文本框和密码框的 CSS 代码

(8) 保存网页,浏览效果如图 9-41 所示。

图 9-41　文本框浏览效果

任务实例 9-2-2：文本框和按钮的美化

任务实施

主要操作步骤如下所述。

(1) 新建站点,并在站点内新建一个空白网页。

(2) 将插入点定位在空白网页内,使用【插入】面板插入一个表单域。

(3) 将插入点定位在表单域内,输入适当的文字,插入两个文本字段和一个提交按钮。插入后的初始界面如图 9-42 所示。

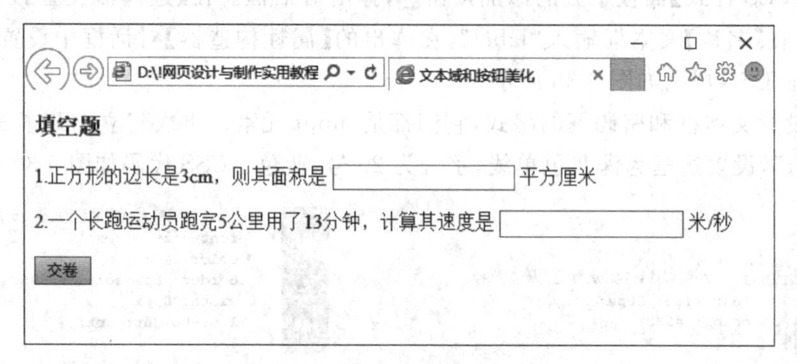

图 9-42　文本框和按钮美化前的效果

对应的 HTML 代码如图 9-43 所示。

(4) 美化两个文本域。

美化其边框样式,只保留下边框,设置字号、颜色和居中方式。为了有选择地把这些设置应用在多个文本域中,CSS 样式使用了类选择器。设置的 CSS 代码如图 9-44 所示。

单击选中页面中的文本域,在如图 9-45 所示【属性】面板的【类】列表框中选择【blank】类。

(5) 美化“交卷”按钮,其 CSS 代码如图 9-46 所示。

(6) 设置最外层 DIV 的边框,生成 CSS 代码如图 9-47 所示。

(7) 页面最终效果如图 9-48 所示。

```
9  <div id="box">
10 <form id="form1" name="form1" method="post" action="">
11   <h3>填空题</h3>
12   <p>1.正方形的边长是3cm，则其面积是
13     <label for="t1"></label>
14     <input type="text" name="t1" id="t1" />
15     平方厘米
16   </p>
17   <p>2.一个长跑运动员跑完5公里用了13分钟，计算其速度是
18     <label for="t2"></label>
19     <input type="text" name="t2" id="t2" />
20   米/秒</p>
21   <p>
22     <div id="div2">
23     <input type="submit" name="button" id="button" value="交卷" />
24     </div>
25   </p>
26 </form>
27 </div>
```

图 9-43 页面 HTML 代码结构

```
7  input.blank {
8      text-align: center; /*文字水平居中*/
9      border-bottom-width: 1px; /*底部边框1像素宽*/
10     border-top-style: none;   /*无上边框*/
11     border-right-style: none;  /*无右边框*/
12     border-bottom-style: solid;
13     border-left-style: none;  /*无左边框*/
14     border-bottom-color: #999; /*下边框灰色*/
15     width: 100px;
16     font-size: 18px;
17     color: #060;    /*深绿色字体*/
18 }
```

图 9-44 可应用于 input 元素的 CSS 类

图 9-45 把 CSS 类 blank 应用到文本域

```
19 #button {
20     font-size: 18px;
21     line-height: 25px;
22     width: 120px;
23     height: 30px;
24     text-align: center;
25     border: 1px solid #C00;/*按钮深红色边框*/
26     color: #C00; /*按钮深红色文字*/
27     background-color: #FF9;/*浅黄色背景*/
28     font-weight: bold;
29 }
30 #button:hover {
31     background-color: #FF3; /*鼠标经过按钮背景变色*/
32 }
33 #div2 {
34     text-align: center; /*按钮水平居中*/
35 }
```

图 9-46 设置“交卷”按钮的 CSS 代码

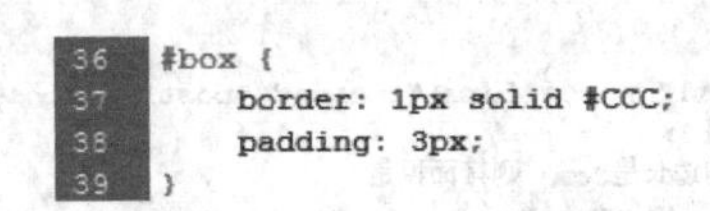

```
36 #box {
37     border: 1px solid #CCC;
38     padding: 3px;
39 }
```

图 9-47 设置外层 DIV 的边框 CSS 代码

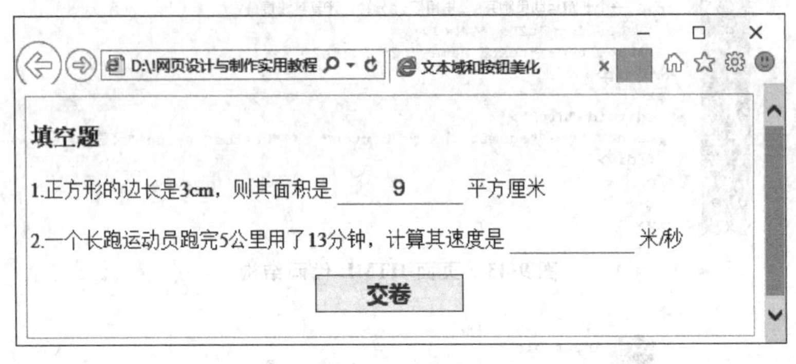

图 9-48 页面最终效果

9.3 单元小结

本单元介绍表单的概念和用途，表单元素的分类和功能，使读者学会使用常见的表单元素制作网页，并使用 CSS 美化表单及网页。本单元是网页设计的重要组成部分，为读者今后进一步学习 B/S 编程奠定基础。

9.4 单元实践操作

实践操作目的

(1) 灵活运用 HTML 表单元素。

(2) 熟练掌握使用 Dreamweaver CS6 制作表单页面的方法和技巧。

9.4.1 实践任务 9-4-1：制作会员注册页面

制作如图 9-49 所示的会员注册页面。按效果图对页面进行布局，对页面表单元素进行美化。操作要求及步骤如下所述。

(1) 在 Dreamweaver CS6 中新建站点，并建立空白网页。

(2) 插入 DIV：wrapper 和表单域。

(3) 在表单域内插入表单元素。

(4) 使用 CSS 样式，对表单元素和 DIV：wrapper 按图 9-49 所示进行美化设置。

(5) 保存网页，并进行浏览及调试。

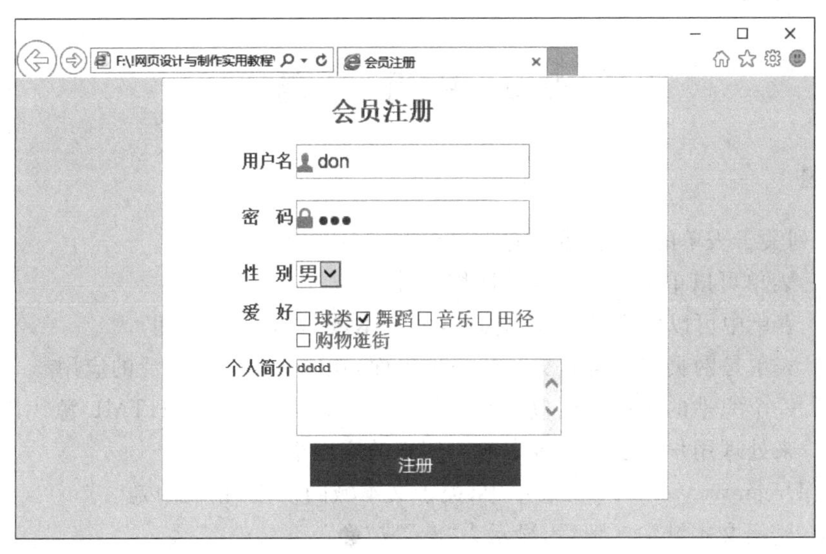

图 9-49　会员注册页面

9.4.2　实践任务 9-4-2：设计制作教务系统的“学生注册”网页

请参照任务实例 9-4-1，设计制作一个“学生注册”网页，要求色彩搭配大方、得体，图文并茂。

操作要求及步骤如下所述。

（1）在 Dreamweaver CS6 中新建站点，并建立空白网页。

（2）收集和整理素材。

（3）建立 HTML 页面结构。

（4）使用 CSS 样式，美化页面元素。

（5）页面浏览及调试。

填写实践任务评价表，如表 9-9 所示。

表 9-9　实践任务评价表

任务名称				
任务完成方式	独立完成（　　）		小组完成（　　）	
完成所用时间				
考 核 要 点	任务考核 A(优秀)，B(良好)，C(合格)，D(较差)，E(很差)			
	自我评价(30%)	小组评价(30%)	教师评价(40%)	总　评
Dreamweaver 使用熟练度				
正确使用表单元素				
使用 CSS 美化表单				
网页完成整体效果				
存在的主要问题				

9.5 单元习题

一、选择题

1. 下列关于表单的说法，错误的是（　　）。
   A. 表单可以单独存在于表单区域之外
   B. 表单中可以包含各种表单控件，如文本域、列表框和按钮
   C. 表单是网页与浏览者交互的一种界面，在网页中有着广泛的应用
   D. 一个完整的表单应该包括两个部分：一是描述表单的 HTML 源代码；二是用来处理用户在表单区域中输入信息的应用程序
2. 在 Dreamweaver CS6 的表单中，关于文本域的说法，错误的是（　　）。
   A. 密码文本域输入值后，显示为"*"或"●"
   B. 密码文本域与单行文本域一样，都可以进行最大字符数的设置
   C. 多行文本域不能进行最大字符数设置
   D. 多行文本域的行数设定后，输入内容将不能超过设定的行数
3. 对于表单标签<form action="URL" method=*>，其中的"*"代表（　　）。
   A. GET 或 SET　　B. GET 或 POST　　C. SET 或 POST　　D. GET 或 PUT
4. 表单中包含"性别"选项，且默认状态为"男"被选中。下列代码正确的是（　　）。
   A. <input type=radio name=sex checked>男
   B. <input type=radio name=sex enabled>男
   C. <input type=checkbox name=sex checked>男
   D. <input type=checkbox name=sex enabled>男
5. HTML 代码<input type=text name="address" size=30>表示（　　）。
   A. 创建一个单选框　　B. 创建一个单行文本输入区域
   C. 创建一个提交按钮　　D. 创建一个使用图像的提交按钮
6. 在表单标记中，用（　　）属性来提交填写的信息，调用表单处理程序。
   A. method　　B. name　　C. style　　D. action

二、问答题

1. 什么是表单？表单的功能是什么？
2. 表单的常用属性有哪些？各表示什么含义？
3. 常见表单元素有哪些？
4. 请列举平日上网时遇到的表单应用。

单元 10

制作包含特效的网页

Unit 10

案例宏观展示引入

有的网页增加了一些特效，使网页更加生动、美观、实用。常见的网页特效有网页菜单、选项卡、弹出的消息框、活动的页面时钟等，如图 10-1 所示。

(a) 微软主页的多级菜单

(b) 选项卡式面板

图 10-1　典型网页特效

本单元主要介绍网页的多种特效实现技术，包括行为、Spry构件、JavaScript脚本语言等，以及使用这些特效制作网页的方法和技巧。

学习任务

- 认识常见的网页特效
- 理解行为的基本概念，掌握行为的基本用法
- 了解Spry构件的概念，掌握Spry构件的基本使用方法
- 了解JavaScript的基本概念

10.1 任务10-1：行为

任务描述

(1) 认识行为。

(2) 掌握行为的基本用法。

10.1.1 任务10-1-1：认识行为

知识点

(1) 行为的概念。

(2) 行为的构成。

行为是以文档对象模型(DOM)和页面脚本语言(如JavaScript)为基础的一种动态HTML(DHTML)技术。行为是在某个对象上由某个特定事件引发的特定动作。鼠标单击、鼠标双击、网页加载、鼠标经过等都是典型的事件。动作可以是显示一个DIV、弹出一个消息框、变换一种属性等。

从本质上讲，行为实际上是网页上的一段JavaScript代码。经验丰富的网页设计人员可以通过直接编辑JavaScript代码，实现各种网页动态效果。Dreamweaver为了方便不太熟悉脚本编程的网页设计人员实现网页特效，设计了行为编辑工具，使得设计人员不需要编辑任何代码就可以实现多种特效。

行为的"构成三要素"包括对象(Object)、事件(Event)和动作(Action)。

(1) 对象是产生行为的主体。对象可以是整个网页、一个图像、一个超链接、一个DIV或者一个其他HTML元素。

(2) 事件是触发动态效果的条件。常用事件、事件名及其描述如表10-1所示。

表10-1 常用事件、事件名及其描述

事件	事件名	描述
失去焦点	onBlur	当某个对象(如文本框)失去焦点时发生
鼠标单击	onClick	当鼠标单击某对象时发生
获得焦点	onFocus	当某对象获得焦点时发生

续表

事　件	事件名	描　述
按键按下	onKeyDown	键盘某按键被按下时发生
按键按下并松开	onKeyPress	当键盘某按键被按下又抬起的时候发生
按键抬起	onKeyUp	当键盘某按键被抬起时发生
网页加载	onLoad	网页刚刚打开时发生
鼠标按键按下	onMouseDown	鼠标按键被按下时发生
鼠标移动	onMouseMove	鼠标移动时发生，每移动1像素，触发一次
鼠标移出	onMouseOut	鼠标移出某对象时发生
鼠标经过	onMouseOver	鼠标经过某对象时发生
鼠标按键抬起	onMouseUp	鼠标按键抬起时发生
网页卸载	onUnload	网页关闭时发生

(3) 动作是一种动态效果，由JavaScript实现。在Dreamweaver中可以通过【行为】面板设计。单击【窗口】→【行为】菜单或按Shift+F4组合键，可以打开【行为】面板。【行为】面板外观如图10-2(a)所示。【行为】面板上方的【标签】处显示了当前选择的行为对象。

(a)【行为】面板

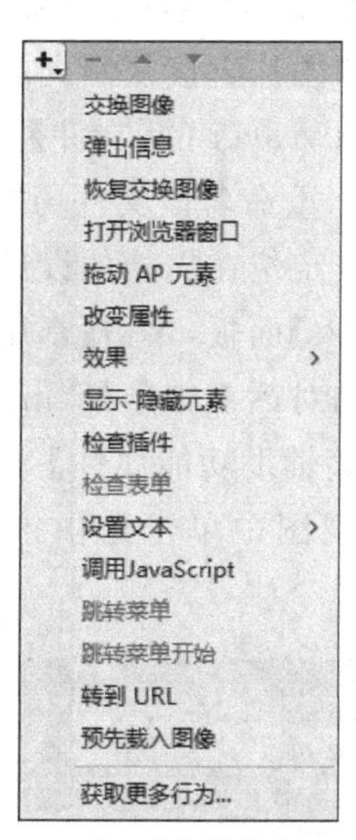

(b) 动作菜单

图10-2　【行为】面板及动作菜单

在【行为】面板中，单击 + 按钮，弹出如图10-2(b)所示的下拉菜单。菜单中列出了Dreamweaver CS6支持的动作。

行为创建的顺序是：选择对象→添加动作→调整事件。

注意

【动作】菜单中有一些不可用的菜单项，这是因为目前选择的对象不支持这些动作。选择的对象不同，可用的动作列表也不同。

10.1.2 任务10-1-2：使用行为实现网页特效

知识点

（1）添加行为的方法。

（2）行为的使用。

下面通过几个实例，介绍行为是如何实现网页特效的。

1. 交换图像

交换图像行为的功能是当鼠标经过图像时，图像自动变换为另一个图像；也可以实现当鼠标移开后，图像恢复为原图像的功能。

任务实例10-1-1：交换图像

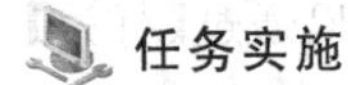

任务实施

主要操作步骤如下所述。

（1）新建站点。单击【站点】→【新建站点】菜单，弹出【站点设置对象】对话框。将【站点名称】设置为【交换图像】，【本地站点文件夹】位置可以自选。

（2）把需要的图片直接复制到站点根目录下的“images”文件夹中。

（3）在Dreamweaver的【文件】面板中，用鼠标右键单击根目录，在弹出的快捷菜单中选择【新建文件】。重命名该文件为“index.html”，并双击打开该文件。

（4）将插入点定位在文档的设计视图中。

（5）打开【插入】面板，单击【常用】分类中的【图像】按钮。

（6）在弹出的对话框中选择“images”文件夹下的“7.jpg”图像文件后，单击【确定】按钮，弹出【图像标签辅助功能属性】对话框。直接单击【确定】按钮，完成图像插入。

（7）在设计视图中单击选中该图像，在如图10-3所示的图像【属性】面板中，设置【ID】为【p1】。

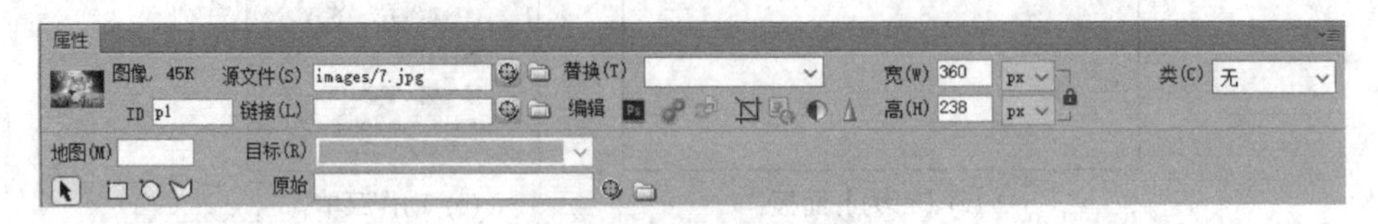

图10-3 图像【属性】面板

（8）单击【行为】面板的添加【行为】按钮，在弹出的下拉菜单中选择【交换图像】，弹出如图10-4所示的【交换图像】对话框。

（9）单击图10-4所示对话框中【设定原始档为】文本框后的【浏览...】按钮，选择文件“images/8.jpg”后，单击【确定】按钮。

复选框【预先载入图像】被选中，Dreamweaver将为网页对象，即“body”元素建立行为。当事件“onLoad”发生时，发生图像被加载动作。

复选框【鼠标滑开时恢复图像】被选中，表示在鼠标移开图像后，图像将恢复为交换前

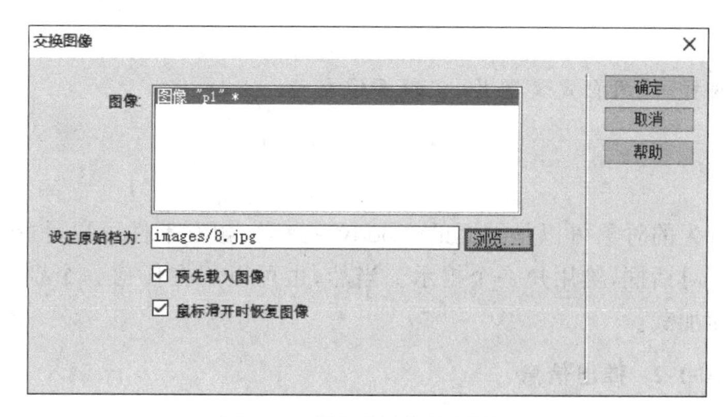

图 10-4 【交换图像】对话框

的图像。

(10) 将光标定位在网页空白处,即＜body＞元素中,可以看到【行为】面板中的＜body＞已经存在一个行为,如图 10-5(a)所示。单击图像,【行为】面板的内容如图 10-5(b)所示。可以看到,这时网页中的图片对象存在两个行为:当鼠标经过时,交换图像;当鼠标移开时恢复图像。

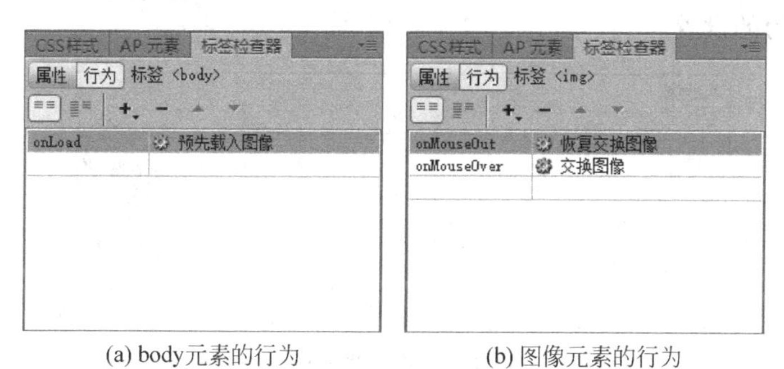

(a) body元素的行为　　(b) 图像元素的行为

图 10-5 交换图像行为

(11) 行为设置完毕的网页外观如图 10-6(a)所示。当鼠标经过时,网页中的图片发生交换。网页外观变化如图 10-6(b)所示。

(a) 图片交换前的网页

(b) 图片交换后的网页

图 10-6 图像交换

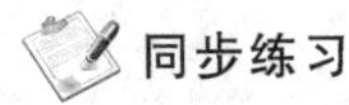

同步练习

新建空白网页，使用自定义图片，实现图像交换。

2. 弹出信息

弹出信息行为的对象可以是页面的<body>元素，触发事件可以是“onLoad”。网页加载时弹出一个对话框，给用户一个提示。当然，也可以用在任何一个别的对象上，事件也不仅限于页面加载。

任务实例 10-1-2：弹出信息

任务实施

主要操作步骤如下所述。

(1) 在 Dreamweaver CS6 中打开一个已存在的网页，或者新建一个空白网页。

(2) 不要选择任何网页元素，确保【行为】面板【标签】后面显示的是“<body>”标签。

(3) 单击【行为】面板的【添加行为】按钮 ＋，在弹出的下拉菜单中选择【弹出信息】菜单项。

(4) 在弹出的如图 10-7 所示的对话框中，输入一串消息文本后，单击【确定】按钮，完成弹出消息行为的设置。

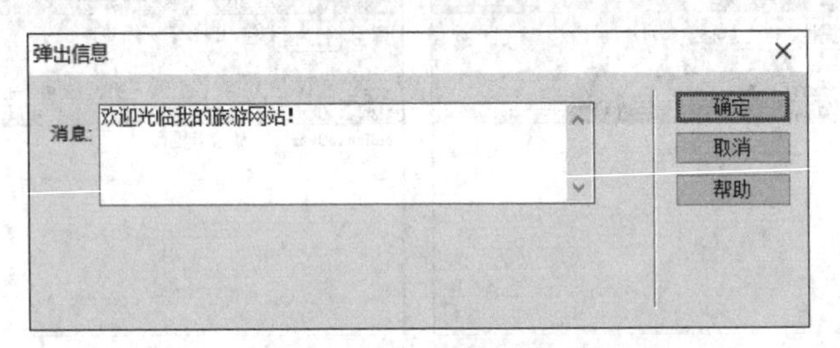

图 10-7　输入弹出信息

(5) 如图 10-8 所示，再次查看【行为】面板的行为设置，确保左侧事件为“onLoad”，表示该弹出消息是在网页加载完成后自动弹出的。

(6) 网页浏览效果如图 10-9 所示。

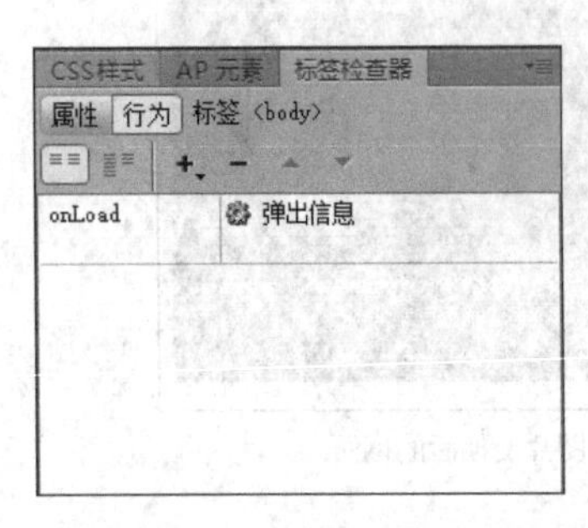

图 10-8　弹出信息【行为】面板

图 10-9　网页弹出信息行为的效果图

利用已有网页或者新建新网页，添加一个弹出信息。

3. 打开浏览器窗口

打开浏览器窗口，就是所谓的弹出窗口，用于自动弹出另外一个网页。

任务实例 10-1-3：打开浏览器窗口

任务实施

打开浏览器窗口的行为一般用于当用户浏览网页的时候，自动弹出一个窗口，用于发布一些通知，或者推送一个广告。主要操作步骤如下所述。

(1) 在站点内新建两个网页，分别命名为“index. html”和“ad. html”。

(2) 在【ad. html】中输入一些内容，用作弹出式广告，内容随意。

(3) 打开“index. html”，不要选择任何网页元素，确保【行为】面板的【标签】后面为“<body>”标签。

(4) 单击【行为】面板的【添加行为】按钮 ➕。

(5) 在弹出的下拉菜单中选择【打开浏览器窗口】，弹出如图 10-10 所示的对话框。

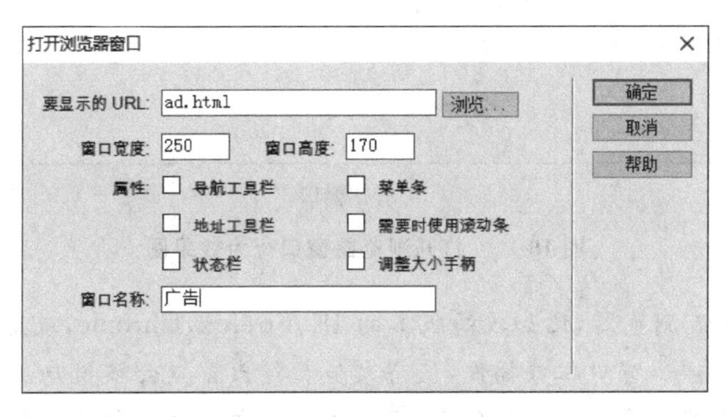

图 10-10　【打开浏览器窗口】对话框及参数设置

(6) 在图 10-10 所示对话框中，单击【浏览】按钮，弹出【打开文件】对话框。选择“ad. html”文件，将窗口的宽度设置为“250”，高度设置为“170”，窗口名称设置为“广告”。

【属性】复选框用来设置弹出窗口的外观属性。在相应的复选框前打钩，表示弹出窗口中显示对应的项目；否则，不显示对应的项目。

(7) 页面浏览效果如图 10-11 所示。

注意

(1) 如图 10-11(b)所示的弹出窗口，其外观并没有严格按照图 10-10 所示的设置来显示，比如大小、地址条等。这是因为现在主流浏览器都是多窗口模式的，每个网页占用浏览器窗口的一个标签，而不是整个浏览器窗口。在这种情况下，弹出的网页不是在独立窗口下显示，而是在一个标签下显示。

(a) 主窗口

(b) 弹出窗口

图 10-11 打开浏览器窗口行为效果图

(2) 现在的主流浏览器，比如较高版本的 IE、Firefox、Chrome，或者其他一些非独立内核浏览器都内置弹出窗口拦截插件，使得大多数弹出窗口会被用户拦截。因此，弹出窗口不适合用来发布非常重要的通知信息，只能用来推送不太重要的广告等信息。

同步练习

制作一个班级网站的首页，要求该网页加载的时候弹出一个通知窗口。

4. 显示/隐藏元素

任务实例 10-1-4：显示/隐藏元素

显示/隐藏元素行为可以让一个页面在某种事件发生后显示或隐藏起来。

任务实施

主要操作步骤如下所述。

(1) 在站点中新建一个空白网页。

(2) 在空白网页中输入如图 10-12 所示的标题，下方插入一根水平分割线，也就是

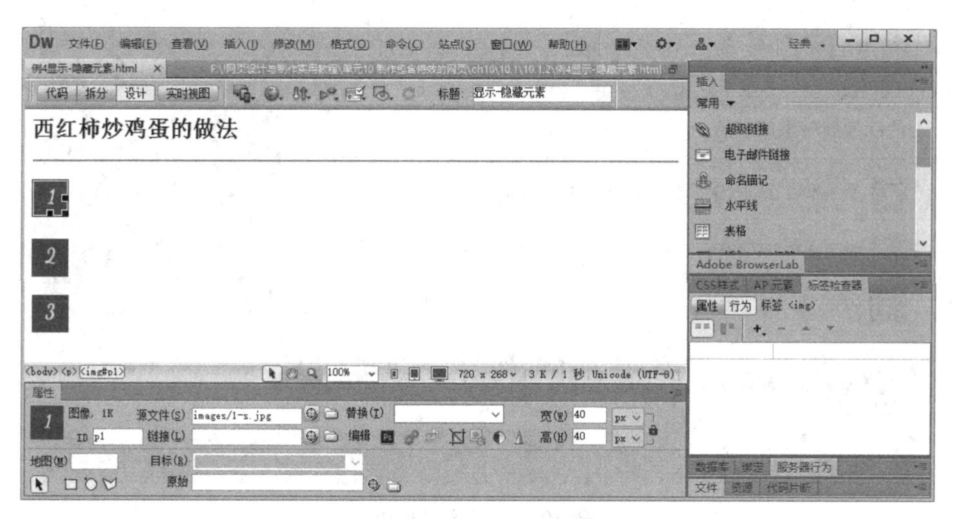

图 10-12 建立简单的页面

<hr/>元素。

(3) 插入如图中所示的3张图片,图片ID分别设置为"p1""p2"和"p3"。为了简单起见,每张图片插入后,直接按【回车键】换行。这样,每一张图片构成一个独立的段落,即被<p>标签包围。

(4) 生成的HTML源代码如图10-13所示。

```
8   <body>
9   <h2>西红柿炒鸡蛋的做法
10  </h2>
11  <hr />
12  <p><img src="images/1-s.jpg" name="p1" width="40" height="40" id="p1" />
13  </p>
14  <p><img src="images/2-s.jpg" name="p2" width="40" height="40" id="p2" /></p>
15  <p><img src="images/3-s.jpg" name="p3" width="40" height="40" id="p3" /></p>
16  </body>
```

图 10-13 页面源代码

(5) 打开【插入】面板,然后单击【布局】分类中的【绘制 AP Div】按钮。分别在3幅图片的后面绘制适当大小的AP Div区域,其ID分别设置为"apDiv1""apDiv2"和"apDiv3"。

(6) 在3个Div区域内输入如图10-14所示的文字。

(7) 使用【属性】面板,设置3个AP Div的可见性都为"hidden",如图10-15所示。

(8) 单击选中图片"p1"。

(9) 单击【行为】面板的【添加行为】按钮➕,然后在下拉菜单中选择【显示-隐藏元素】,弹出对话框如图10-16所示。

(10) 选中【div "apDiv1"】,然后单击【显示】按钮。

(11) 在如图10-17(a)所示的【行为】面板中,修改事件为"鼠标经过",即"onMouseOver"。

(12) 再次选中图片"p1",然后单击【行为】面板的➕按钮,在下拉菜单中选择【显示-隐藏元素】,弹出如图10-16所示对话框。

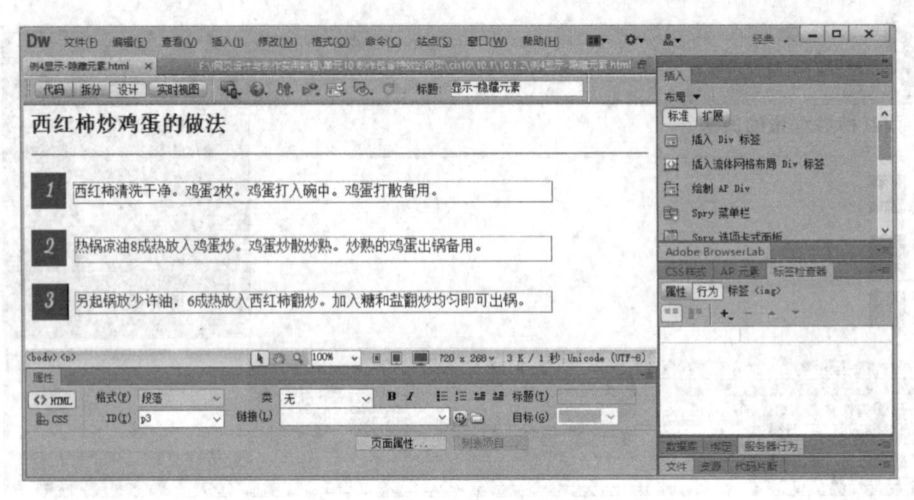

图 10-14 插入 AP Div

图 10-15 设置 AP Div 的“可见性”

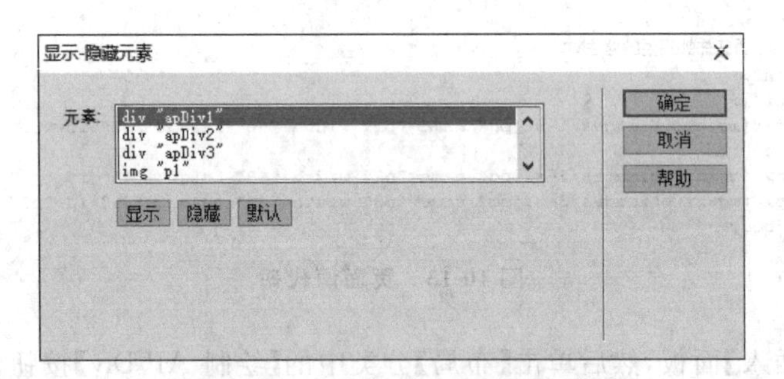

图 10-16 【显示-隐藏元素】对话框

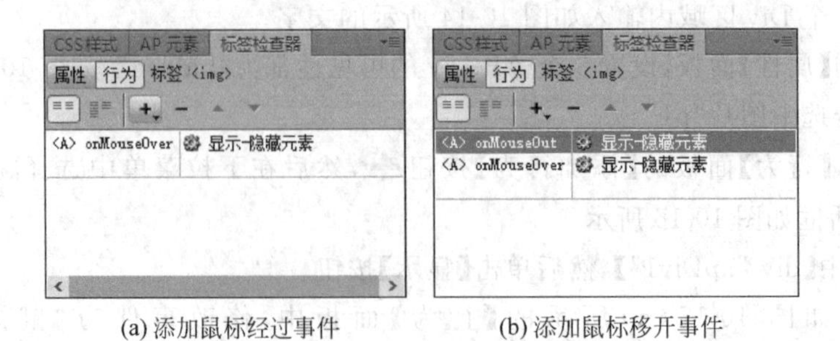

(a) 添加鼠标经过事件　　(b) 添加鼠标移开事件

图 10-17 【行为】面板

(13) 选中【div "apDiv1"】，然后单击【隐藏】按钮。

(14) 修改如图 10-17(b)所示【行为】面板中第二个行为的事件为“鼠标移出”，即“onMouseOver”。

(15) 参照步骤(8)～(14)，为图片 p2 和 p3 添加相应的行为。为 p2 添加的行为是显示、隐藏 apDiv2，为 p3 添加的行为是显示、隐藏 apDiv3。

(16) 单击按钮，然后在下拉菜单选择【预览在 IExplore】菜单项，在 IE 浏览器中浏览该页面。当鼠标经过图像时，右边显示对应的文字。鼠标离开图像后，右边的文字自动隐藏。效果如图 10-18 所示。

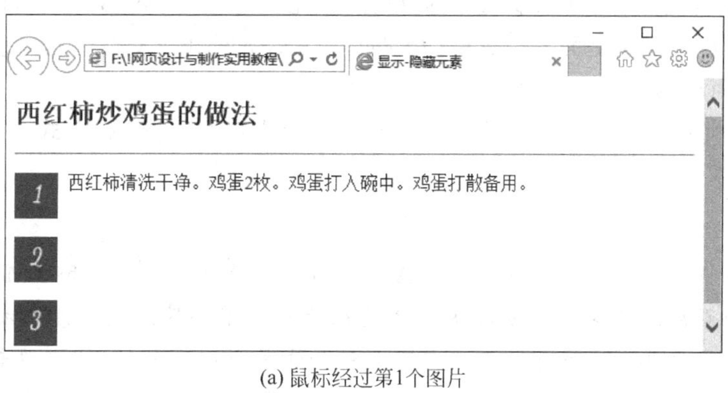

(a) 鼠标经过第1个图片

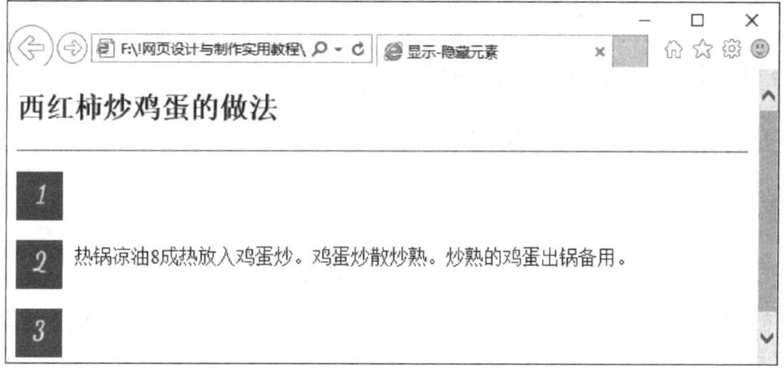

(b) 鼠标经过第2个图片

图 10-18　页面显示效果图

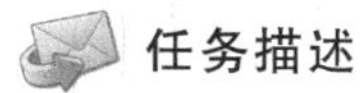

除此之外，还有其他行为，比如改变属性、设置文本、滑动等。

10.2　任务 10-2：Spry 构件

任务描述

(1) 了解 Spry 构件的概念。

(2) 学会常用 Spry 构件的使用方法。

10.2.1 任务 10-2-1：认识 Spry 构件

知识点

Spry 构件的概念。

Spry 构件可以看作是一种控件，是设计好的模块。Spry 构件是在 Spry 框架的基础上使用少量的 HTML、CSS 和 JavaScript 代码将 XML 数据合并到 HTML 文档中开发而成的。Spry 构件是一种实现 AJAX 的简单方式，比较适合对 JavaScript 编程不太熟悉的网页设计人员使用。它是面向网页设计人员的，而不是网页开发人员的。它和 AJAX 框架相比，更加简单、易用。

常用的 Spry 构件有 Spry 菜单栏、Spry 选项卡式页面、Spry 折叠式、Spry 可折叠面板、Spry 验证文本域等。

提示

AJAX 即 Asynchronous Javascript And XML（异步 JavaScript 和 XML），是指一种创建交互式网页应用的网页开发技术。通过在后台与服务器进行少量数据交换，AJAX 使网页实现异步更新。这意味着可以在不重新加载整个网页的情况下，更新网页的某些部分。传统的网页（不使用 AJAX）如果需要更新内容，必须重载整个网页。

10.2.2 任务 10-2-2：常用 Spry 构件

下面介绍几种常用 Spry 构件的用法。

1. Spry 菜单栏

使用 Spry 菜单栏可以轻松实现网页的多级菜单式导航栏。Spry 菜单的布局方式分为横向和纵向两种。菜单栏插入后，存在预设的样式，如果不满足需要，通过 CSS 样式表修改外观。

任务实例 10-2-1：插入 Spry 菜单栏

任务实施

主要操作步骤如下所述。

（1）新建站点，并在站点内新建一个网页。

（2）将插入点定位在新建的网页内，然后打开【插入】面板，单击【Spry】分类中的【Spry 菜单栏】按钮，弹出如图 10-19 所示的对话框。

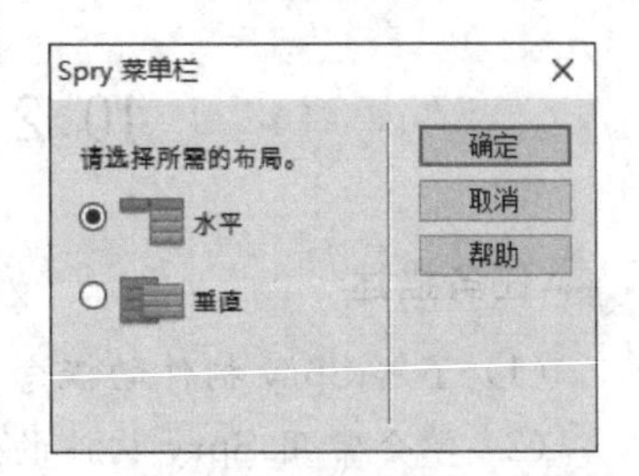

图 10-19 Spry 菜单栏布局选择

（3）在图 10-19 中，单击【水平】单选按钮，选中水平布局方式。

（4）单击【确定】按钮后，插入横向菜单栏，如图 10-20 所示。

（5）刚插入的菜单的各个菜单项的参数需要修改。

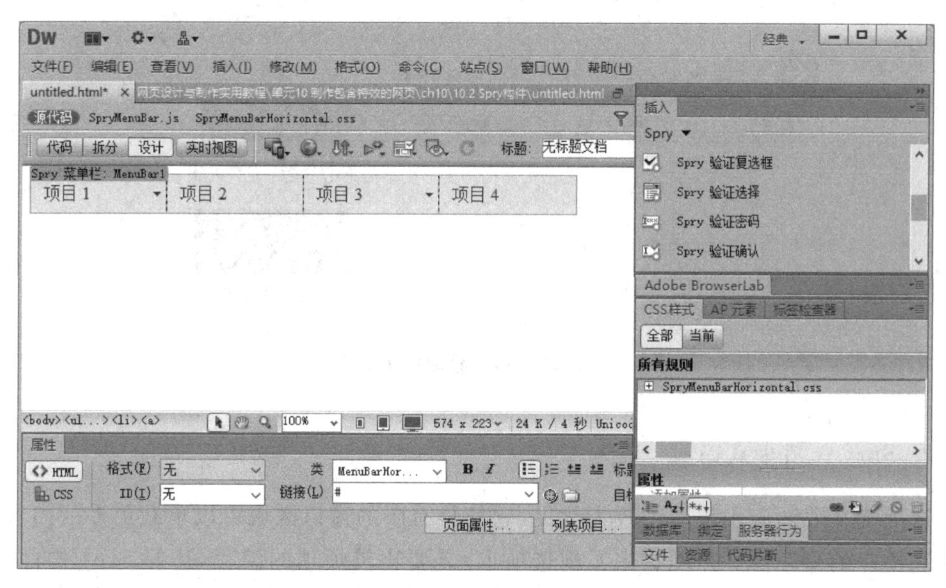

图 10-20 横向菜单栏

将插入点放在菜单栏内，然后单击菜单栏左上角的蓝色标签区域，选中整个菜单栏。

(6) Spry 菜单栏的【属性】面板如图 10-21 所示。

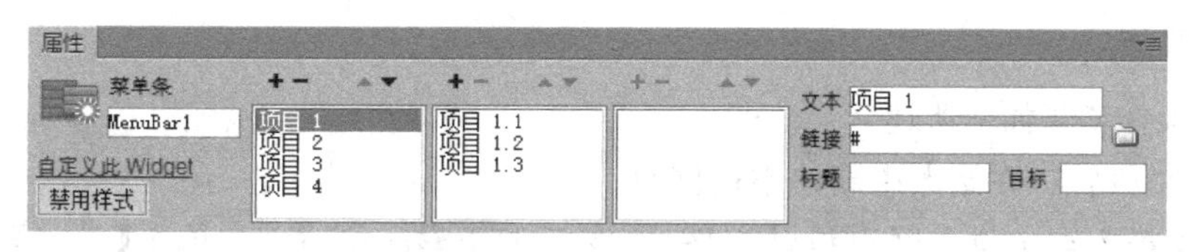

图 10-21 Spry 菜单栏【属性】面板

(7) 从【属性】面板可以看出，Spry 菜单一共有 3 级，每一级都使用 + − 按钮增删项目。使用 ▲▼ 按钮调整菜单顺序。

(8) 单击选中某一级的一个菜单，右侧【文本】文本框用于设置菜单项显示的文字，【链接】文本框用于设置该菜单项的超链接。

(9) 设置菜单栏的内容结构如图 10-22 所示。

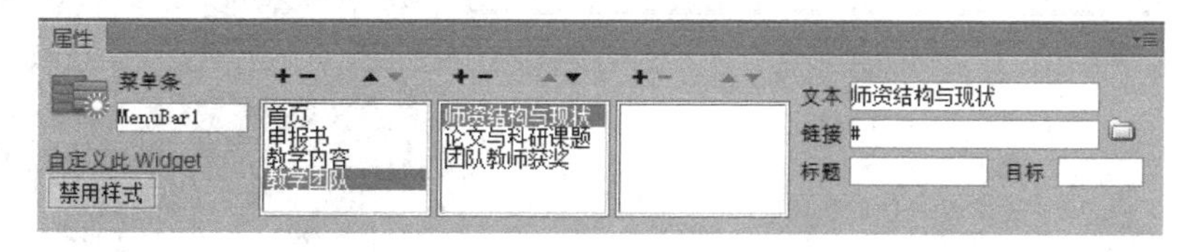

图 10-22 Spry 菜单栏项目设置

(10) 菜单栏的最终效果如图 10-23 所示。

同步练习

制作个人网站首页，导航栏使用 Spry 菜单栏实现。

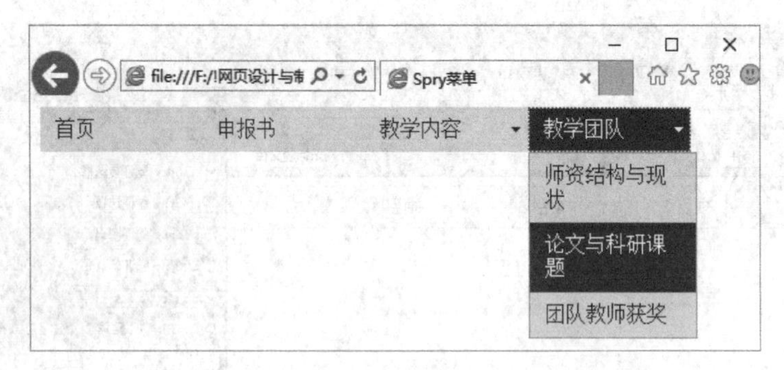

图 10-23 Spry 菜单栏效果图

2. Spry 选项卡式面板

选项卡在普通应用程序中较为常见，它使得有限的窗口区域可以承载更多的内容，增强了和用户的交互性。在网页中实现选项卡，需要比较烦琐的编程，还好 Srpy 构件提供了一种非常方便的途径。在 Dreamweaver CS6 中可以直接插入 Spry 选项卡式面板构件，不需要任何编程。

任务实例 10-2-2：插入 Spry 选项卡式面板构件

任务实施

主要操作步骤如下所述。

(1) 建立站点，在站点中新建空白网页。

(2) 将插入点定位在网页设计视图中，然后打开【插入】面板，单击【Spry】分类中的【Spry 选项卡式面板】按钮。插入的 Spry 选项卡式面板如图 10-24 所示。

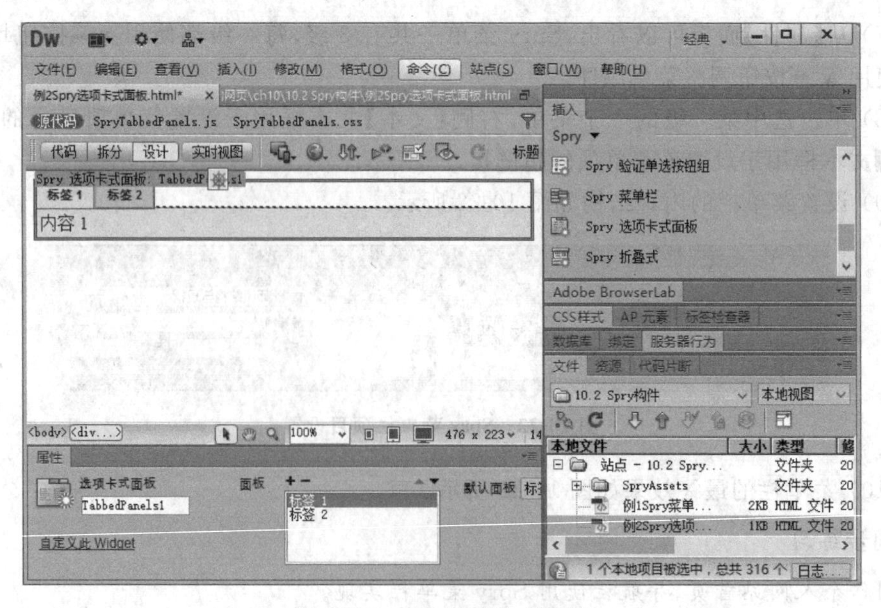

图 10-24 Spry 选项卡式面板

(3) 将插入点定位在插入的选项卡中，然后单击选项卡区域左上角的蓝色标签，选中这个 Spry 选项卡。

(4) 工具栏中显示 Spry 选项卡的属性，如图 10-25 所示。

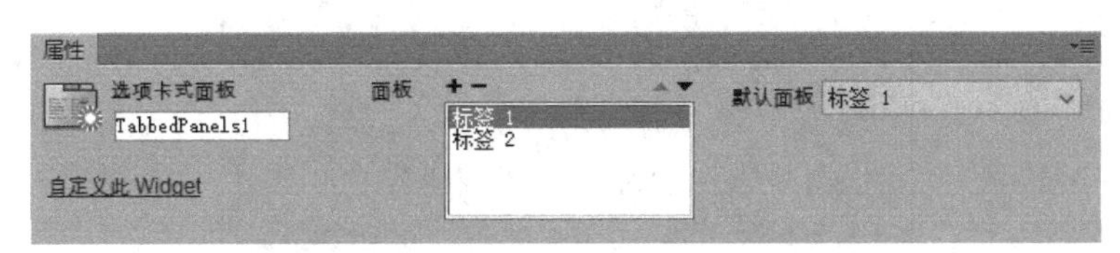

图 10-25 Spry 选项卡式面板的【属性】面板

(5) 面板后面的 + − 按钮用来添加或删除选项卡，▲▼按钮用来调整已有选项卡的前后排列次序。默认面板列表框用来选择默认显示的选项卡。

(6) 在设计视图中直接修改两个选项卡的文本，结果如图 10-26 所示。当前显示的是【国内新闻】选项卡。

(7) 在【国内新闻】选项卡内输入几条新闻标题，并制作空白超链接。输入的内容如图 10-27(a)所示。

(8) 单击【国际新闻】选项卡标签后的 按钮，显示该选项卡。

(9) 在【国际新闻】选项卡内输入如图 10-27(b)所示的内容，并制作空白超链接。

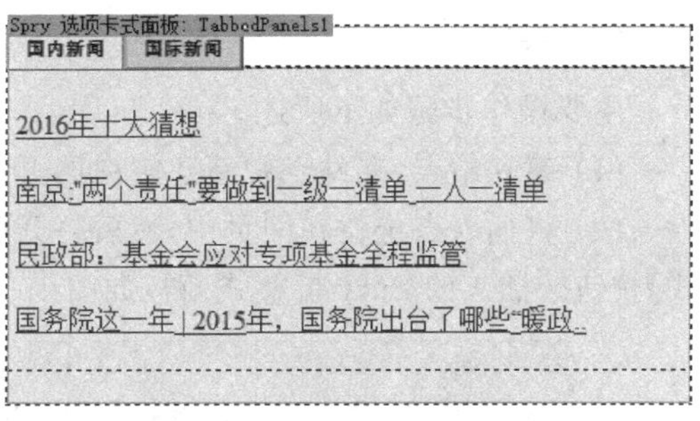

(a) 【国内新闻】选项卡内容

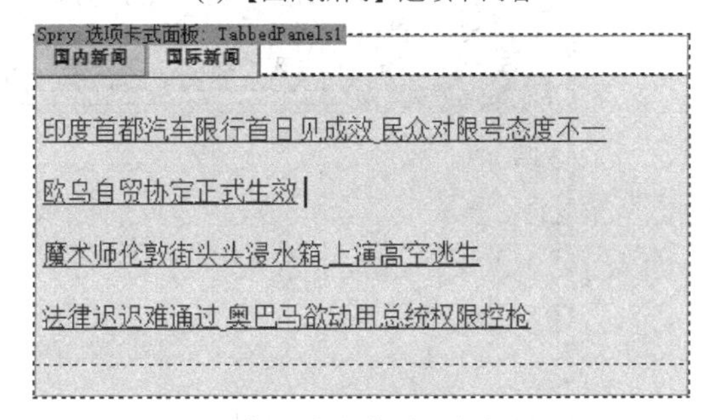

(b) 【国际新闻】选项卡内容

图 10-26 修改选项卡标签文字

图 10-27 选项卡内容设置

(10) 制作完成。网页浏览效果如图 10-28 所示。

同步练习

制作一个班级新闻网页，网页中要使用 Spry 选项卡式面板。

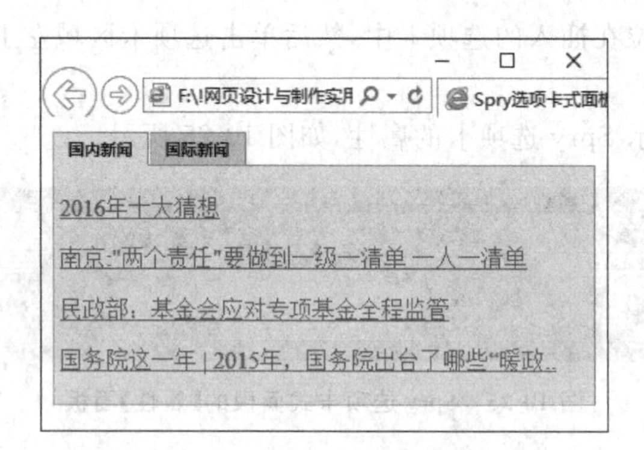

图 10-28 Spry 选项卡式面板网页浏览效果

3. Spry 折叠式面板

折叠式面板也是网页中常见的一种元素。折叠式面板包含几个面板，可以用鼠标单击面板标签来显示其中的一个，其他面板会自动隐藏，以节省所占空间。Spry 构件提供的折叠式面板不用编程，直接插入即可。

任务实例 10-2-3：插入 Spry 折叠式面板

任务实施

主要操作步骤如下所述。

(1) 建立站点，在站点中新建空白网页。

(2) 将插入点定位在网页中，然后打开【插入】面板，单击【Spry】分类中的【Spry 折叠式】按钮。插入的 Spry 折叠式面板如图 10-29 所示。

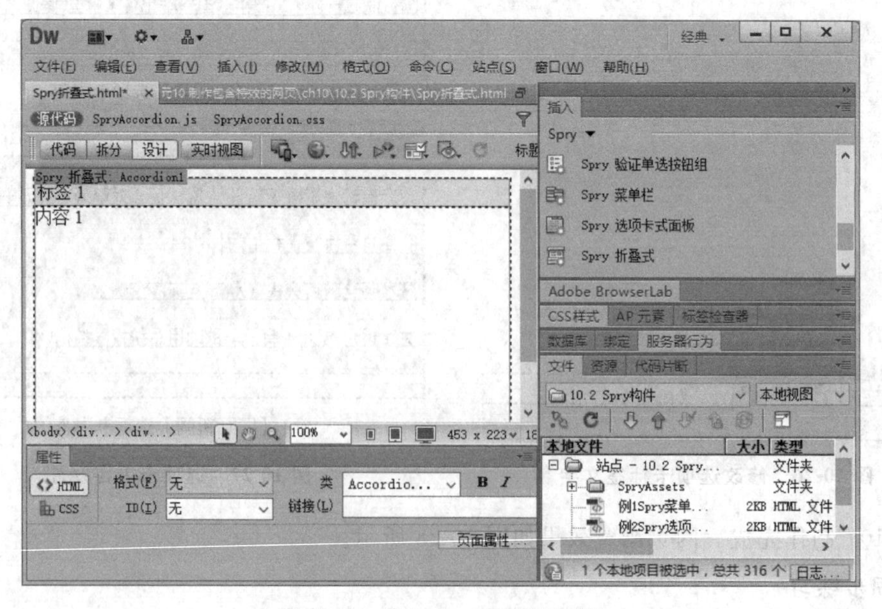

图 10-29 插入 Spry 折叠式面板

(3) 自动插入的折叠式面板包含两个面板,可以通过如图 10-30 所示的【属性】面板添加或删除。面板的 按钮用来添加或删除选项卡, 按钮用来调整已有选项卡的排列次序。

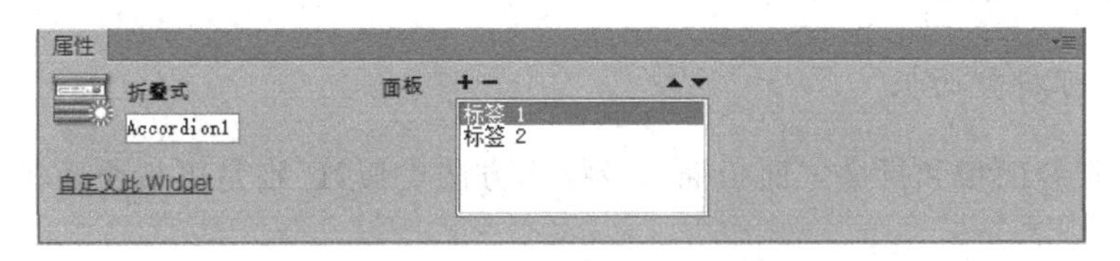

图 10-30　Spry 折叠式面板的【属性】面板

(4) 直接在设计视图中修改当前显示的第一个面板的标题和内容,如图 10-31(a)所示。

(5) 将鼠标悬停在第 2 个面板的标题条处,这时标题条后方自动显示 按钮。单击该按钮,Dreamweaver CS6 的设计视图中显示第 2 个面板的内容。

(6) 设置第 2 个面板的标题和内容如图 10-31(b)所示。

(a)【探索】面板内容设置

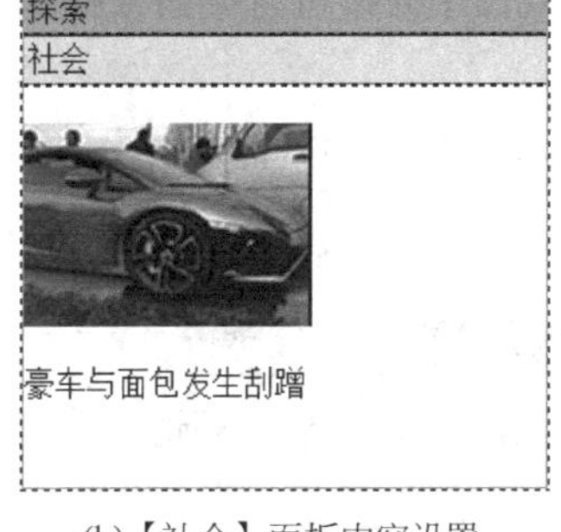

(b)【社会】面板内容设置

图 10-31　Spry 折叠式面板的内容设置

(7) 设计完成。页面最终效果如图 10-32 所示。

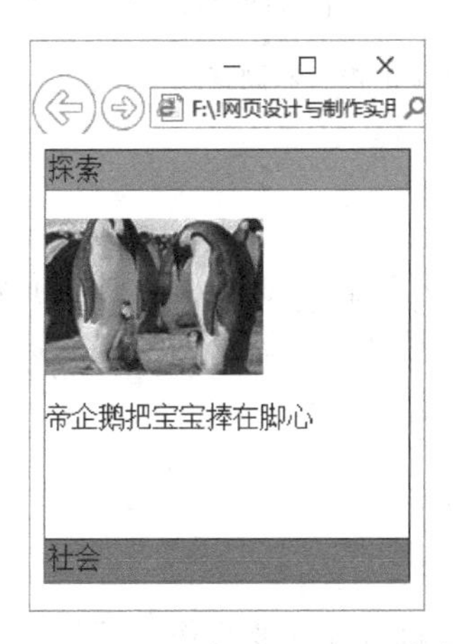

图 10-32　Spry 折叠式面板的浏览效果

同步练习

制作班级通知和新闻网页，要求包含 Spry 折叠式面板：一个面板显示班级通知；另一个面板显示班级新闻。

4. Spry 可折叠面板

Spry 可折叠面板和折叠式面板插入及操作方法类似，区别是可折叠面板只包含一个面板。

任务实例 10-2-4：插入可折叠面板

任务实施

主要操作步骤如下所述。

(1) 建立站点，在站点中新建空白网页。

(2) 将插入点定位在网页中，然后单击【插入】面板【Spry】分类中的【Spry 可折叠面板】按钮。

(3) 在设计视图中修改可折叠面板标题条文字为“校内通知”。面板内容如图 10-33(a)所示。

(4) 最终效果如图 10-33(b)所示。

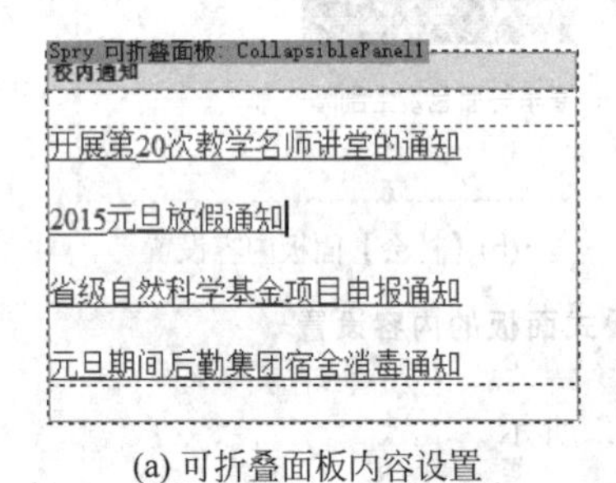

(a) 可折叠面板内容设置

(b) 可折叠面板浏览效果

图 10-33 Spry 可折叠面板的内容和浏览效果

5. Spry 验证文本域

Spry 验证文本域构件是一个可以自动对用户输入数据进行格式或者数值检测的文本域。当用户输入错误数值的时候，会自动给用户一个提示信息。普通的文本域不能像 Spry 验证文本域一样设置有效性规则和给出提示信息。

任务实例 10-2-5：插入 Spry 验证文本域

任务实施

Spry 验证文本域实例——学生信息录入网页，其主要操作步骤如下所述。

(1) 新建站点，并建立一个空白网页。

(2) 在网页内输入文字“学生信息录入”，设置为“标题 2”，即二级标题。

(3) 在标题下面插入一条水平线。

(4) 将插入点定位在水平线后面，然后打开【插入】面板，单击【表单】分类下的【表单】按钮，插入一个表单域。

(5) 继续插入 Spry 验证文本域。将插入点定位在表单域内，将单击【插入】面板【Spry】分类下的【Spry 验证文本域】按钮，弹出对话框如图 10-34 所示。按图中所示设置参数。

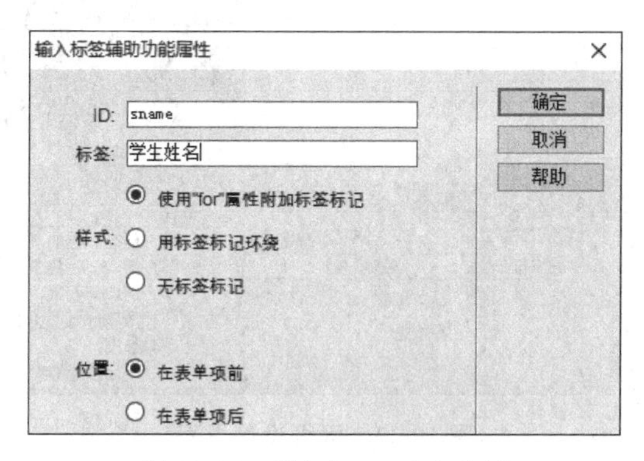

图 10-34 插入“sname”文本域

(6) 将插入点定位在文本域“sname”后面，按回车键后，再插入一个 Spry 验证文本域，参数设置如图 10-35 所示。

(7) 重复步骤(6)，再次插入“semail”文本域，参数设置如图 10-36 所示。

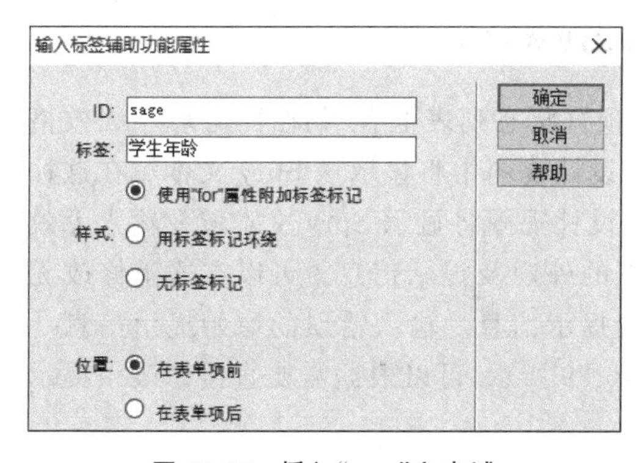

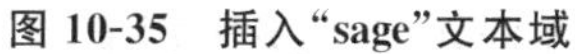
图 10-35 插入“sage”文本域

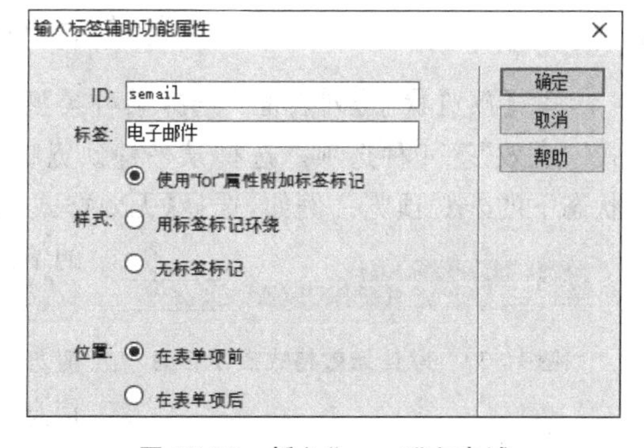

图 10-36 插入“semail”文本域

(8) 插入 Spry 文本域完成，界面如图 10-37 所示。

(9) 单击第一个文本域“sname”左上角的蓝色标签，显示 Spry 文本域【属性】面板，如图 10-38 所示。

(10) Spry 文本域【属性】面板上的项目及其含义如下所述。

①【类型】列表框：设置验证类型，可选项包括整数、电子邮件地址、日期、时间、信用卡、邮编、电话号码、货币、URL、IP 地址等。类型选定后，构件自动按照相应的设置进行自动检测基本格式的正确性。

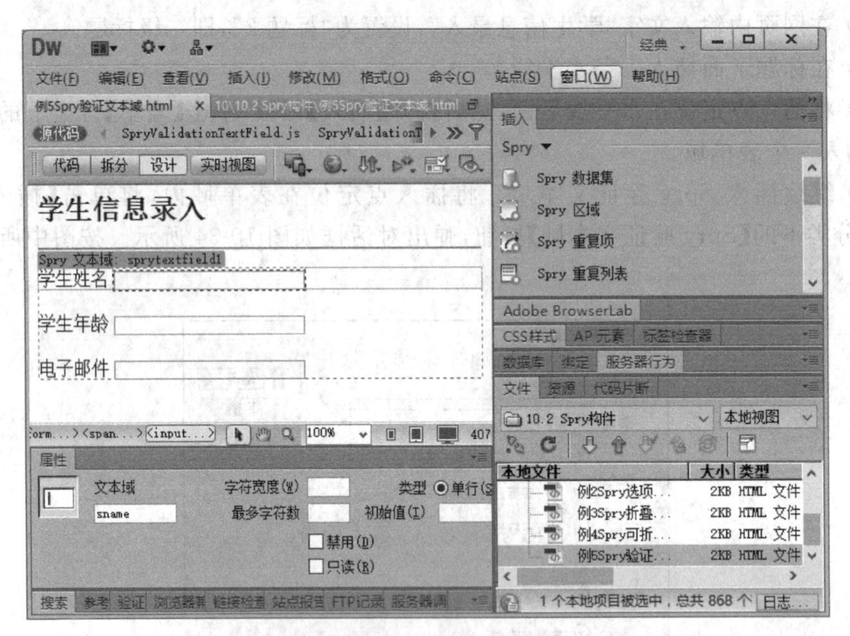

图 10-37　网页设计界面

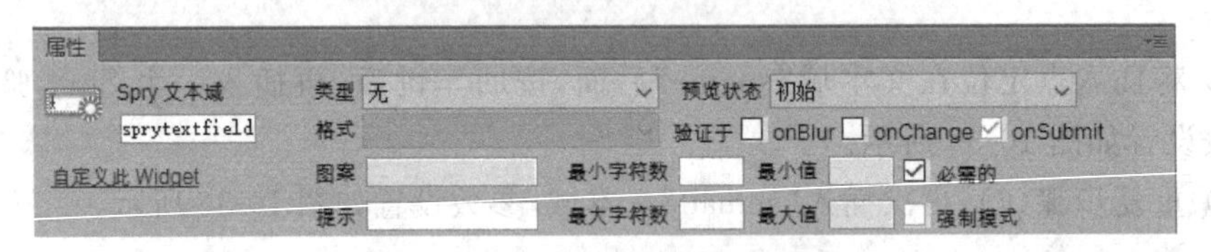

图 10-38　Spry 文本域【属性】面板

②【预览状态】列表框：选择某种类型后，预览状态列表框有“初始”“必填”“无效格式”“有效”等 4 种选项。选择某一种预览状态，设计视图中将显示该 Spry 文本域在这种状态下的外观预览。例如，选择【无效格式】后，设计视图将显示 Spry 文本域在输入无效的情况下的外观及提示信息。可以在这里修改无效格式的提示信息。输入错误的原始提示信息一般如图 10-39 所示，可以根据需要直接修改该提示信息。

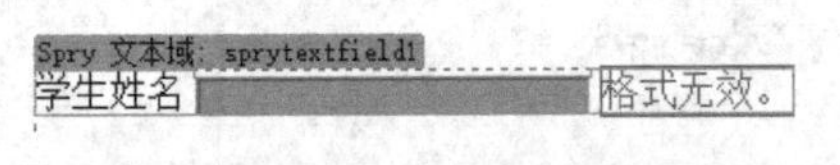

图 10-39　默认无效格式提示信息

③【验证于】复选框：用于设置验证触发事件。【验证于】复选框有 3 个选项：“onBlur”表示当文本域失去焦点时验证；“onChange”表示当文本域的内容发生变化时验证；“onSubmit”表示当表单提交时验证。可以选择多种触发事件进行验证。

④【必需的】复选框：用于设置该文本域是不是必填字段。

(11) 设置第一个 Spry 文本域“学生姓名”的属性，如图 10-40 所示。设置该文本域，最少必须输入 2 个字符，不能为空，在失去焦点和提交时进行验证。

(12) 选择【预览状态】列表框中的“未达到最小字符数”列表项，从设计视图中修改图 10-41(a)所示的提示信息“不符合最小字符数要求”为如图 10-41(b)所示的“姓名不能少于 2 个汉字”。

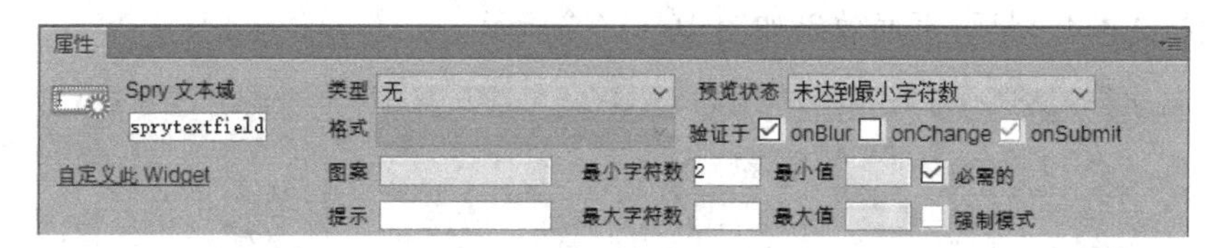

图 10-40 设置 Spry 文本域“学生姓名”的属性

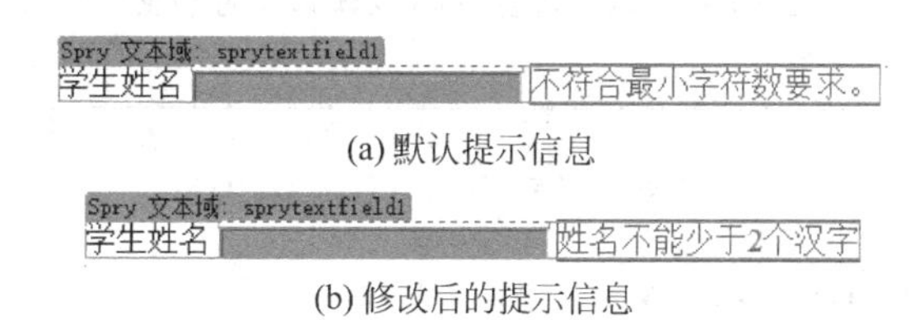

图 10-41 修改默认提示信息

(13) 设置“学生年龄”属性。单击文本域“sname”左上角的蓝色标签,设置其属性,如图 10-42 所示。选择【类型】为“整数”,因为年龄一般是整数。设置最小值“10”和最大值“90”。设置验证触发事件为失去焦点时和提交时,即“onBlur”和“onSubmit”。使用【预览状态】列表框,选择“小于最小值”,在设计视图中修改提示信息为“最小年龄不能小于 10 岁”。再选择“大于最大值”,在设计视图中修改提示信息,如图 10-43 所示,为“最大年龄不能大于 90 岁”。

图 10-42 设置 Spry 文本域“学生年龄”的属性

图 10-43 修改大于最大值时的提示信息

(14) 单击“semail”文本域左上角的蓝色标签,选中该 Spry 文本域。在如图 10-44 所示的【属性】面板中,【类型】选择为“电子邮件地址”,【验证事件】选择“onBlur”和“onSubmit”。

(15) 保存网页。页面预览后,输入错误格式的数据后,页面效果如图 10-45(a)所示。

输入正确格式的数据后，页面效果如图 10-45(b)所示。

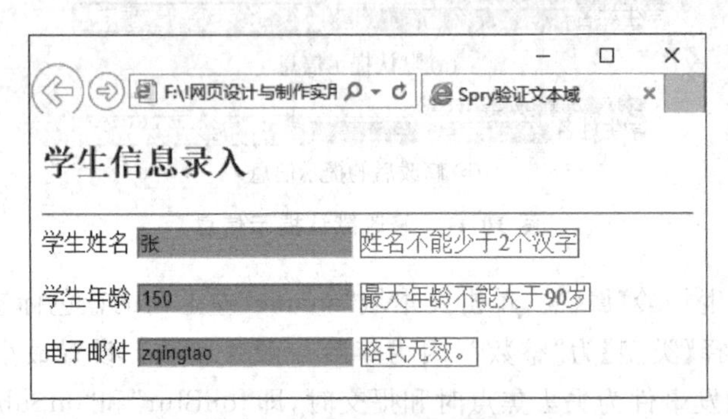

图 10-44　电子邮件 Spry 文本域属性设置

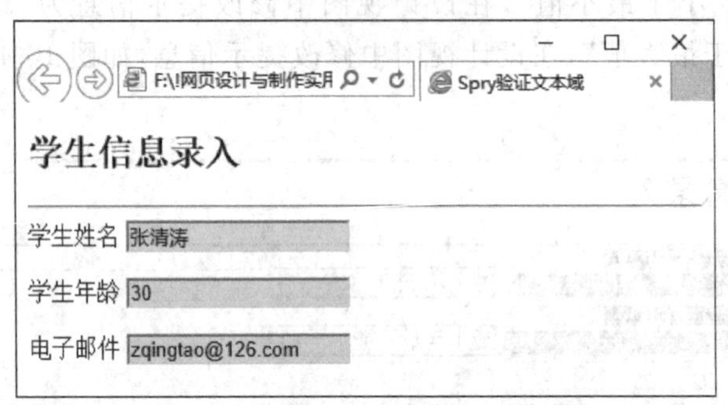

(a) 输入错误格式数据

F:\!网页设计与制作实用 Spry验证文本域

学生信息录入

学生姓名 张清涛

学生年龄 30

电子邮件 zqingtao@126.com

(b) 输入正确格式数据

图 10-45　Spry 验证文本域页面最终效果

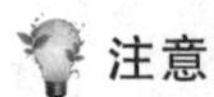

Spry 验证文本域是在标准的表单文本域基础上加入了 JavaScript 代码。Spry 验证文本域的 HTML 属性和标准文本域一样，外观设置也是通过标准 CSS 代码实现。为了简单起见，本实例未对外观和布局进行额外设置。

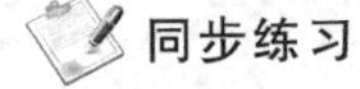

制作电子邮箱登录页面，包含 2 个 Spry 验证表单域，分别为用户名文本框和密码框。要求设置必要的验证选项，限制用户提交空白的或者格式错误的邮箱地址和空白密码。

10.3　任务 10-3：制作视频播放网页

任务描述

学会视频播放网页的制作方法。

知识点

网页视频播放。

随着计算机网络的发展和互联网技术的进步，网页上承载的信息除了传统的图文元素外，越来越向着多媒体化方向发展。音频/视频播放成为网页的重要功能之一。Dreamweaver CS6 提供了方便、易用的视频播放插件。只需要设计人员轻点鼠标，即可插入视频播放插件。

互联网上视频格式众多，近几年，FLV 逐渐成为互联网视频格式的主力军。国内著名的视频网站优酷网、土豆网、搜狐视频、腾讯视频等使用的都是 FLV 视频格式。

FLV 是 Flash Video 的简称。FLV 视频拥有文件小巧、加载速度快的优点。它虽然需要借助于第三方播放插件才能播放，但是它需要的是 Flash 插件。众所周知，市场上几乎所有主流浏览器都支持 Flash 插件，这意味着 FLV 视频可以在大多数浏览器上播放，通用性非常好。

下面通过实例讲述网页 FLV 视频播放的实现方法。

任务实例 10-3-1：网页中播放视频案例

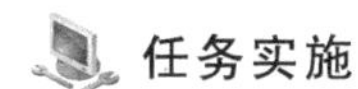

任务实施

主要操作步骤如下所述。

(1) 新建站点，并在其中建立一个空白网页。

(2) 将插入点定位在网页中，然后打开【插入】面板，单击【常用】分类中的【媒体】按钮，弹出下拉菜单如图 10-46 所示。从中选择【FLV】菜单项。

图 10-46　【插入 FLV 视频】按钮

(3) 弹出如图 10-47 所示的【插入 FLV】对话框。

(4)【插入 FLV】对话框中的项目及其描述如表 10-2 所示。

表 10-2　【插入 FLV】对话框项目描述

项　　目	描　　述
视频类型	视频源的类型，若不是专用的流媒体服务器，选择默认的"累进式下载视频"
URL	选择视频文件
外观	选择视频播放器的外观
宽度	设置视频窗口的宽度
高度	设置视频窗口的高度

续表

项　　目	描　　述
检测大小	根据选择的视频文件自动检测并设置播放窗口的大小
自动播放	设置视频是自动播放，还是用户手动播放
自动重新播放	设置视频播放完毕，停止，还是自动再次播放

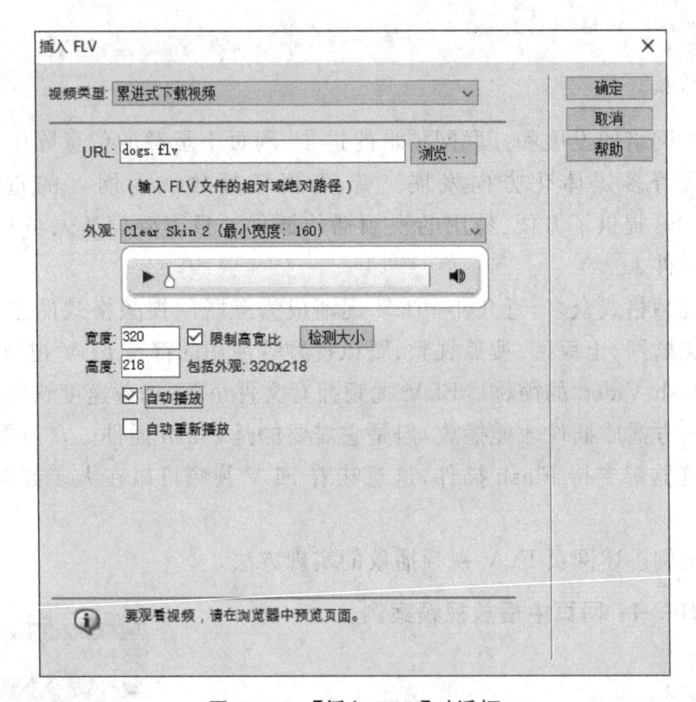

图 10-47　【插入 FLV】对话框

(5) 如图 10-47 所示，设置对话框的各项参数后，单击【确定】按钮，完成 FLV 视频插入。

(6) 视频插入后，单击选中该视频。利用【属性】面板，可以重新设置播放参数。FLV 视频【属性】面板如图 10-48 所示。

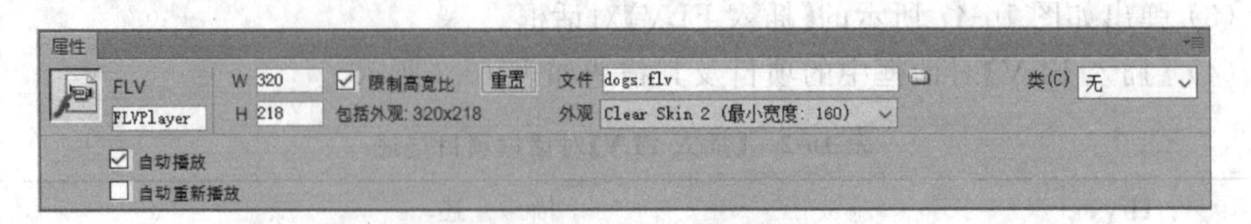

图 10-48　FLV 视频【属性】面板

(7) 保存网页。页面浏览效果如图 10-49 所示。

提示

若要播放其他格式的视频，浏览器需要安装相应的播放插件。此外，需要在代码视图中直接输入固定格式的代码片段。视频格式不同，插件和相应的播放代码片段也不同，这

图 10-49 FLV 视频网页浏览效果

里不再列举。

10.4 任务 10-4：用 JavaScript 实现动态页面时钟

任务描述

(1) 了解 JavaScript 的概念。

(2) 了解 JavaScript 的功能。

知识点

(1) JavaScript 的概念及功能。

(2) JavaScript 的简单应用。

JavaScript 是一种基于对象(Object)和事件驱动(Event Driven)的脚本语言，它运行在客户端，减轻了服务器端的负担。JavaScript 成为最流行的浏览器端运行的脚本语言，得到绝大多数浏览器的支持，包括移动平台。JavaScript 由核心语法、浏览器对象模型和文档对象模型组成。

JavaScript 用来在网页客户端处理与用户的交互行为，并且可以实现多种网页特效。例如，提交前验证表单数据的合法性、页面动画等。VBScript 也是一种脚本语言，它是微软公司发明的，只能被微软的 IE 浏览器支持。由于它通用性较差，所以较少有网页设计人员使用。

下面举一个页面时钟的实例，初步演示 JavaScript 脚本语言的功能。

任务实例 10-4-1：用 JavaScript 实现动态页面时钟

任务实施

主要操作步骤如下所述。

(1) 打开 Dreamweaver CS6，新建站点，并在站点下新建一个空白网页文件。

(2) 将插入点定位在网页中，然后单击【插入】面板【常用】分类中的【插入 Div 标签】

按钮，弹出如图 10-50 所示对话框。按图中所示，设置【ID】为“pageclock”。该 DIV 用作时钟的显示区域。

(3) 页面的 HTML 代码如图 10-51 所示。

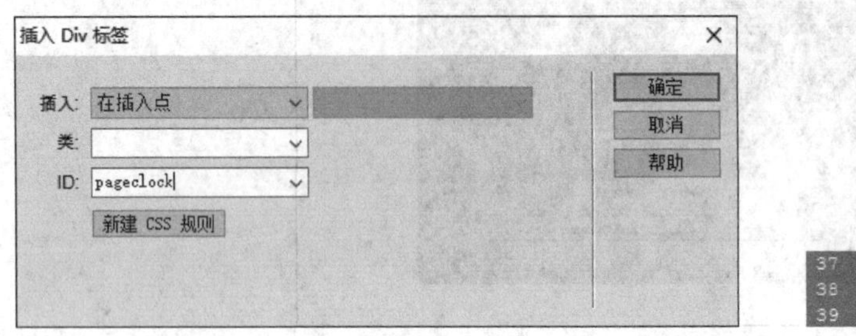

图 10-50 插入 DIV

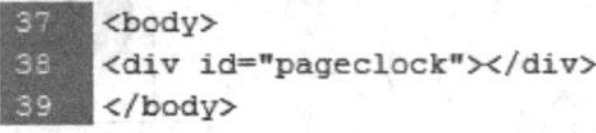

```
37 <body>
38 <div id="pageclock"></div>
39 </body>
```

图 10-51 页面 HTML 代码

(4) 单击【CSS 样式】面板的按钮，弹出如图 10-52 所示对话框，【选择器类型】选择【ID】,【选择器名称】输入“#pageclock”。

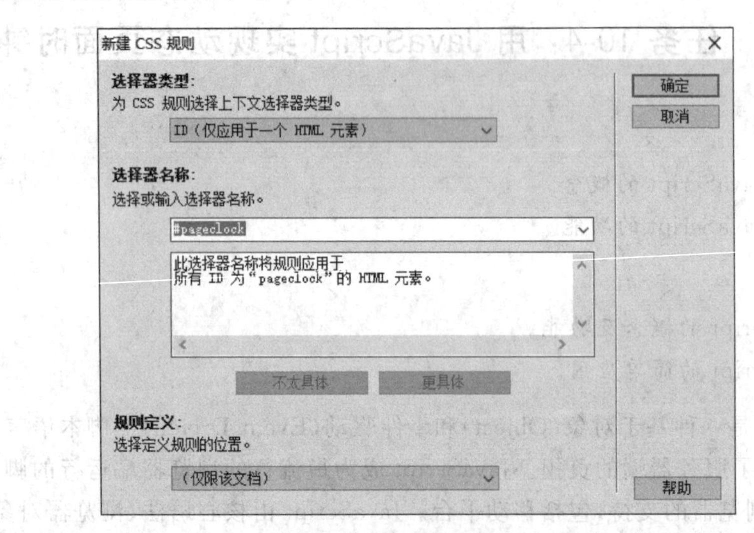

图 10-52 新建 CSS 样式

(5) 单击【确定】按钮，设置该 DIV 的边框、大小、颜色、字号等属性。生成的 CSS 样式表如图 10-53 所示。

```
7  #pageclock { /*设置时钟显示区格式*/
8      font-size: 24px; /*字号*/
9      line-height: 40px;
10     color: #D30;       /*时钟字体颜色*/
11     height: 40px;
12     width: 290px;
13     border: 3px solid #0C0; /*时钟边框*/
14     text-align:center;
15     background-color:#FFC;  /*时钟背景*/
16 }
```

图 10-53 时钟显示区的外观设置 CSS 代码

(6) 切换到代码视图，在 head 元素内插入<script>…</script>标签，在标签内输入如图 10-54 所示的 JavaScript 代码。

```
18 <script type="text/javascript">
19 function disptime(){
20     var d=new Date();    //获取现在日期时间
21     var h=d.getHours();     //获得小时
22     var m=d.getMinutes();  //获得分钟
23     var s=d.getSeconds();  //获得秒
24     if(h>12){ //判断如果是下午
25         var a="下午";
26     }
27     else{ //上午
28         a="上午";
29     }
30     //设置DIV的当前内容为现在时间
31     document.getElementById("pageclock").innerHTML="现在时间: "+a+" "+h+":"+m+":"+s;
32 }
33 setInterval("disptime()",1000);//设置每隔1000ms更新一次时间显示
34 </script>
```

图 10-54　JavaScript 代码

(7) JavaScript 代码输入完毕，保存，完成页面编写。

(8) 保存网页，然后在浏览器中浏览页面，效果如图 10-55 所示。

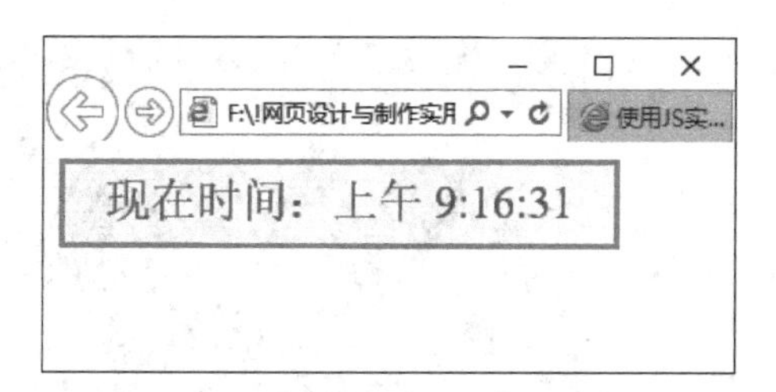

图 10-55　页面动态时钟的效果

提示

JavaScript 语法较为严格，这里不再对其语言细节做更多的叙述。

同步练习

使用 JavaScript 编写一个页面，要求在不同时间打开时，给浏览者不同的问候语。例如，早上打开的时候提示“早上好”，下午打开时提示“下午好”，晚上打开时提示“晚上好”。

10.5　单元小结

本单元主要介绍行为的概念和用法、Spry 构件的概念及用法、网页视频的插入方法，以及 JavaScript 浏览器端脚本语言的基本概念和功能等内容。使读者学会制作包含特效的网页。在网页中适当地加入特效，可以让页面更加生动、实用，给浏览者带来更好的视觉体验和浏览体验。

10.6 单元实践操作

实践操作目的

(1) 掌握行为的基本用法。

(2) 掌握 Spry 构件的基本使用方法。

(3) 学会制作包含特效的网页。

(4) 了解 JavaScript 的基本用法。

10.6.1 实践任务 10-6-1：网页特效综合应用——模拟微软主页

制作模拟的微软公司主页,页面效果如图 10-56 所示。

图 10-56 模拟的微软公司主页效果

操作要求及步骤如下所述。

(1) 在 Dreamweaver CS6 中新建站点,并建立空白页面。

(2) 把素材复制到站点根目录下的"images"目录内。

(3) 建立页面 HTML 结构。

(4) 在顶部插入菜单 Spry 构件,并参照图 10-56,进行内容设置。

(5) 使用 CSS 样式,设置网页其他部分的格式。要求图文并茂,内容尽可能丰富。可以使用各种行为和 Spry 构件,也可以使用一些简单的 JavaScript 代码。

(6) 浏览网页并调试。

10.6.2 实践任务 10-6-2：网页特效综合应用——制作班级新闻和通知页面

制作班级新闻和通知页面,内容根据所在班级情况自拟,布局自拟,素材上网搜索或者自己制作。

操作要求及步骤如下所述。

(1) 素材制作与整理。

(2) 在 Dreamweaver CS6 中新建站点,并新建空白网页。

(3) 设计制作页面 HTML 结构。

(4) 使用 CSS 样式对页面元素进行美化设置。

(5) 浏览网页并调试。

填写实践任务评价表,如表 10-3 所示。

表 10-3 实践任务评价表

任务名称				
任务完成方式	独立完成( ) 小组完成( )			
完成所用时间				
考核要点	任务考核 A(优秀),B(良好),C(合格),D(较差),E(很差)			
	自我评价(30%)	小组评价(30%)	教师评价(40%)	总 评
Dreamweaver 使用熟练度				
熟练地阅读源代码				
Spry 构件的使用				
行为的使用				
使用简单的 JavaScript 代码				
网页整体效果				
存在的主要问题				

10.7 单元习题

一、单选题

1. 行为中的事件不能是(　　)。

A. 鼠标移动　　B. 打开网页　　C. 保存网页　　D. 关闭网页

2. 利用行为弹出的浏览器窗口(　　)。

A. 大小可以提前设置　　B. 必须与主页有相同的背景

C. 不能呈现工具栏　　D. 没有滚动条

3. 下列事件中,表示打开网页的是(　　)。

A. onload　　B. unonload　　C. onhelp　　D. onkeyup

4. 【行为】面板中的【ondbclick】事件的含义是(　　)。

A. 当前对象得到输入焦点时　　B. 单击对象时

C. 双击对象时　　D. 调动帮助时

5. 行为是由(　　)构成的。
   A. 事件　　B. 动作　　C. 初级行为　　D. 事件和动作
6. (　　)事件是鼠标单击事件。
   A. OndbClick　　B. OnClick
   C. OnMouseOver　　D. OnLink
7. 关于JavaScript语言,下列说法错误的是(　　)。
   A. JavaScript语言是一种解释性语言
   B. JavaScript语言与操作环境无关
   C. JavaScript语言是基本客户端浏览器的语言
   D. JavaScript是动态的,它不可以直接对用户输入做出响应
8. 下列不属于Script脚本插入方式的是(　　)。
   A. 在<body>标签内插入Script脚本
   B. 在<head>标签内插入Script脚本
   C. 在<head>和</head>之间插入Script脚本
   D. 在<body>与</body>之间插入Script脚本

二、问答题

1. 什么是行为?行为的功能是什么?
2. 什么是Spry构件?列举常见的Spry构件。

单元 11

测试、发布、管理与维护网站

Unit 11

案例宏观展示引入

网站建设完毕，经过严格测试后，将其上传到远程服务器。成功发布后，用户才能浏览和访问网页。例如，人们常常访问、浏览的新浪、搜狐等网站，就是经过严格测试后，成功发布的结果。

完成网站中所有页面的制作工作后，整个网站并不能立即投入使用，必须经过全面、严格的测试。测试内容包括页面内容的正确性、网站链接的准确性、浏览器兼容性等。完成测试后，才能将站点上传到已准备好的空间中发布。后期还需要对网站进行更新、维护，保证站点正常运行和具有生命力。

本单元主要介绍网站的测试、发布、管理和维护等相关知识和操作方法。

学习任务

- 掌握站点测试的相关知识及基本测试方法
- 掌握清理网页文档的方法
- 了解域名注册、空间申请等相关知识
- 掌握站点上传的基本方法
- 了解站点推广、管理与维护的相关知识及基本方法
- 了解本地自建服务器配置方法

11.1 任务 11-1：测试站点

任务描述

掌握站点测试的相关知识及基本方法。

网站制作完毕，需要反复测试、审核和修改，确保准确无误后，才可以正式发布。在实际工作中，应该经常对站点进行测试并解决发现的问题，避免重复出错。Dreamweaver CS6 自带强大的测试功能，可以对网站全面测试，内容包括浏览器兼容性测试、链接的正确性测试等。

11.1.1 任务 11-1-1：浏览器兼容性测试

知识点

浏览器兼容性测试。

不同的浏览器对网页显示效果可能存在差异，特别是对于使用 DIV+CSS 布局的网页。这是因为现在主流浏览器 IE、Firefox 和 Opera 等对 CSS 的支持程度越来越高，但它们在符合标准的基础上存在差异。因此，网页设计制作人员需要在各种浏览器中进行测试，确保网页显示正常。

Dreamweaver 提供了浏览器兼容性测试功能，帮助设计者在浏览器中查找有问题的 HTML 和 CSS，并提示哪些标签属性在浏览器中可能出现问题，便于进一步修改、完善。浏览器兼容性测试可在文档、目录或整个站点上运行。

任务实例 11-1-1：浏览器兼容性测试示例

任务实施

浏览器兼容性测试步骤如下所述。

(1) 启动 Dreamweaver CS6，打开要测试的站点或网页文档。

(2) 选择【窗口】→【结果】→【浏览器兼容性】菜单命令，打开【结果】面板。

(3) 在【结果】面板中，选择【浏览器兼容性检查】选项卡，如图 11-1 所示。单击【结果】面板中左上角的绿色按钮▷，弹出二级菜单，选择【设置】菜单项，弹出【目标浏览器】对话框，如图 11-2 所示。

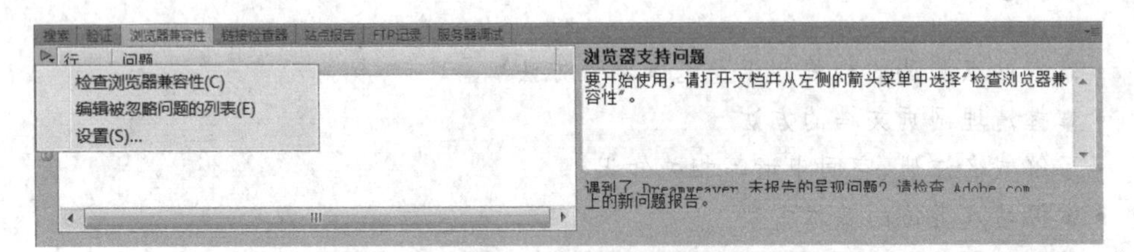

图 11-1 【结果】面板及二级菜单

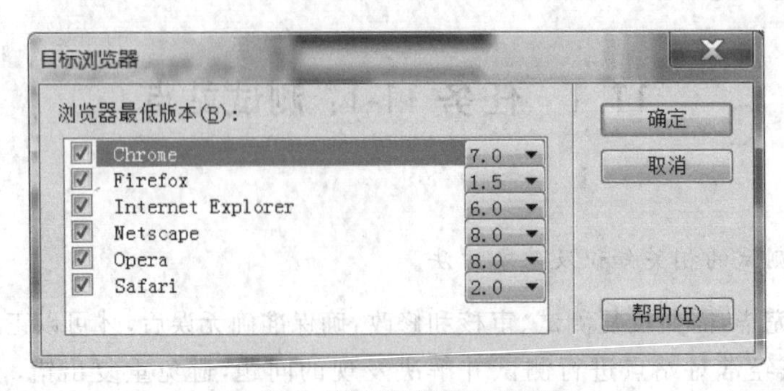

图 11-2 【目标浏览器】对话框

(4) 在图 11-2 所示的【目标浏览器】对话框中，根据实际需要，选择每个浏览器，并在右侧下拉菜单中选择相应浏览器的最低版本。这里选择默认状态。单击【确定】按钮，经过一段时间的检查，软件将查出的潜在问题罗列在窗格中，如图 11-3 所示。也可以单击【结果】面板中左上角的绿色按钮，选择二级菜单中的【检查浏览器的兼容性】选项，运行浏览器兼容性测试。

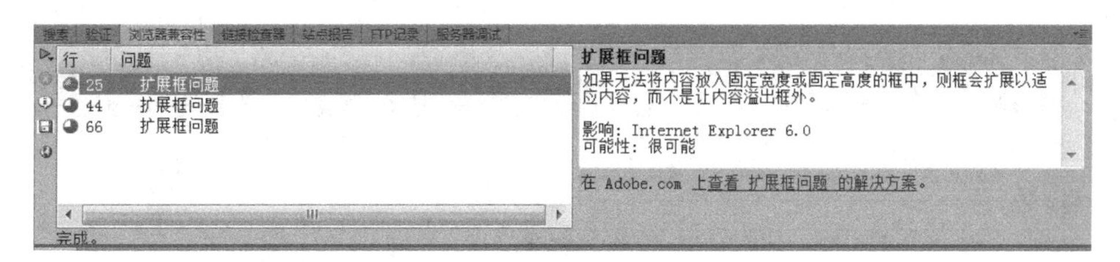

图 11-3 浏览器兼容性测试结果

(5) 在图 11-3 中罗列出每一个潜在的问题，在其前面有一个填充的圆，用于表示当前错误发生的可能性。1/4 填充圆表示可能发生，100%的填充圆表示非常有可能发生。单击每一项潜在的问题，在右侧的【浏览器支持问题】窗口中可以查看"扩展框问题"所影响的浏览器类型、版本及潜在问题提示。双击检查出的潜在问题，软件将自动快速定位到该问题所在的位置，然后根据问题及提示对网页进行修改，直至所有问题全部解决。

注意

浏览器兼容性测试并不检查站点中的 JavaScript 和 VBScript 脚本语言。

11.1.2 任务 11-1-2：测试链接

知识点

检查链接和修复链接。

在浏览网页时，有时候会遇到"无法找到网页"的提示，一般是由于链接文件的位置发生变化、文件被误删，或者文件名拼写错误造成的。为了避免网页中出现一些无效的链接，在发布网站前的本地测试和发布后的远程测试中，都应该认真检查是否出现无效链接，以便及时修改。

链接测试功能用于搜索断开的链接和孤立的文件。所谓孤立的文件，是指文件仍然位于站点中，但站点中没有任何其他文件链接到该文件。可以测试文件、本地站点的某一部分或者整个站点的链接情况。

任务实例 11-1-2：测试链接示例

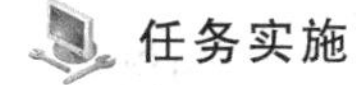

任务实施

链接测试包括检查链接和修复链接。测试链接的步骤如下所述。

1. 检查链接

(1) 启动 Dreamweaver CS6，打开要测试的站点或网页文档。在【文件】面板中，选择需要检查的站点或网页文档。

(2) 选择【窗口】→【结果】→【链接检查器】菜单命令，打开【结果】面板。

(3) 在【结果】面板中，选择【链接检查器】选项卡，如图 11-4 所示。单击【结果】面板中左上角的绿色按钮，弹出二级菜单，选择【检查整个当前本地站点的链接】菜单项。经过一段时间，即可在面板窗口中看到检查的结果，如图 11-4 所示。

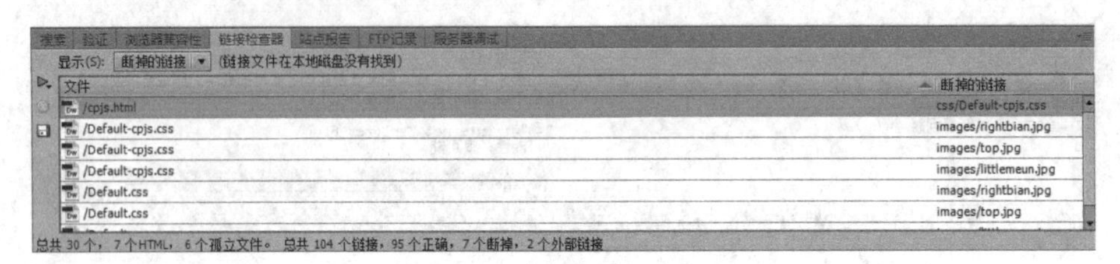

图 11-4　链接检查结果

(4) 也可以在【显示】下拉列表框中选择要检查的链接方式，如图 11-5 所示，进行分门别类的检查。

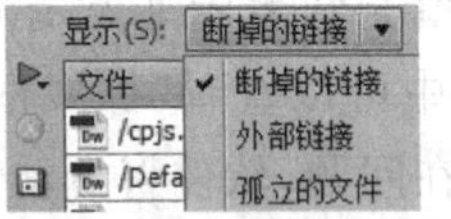

图 11-5　“显示”下拉列表框

① 断掉的链接：检查文档中是否存在断掉的链接。这是默认选项。

② 外部链接：检查站点中的尾部链接是否有效。

③ 孤立的文件：检查站点中是否存在孤立文件。该选择只有在检查整个站点时才被激活。

2. 修复链接

在对站点进行链接检查后，修复链接的方法有两个：在【结果】面板的【链接检查器】选项卡中修复链接和在【属性】面板中修复链接。

1) 在【结果】面板的【链接检查器】选项卡中修复链接

以外部链接为例，在罗列的“外部链接”检查结果中，选择某个断开的链接，在右侧【断掉的链接】列中单击，然后直接输入正确的链接地址；或者单击链接地址旁边的文件夹图标，在弹出的对话框中选择正确的链接地址，如图 11-6 所示。

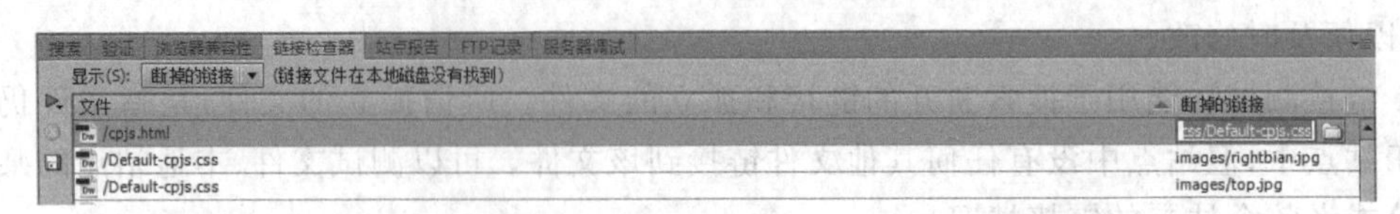

图 11-6　在【结果】面板的“链接检查器”选项卡中修复链接

2) 在【属性】面板中修复链接

以断掉的链接为例，在罗列的“断掉的链接”检查结果中，双击选择某个断开的链接，软件将自动打开待修复链接所在的文档，并在【属性】面板中高亮显示路径和文件名，如图 11-7 所示。在【链接】文本框中输入正确的链接地址，或者单击链接地址旁边的文件夹图标，然后在弹出的对话框中选择正确的链接地址。

图 11-7 在【属性】面板中修复链接

11.1.3 任务 11-1-3：使用网站报告测试站点

知识点

创建和使用网站报告。

Dreamweaver CS6 能够自动检查网站内部的网页文件，生成文件信息、HTML 代码信息报告，以便网站设计者对网页文档进行修改。

任务实例 11-1-3：使用网站报告测试站点示例

任务实施

创建网站报告的操作步骤如下所述。

(1) 启动 Dreamweaver CS6，打开要测试的站点。

(2) 选择【站点】→【报告】菜单命令，打开【报告】对话框。在【报告在】下拉列表框中选择生成站点报告的范围为【整个当前本地站点】，在【选择报告】中勾选报告生成参数，如图 11-8 所示。单击【运行】按钮，生成站点报告，如图 11-9 所示。生成的“最近修改的文件”报告如图 11-10 所示。

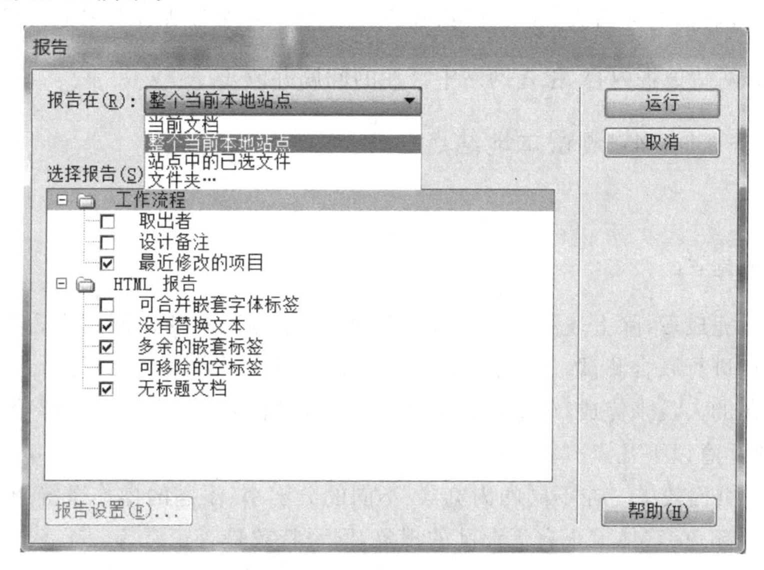

图 11-8 【报告】对话框及相关参数设置

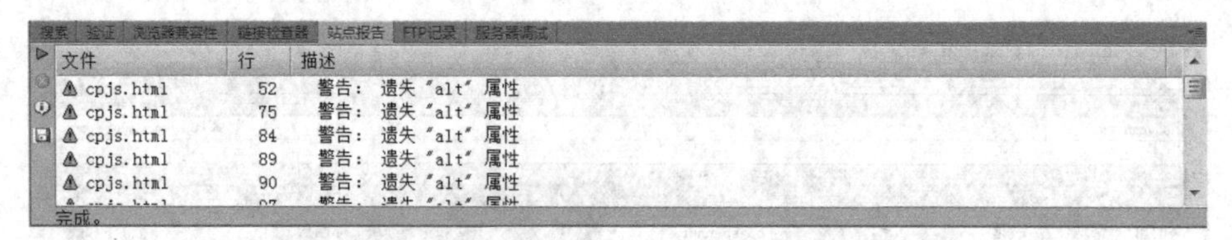

图 11-9 生成站点报告内容

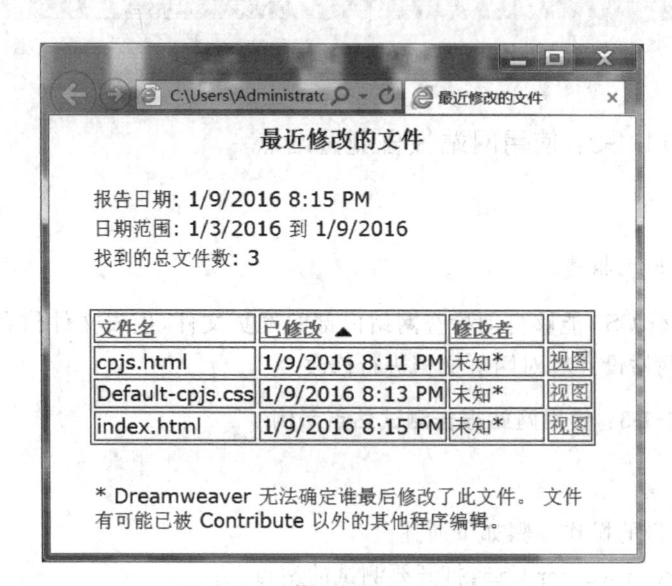

图 11-10 "最近修改的文件"报告

提示

在图 11-9 中，单击保存按钮，保存报告为 XML 文件。将其导入模板实例、数据库或电子表格，可将其打印出来，或在 Web 站点上显示。对照报告进行问题修复。

(3) 根据网站报告内容，检查网站中存在的问题并改正。

11.1.4 任务 11-1-4：测试本地站点

知识点

测试本地站点。

网站建设完成后，除上述浏览器兼容性测试、链接测试和使用网站报告测试站点外，还需要对站点进行联合测试。测试人员不应仅限于网站开发人员，最好由一些没有直接参与网站制作的人员来完成；应适度扩大测试范围，以得到客观、全面的评价。在对站点测试时，应该注意以下几点。

(1) 检查页面效果。在不同的浏览器、不同的分辨率、不同的操作系统中预览站点页面，查看布局、颜色、字体大小有无混乱的现象，网页特效是否正常等。

(2) 检查站点链接(除使用"链接检查器"来检查链接错误外，还需要手工测试每一个链接），确保栏目内容、图片与相关内容一一对应。

（3）检查网页容错性。验证代码，以定位标签或语法错误；检查网页表单区域的文本框中输入的字符是否有长度限制；填写表单信息是否有提示，并允许重新填写；对于邮编、身份证号码之类的数据，是否有长度限制等。

（4）监测页面的文件大小以及下载这些页面所占用的时间。

（5）测试是否按照客户要求进行功能实现；数据库连接是否正常；各个动态生成链接是否正确；传递参数、内容是否正确。

（6）网站发布到服务器之后还需进行测试，主要是为了避免因环境不同导致的错误。

11.1.5　任务 11-1-5：用户测试与负载测试

知识点

（1）用户测试。

（2）负载测试。

1. 用户测试

以用户身份测试网站功能，主要测试内容有：评价每个页面的风格、页面布局、颜色搭配、文字大小、字体类型等方面与网站整体风格是否一致、协调；页面布局是否合理；各种链接位置是否合适；页面切换是否简便；对于当前访问位置是否明确等。

2. 负载测试

安排多个用户访问网站，让网站在高强度、长时间的环境中进行测试，主要测试内容有：网站在多个用户访问时的速度是否正常；网站所在服务器是否会出现内存溢出、CPU资源占用不正常等情况。

参照任务 11-1，对您曾经制作的站点进行全面测试，并修改潜在的问题。

11.2　任务 11-2：清理网页文档

任务描述

掌握清理网页文档的方法。

清理网页文档。

清理文档是将制作完成的网站上传到服务器之前，需要做的一项重要工作。清理文档，也就是清理一些空标签或者在 Word 中编辑 HTML 文档时产生的多余的标签，最大限度地减少错误的发生，以便网站能更好地被浏览者访问。

任务实例 11-2-1：清理网页文档示例

任务实施

清理网页文档的操作步骤如下所述。

(1) 启动 Dreamweaver CS6，打开需要清理的文档。

(2) 选择【命令】→【清理 XHML】菜单命令，打开【清理 HTML/XHTML】对话框，在【移除】选项组和【选项】选项组中选中相应的参数，如图 11-11 所示。单击【确定】按钮进行自动清理工作。清理完毕，弹出一个【Dreamweaver 清理总结】提示信息框，报告清理工作的结果，如图 11-12 所示。单击【确定】按钮，关闭提示信息框。

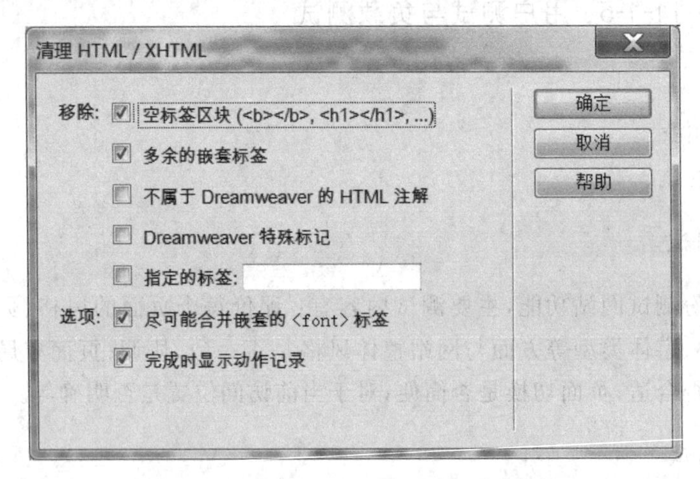

图 11-11 【清理 HTML/XHTML】对话框

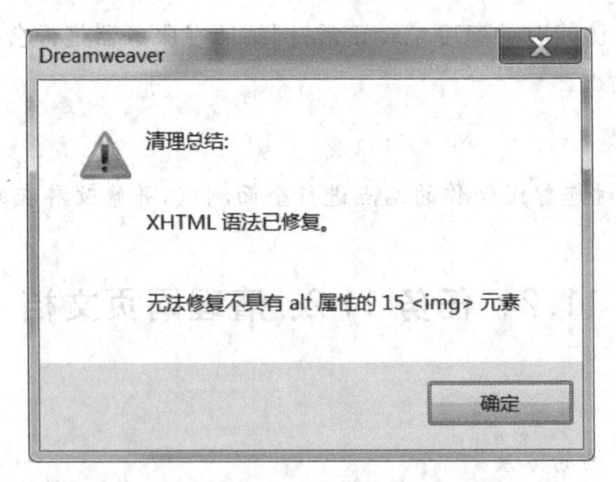

图 11-12 【Dreamweaver 清理总结】提示信息框

(3) 选择【命令】→【清理 Word 生成的 HTML】菜单命令，打开【清理 Word 生成的 HTML】对话框，进行相应的设置，如图 11-13 所示。单击【确定】按钮，进行自动清理工作。清理完毕，弹出如图 11-14 所示的【清理 Word HTML 结果】提示信息框。单击【确定】按钮，关闭该提示信息框。

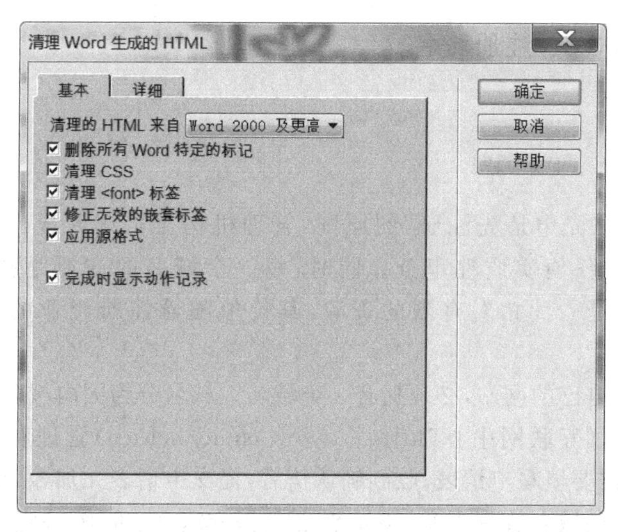

图 11-13 【清理 Word 生成的 HTML】对话框

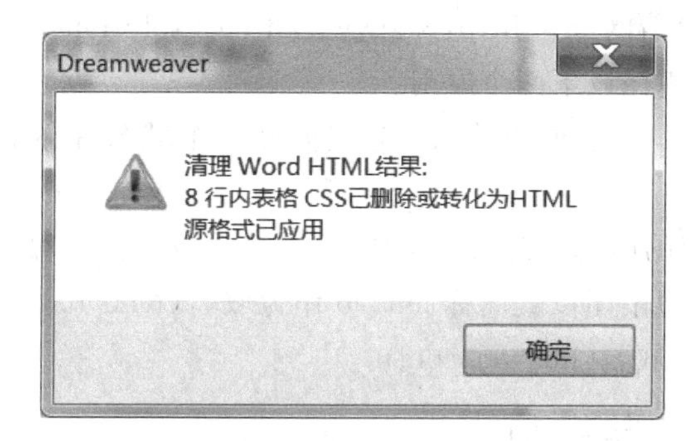

图 11-14 【清理 Word HTML 结果】提示信息框

同步练习

参照任务 11-2,对你制作的网页进行“清理网页文档”这项工作。

11.3 任务 11-3:注册域名、申请空间及发布网站

任务描述

(1) 掌握域名的基本概念及分类。

(2) 了解注册域名和申请空间的方法。

(3) 理解发布网站的方法。

网站制作完毕后,需要将站点上传到远程服务器。上传站点之前,需要申请网络空间和注册域名。域名是与网站的数字型 IP 地址相对应的字符地址,主要是为了方便浏览者阅读与记忆。空间是在远程服务器上存放站点文件的场所,相当于网站的“家”,通过在浏览器中输入域名,用户就可以浏览网站了。

11.3.1 任务11-3-1：注册域名

知识点

注册域名。

域名注册遵循“先申请先注册”的原则，管理机构对申请人提出的域名是否违反第三方权利不进行任何实质性审查。同时，每一个域名的注册是独一无二的，全球唯一。所以，域名是一种相对有限的资源，其价值随着注册企业的增多逐步被人们重视。

用户要想拥有自己的网站，必须拥有一个域名。域名分为国内域名和国际域名。

国内域名由中国互联网中心(http://www.cnnic.net.cn)管理和注册。用户注册、申请域名时，首先需要填写申请表；收到确认信后，提交申请表并加盖公章，交费后即可完成。根据我国互联网域名管理办法，申请者必须提交真实、准确、完整的域名注册信息。对于未实名验证审核的国内域名，域名提供机构将暂停域名的解析功能。

国际域名的注册申请网址为http://www.networksolutions.com。

在注册域名时，要遵循以下两个原则。

(1) 域名应该简明、易记，便于输入。这是判断一个域名好坏的重要因素。例如，淘宝网的域名为taobao.com。

(2) 域名要有一定的内涵和意义。例如，可以将企业名称、产品名称、商标名、品牌名等作为域名。例如，联想集团以其商标lenovo作为域名(lenovo.com.cn)；华为技术有限公司以其企业名称作为域名(huawei.com)。

11.3.2 任务11-3-2：申请空间

知识点

申请空间。

如果网站建设和域名注册均已完成，就要为网站申请服务器空间。成功发布网站后，用户就可以通过Internet访问网站。如果本地有一台Web服务器，可以将网站通过本地配置的Web服务器上传发布。但是，对于一部分用户来说，使用本地配置Web服务器，不仅成本高，而且维护起来比较麻烦。所以，有些用户在Internet上申请空间。

目前，网络空间从整体上分为免费的和收费的。收费空间提供的服务更加全面，主要体现在提供的空间容量大，支持应用程序技术，提供数据库空间等方面。免费空间是网站建设初学者最钟情的一种空间方式，不过因为是免费的，在使用过程中受到很多限制，网站空间有限，提供服务的质量一般，空间不是很稳定。可以通过在百度搜索“申请免费主页空间”来查找免费空间，选择提供免费主页空间的网站，完成申请空间的操作。

网站空间常见形式有以下几种。

(1) 自建主机。购置专业的服务器，并向当地Internet接入商租用价格不菲的专线来建立独立的主机服务器。不仅如此，还要给服务器配备专门的管理和维护人员。因为费用昂贵,这种方式适合有实力的大中型企业和专门的 ISP 使用。

(2) 服务器托管。与自建主机方式不同,用户自己购置服务器之后,将它托付给专门的 Internet 服务商,由它们负责为用户完成 Internet 接入、服务器硬件管理和维护,用户只需要按年支付给接入商一定的服务器托管费用就可以了。采用这种方式,费用较贵,适合中小型企业和 ISP 使用。

(3) 服务器租用。采用这种方式,用户无须自己购置主机,可以按照业务需要,向 Internet 服务商提出服务器软、硬件配置要求,然后由服务商配备符合需求的服务器,提供相关的管理和维护服务。相对前两种方式,服务器租用方式的费用有所降低,特别适合中小型企业和一些经济基础比较好的个人使用。

(4) 虚拟主机。这是目前最常见的网站空间方式。它采用特殊的硬件技术,把一台 Internet 上的服务器主机分成多台"虚拟"主机,供多个用户共同使用。每一台虚拟主机都具有独立的域名或 IP 地址。

11.3.3 任务 11-3-3:发布网站

 **知识点**

发布网站。

发布网站,就是把网站上传到 Web 服务器。发布网站之前,必须有申请好网站空间和注册完成的域名,同时拥有 FTP 用户名和密码。通过 Web 服务器上传本地站点,成功之后,就可以通过浏览器输入相应的域名进行访问了。

任务实例 11-3-1:发布网站示例

任务实施

上传站点一般通过 FTP 类软件连接到 Web 服务器完成,可以通过 Dreamweaver 的站点管理上传,也可以通过其他 FTP 类软件上传。

1. 使用 Dreamweaver 上传

使用 Dreamweaver CS6 自带的 FTP 上传功能,可以批量上传、下载文件和目录,还支持断点续传等功能。使用 Dreamweaver CS6 上传站点,必须先设置与之相连的远程服务器的相关参数,具体操作步骤如下所述。

(1) 启动 Dreamweaver CS6,打开【文件】面板,选择需要上传的站点,或者文件夹,或者文件。然后,单击【上传文件】按钮,上传文件,如图 11-15 所示。

图 11-15 【文件】面板与【上传文件】按钮

(2) 如果在文件上传之前没有设置过远程服务器,将弹出如图 11-16 所示的提示信息框。

(3) 单击【是】按钮,弹出如图 11-17 所示的【站点设置对象】对话框,并自动切换到【服务器】选项卡。在该对

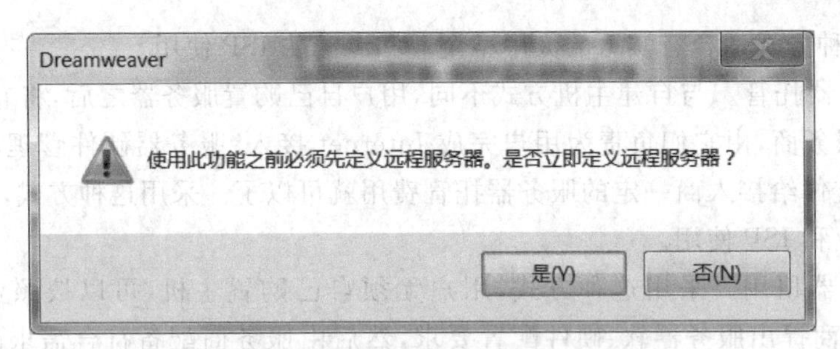

图 11-16 设置远程服务器的提示信息框

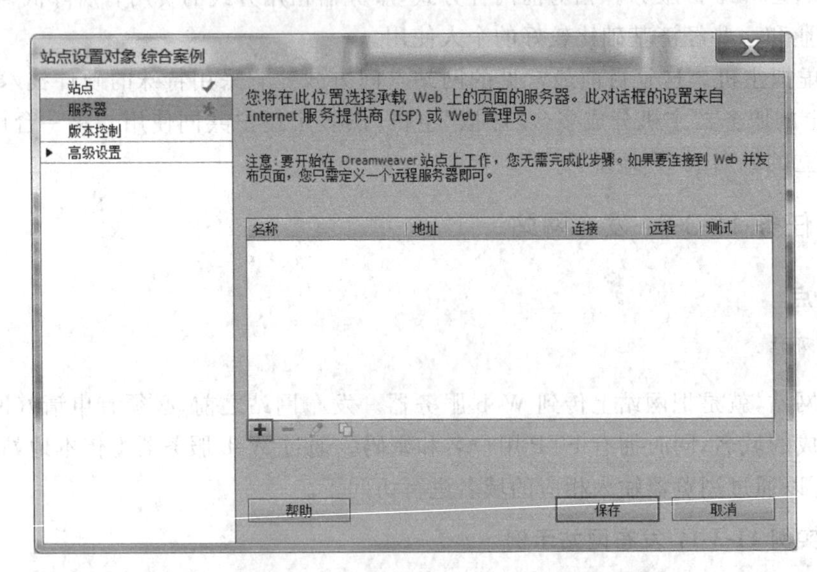

图 11-17 【站点设置对象】对话框的【服务器】选项卡

话框中单击【添加服务器】按钮，打开一个对话框，然后在【基本】选项卡中输入服务器名称、FTP 地址、用户名和密码等信息，如图 11-18 所示；也可以单击【高级】选项卡，然后根据需要进行相应的设置。服务器信息设置完成后，单击【保存】按钮。

(4) 向服务器上传网站文件。为了保证服务连接成功，单击【文件】面板中的【连接到远端服务器】按钮，测试与服务器的连通情况。如果连接成功，弹出成功连接提示信息，如图 11-19 所示。

(5) 网站上传完毕，单击【文件】面板上方的【展开以显示本地和远程站点】按钮，可以看到站点文件被上传到服务器，如图 11-20 所示，表明网站发布成功。

提示

(1) 【文件】面板中的按钮组，从左向右，分别表示远程服务器连接、刷新、下载、上传、取出、存回、同步、展开，以显示本地和远程站点。通过单击这些按钮，可以完成站点的一系列管理操作。例如，单击【下载】按钮，文件被下载到本地站点。另外，由于网络速度不同，上传和下载全部站点需要一段时间。

(2) 上传文件或下载文件时，Dreamweaver CS6 中会自动记录各种 FTP 操作；遇到问题时，可以打开【FTP 记录】窗口查看 FTP 记录。

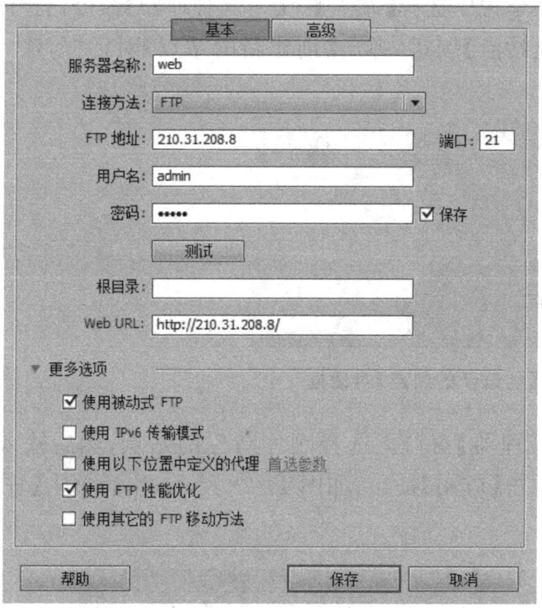

图 11-18　设置服务器的基本信息对话框

图 11-19　成功连接 Web 服务器

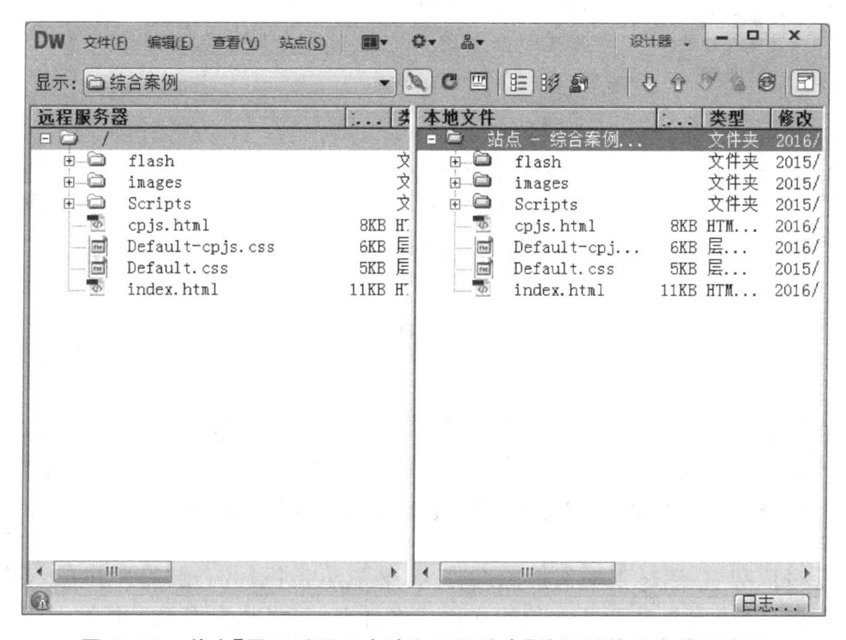

图 11-20　单击【展开以显示本地和远程站点】按钮后的站点管理窗口

2. 使用 FTP 类软件上传

通过使用 FlashFXP、CuteFTP 等 FTP 类软件上传文件是常用的上传方式。它不仅效率高，可以上传或下载整个目录，下载队列，支持断点续传，还支持目录覆盖、删除等功能。下面以 FlashFXP 为例，介绍文件上传的操作方法。

（1）启动 FlashFXP 软件，在软件菜单栏中选择【站点】→【站点管理器】命令，打开【站点管理】窗口。单击窗口左下角的【新建站点】按钮，弹出【创建新的站点】对话框，输入站点名称“myweb”，如图 11-21 所示。

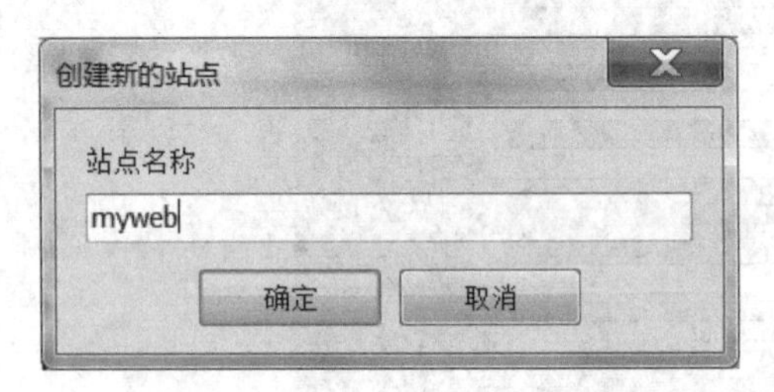

图 11-21 【创建新的站点】对话框

（2）单击【确定】按钮，返回【站点管理器】窗口。选择刚才新建的站点，然后输入 IP 地址、用户名、密码等站点登录信息。单击【应用】按钮，如图 11-22 所示，然后单击【连接】按钮，即可连接到远程站点。

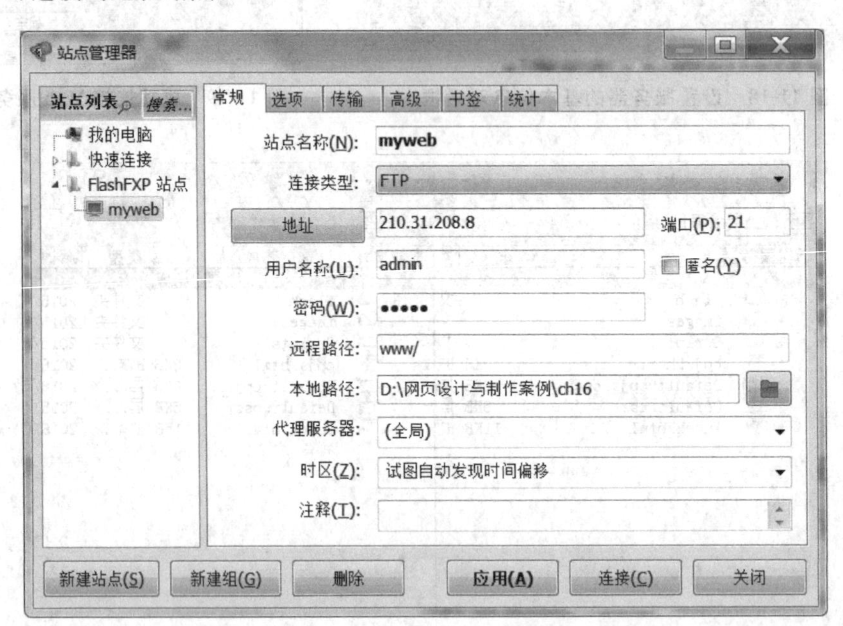

图 11-22 【站点管理器】窗口及输入站点登录信息

（3）连接成功后，选择本地文件及文件夹，然后单击鼠标右键，在弹出的快捷菜单选择【传输】选项，或者直接选择要上传的文件或文件夹，并将其拖拽至远程站点相应的目录下，即可实现上传，如图 11-23 所示。同理，选择远程站点的文件，然后单击鼠标右键，在弹出的快捷菜单中选择【传输】选项，或直接选择要上传的文件或文件夹，并将其拖拽至本地站点相应的目录下，即可实现下载。

同步练习

参照任务 11-3，申请免费空间或自建服务器，发布你制作的网站，并通过浏览器浏览。

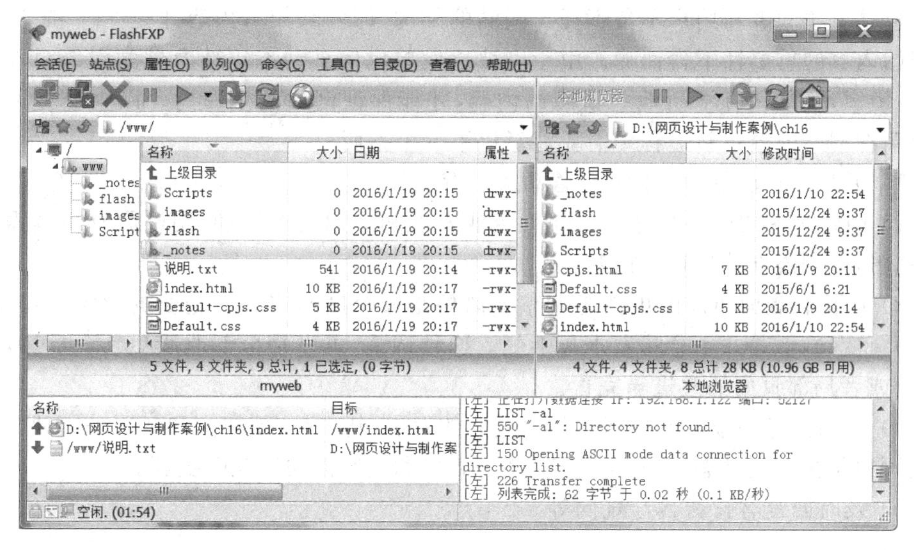

图 11-23 使用 FlashFXP 上传文件

11.4 任务 11-4：维护与推广

任务描述

(1) 理解网站维护的主要内容。

(2) 了解宣传与推广网站的方法与途径。

网站建设并非一次性投资创建网站那么简单，它是一个随着企业对网络应用需求不断增长，不断地进行建设与持久更新的过程。因此，网站建设完成后，更重要的工作在于网站维护、更新及宣传推广。

11.4.1 任务 11-4-1：网站维护

知识点

网站维护。

网站维护是为了让网站长期、稳定地运行在 Internet 上，保证网站生机不可缺少的过程。网站内容持续更新是赢得访问者的关键。好的网站需要定期或不定期地更新内容，才能吸引更多的浏览者，增加访问量。所以，网站维护是在网站建设完成后，又一项专业性比较强的工作，其维护内容非常多，如页面修改、改善功能、安全管理、数据资料备份机网站宣传推广等。应制定相关规定，将网站维护制度化、规范化。

网站维护主要内容如下所述。

1. 网站内容更新维护

相对于维护网站而言，建站只是开始，网站内容如不及时更新，不但失去建设网站的意义，也是对访问者和用户不负责任。网站的架构只是“骨架”，内容才是“血”和“肉”，因此，网站内容的重要性不言而喻。由于网站建设单位信息动态更新及搜索引擎对新的信息非常敏感，所以只有不断地更新网站内容，才能保证网站的生命力。以企业型网站为例，说明在网站内容更新过程中需要注意以下5个方面。

(1) 更新企业动态、通知等，完善相关内容。

(2) 网站内容的增添与完善。随着企业发展和应用需求增加，网站原有内容需要进一步完善，或增添新的栏目或内容。

(3) 风格和版面布局的更新与调整。风格是一个网站或一个企业的形象，风格最好不要频繁变动，但是并不意味着永久不变。这种调整，可以是全部改版更新，也可以是局部栏目或者局部页面的改进与完善。

(4) 产品信息和服务的更新。随着企业的发展，新产品、新技术和新服务需要宣传推广；也可以根据市场动态，对产品价格、销售策略和促销活动等及时更新。

(5) 及时回复客户留言与疑问等。

提示

如果企业信息量很大，如产品经常需要更新，有更多的企业资讯需要告诉访问者，通常建议企业建立动态数据库系统。更改了数据库，前台页面的内容会随之而更改。

2. 服务器及相关软、硬件维护

对于服务器、交换机与路由器等重要的网络设备，需要对其运行状况进行监控，确保网站7×24小时不间断正常工作，及时解决发现的问题。

3. 操作系统的维护

操作系统并不是绝对安全的，服务器操作系统的设置是否安全，是网站能否长期良好运行的保障。维护操作系统的安全，必须及时更新系统补丁。操作系统中的应用软件应遵循“少而精”的原则。

4. 数据的备份与恢复

网站数据要定期备份，避免硬件损坏或者黑客攻击导致数据丢失。在无人值守的环境下，通过FTP自动备份网站数据，确保网站“有备无患”。即使网站出现问题，可以在最短时间内恢复数据，把损失降到最低。

5. 定期检查，做好网站安全管理

应定期检查网站，做好网站安全管理(如IIS)，防范黑客入侵网站，检查网站各个功能，看链接是否有错。

11.4.2 任务11-4-2：网站宣传与推广

知识点

网站宣传与推广的方法与途径。

网站制作好并正式运营后，还要通过一定的技术与方法不断地宣传，才能让更多的人认识和接触它，以提高其访问量和知名度，为企业产生经济效益。下面介绍网站宣传与推广的方法和技巧。

1. 搜索引擎宣传与推广

搜索引擎宣传与推广是指利用搜索引擎、分类目录等具有在线检索信息功能的网络工具进行网站推广的方法。网站建成并投入使用之后，为了让更多的人查询并访问到它，用户应到搜索引擎网站去注册。注册后，搜索引擎网站会提供中、英文标注和有效关键字搜索。目前比较著名的搜索引擎网站有百度、谷歌、搜狗等。

2. 大众传媒宣传与推广

大众传媒宣传与推广是指利用电视、广播、移动电视、手机短信、微信、户外广告、报纸、杂志以及其他印刷品等形式与手段，让用户在较短的时间内认识与了解网站。

3. 电子邮件宣传与推广

电子邮件宣传与推广是指通过电子邮件形式，定期或不定期地向客户提供网站的最新信息、近期开展的活动等，增强客户关系，提高品牌忠诚度。但是，未经用户许可滥发的邮件，可能给其留下不好的印象，很有可能被当成垃圾邮件处理。

4. 交换链接宣传与推广

交换链接是最简单的一种合作方式，也是新兴网站推广的有效方式之一，是指分别在链接双方的网站上放置对方网站的 logo 或者网站名称并设置超级链接，使用户可以从合作网站中发现自己的网站，达到互惠共赢的目的。目前，新兴的广告交换组织和交换链接比较类似，就是在自己的网站上放置其他网站的广告；作为回报，广告交换组织根据主页中显示的其他网站广告的点击次数，按一定比例在其他网站上显示自己网站的广告。一般选择一两家有规模的、能提供 1∶1 广告交换率的广告交换组织，如同盟等。

5. 论坛、留言板和博客等宣传与推广

通过在论坛、留言板和博客中发表个人观点，引人注意，也是一种很好的网站宣传与推广方式。

6. 网址导航和网络广告宣传与推广

利用国内一些导航类网站，如 http://www.hao123.com、http://www.2345.com 等，在其导航栏中添加超级链接，也能带来较大的访问量。在一些知名网站上做网络广告，可以让更多的人知道自己的网站。

网站宣传与推广的方法和途径多种多样，这里只介绍了一些基本的方法。在网络信息化飞速发展的今天，读者一定能够在实践中找到更多，更适合自己的方法与途径。

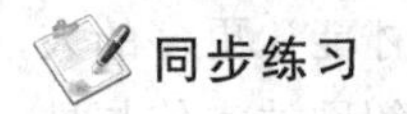

同步练习

浏览常见的网页，观察网站内容更新特点，以及网站宣传与推广方法与途径。

11.5 单元小结

本单元主要介绍网站的测试、发布、管理和维护等相关知识和操作方法，包括浏览器兼容性测试、链接测试、用户测试等，以及域名注册、空间申请、网站发布、网站的维护与推广等。

11.6 单元实践操作

实践操作目的

(1) 掌握测试网站的方法。

(2) 掌握发布网站的方法。

(3) 了解域名注册和空间申请的方法。

(4) 了解网站维护、宣传与推广的方法。

(5) 了解自建Web服务器配置方法。

11.6.1 实践任务11-6-1：赏析优秀网站，观察网站域名，了解网站维护与推广

按照如下步骤，赏析优秀网站，观察网站域名，了解网站宣传与推广。

操作要求及步骤如下所述。

(1) 浏览常见的优秀网站和新发布的网站，注意观察网站域名特点、网站内容更新的特点，以及网站宣传与推广的方法和途径。

(2) 浏览您所就读院校的主页和所在专业系部的主页，注意观察网站域名特点、网站内容更新的特点，以及网站宣传与推广的方法和途径。

(3) 浏览您家乡的政府网站，注意观察网站域名特点、网站内容更新的特点，以及网站宣传与推广的方法和途径。

(4) 对比企业类网站、教育类网站和政府类网站内容维护与更新以及网站宣传与推广的特点。

填写优秀网站首页赏析评价表，如表11-1所示。

表11-1 优秀网站首页赏析评价表

任务名称	优秀网站赏析评论
任务完成方式	独立完成(　) 小组完成(　)
企业类网站网址	
教育类网站网址	
政府类网站网址	

续表

企业类网站内容更新和推广的特点	
教育类网站内容更新和推广的特点	
政府类网站内容更新和推广的特点	

11.6.2 实践任务 11-6-2：测试、发布、管理和维护所设计、制作的网站

参照单元 11 的内容，测试、发布、管理和维护您所设计、制作的网站。

操作要求及步骤如下所述。

(1) 测试你所设计、制作的网站，包括浏览器兼容性测试、链接测试、使用网站的报告及测试，以及本地站点测试。

(2) 清理网页文档。

(3) 注册域名或配置域名服务器，申请空间，发布网站，并浏览网页。

(4) 维护和管理网站。

(5) 网站宣传与推广。

(6) 利用自建 Web 服务器发布网站。

填写实践任务评价表，如表 11-2 所示。

表 11-2 实践任务评价表

任务名称				
任务完成方式	独立完成(　　)		小组完成(　　)	
完成所用时间				
考核要点	任务考核 A(优秀),B(良好),C(合格),D(较差),E(很差)			
	自我评价(30%)	小组评价(30%)	教师评价(40%)	总评
网站测试				
会清理网页文档				
空间申请与网站发布				
网站宣传与推广				
自建 Web 服务配置				
存在的主要问题				

11.7 单元习题

一、选择题

1. 检查浏览器的兼容性，应选的选项是(　　)。

　A. 搜索　　B. 验证　　C. 链接检查器　　D. 浏览器兼容性

2. 获取网站空间的方法主要有 3 种，下列选项中不属于这 3 种方法的是(　　)。

A. 申请免费主页空间　　B. 申请付费空间
C. 申请虚拟主机　　D. 在个人计算机上配置网站空间

3. 关于免费域名的申请,以及网页空间的获得,下列说法中正确的是(　　)。
A. 只要申请了免费域名,就获得了相应的网页空间
B. 免费域名其实就是免费网页空间
C. 当网站地址发生变化时,只要修改了免费域名转向地址,就可以访问新的网站地址
D. 可以申请任何名称的免费域名

二、问答题

1. 站点测试主要包含哪些内容?
2. 简述站点维护的主要内容。
3. 简述网站宣传与推广的方法与途径。

综合案例

案例宏观展示引入

创建一个完整的网站，需要综合运用多种网页制作技术。动手制作前，还要进行充分的需求分析，明确网站的任务和功能，然后进行网站风格和结构设计，最后根据素材制作每一个页面。网站制作还需要动态网站技术的支持，以表现更丰富的内容和实现更复杂的功能，如数据库技术、网站编程技术等。网站制作还需要图像处理技术、动画制作技术、影音技术等多种技术的支持。

本综合案例选题为班级网站。因为班级网站对多数人来说都非常熟悉。本案例不使用过多的服务器端技术，以静态网页为主，意在通过综合演练，使读者巩固前面章节所学的内容。

图 12-1 所示便是一个典型的班级网站。

图 12-1　某班级网站效果图

学习任务

- 理解网站建设的需求分析方法
- 基本掌握网站的开发流程及设计制作过程
- 进一步掌握 CSS+DIV 的布局方法和网页元素的格式设置方法
- 熟悉模板/库在网站制作中的应用方法
- 掌握常见网页的结构设计方法和制作方法

12.1 任务 12-1：班级网站的设计

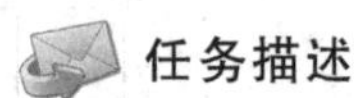

(1) 掌握网站的需求分析方法。

(2) 掌握网站的规划设计和各主要页面结构的设计方法与技巧。

(3) 学会制作主要页面和模板。

(4) 熟练应用网页制作技术，制作精美的网站。

本单元主要通过班级网站这个实例，介绍一个完整网站的建设过程。在设计过程中会应用许多在前面章节中介绍的知识点和操作技能，使读者通过实践演练，进一步熟悉和掌握这些内容。

12.1.1 任务 12-1-1：网站的需求分析

需求分析。

所谓需求分析，是指对要解决的问题、对用户的业务活动进行分析。这是软件工程中的一个基本概念。任何软件产品的诞生都离不开需求分析这个步骤。需求分析的任务包括功能需求分析、性能需求分析、可靠性和可用性需求分析等多个方面，是一个系统工程。为了方便理解，这里对班级网站进行简单的功能性分析。

班级网站的用户群体主要是本班学生和老师。人员组成结构比较单一，网站功能非常有针对性。

网站的功能主要包括以下几个方面。

(1) 为了方便浏览网站和介绍班级概况，需要设置首页。首页的另一个重要功能是放置网站主要内容的索引信息。

(2) 教师或者其他管理人员发布通知、公告，因此该网站需要设置通知公告、班级制度等页面。

(3) 为了方便班级成员相互联系，设置一个成员页面，放置班级成员的通信方式；还可以设置一个班级论坛，用于学生之间或者学生和老师之间进行网上交流。

(4) 为了展示班级个人风采及集体活动场面，需要设置班级相册页面。

(5) 为了方便班级成员之间相互交流，需要设置一个班级论坛页面。

12.1.2 任务 12-1-2：网站规划和布局设计

知识点

(1) 网站规划设计。

(2) 各页面布局设计。

网站设计之前，首先需要根据需求分析得出的结论，按要表现的内容，分类规划出若干子页面。除了主页外，班级网站的子页面主要包括班级成员、通知公告、班级制度、班级相册、班级论坛等 5 个页面。

页面布局之前，首先需要使用图像处理软件，如 Photoshop 等，设计出页面的整体效果图，然后根据内容要求合理切割。但是，页面布局依然要通过 DIV+CSS 的方式来控制。

班级网站的页面布局分为两大类：首页布局和子页面布局。

1. 首页布局

首页的浏览效果如图 12-2 所示，页面布局方式如图 12-3 所示。

图 12-2 班级主页效果图

2. 子页面布局

各子页面的布局方式基本相同，其浏览效果图如图 12-4 所示，页面布局方式如

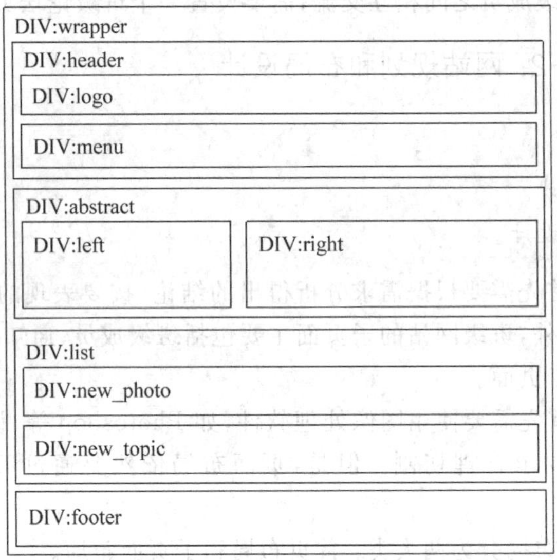

DIV:wrapper
DIV:header
DIV:logo
DIV:menu
DIV:abstract
DIV:left
DIV:right
DIV:list
DIV:new_photo
DIV:new_topic
DIV:footer

图 12-3　班级主页布局图

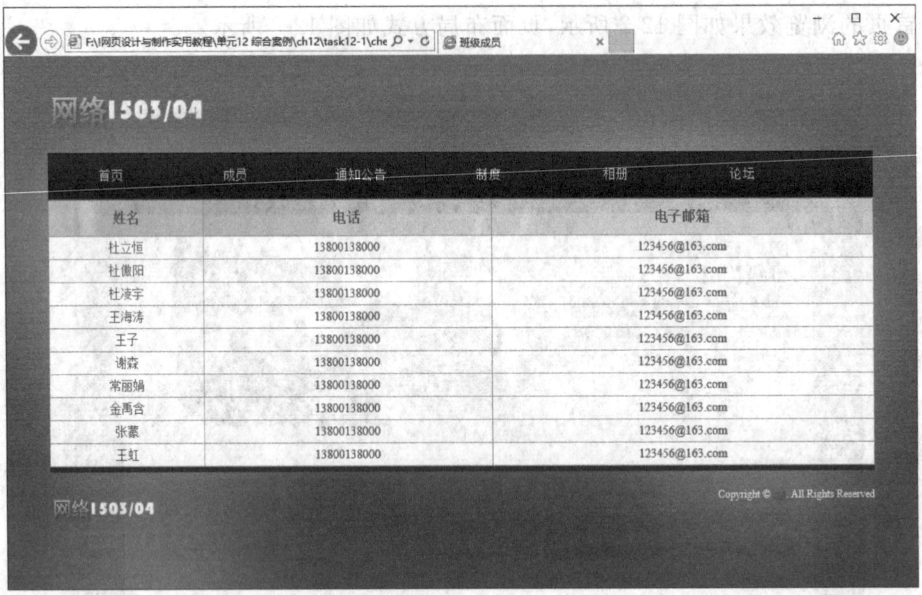

网络1503/04

首页　成员　通知公告　制度　相册　论坛

姓名	电话	电子邮箱
杜立恒	13800138000	123456@163.com
杜傲阳	13800138000	123456@163.com
杜凌宇	13800138000	123456@163.com
王海涛	13800138000	123456@163.com
王子	13800138000	123456@163.com
谢森	13800138000	123456@163.com
常丽娟	13800138000	123456@163.com
金禹含	13800138000	123456@163.com
张蓁	13800138000	123456@163.com
王虹	13800138000	123456@163.com

网络1503/04　Copyright © All Rights Reserved

图 12-4　班级子页面浏览效果图

图 12-5 所示。

班级子页面除了 DIV:content 以外，其他部分的格式都相同。因此，可以把该页面保存为模板，并在 DIV:content 内添加可编辑区域。

首页和子页面的 DIV:header 区域和 DIV:footer 区域的格式是重复的。因此，这两个区域可以添加为库项目，以减少重复操作。

DIV:wrapper
DIV:header
DIV:logo
DIV:menu
DIV:content
DIV:footer

图 12-5 班级子页面布局图

12.1.3 任务 12-1-3：首页设计与制作

知识点

制作班级网站首页。

制作首页的时候，要规划建立库项目。Dreamweaver 的库只能包含 HTML，不能包括 CSS，因此如果像本节那样需要建立带格式的库项目，要有一定的技巧，即为每一个库项目单独建立一个样式表文件，并在库项目添加完成后为其单独链接该样式表文件。

任务实例 12-1-1：班级网站首页设计与制作

任务实施

主要操作步骤如下所述。

(1) 新建一个站点，并把所需的素材文件全部复制到站点目录下的 images 目录中。

(2) 在站点根目录下新建一个文件，并命名为“index. html”。

(3) 新建一个文件夹，并命名为“Style”。在 Style 文件夹内新建 CSS 文件。

(4) 单击【文件】→【新建】菜单，弹出如图 12-6 所示对话框。选择【空白页】类别中的【CSS】页面类型。单击【创建】按钮，新建一个 CSS 样式表文件。

(5) 将该样式表文件保存到“Style”目录下，命名为“header. css”。

(6) 采用同样的方法建立另外两个 CSS 文件，分别命名为“footer. css”和“index. css”。

(7) 页面导航栏和 logo 相关的样式都建立在“header. css”内，与页脚区有关的样式都建立在“footer. css”内，首页其他样式都建立在“index. css”内。

(8) 在【文件】面板中双击打开“index. html”文件。

(9) 单击【CSS 样式】面板下方的按钮，弹出如图 12-7 所示的【链接外部样式表】对话框。

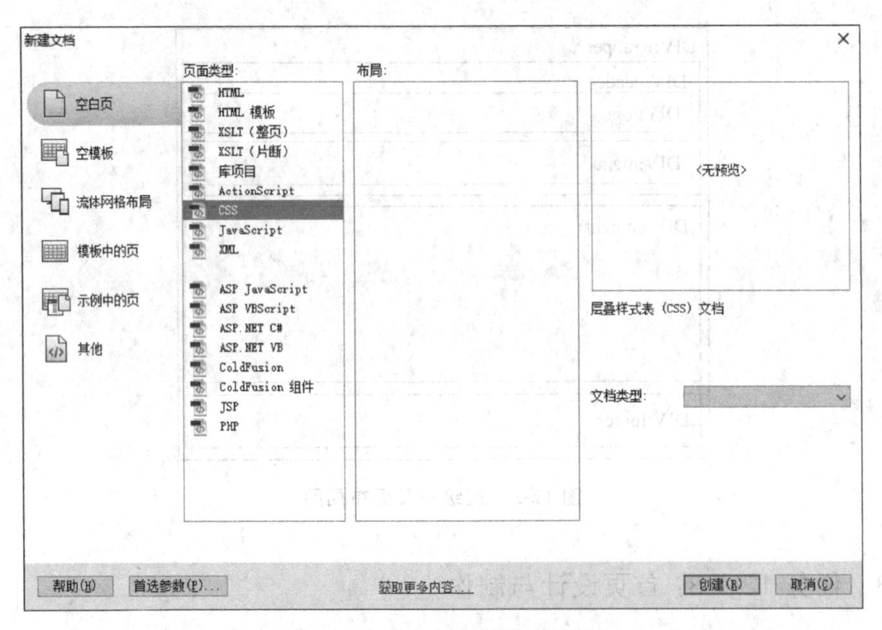

图 12-6　新建 CSS 样式表文件

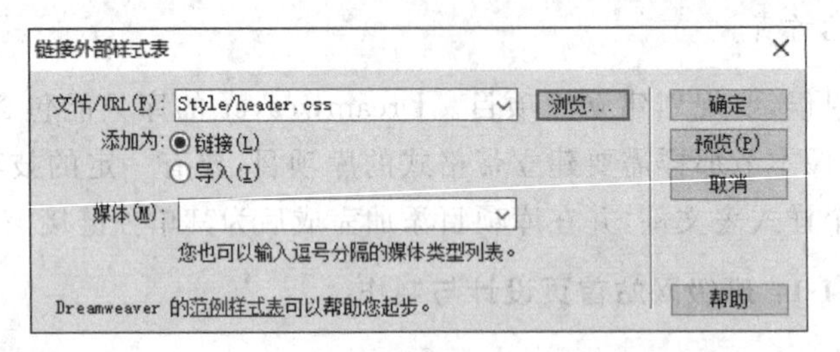

图 12-7　【链接外部样式表】对话框

单击【浏览】按钮，选择“Style/header.css”文件，然后单击【确定】按钮。

(10) 重复步骤(9)，链接“Style/footer.css”和“Style/index.css”两个样式表文件。

(11) 将插入点定位在网页中，打开【插入】面板，然后单击【常用】分类中的【插入 Div 标签】按钮，插入 ID 为“wrapper”的 DIV。

(12) 将插入点定位在 DIV:wrapper 内，插入 DIV:header。

(13) 将插入点定位在 DIV:header 内，插入 DIV:logo 和 DIV:menu。页面 HTML 代码如图 12-8 所示。

```
11  <body>
12  <div id="wrapper">
13    <div id="header">
14      <div id="logo"></div>
15      <div id="menu"></div>
16    </div>
17  </div>
18  </body>
```

图 12-8　DIV:header 部分页面 HTML 代码

(14) 选择【CSS 样式】面板中的“index. css”文件，然后单击面板底部的按钮，弹出如图 12-9 所示的【新建 CSS 样式】对话框。【选择器类型】选择【ID】,【选择器名称】输入“wapper”，单击【确定】按钮后，在【CSS 规则定义】对话框中设置 DIV:wrapper 的属性，生成如图 12-10 所示的 CSS 代码。

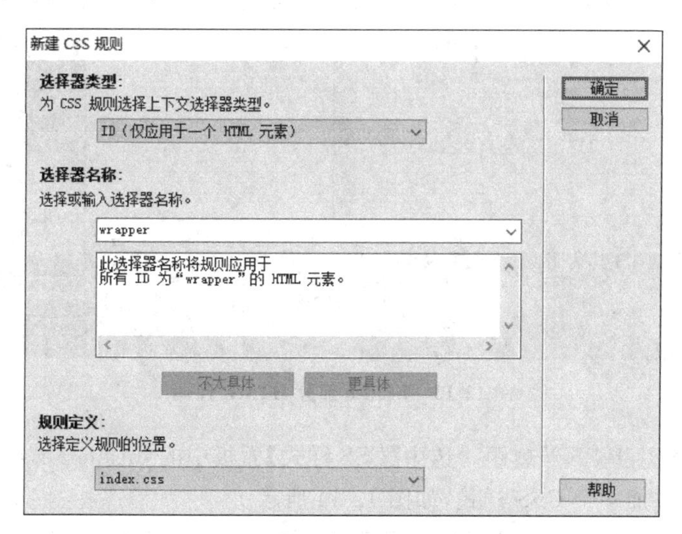

图 12-9 【新建 CSS 规则】对话框

```
4  #wrapper {
5      width: 966px; /*定义页面宽度*/
6      /*左右两边的外边距设置为自动，使页面保持在窗口中间*/
7      margin-right: auto;
8      margin-left: auto;
9  }
```

图 12-10 DIV:wrapper 的 CSS 代码

(15) 在“header. css”文件中建立使用通配符选择符的 CSS 样式，用于消除网页元素的默认内、外边距。建立的 CSS 样式代码如图 12-11 所示。

```
4  * {  /*消除网页元素内外边距*/
5      margin: 0px;
6      padding: 0px;
7  }
```

图 12-11 消除网页元素内外边距的 CSS 代码

(16) 在“index. css”文件中建立 CSS 规则，设置整个网页的背景。CSS 样式代码如图 12-12 所示。

```
10  body {
11      background-image: url(../images/main_bg.jpg);
12      background-position: center top;
13  }
```

图 12-12 设置网页背景图片的 CSS 代码

(17) 在 DIV:logo 中插入图片“logo. png”，在 DIV:menu 中建立一个项目列表，其 HTML 代码如图 12-13 所示。

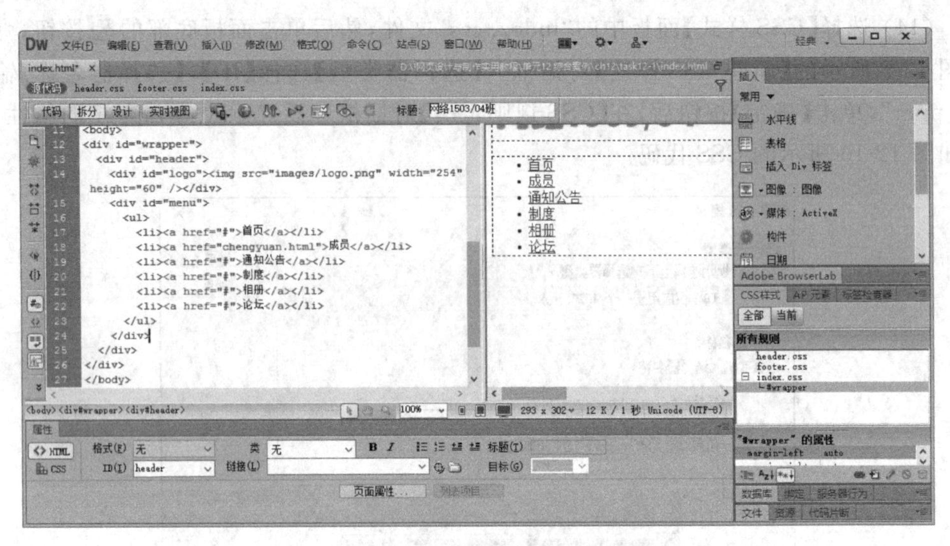

图 12-13 header 部分 HTML 代码

(18) 设置图片上、下外边距。选中【CSS 样式】面板中的"header. css",然后单击面板底部的按钮,添加一个 CSS 样式,如图 12-14 所示。

(19) 设置菜单栏格式。设置列表及列表项格式如图 12-15 所示,CSS 规则建立在"header. css"文件中。

```
#logo {
    margin-top: 30px;
    margin-bottom: 20px;
}
```

图 12-14 设置 DIV:logo 上、下外边距

```
#menu {/*设置菜单栏背景及高度*/
    background-image: url(../images/bg_menu.gif);
    background-repeat: repeat-x;
    height: 53px;
}
#menu ul {
    list-style-type: none;/*清除项目列表默认格式*/
}
#menu ul li {
    float: left; /*设置列表项左浮动*/
    /*设置菜单栏之间的分隔符*/
    background-image: url(../images/menu_spiter.png);
    background-repeat: repeat-y;
    background-position: right;
}
#menu ul li a {
    text-decoration: none;/*取消超链接字体修饰即下划线*/
    color: #EEE; /*设字体颜色*/
    font-size: 15px;
    text-align: center; /*文字水平居中*/
    line-height: 53px;  /*设置行高，使得文字垂直居中*/
    display: block;
    height: 53px;
    width: 145px;
    margin-right: 2px;  /*设置右外边距*/
    border-left: 1px solid #000;
}
#menu ul li a:hover {/*设置超链接鼠标经过效果*/
    background-image: url(../images/hover.gif);
    background-repeat: repeat-x;
}
```

图 12-15 菜单栏设置

保存网页,菜单栏外观如图 12-16 所示。

(20) 制作 DIV: abstract 部分。这是班级简介的内容,这部分 CSS 格式代码写在

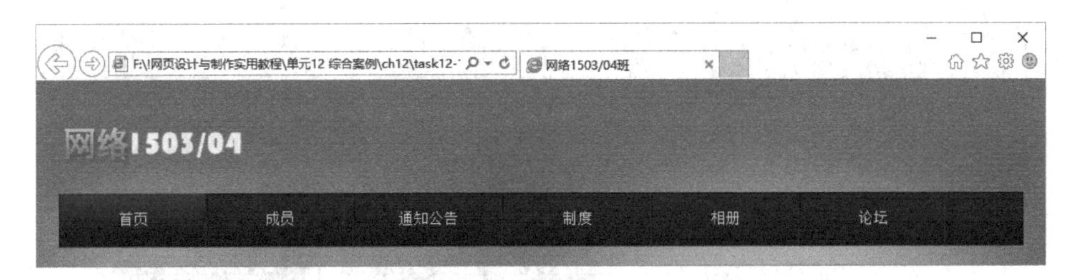

图 12-16 菜单栏外观

index. css 内。

① 班级简介 HTML 代码如图 12-17 所示。

```
26    <div id="abstract">
27      <div id="left">
28        <h1>网络1503/04班</h1>
29        <h1>班级简介</h1>
30        <p>69个快乐的孩子，怀着对梦的执着；对美好青春的渴望；对未来
无限的憧憬；踏进了网络1503/04班。</p>
31        <p>这是一个团结上进的班集体；一个温馨和谐的大家庭，一个充满
爱的乐园。一个团结的群体，一个充满活力的群体，一个不甘落后的群体，
一个饱含热情的群体。</p>
32      <a href="#"><img src="images/more_information.gif" width="133"
 height="30" /></a> </div>
33      <div id="right"><img src="images/students.jpg" width="460"
height="254" /></div>
34    </div>
```

图 12-17 班级简介 HTML 代码

② 班级简介 CSS 代码如图 12-18 所示。

```
14  #abstract {
15      background-image: url(../images/bg_simple_new.gif);
16      background-repeat: no-repeat;
17      height: 320px;
18  }
19  #left {
20      float: left; /*左浮动*/
21      height: 270px;
22      width: 320px;
23      margin-top: 30px;
24      margin-left: 30px;
25      color: #444; /*字体颜色*/
26  }
27  #right {
28      float: left;/*左浮动*/
29      height: 254px;
30      width: 460px;
31      margin-left: 80px;
32      margin-top: 30px;
33      padding: 1px;
34      border: 1px solid #0CF; /*设置边框*/
35  }
36  #left p {
37      font-size: 14px;
38      margin-top: 10px;
39      margin-bottom: 10px;
40  }
```

图 12-18 班级简介 CSS 代码

③ 班级简介的完成效果如图 12-19 所示。

(21) 制作 DIV:list 部分。

图 12-19　班级简介部分效果图

① 制作 DIV：new_photo 部分。

这部分显示最新上传的班级照片，HTML 代码如图 12-20 所示。

```
35  <div id="list">
36    <div id="new_photo">
37      <h3>最新照片</h3>
38      <img src="images/1.jpg" width="170" height="112" />
39      <img src="images/2.jpg" width="170" height="112" />
40      <img src="images/3.jpg" width="170" height="112" />
41      <img src="images/4.jpg" width="170" height="112" />
42      <img src="images/5.jpg" width="170" height="112" />
43    </div>
44    <div id="new_topic"></div>
45  </div>
```

图 12-20　最新照片部分 HTML 代码

“最新照片”CSS 样式建立在“index. css”内，代码如图 12-21 所示。

```
41  #new_photo {
42      color: #444;
43      background-color: #FFF9F0;/*背景颜色*/
44      padding-right: 30px;
45      padding-left: 30px;
46  }
47  #new_photo img {/*图片格式*/
48      margin-right: 5px;
49      margin-bottom: 10px;
50  }
51
52  #new_photo h3 { /*标题格式*/
53      padding-top: 10px;
54      padding-bottom: 5px;
55  }
```

图 12-21　最新照片部分 CSS 代码

保存网页，浏览效果如图 12-22 所示。

图 12-22　最新照片部分效果图

② 制作 DIV:new_topic 部分。

这部分显示班级的最新通知,HTML 代码如图 12-23 所示。

```
44  <div id="new_topic">
45  <h3>最新通知</h3>
46  <ul>
47    <li><a href="#">关于举办元旦晚会的通知</a> 2015-12-25</li>
48    <li><a href="#">寒假放假通知</a> 2016-01-10</li>
49    <li><a href="#">班级成绩查询方式公告</a> 2016-01-11</li>
50    </ul>
51  <p><a href="#">&lt;&lt;更多通知</a></p>
52  </div>
```

图 12-23 最新通知部分 HTML 代码

“最新通知”CSS 样式也建立在“index. css”文件中,代码如图 12-24 所示。

```
57  #list { /*设置页面底部黑色边框*/
58      border-bottom: 6px solid #333;
59  }
60  #new_topic {/*设置最新通知的背景色和前景色*/
61      background-color: #FFF;
62      color: #444;
63  }
64  #new_topic h3 { /*标题格式*/
65      margin-right: 30px;
66      margin-left: 30px;
67      padding-top: 10px;
68      padding-bottom: 5px;
69      border-bottom: 1px solid #CCC;/*标题底部边框线*/
70  }
71  #new_topic ul {
72      list-style-type: none;/*去除列表默认样式*/
73      margin-bottom: 10px;
74      margin-left: 30px;
75  }
76  #new_topic ul li {
77      color: #999;
78      /*为列表项添加图片项目符号*/
79      background-image: url(../images/Sub_ul_li.gif);
80      background-repeat: no-repeat;
81      background-position: left center;
82      padding-left: 17px;/*设置左内边距*/
83  }
84  #new_topic ul li a {
85      text-decoration: none;/*去除超链接下划线*/
86      color: #009;
87      font-size: 14px;
88      line-height: 25px; /*设置行高*/
89  }
90  #new_topic p {
91      margin-left: 30px;
92      padding-bottom: 5px;
93      text-align: right; /*文字右对齐*/
94      margin-right: 30px;
95  }
96  #new_topic p a {
97      font-size: 12px;
98      text-decoration: none;/*去除超链接下划线*/
99      color: #F00;
100 }
```

图 12-24 最新通知部分 CSS 代码

保存网页,最新通知部分的效果如图 12-25 所示。

(22) 制作页脚区。

① 页脚区的 HTML 代码如图 12-26 所示。

② 页脚区的 CSS 代码如图 12-27 所示。

最新通知

➡ 关于举办元旦晚会的通知 2015-12-25

➡ 寒假放假通知 2016-01-10

➡ 班级成绩查询方式公告 2016-01-11

<<更多通知

图 12-25　最新通知部分效果图

```
54    <div id="footer">
55      <img src="images/footer_logo.png" width="129" height="40" />
56      <div id="footer_cr">Copyright &copy; <a href=
"mailto:zqingtao@126.com">zqt</a>. All Rights Reserved </div>
57    </div>
```

图 12-26　页脚区 HTML 代码

```
4   #footer {
5       padding-top: 20px;
6       padding-bottom: 20px;
7   }
8   #footer_cr {
9       font-size: 12px;
10      color: #FFF;
11      float: right;
12      width: 400px;
13      text-align: right;
14  }
```

图 12-27　页脚区 CSS 代码

(23) 保存网页，则首页制作完成，最终效果如图 12-2 所示。

12.1.4　任务 12-1-4：库项目的建立

网页当中有一些元素经常重复出现，如一个图片、一段文本等。这些经常重复出现的网页元素可以使用 Dreamweaver 的库来存储。一次建立，反复使用，当需要这个网页元素时直接从库中插入即可，不需要再重复建立。库文件的扩展名是“ *.lbi”。站点下的所有库项目文件都被集中存放在根目录下的“Library”目录下。

知识点

建立库项目。

本任务将利用任务实例 12-1-3 建立的首页，把 header 区域和 footer 区域分别添加为库项目，用于建立子页模板及子页面。

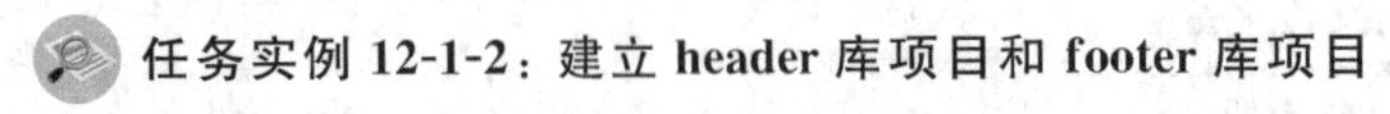

任务实例 12-1-2：建立 header 库项目和 footer 库项目

任务实施

主要操作步骤如下所述。

(1) 打开任务实例 12-1-2 所建网站，在【文件】面板内双击“index. html”文件，打开并编辑。

(2) 将插入点定位在导航栏内，单击底部属性检查器中的“div＃header”，选中整个 header 区域。

(3) 单击【窗口】→【资源】菜单，打开 Dreamweaver CS6 的【资源】面板。

(4) 单击【资源】面板左下角的按钮，切换到资源类别。

(5) 单击面板底部的按钮，弹出如图 12-28 所示的【警告】信息框。

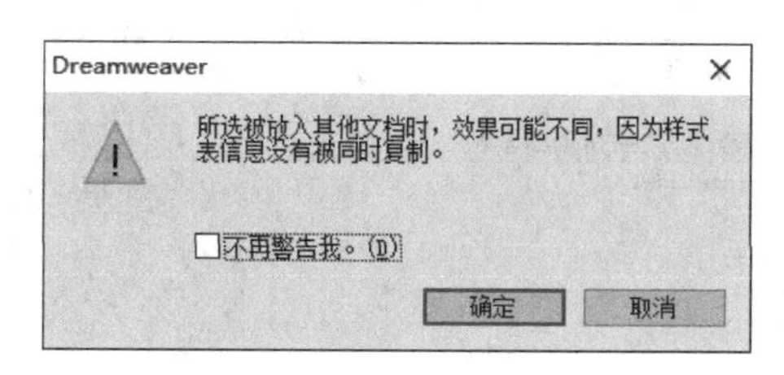

图 12-28 添加库项目【警告】信息框

注意

【警告】信息框提示在添加库项目时，CSS 样式表没有被连带添加。这意味着，将来使用这个库项目时，带有 CSS 样式的库项目不一定能保持原来的外观。解决的办法是在添加库项目以后，再打开该库编辑该库项目，链接相关的外部 CSS 样式表文件。

(6) 单击【确定】按钮后，重命名该库项目为"header"，Dreamweaver CS6 弹出如图 12-29 所示【更新文件】对话框。直接单击【更新】按钮。

(7) 添加的库项目如图 12-30 所示，保存在网站根目录的"Library"目录下。

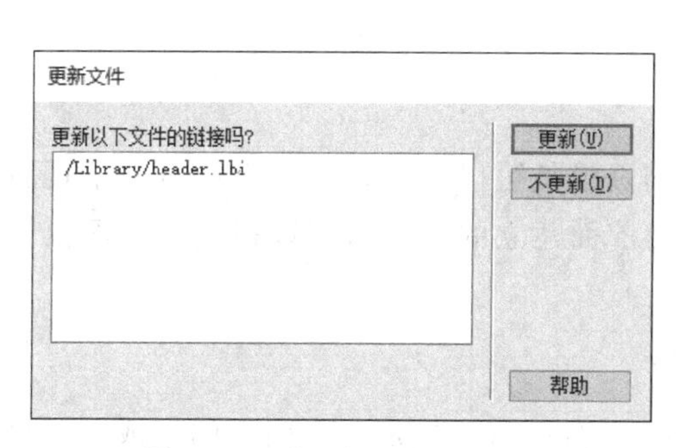

图 12-29 【更新文件】对话框

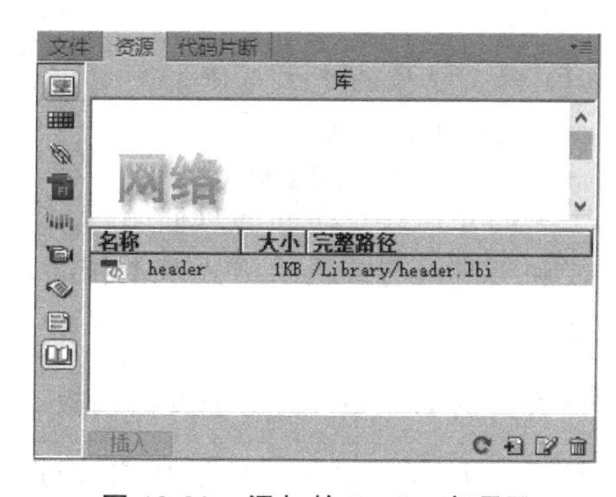

图 12-30 添加的 header 库项目

(8) 双击【资源】面板"库"分类下的【header】库项目，打开编辑。

(9) 单击【CSS 样式】面板底部的【链接】按钮，弹出如图 12-31 所示对话框。

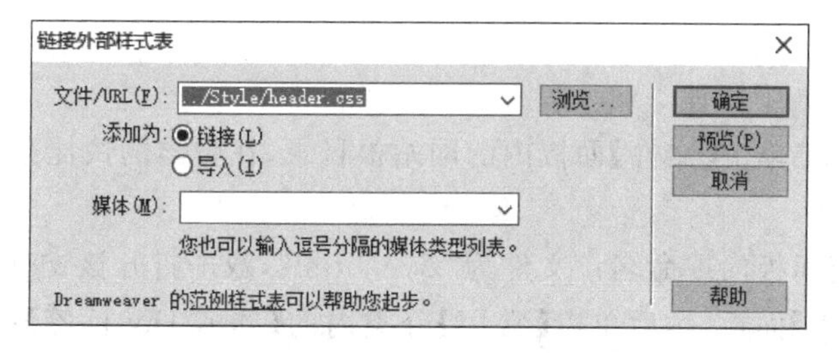

图 12-31 链接外部 CSS 文件

(10) 单击【浏览】按钮，然后选择【Style】目录下的“header. css”文件后，单击【确定】按钮。

(11) 单击【文件】→【保存】菜单项，弹出如图 12-32 所示对话框。单击【更新】按钮。

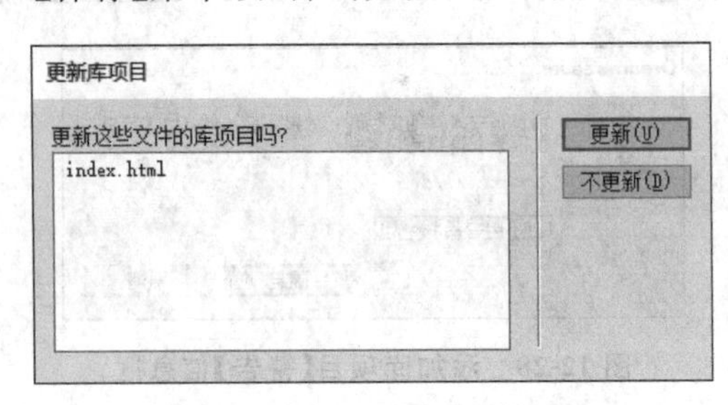

图 12-32 【更新库项目】对话框

(12) 双击打开“index. html”文件，然后选中页脚部分 footer，将其添加为库项目“footer”。

(13) 双击【资源】面板内的【footer】库项目，打开并编辑。

(14) 链接外部样式表文件“footer. css”并保存，完成。

12.1.5 任务 12-1-5：子页面模板的建立

知识点

(1) 网页模板的建立与使用。

(2) 库项目的使用。

子页面往往具有相同的页面结构，使用网页模板可以快速建立多个网页。子页面的导航栏和页脚区与首页的格式基本相同，利用前面建立的库项目可以提高子页面模板的新建效率。

任务实例 12-1-3：建立子页面模板

模板是 Dreamweaver CS6 中事先建立的一组网页样式，是一个网页的半成品。可以通过套用模板的方式，再添加适当的个性化内容快速建立一个新的网页。

模板一旦保存，扩展名为“*.dwt”，并保存在网站根目录的“Templates”目录下。套用模板新建网页时，该网页自动和它套用的模板之间产生关联。

任务实施

主要操作步骤如下所述。

(1) 用鼠标右键单击【文件】面板内的网站根目录，在弹出的快捷菜单中选择【新建文件】，新建网页。

(2) 在【文件】面板内重命名该文件为“ziye. html”，双击打开该文件。

(3) 打开【插入】面板，然后单击【常用】分类内的【插入 Div 标签】按钮，插入一个 ID 为“wrapper”的 DIV。

(4) 单击【CSS 样式】面板底部的【添加 CSS 样式】按钮，弹出如图 12-33 所示对话框。【选择器类型】选择【ID】，在【选择器名称】文本框内输入“#wrapper”。

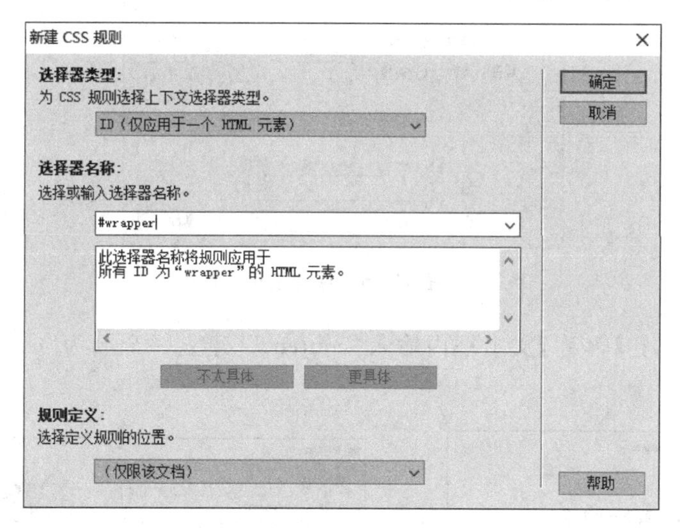

图 12-33 【新建 CSS 规则】对话框

(5) 单击【确定】按钮后，利用 CSS 规则构造器窗口，定义 DIV：wrapper 的宽度、边距和 DIV：content 下边框等属性。生成的 CSS 样式代码如图 12-34 所示。

(6) 设置网页背景，代码如图 12-35 所示。

```
9  #wrapper {
10     margin-right: auto;
11     margin-left: auto;
12     width: 966px;
13 }
14 #content {
15     border-bottom: 6px solid #333;
16 }
```

图 12-34 设置 DIV：wrapper 和 DIV：content 的 CSS 代码

```
12 body {
13     background-image: url(images/main_bg.jpg);
14     background-position: center top;
15 }
```

图 12-35 设置网页背景的 CSS 代码

(7) 清空 DIV：wrapper 内的文字，将插入点定位在它内部。

(8) 单击【资源】面板中【库】分类下的【header】库项目。单击面板底部的【插入】按钮，把该库项目插入到当前位置。

(9) 继续插入另一个库项目“footer”。

(10) 将插入点定位在两个库项目中间，可以在代码视图中完成插入点定位。

(11) 单击【插入】面板中【常用】分类内的【插入 Div 标签】按钮，插入 ID 为“content”的 DIV。

(12) 单击【文件】→【另存为】菜单，弹出如图 12-36 所示的对话框。在【另存为】文本框内输入“ziye”，把模板保存为“ziye.dwt”。

单击【保存】按钮，弹出如图 12-37 所示的更新链接信息框。单击【是】按钮。

(13) 清除 DIV：content 内的文字，并把插入点定位其中。如果设计视图不好定位，可使用代码视图进行操作。

(14) 单击【插入】→【模板对象】→【可编辑区域】，弹出如图 12-38 所示的【新建可编

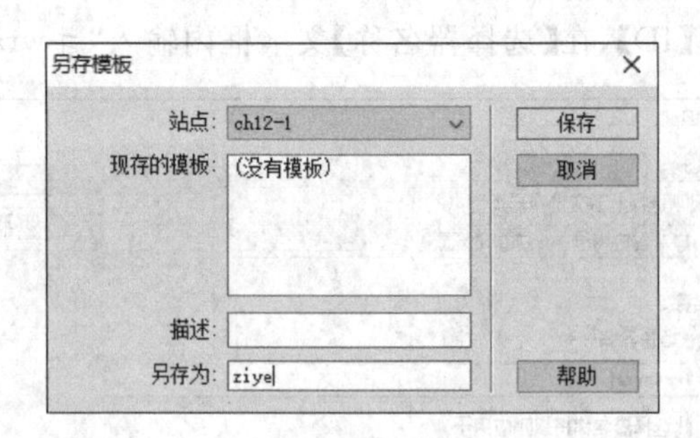

图 12-36 保存模板

辑区域】对话框。在【名称】文本框内输入“content”，建立一个名为“content”的可编辑区域。

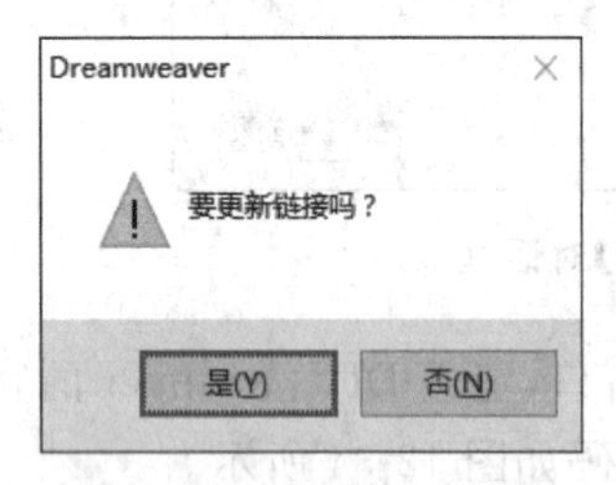

图 12-37 更新链接信息框

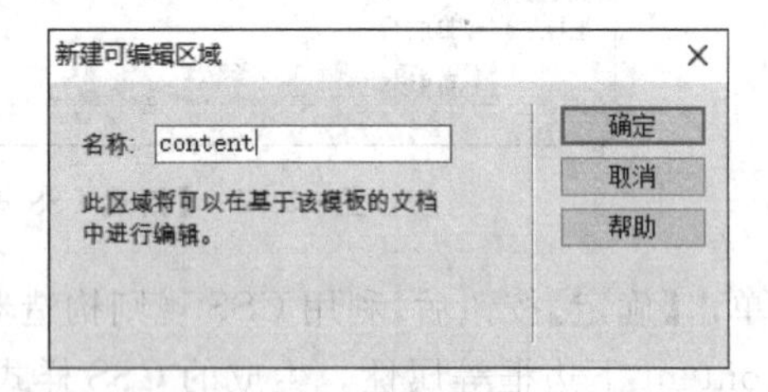

图 12-38 【新建可编辑区域】对话框

(15) 保存网页，并测试浏览效果。

提示

子页面模板建立之后，各个子页面可以套用该模板，并在可编辑区域内添加不同的内容。

12.1.6 任务 12-1-6：子页面的设计与制作

知识点

网页模板的使用。

套用模板可以快速建立多个页面，减少很多重复操作。

任务实例 12-1-4：利用模板建立班级成员页面

任务实施

主要操作步骤如下所述。

(1) 单击【文件】→【新建】菜单，弹出如图 12-39 所示的对话框。

(2) 依次选择【模板中的页】→【ch12-1】→【ziye】，然后单击【创建】按钮。

提示

这里的“ch12-1”是本地建立的站点名称，“ziye”是刚刚建立的子页面模板的名称。

(3) 把新页面保存为“chengyuan.html”。

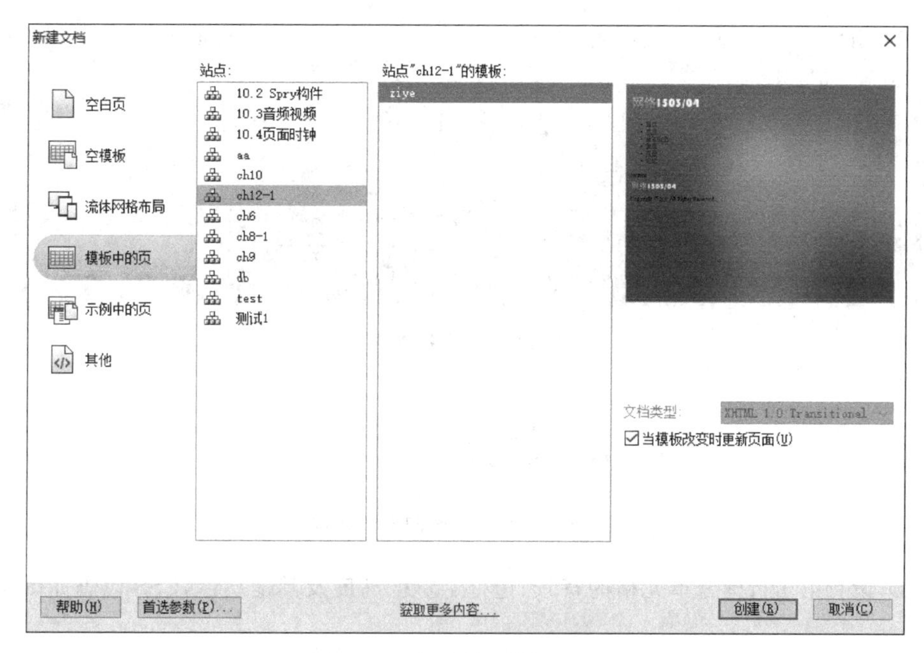

图 12-39 创建基于模板的网页

(4) 将插入点定位在"chengyuan. html"页面的"content"可编辑区域内,清空里面的内容。

(5) 单击【插入】面板中【常用】分类内的【表格】按钮,弹出如图 12-40 所示插入【表格】对话框。单击【确定】按钮,插入 10 行 3 列的表格。

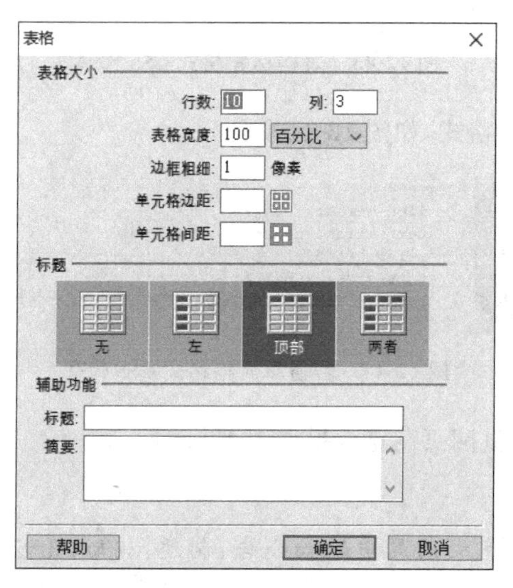

图 12-40 插入【表格】对话框

(6) 在表格内输入如图 12-41 所示的内容。

(7) 设置表格背景及边框合并,其 CSS 代码如图 12-42 所示。

姓名	电话	电子邮箱
杜立恒	13800138000	123456@163.com
杜傲阳	13800138000	123456@163.com
杜凌宇	13800138000	123456@163.com
王海涛	13800138000	123456@163.com
王子	13800138000	123456@163.com
谢森	13800138000	123456@163.com
常丽娟	13800138000	123456@163.com
金禹含	13800138000	123456@163.com
张蒙	13800138000	123456@163.com
王虹	13800138000	123456@163.com

图 12-41 表格内容

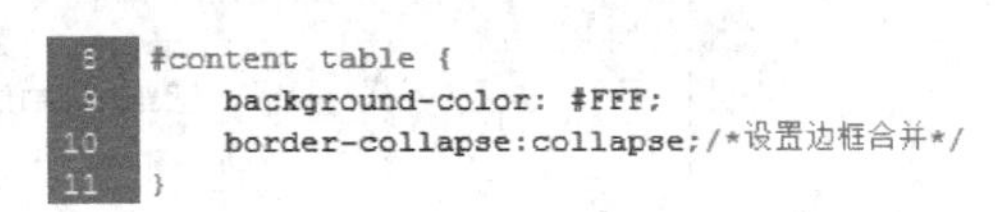

```
8  #content table {
9      background-color: #FFF;
10     border-collapse:collapse;/*设置边框合并*/
11 }
```

图 12-42 美化表格的 CSS 代码

(8) 设置第 1 行标题单元格的背景、边框、宽度、高度及其他属性，CSS 代码如图 12-43 所示。

```
12 #content table tr th {
13     border: 1px solid #6CF; /*设置标题单元格边框*/
14 }
15 .th_bg { /*该类应用于表格第一行tr元素*/
16     background-image: url(images/bg_simple2.gif); /*标题背景图片*/
17     background-position: center top;/*背景图片对齐方式*/
18     height: 40px; /*标题高度*/
19     font-size:16px;/*字号*/
20     line-height: 40px; /*行高，让内容垂直居中*/
21     color: #666; /*标题颜色*/
22 }
```

图 12-43 表格标题格式 CSS 代码

(9) 设置其他单元格格式，如图 12-44 所示。

```
23 #content table tr td { /*设置其他单元格格式*/
24     line-height: 25px;/*行高*/
25     text-align: center; /*文字水平居中*/
26     color: #666; /*字体颜色*/
27     font-size: 14px; /*字号*/
28     border: 1px solid #6CF; /*普通单元格边框样式*/
29 }
```

图 12-44 普通单元格格式 CSS 代码

(10) 保存网页。成员网页浏览效果如图 12-45 所示。

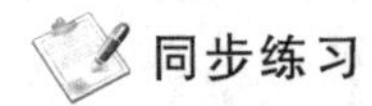

同步练习

参照本节任务实例，完成网站中通知公告、制度、相册、论坛等几个子网页的设计与制作。

图 12-45　成员网页效果图

12.2　课程设计——综合实训

符合 Web 标准的网页页面是网站建设的基础，也是技术发展的趋势和方向。在网页设计与制作课程中，主要学习了 XHTML 语言、Dreamweaver 的使用方法，以及 CSS 样式的使用。作为重要的实践性教学环节，课程设计——综合实训的地位不可忽视。本课程设计将指导学生运用学过的知识，从零开始，设计并制作网站页面。

12.2.1　课程设计的意义和目的

1. 课程设计的意义

课程设计是在学生系统地学完《网页制作技术》课程理论知识和实践操作技能后，进行的一次综合实践训练环节，是理论联系实际，运用所学知识解决实际问题，巩固与扩大知识范围的重要实践性教学环节。

根据教学计划的要求，在教师的宏观指导下，对学生进行网页制作专业技能的训练，使学生具备网站设计、开发、测试、发布、运行与维护等知识、技能和职业能力，培养学生综合运用理论知识分析和解决实际问题的能力，使学生能够胜任企业网站设计、开发与管理等工作。因此，有效的实践教学，对实现本专业的培养目标，提高学生的综合素质有着重要的作用。

2. 课程设计目的

通过综合课程设计，进一步巩固、升华和扩展学生的理论知识与专业技能，具体包括以下方面。

(1) 熟练掌握网页布局规划、分析的方法。

(2) 熟练掌握网页制作软件 Dreamweaver CS6 的基本操作和使用技能。

(3) 掌握创建站点的方法以及对站点的基本操作。

(4) 熟练掌握在网页中插入文字、图像、表单、表格和行为等多种元素的方法。

(5) 掌握运用 DIV+CSS 布局网页的基本技能。

(6) 理解框架的相关概念,灵活运用框架实现网站后台页面。

(7) 掌握制作表单的方法,会利用表单建立交互式页面。

(8) 熟练掌握 CSS 样式规则美化、规范网页元素的方法。

(9) 掌握网站整合、测试与发布的基本方法。

(10) 掌握创建模板的方法,能够运用模板快速创建风格类似的页面。

(11) 培养学生自主学习、获取信息和处理信息的能力。例如,通过网络、书籍等方式搜集动画、特效和图像等。

(12) 通过小组讨论、合作完成设计项目,培养学生团队协作精神和共同开发网站的综合能力。

(13) 通过工作项目和任务的训练,培养学生爱岗敬业、热情主动的工作态度,培养学生理论联系实际的工作作风、严肃认真的科学态度以及独立工作的能力,并树立自信心。

(14) 通过对难题的求解、对知识的自主学习,培养学生对计算机科学的学习兴趣和攻坚克难、百折不挠的科学探索精神。

(15) 通过课程设计的实践与熏陶,提高学生的美学素养和艺术素质,提升学生的可持续发展能力。

12.2.2 课程设计要求

1. 总体要求

(1) 制作网页前,必须做好网站的需求分析,策划好网站主题,规划好网站的风格和结构,创建完善的目录结构。

(2) 在确定网站主题的情况下,搜集所需的文字资料、图像资料等。

(3) 制作的网站至少包括二级页面:第一级为首页,第二级为二级子页或内容页。其中,首页必须包含导航栏,二级子页与内容之间必须通过模板进行制作。

(4) 所有页面根据规划合理插入图像、音频和视频等元素,使得内容充实、布局合理、颜色协调、美观大方。

(5) 页面尺寸符合当前的设计潮流和要求;站点中,文件或文件夹的命名应当规范,达到见名知意、容易理解的程度。

(6) 小组成员之间既要分工明确,又要密切合作,培养良好的互助、协作精神。

(7) 独立完成规定的课程设计内容,不得弄虚作假,不准抄袭或复制他人的网页或其他内容。

2. 选题要求

组内成员相互讨论，确定合适的网站建设选题，例如个人网站、学校网站、系部网站、班级活动专题网、旅游网站、摄影网站、宠物网站、美食网站、精品课程网、电子商务网站和公司网站等。

3. 内容要求

在网站中，各个页面的内容应积极向上、思想健康，有时代气息；网页内容充实，符合网站主题。

(1) 主页上必须有 Logo、Banner、网站导航、网站版权等信息。

(2) 各网页的文字通顺，无文字语法错误。

(3) 栏目至少有 5 个，每个栏目不少于 2 个子页面。

4. 设计要求

(1) 网页布局设计合理，文字、图片、动画在网页中运用适当。

(2) 各网页之间的设计风格统一，符合设计原则。

5. 技术要求

(1) 在网页中，各种技术运用恰到好处，不为技术而技术。

(2) 网页中包含图像、文字、表格、DIV、表单和多媒体(音频或视频)等元素。

(3) 使用 CSS 样式控制和美化网页。

(4) 使用行为等技术(如选项卡等)。

(5) 熟练使用网页设计与制作工具。

6. 美工要求

网页界面美观、大方、实用，引人注目，色颜搭配合理，所有图片、动画与网站主题相符。

7. 创意要求

网站与同类主题网站相比，富有新意，有特色。

12.2.3 课程设计组织与实施

(1) 时间：一般为 1 周，在专业实训室完成网站设计与制作。

(2) 分组：2 或 3 人为一组，每一组选定一名组长，主要负责本组所有事务。

(3) 分工：由教师根据每个成员之前的学习情况，合理分配具体的任务，但每个成员必须完成且至少完成且两个页面的制作。

(4) 根据不同分工，成员分头搜集所需素材。

(5) 小组根据网站建设需求分析，讨论、形成统一的网站建设意见，如色彩搭配、网站功能和网站风格等。

(6) 设计与制作网站中的各个页面,包括主页和子页面。

(7) 页面整合、测试与发布。

(8) 撰写课程设计报告书。

(9) 指导教师通过演示和答辩的形式,验收学生设计的网站作品。

(10) 提交课程设计相关材料,包括最终作品、素材、课程设计报告书(word 文档)等。

12.2.4 课程设计考核验收标准

根据课程设计期间的纪律考核情况,对待课程设计的态度,站点的目录结构,各个页面的布局结构、颜色搭配、文字图像动画的搭配是否合理,网页之间的链接是否流畅,网页制作技术的应用情况,网站的整体浏览效果等方面进行综合评分。评分参考标准如表 12-1 所示。

表 12-1 课程设计考核验收标准

序号	考核细则		分值比例/%
1	网站设计与制作效果	网站内容:主题鲜明,内容健康,图像、动画等元素能够正确反映网站主题	55
		版面布局:布局合理,色彩搭配协调、美观	
		CSS 样式:书写、命名规范,应用合理,无冗余代码	
		HTML 代码:书写、命名规范,无冗余代码	
		技术含量:根据网站主题,合理选择相关技术	
2	创新性和新颖性	网站设计富有创意及特色	10
3	课程设计平时表现	课程设计期间组织纪律性强,表现良好,无迟到、早退、旷课现象	5
4	团队协作	小组成员分工明确,所有成员在规定时间内完成课程设计任务,无雷同或抄袭现象	10
5	课程设计报告	书写规范,内容翔实,有实际收获,课程设计报告总结深刻	10
6	验收及答辩	网站建设基本完整,符合课程设计的要求。能够说明网站建设的主题、风格和布局等细节,具有良好的表达能力,能正确回答指导教师提出的问题	10
合计			100

12.2.5 课程设计优秀作品交流展示

对于课程设计过程中,学生设计与制作的精美的优秀网站或富有创意的网站,进行作品展示交流,供其他学生学习。课程设计优秀作品交流展示是对学生的鼓励和肯定,也是培养他们的自信心的表现。

12.3 单元小结

本单元通过综合项目实例“班级网站”,实际演练了一个完整网站的制作过程。通过本单元的实践练习,使读者进一步巩固前面单元所学的内容,基本掌握网站的开发流程及设计制作过程,提升实践动手能力。

参 考 文 献

[1] 数字艺术教育研究室. Dreamweaver CS6 基础培训教程[M]. 北京：人民邮电出版社，2012.

[2] 孙振业. 网页设计与制作[M]. 2 版. 北京：高等教育出版社，2014.

[3] ACAA 专家委员会，DDC 传媒. ADOBE DREAMWEAVER CS6 标准培训教材[M]. 北京：人民邮电出版社，2013.

[4] 王寅峰. HTML 5 跨平台开发基础与实战[M]. 北京：高等教育出版社，2014.

[5] 丛书编委会. 网页编程技术[M]. 北京：电子工业出版社，2012.

[6] 吴丰，丁欣. Dreamweaver CS5 网页设计与制作——DIV＋CSS 版[M]. 北京：清华大学出版社，2012.

[7] 陈承欢. 网页设计与制作任务驱动式教程[M]. 2 版. 北京：高等教育出版社，2013.

[8] 李敏. 网页设计与制作案例教程[M]. 2 版. 北京：电子工业出版社，2012.

[9] 传智播客高教产品研发部. 网页设计与制作(HTML＋CSS)[M]. 北京：中国铁道出版社，2014.

[10] 教育部职业教育与成人教育司. 高等职业学校专业教学标准(试行)电子信息大类[M]. 北京：中央广播电视大学出版社，2012.